生命科学实验指南系列

# 分子微生物学实验指南

杨 亮 董 涛 梁海华 主编

科学出版社

北 京

# 内 容 简 介

　　本书是一部系统梳理与深入探讨现代微生物学实验方法的综合性指导书。全书围绕微生物学研究的经典领域、新兴方向、多学科交叉应用、高通量与精准基因编辑技术四大模块展开，为科研工作者提供了详尽的实验技术解析与应用示范。

　　在经典微生物系统部分，本书深入剖析了细菌趋化、群体感应信号调控、Ⅵ型分泌系统及毒素-抗毒素系统等核心领域，重点介绍功能鉴定与机制解析的实验设计与操作细节。在新兴衍生微生物方向，本书着眼于微生物学前沿课题，从细菌生物被膜的构建与研究，到耐药性持留菌形成机制及生态位竞争研究，再到生防菌的应用开发，提供了从基础实验到研究应用的完整技术路径。在交叉领域中，本书结合光遗传学、类器官模型与免疫学技术，详细讲解了光控元件调控细菌行为、病毒-宿主互作机制及抗病毒单克隆抗体筛选的最新进展，为探索复杂微生物系统提供创新思路。在高通量与精准基因编辑技术部分，本书聚焦于备受关注的CRISPR基因编辑、转座子高通量筛选、基因组等位基因标记等尖端技术，解析其在微生物功能基因组学与感染机制动态研究中的广泛应用。

　　本书内容翔实、技术先进，适合从事分子微生物学、病原菌研究、生物技术开发等领域的科研工作者及研究生使用，可为从基础到前沿的微生物学研究提供参考。

**图书在版编目（CIP）数据**

分子微生物学实验指南 / 杨亮，董涛，梁海华主编. -- 北京：科学出版社，2025. 6. -- ISBN 978-7-03-080057-2

Ⅰ. Q7-33

中国国家版本馆 CIP 数据核字第 2024J4Y931 号

责任编辑：罗　静　刘　晶 / 责任校对：郝璐璐
责任印制：肖　兴 / 封面设计：刘新新

**科 学 出 版 社** 出版

北京东黄城根北街 16 号
邮政编码：100717
http://www.sciencep.com

北京中科印刷有限公司印刷
科学出版社发行　各地新华书店经销

\*

2025 年 6 月第 一 版　开本：720×1000　1/16
2025 年 6 月第一次印刷　印张：18 1/2
字数：367 000

**定价：160.00 元**
（如有印装质量问题，我社负责调换）

# 《分子微生物学实验指南》
## 编委会名单

主　编　杨　亮　董　涛　梁海华

编　者　（按姓氏汉语拼音排序）

| | | | |
|---|---|---|---|
| 陈　敏 | 崔　宁 | 邓音乐 | 董　涛 |
| 冯　杰 | 傅　旸 | 高贝乐 | 高艳梅 |
| 郭云学 | 黄加俊 | 贾　宁 | 贾添元 |
| 金　帆 | 李　亮 | 李星星 | 廖舒敏 |
| 刘　鸣 | 刘　茜 | 刘　雪 | 马旅雁 |
| 莫　然 | 钱国良 | 邵小龙 | 沈晨光 |
| 王春玲 | 王嘉怡 | 王明芳 | 王晓雪 |
| 王艺瑾 | 吴丽丽 | 吴卫辉 | 杨　亮 |
| 翟林林 | 张　勇 | 张莹丹 | 章　宇 |

秘　书　曾　琪

# 序　言

　　微生物学是一门古老而经典的学科，它以各类微小生物（细菌、真菌、病毒及单细胞藻类等）为研究对象，探究其形态结构、生长繁殖、生理代谢、遗传变异及致病机制等生命活动的基本规律。微生物学不仅仅是生命科学的一个重要分支，其在医学、工业、农业及环境等领域具有广泛的理论意义和应用价值。

　　微生物学的研究经历了形态学、生理学、生物化学及分子生物学几个阶段，其中分子生物学的发展极大地加速了人们对微生物学基本规律的探究，从分子层面推进了对微生物细胞周期、种间通讯、信号调控等过程的理解，阐明了一系列微生物生理行为（如群体感应、细胞内信使介导的信号转导、生物被膜形成、亚群落分化、趋化运动、种间竞争、微生物与宿主互作等）的分子机制，为进一步开展微生物学的理论和应用研究提供了基础。

　　随着当今各个学科的高速发展，多学科交融极大地拓展了现代微生物学研究领域的范畴，微生物已被广泛作为模式生物，用于探究生命科学、医学及环境科学等领域的各类问题，并且是宏基因组学、微生物生态学、合成生物学、微生物与免疫学等衍生学科的研究对象和重要支撑。这些新兴学科方向的发展离不开微生物学研究方法的进步，包括高通量技术（如测序技术、蛋白质组技术等）、精准基因编辑技术（如 CRISPR 技术）、高分辨显微成像技术及生物信息学等方法。

　　本书以实验操作指南的形式展示了前沿分子生物学及高通量技术在微生物学领域的应用，涵盖了经典微生物学理论研究及多学科交叉应用研究等不同领域，有助于不同学科背景的科研人员迅速掌握当前微生物学研究的科研思路和研究策略，推动微生物学在基础研究上的持续发展，为以合成生物学为代表的新兴产业提供重要支撑。

中国科学院微生物研究所所长

2024 年 12 月 1 日

# 目 录

# 第一章 经典微生物系统实验技术

## 第一节 细菌趋化行为的观测及趋化系统信号
## 转导蛋白的鉴定方法

莫 然，高贝乐

中国科学院南海海洋研究所

**摘 要:** 细菌的趋化运动是指细菌对于周围环境中化学物质浓度梯度的感知和定向运动。这种行为对于细菌的生存至关重要，使其在寻找营养物质、避开有毒物质或寻找合适的生长环境时做出正确的决策。细菌的趋化行为主要通过两种机制实现：一种是趋化信号转导通路，另一种是利用鞭毛的旋转来改变细菌的游动方向。化学感受蛋白通过感知环境中特定化合物的浓度梯度，引发趋化系统的磷酸信号级联反应，特定的反应调节蛋白接收该信号后，控制鞭毛马达的旋转方向，最终使细菌朝向营养物质浓度较高的方向游动。研究细菌趋化行为的方法主要包括直接观察和分析菌体趋化行为、分析趋化通路和相关蛋白的功能。直接观察和分析菌体趋化行为的方法包括毛细管趋化实验、试管软琼脂趋化实验、显微镜单细胞运动轨迹追踪等。分析趋化通路和相关蛋白的方法主要包括基因敲除、蛋白质的亚细胞定位、蛋白质-蛋白质相互作用、蛋白质的体内和体外磷酸化试验。本章以空肠弯曲菌（*Campylobacter jejuni*）81-176 为实验对象，提供了一套检测细菌趋化行为的方案，以及从遗传、生化和亚细胞定位三个方面研究趋化系统信号转导蛋白功能的方法。通过这些方法可以深入研究趋化通路中各个环节的作用、趋化系统中各蛋白质之间的关系，以及信号级联反应的机制，从而深入了解趋化系统信号通路的分子机制。总之，细菌趋化行为的研究是一个复杂而又多样化的领域，综合运用多种方法和技术手段有助于更深入地探究细菌趋化行为的分子机制。

**关键词:** 空肠弯曲菌，趋化行为，趋化系统信号转导

## 一、背景

　　细菌的趋化行为是指具有运动能力的细菌在环境中表现出一种"趋利避害"的行为，这种行为由多种蛋白质组成的趋化系统控制[1]。许多致病性细菌依靠趋

化作用和运动能力来入侵其宿主，空肠弯曲菌（*Campylobacter jejuni*）和幽门螺杆菌（*Helicobacter pylori*）等肠道细菌的趋化行为能帮助菌体向胃肠道中有利的环境移动，例如，幽门螺杆菌在胃的内壁上定植，对胃黏蛋白有趋化行为[2]。

趋化系统是所有信号转导系统中最为复杂的系统，由多个蛋白质在细菌内膜或者细胞质内形成阵列，从而进行信号的感知和响应。过去对大肠杆菌（*Escherichia coli*）的大量研究揭示了经典趋化系统的作用模式[1]：细菌利用多种跨膜的化学感受器（chemoreceptor）测量细胞附近化学物质的浓度，这些信号输入蛋白通过偶联蛋白 CheW 作用于组氨酸激酶 CheA，CheA 利用磷酸基团供体 ATP 将应答蛋白 CheY 磷酸化。其中，CheY 的磷酸化状态决定了细菌鞭毛的运动方向。对细菌生长有利的化合物结合在跨膜化学感受蛋白上时，CheA 激酶的活性受到抑制，导致非磷酸化的 CheY 蛋白比例增加，此时非磷酸化的 CheY 不能与鞭毛的马达蛋白 FliM 相互作用，因此鞭毛呈逆时针方向旋转，此时细菌保持直线游动不转向；相反的，当有利于细菌生长的化合物匮乏时，CheA 激酶磷酸化 CheY，磷酸化后的 CheY 作用于鞭毛马达蛋白 FliM，此时鞭毛顺时针转动，通过菌体反转或倒退而改变运动方向。除了这些核心趋化蛋白外，*E. coli* 和许多其他细菌中还存在能够对跨膜化学感受蛋白进行甲基化与去甲基化修饰的 CheR 与 CheB 蛋白，以及将 CheY 蛋白去磷酸化的磷酸酶 CheZ，共同调控信号转导过程。

以上介绍的 *E. coli* 的趋化信号转导通路是我们理解细菌趋化的基础，然而近二十年来对不同种类细菌趋化系统的功能研究揭示了它们区别于经典趋化信号转导模式的作用机制。枯草芽孢杆菌（*Bacillus subtilis*）的趋化系统控制鞭毛转向的方式与 *E. coli* 的作用机制相反，环境中的引诱剂结合化学感受蛋白而增强 CheA 的活性，迅速导致 CheY 的磷酸化，磷酸化的 CheY 与鞭毛马达蛋白结合，使鞭毛逆时针方向旋转，细菌呈直线游动；而 *E. coli* 磷酸化的 CheY 会导致鞭毛马达顺时针方向旋转，细菌进行翻滚和转向运动[3]。

不同种类的细菌所编码的趋化蛋白具有多样性，而且许多细菌的基因组编码了多个趋化系统，可能形成一个以上的趋化蛋白阵列进行信号传递。例如，霍乱弧菌（*Vibrio cholerae*）具有 3 个编码趋化基因的操纵子，这三个操纵子编码了三个完整的趋化蛋白阵列，其中一套趋化蛋白阵列对鞭毛运动起主要调控作用[4]。研究人员根据基因排布顺序、蛋白质成分、化学感受蛋白类型，将趋化系统划分为 19 个类别，包括 1 个控制 IV 型菌毛的趋化系统（Tfp）、1 个"类趋化功能"系统（ACF），以及 17 个控制鞭毛的趋化系统（F1～F17）[5]。该分类体系为研究有多套趋化系统的细菌信号转导机制及趋化系统的进化提供了重要依据。因此，在对研究对象进行趋化行为的实验分析之前，可参考该趋化类别的分类方法，对研究对象基因组中的趋化基因进行调查，有助于后续趋化实验的设计和实施。

本章以空肠弯曲菌为实验对象，首先介绍该菌的趋化行为分析方法，然后介绍趋化蛋白参与信号转导通路的研究方法。细菌趋化行为的检测主要利用化学物质梯度等外部刺激来诱导和检测。趋化蛋白参与信号转导通路的研究方法主要包括以下两种：①遗传学方法，包括基因敲除和表达调控等方法，可以通过改变某些基因的表达或功能来研究趋化通路的作用和机制；②生物化学检测方法，包括荧光标签、蛋白质相互作用和蛋白磷酸化测定等方法，可深入了解趋化信号通路中各个蛋白质的功能并揭示其分子机制。

总之，细菌趋化运动和信号通路的检测方法需要综合运用多种技术手段，以便更深入地了解细菌趋化行为的本质。这些方法不仅可以为研究细菌行为提供有力依据，也在抗生素的开发、细菌感染的治疗等领域具有重要意义。

## 二、材料与试剂

### 1. 培养基

（1）LB 培养基（高盐）：

①液体培养液：称取 10 g 胰蛋白胨、5 g 酵母提取物和 10 g 氯化钠，加蒸馏水溶解后定容至 1000 mL，调节 pH 至 7.0，分装后高压灭菌。

②固体培养基：称取 10 g 胰蛋白胨、5 g 酵母提取物、10 g 氯化钠和 15 g 琼脂粉，加蒸馏水溶解后定容至 1000 mL，调节 pH 至 7.0，分装后高压灭菌。

（2）胰蛋白胨大豆琼脂（TSA）培养基：胰蛋白胨大豆琼脂粉 400 g，蒸馏水定容至 1000 mL，分装后高压灭菌。

（3）布氏肉汤（Brucella broth）培养基：称取 28 g 布氏肉汤粉、15 g 琼脂粉，加蒸馏水定容至 1000 mL，分装后高压灭菌。

（4）脑心浸（brain heart infusion，BHI）培养基：称取脑心浸粉 3.7 g，加蒸馏水定容至 100 mL，高压灭菌后备用。

若需要向固体培养基中加入抗生素，则在培养基灭菌后，冷却至 50℃ 左右时加入，充分混匀后倒固体平板。注意事项：①抗生素不耐高温，避免高压灭菌；②不同抗生素用不同溶剂稀释；③现用现配，工作浓度下易分解失效，配制母液后一般冻存于 –20℃ 低温冰箱。

### 2. 试剂

（1）磷酸缓冲盐溶液：NaCl 8 g、KCl 0.2 g、$Na_2HPO_4$ 1.42 g、$KH_2PO_4$ 0.27 g，用浓盐酸将 pH 调至 7.4，蒸馏水定容至 1000 mL。

（2）Tris 缓冲盐溶液：NaCl 8.8 g、1 mol/L Tris-HCl（pH 8.0）2 mL，蒸馏水定容至 1000 mL。

（3）50×TAE 缓冲液：Tris 242 g、乙二胺四乙酸二钠二水合物 37.2 g、乙酸 57.1 mL，蒸馏水定容至 1000 mL。

（4）5×Tris-甘氨酸缓冲液：Tris 15.1 g、甘氨酸 94 g、十二烷基硫酸钠 5 g，蒸馏水定容至 1000 mL。

（5）5×SDS-PAGE 蛋白上样缓冲液：1 mol/L Tris-HCl（pH 6.8）1.25 mL，十二烷基硫酸钠 0.5 g、溴酚蓝 25 mg、2-巯基乙醇 25 μL、甘油 2.5 mL，蒸馏水定容至 5 mL。

（6）SDS-PAGE 胶：①分离胶（10%）：ddH$_2$O 4.27 mL、1.5 mol/L Tris-HCl pH 8.8）2.625 mL、10%（$m/V$）十二烷基硫酸钠 105 μL、30%（$m/V$）聚丙烯酰胺 3.5 mL、10%（$m/V$）过硫酸铵 70 μL、四甲基乙二胺 7 μL；②浓缩胶（10%）：ddH$_2$O 3.075 mL、0.5 mol/L Tris-HCl（pH 6.8）2.625 mL、10%（$m/V$）十二烷基硫酸钠 105 μL、30%（$m/V$）聚丙烯酰胺 3.5 mL、10%（$m/V$）过硫酸铵 70 μL、四甲基乙二胺 7 μL。

（7）考马斯亮蓝 G-250 缓冲液：考马斯亮蓝 G-250 1 g、异丙醇 250 mL、冰乙酸 100 mL，蒸馏水定容至 1000 mL。

（8）考马斯亮蓝染色脱色液：冰乙酸 100 mL、乙醇 50 mL，蒸馏水定容至 1000 mL。

（9）膜转移缓冲液（用于免疫印迹法）：甘氨酸 2.9 g、Tris 5.8 g、十二烷基硫酸钠 0.37 g，蒸馏水加至 800 mL，加入甲醇 200 mL。

（10）TBST 缓冲液（用于免疫印迹法）：NaCl 8.8 g、1 mol/L Tris-HCl（pH 8.0）20 mL、吐温-20 0.5 mL，蒸馏水定容至 1000 mL。

（11）封闭缓冲液（用于免疫印迹法）：脱脂奶粉 5 g、TBST 缓冲液 100 mL。

（12）抗生素母液：氨苄青霉素 100 mg/mL、卡那霉素 50 mg/mL、氯霉素 30 mg/mL；安普霉素 50 mg/mL。

（13）试剂盒：快速质粒小提试剂盒、细菌基因组 DNA 提取试剂盒、琼脂糖凝胶回收试剂盒。

（14）酶：①限制性内切核酸酶；②PrimerSTAR Mix DNA 聚合酶（TaKaRa，日本）；③T4 DNA 连接酶，T4 PNK 环化酶（NEB，英国）；④Gibson 组装试剂盒（南京诺唯赞公司）。

（15）常用化学试剂：甲醇、乙醇、异丙醇、冰乙酸、HCl、钠盐、钾盐、Tris-base、Tris-HCl、IPTG、X-gal 溶液等。

### 3. 设备

（1）生物安全柜（ESCO，型号 ULPA）

（2）恒温培养箱（Panasonic，型号 MIR-154-PC）

（3）生化培养箱（太仓，型号 BSP-150）

（4）微氧培养箱（Shellab Bactrox）

（5）恒温摇床（太仓，型号 THZ-C-1）

（6）高压灭菌锅（Panasonic，型号 MLS-3781L）

（7）冷冻离心机（Eppendorf，型号 Centrifuge 5430）

（8）高速离心机（Eppendorf，型号 Centrifuge 5418）

（9）高速冷冻离心机（Eppendorf，型号 Centrifuge 5418R）

（10）荧光定量 PCR 仪（BIO-RAD，CFX Connect Real-time System）

（11）PCR 仪（ESCO）

（12）金属浴（奥盛，型号 Thermo-Shaker MS-100）

（13）分光光度计（Thermo Fisher Scientific，型号 Spectronic 200）

（14）全波长多功能微孔板检测仪（Tecan，型号 Pro NanoQuant）

（15）倒置显微镜（ZEISS，型号 Axio Observer A1）

（16）显微镜相机（ZEISS，型号 AxioCam 503）

（17）细胞破碎仪（聚能，型号 JN-mini）

（18）超声波破碎仪（新芝，型号 JY88-IIN）

（19）电转仪（BIO-RAD）

（20）蛋白质电泳仪（BIO-RAD）

（21）核酸电泳仪（BIO-RAD）

（22）半干转印仪（BIO-RAD，型号 Trans-Blot Turbo）

（23）化学发光仪（天能，型号 Tanon5200）

（24）凝胶成像系统（天能，型号 Tanon-2500）

（25）蓝光切胶仪（誉为，型号 MRESTROGEN）

## 4. 生物信息学数据库和相关分析软件

（1）NCBI 数据库：https://www.ncbi.nlm.nih.gov/

（2）MiST 数据库：https://mistdb.com/

（3）Clustal W 序列多重比对：http://www.clustal.org/

（4）HHpred 蛋白质结构预测网站：https://toolkit.tuebingen.mpg.de/tools/hhpred

（5）SMART 蛋白质结构预测网站：https://smart.embl-heidelberg.de/

（6）Image J：https://imagej.net/

（7）MtrackJ：https://imagej.net/plugins/mtrackj

（8）MicrobeJ：https://www.microbej.com/

## 三、操作步骤

### （一）趋化蛋白的生物信息学分析

（1）在 NCBI 数据库下载目的蛋白的序列和相关信息。

（2）MiST 数据库对细菌的趋化系统及其他信号转导系统进行了分类，可以检索目的蛋白的功能结构域和上下游基因的信息。

（3）使用 HHpred 和 SMART 对目的蛋白的结构域进行预测，趋化蛋白一般具有特殊的蛋白质序列和结构域，具体可参考 Wuichet 和 Zhulin 的文章[5]。

（4）目的蛋白的同源蛋白可以使用 NCBI 数据库的 BLAST 工具进行同源蛋白的搜索。

（5）使用 Clustal W 进行蛋白质序列比对，可以分析同源蛋白中保守的氨基酸位点和结构域。

### （二）细菌菌株和培养

空肠弯曲菌于微氧环境（85%氮气、10%二氧化碳、5%氧气）、37℃条件下，在含 5%羊血的胰蛋白胨大豆琼脂平板或脑心浸培养液中培养。

空肠弯曲菌的突变株在布氏肉汤培养基琼脂平板上使用对应的抗生素进行筛选。所用抗生素及浓度：氯霉素 10 μg/mL、卡那霉素 50 μg/mL、安普霉素 50 μg/mL、氨苄青霉素 100 μg/mL。所有空肠弯曲菌菌株储存含 30%甘油的脑心浸培养液，–80℃冰箱中冻存。

### （三）生长曲线的测定

#### 1. 技术要点

（1）所有操作须严格遵守无菌操作流程，在生物安全柜或超净工作台中进行。在操作过程中须使用灭菌器具并用 75%乙醇消毒操作台及所使用的器具，避免交叉污染。

（2）接触过菌体的器皿、试管、培养皿和废弃枪头，使用高温灭菌袋封装后进行高压灭菌，然后再丢弃处理。

（3）使用过的针管、针头等尖锐物品应丢弃至医用尖锐物处理容器统一处理，避免误伤操作人员。

（4）空肠弯曲菌是微需氧菌，接种过程中尽量快速操作，减少菌体暴露在空气中的时间；如果有微氧生物培养柜，建议在培养柜中进行实验操作。

**2. 实验步骤**

（1）取出冻存的空肠弯曲菌 81-176 菌株，在血琼脂平板上划线培养 12 h。

（2）12 h 后，将菌体转移到新的血琼脂平板上，在 37℃的微氧环境下继续培养 12 h。

（3）使用分光光度计，以 BHI 液体培养基作为空白对照，在 3 mL BHI 培养基中将菌体浓度调整至 $OD_{600}=0.02$。

（4）菌株在 37℃微氧培养箱中培养，每个菌株设置 3 个重复。

（5）每隔 6 h 测量一次 $OD_{600}$。

（四）运动能力测定

软琼脂平板运动能力测试是一种简单可靠的、检验微生物运动能力的实验方法，可以检测微生物在琼脂平板上的移动能力和生长速度，也可以反映细菌的趋化行为。

**1. 技术要点**

（1）含 0.3%琼脂的平板尽量现配现用，避免平板中的水分蒸发影响菌体的扩散。

（2）收集处于生长对数期的细菌进行软琼脂平板运动能力测试。

（3）软琼脂平板含水量较高，操作时注意轻拿轻放，尽量不要抖动培养皿，避免菌落因液体流动而散开。

**2. 实验步骤**

（1）空肠弯曲菌各菌株于微氧环境（85%氮气、10%二氧化碳、5%氧气）、37℃条件下，在含 5%羊血的胰蛋白胨大豆琼脂平板或脑心浸培养液中培养。空肠弯曲菌的突变株在布氏肉汤培养基琼脂平板上使用对应的抗生素进行筛选。所用抗生素及浓度：氯霉素 10 μg/mL、卡那霉素 50 μg/mL、安普霉素 50 μg/mL、氨苄青霉素 100 μg/mL。所有空肠弯曲菌菌株储存在含 30%甘油的脑心浸培养液中，–80℃冰箱中冻存。

（2）使用灭菌牙签蘸取少量菌体，分别点到含 0.3%琼脂的布氏肉汤培养基琼脂平板上。

（3）平板在 37℃微氧（85%氮气、10%二氧化碳、5%氧气）或有氧（10%二氧化碳与空气混合）环境下培养 16 h，其间注意观察菌体的扩散情况。

（4）记录被测菌株的游动直径，与同一平板上的野生型菌株（阳性对照）和阴性对照菌株进行比较。

（五）单细胞追踪分析

含有趋化系统和鞭毛的细菌，利用趋化系统调控鞭毛运动，使菌体产生不同的运动轨迹。例如，在空肠弯曲菌的趋化系统中，磷酸接收蛋白 CheY 的磷酸化状态决定了细菌鞭毛的运动方向：非磷酸化的 CheY 不能与鞭毛的马达蛋白 FliM 相互作用，鞭毛呈逆时针方向旋转，此时细菌保持直线游动；磷酸化的 CheY 结合鞭毛马达蛋白 FliM，鞭毛顺时针转动，此时菌体会进行反转或倒退运动。因此，对细菌进行单细胞运动轨迹的追踪，可用于分析目的基因的缺失是否影响趋化系统的信号转导通路，从而影响鞭毛的转向。

**1. 技术要点**

（1）收集处于生长对数期的细菌，进行显微镜装片。

（2）稀释细菌的液体培养基也在微氧培养箱中做气体平衡处理。

（3）显微镜的装片过程尽量在微氧环境中进行，以避免因环境氧气浓度的变化引起菌体运动行为的改变。

**2. 实验步骤**

（1）空肠弯曲菌各菌株经过活化培养后，在 1 mL 脑心浸培养液中稀释至 $OD_{600}=0.2$。

（2）在显微镜载玻片上滴 1 μL 菌液，盖上盖玻片。

（3）立即进行显微镜观察并拍摄图像（Zeiss Axio Observer A1 和 Zeiss AxioCam 503 彩色 CCD 相机），使用 ZEN pro 软件（Zeiss）的采集功能，每 40 ms 记录一次图像，每个视野记录 1 min。每个视频采集 20～30 个细胞的运动轨迹，至少进行三批次的观察和拍摄。

**3. 数据分析**

（1）通过 ImageJ 软件的 MTrackJ 插件分析单个细胞的轨迹[6]。

（2）导出 MTrackJ 记录的数据，并计算每个轨迹的平均速度和运动轨迹的折角，见图 1-1-1。

（3）空肠弯曲菌和幽门螺杆菌菌体运动的反转，定义为运动轨迹发生了一个 ＞300°的方向变化。在每个轨迹的数据中筛选出＞300°的记录，统计发生该运动行为的频率，即为该细菌在 1 min 内发生的反转率。

（4）记录每个轨迹的平均反转率，并使用 $t$ 检验对突变型菌株和野生型菌株之间的差异进行统计学分析，见图 1-1-2。

（六）趋化实验

趋化实验主要利用不同的化学物质，在水或琼脂等介质中形成化学梯度，检测细菌对某一种化学物质或氧气等环境因素是否具有趋向性或驱离性，这是检测细菌趋化系统功能最直观的方法。以下主要介绍毛细管趋化实验和试管软琼脂趋化实验。

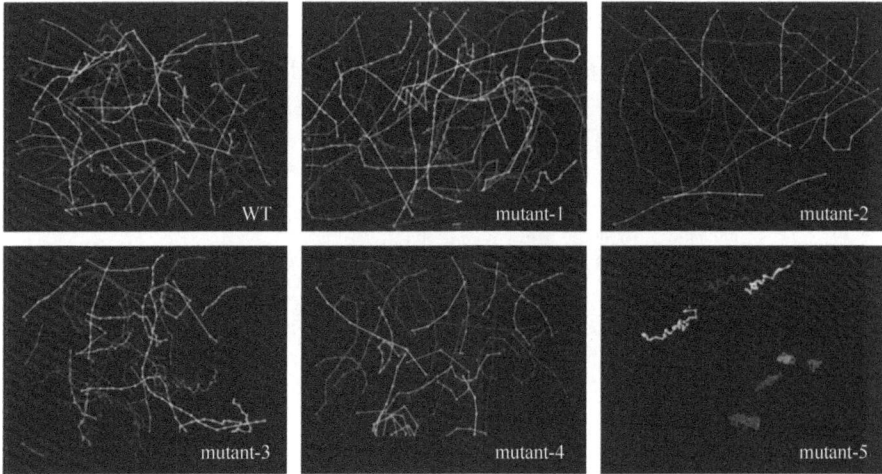

图 1-1-1　使用 MTrackJ 对细菌进行单细胞细胞追踪分析

WT 为空肠弯曲菌 81-176 野生型菌株的运动轨迹，mutant-1 为 *cheVA* 基因敲除株的运动轨迹，mutant-2 为 *cheY* 基因敲除株的运动轨迹，mutant-3 为 *cheO* 基因敲除株的运动轨迹，mutant-4 为 *cheO* 基因和 *chePep* 基因双重敲除株的运动轨迹，mutant-5 为 *chePep* 基因敲除株的运动轨迹

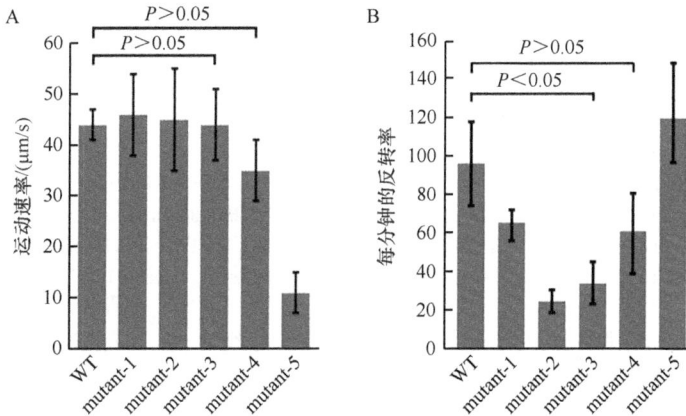

图 1-1-2　不同菌株的平均运动速率和反转率

A. WT 为空肠弯曲菌 81-176 野生型菌株的运动速率，mutant-1 为 *cheVA* 基因敲除株的运动速率，mutant-2 为 *cheY* 基因敲除株的运动速率，mutant-3 为 *cheO* 基因敲除株的运动速率，mutant-4 为 *cheO* 基因和 *chePep* 基因双重敲除株的运动速率，mutant-5 为 *chePep* 基因敲除株的运动速率。该图用于比较不同基因突变株之间的运动速率是否有显著差异。B. WT 为空肠弯曲菌 81-176 野生型菌株的反转率，mutant-1 为 *cheVA* 基因敲除株的反转率，mutant-2 为 *cheY* 基因敲除株的反转率，mutant-3 为 *cheO* 基因敲除株的反转率，mutant-4 为 *cheO* 基因和 *chePep* 基因双重敲除株的反转率，mutant-5 为 *chePep* 基因敲除株的反转率。该图用于比较不同基因突变株之间的反转率是否有显著差异。反转率以每个细胞每分钟的方向转换次数计算，数据以平均值 ± SEM 表示。*cheO* 基因敲除株与野生型之间的差异通过 $t$ 检验进行统计分析

## 1. 毛细管趋化实验

1）技术要点

（1）空肠弯曲菌是微需氧菌，实验过程应尽量快速操作，减少菌体暴露在空

气中的时间；建议在培养柜中进行实验操作。

（2）取生长对数期的菌体进行趋化实验，见图 1-1-3。

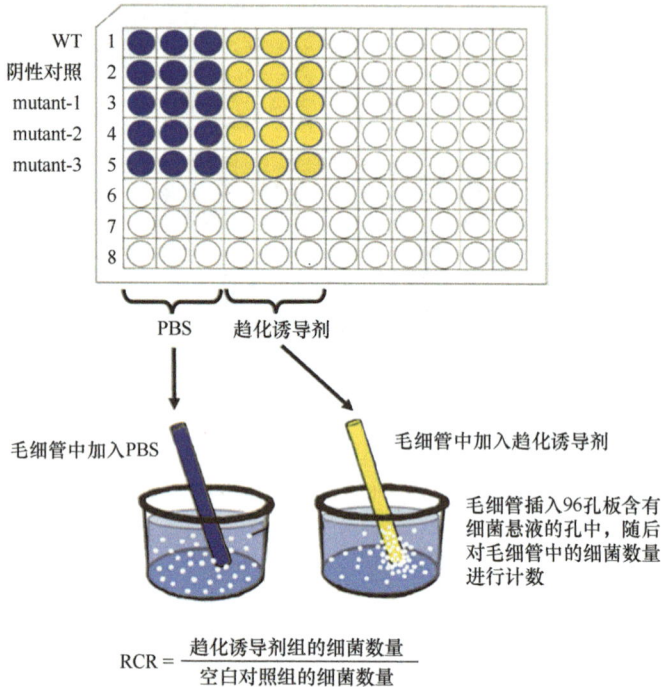

$$RCR = \frac{趋化诱导剂组的细菌数量}{空白对照组的细菌数量}$$

图 1-1-3　毛细管趋化实验示意图和相对趋化效率（RCR）计算公式

该 96 孔板中的第一行的 6 个孔是 WT（野生型），这些孔中加入了空肠弯曲菌 81-176 野生型菌株；第二行前面 6 个孔是阴性对照（negative control），这些孔中加入了磷酸盐缓冲液；第三行至第六行的前 6 个孔是 mutant-1、mutant-2、mutant-3 趋化基因敲除株。RCR（relative chemotaxis response），相对趋化效率

（3）菌体在进行趋化实验之前，使用磷酸盐缓冲液进行清洗；清洗时，使用移液器轻柔吹打液体，低速离心收集菌体，以免破坏菌体及其鞭毛。

（4）将毛细管的一端靠近酒精灯，然后利用热胀冷缩，另一端放入趋化诱导剂和空白对照的液体中，通过热胀冷缩原理，液体被吸入毛细管。该过程要保证吸入的液体约为 1 μL，液滴停留在管口且无气泡。

2）实验步骤

（1）空肠弯曲菌各菌株经过活化培养后，收集细胞，用磷酸盐缓冲液清洗 3 次，并调整菌液浓度至 OD$_{600}$=0.5。

（2）将 100 μL 菌液加入到无菌 96 孔板中，每个菌株设置 3 次重复。

（3）毛细管（1 μL）装入含有 10 mmol/L 丝氨酸的 1 μL 磷酸盐缓冲液作为空肠弯曲菌的趋化诱导剂，磷酸盐缓冲液作为空白对照。

（4）所有的毛细管都插入 96 孔板的细菌液中。

（5）带毛细管的 96 孔板在 37℃的微氧培养箱中培养 15 min。

（6）小心取出毛细管，将 100 μL 磷酸盐缓冲液滴在管壁周围，清洗外壁残留的菌液。

（7）使用移液器小心吸出毛细管中的液体，使用磷酸盐缓冲液进行梯度稀释。

（8）将梯度稀释的菌液在平板上进行涂布培养，然后进行 CFU 计数。

3）数据分析

（1）相对趋化效率（RCR）表示趋化诱导剂组与空白对照组的比值。如果 RCR 大于 2，表明该菌株具有趋化行为，见图 1-1-4。

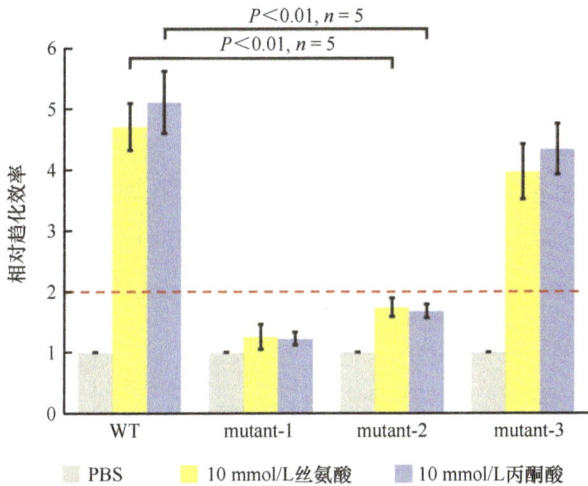

图 1-1-4　各菌株的相对趋化效率

柱形图中灰色为 PBS 空白对照组，黄色为 10 mmol/L 丝氨酸溶液（趋化诱导剂），紫色为 10 mmol/L 丙酮酸溶液（趋化诱导剂）。WT 为空肠弯曲菌 81-176 野生型菌株，mutant-1 为 cheY 基因敲除株，mutant-2 为 cheO 基因敲除株，mutant-3 为 cheO 基因敲除株的回补株。RCR>2 的菌株具有明显的趋化行为。该图显示 cheY 或 cheO 基因被敲除后，突变株的趋化能力显著下降；回补 cheO 基因后，菌株的趋化能力恢复

（2）突变株和野生型菌株之间的差异使用 t 检验进行统计分析，至少进行 3 批独立实验。

## 2. 试管软琼脂趋化实验

将菌体与琼脂混合，固定在 EP 管的底部，然后填充同样浓度的软琼脂，再在琼脂顶部添加趋化诱导剂，则趋化诱导剂在琼脂层中形成浓度梯度。如果菌体具有趋化能力，细菌将在培养过程中向上迁移，最后被活细胞染色剂染色，导致在琼脂层中出现深浅不一的红色。

1）技术要点

（1）收集处于生长对数期的细菌进行实验。

（2）琼脂的温度要控制在 37～40℃，以免温度过高杀死细菌。

（3）在添加琼脂的过程中，不要使用已经凝结成小块的琼脂。

（4）预先准备略小于 EP 管口大小的圆形滤纸，灭菌后使用。

2）实验步骤

（1）空肠弯曲菌各菌株经过活化培养后，收集细胞，用磷酸盐缓冲液清洗 3 次，并调整菌浓度至 $OD_{600}=1.0$。

（2）菌液与 200 μL 0.4%磷酸盐缓冲液-琼脂混合，转移到 2 mL EP 管的底部，在室温下凝固 10 min。

（3）用 1 mL 磷酸盐缓冲液-琼脂覆盖样品，室温下凝固 15 min。

（4）将 10 μL 的 1 mol/L 丝氨酸磷酸盐溶液（趋化诱导剂）或磷酸盐缓冲液（空白对照）分别滴在事先灭菌好的无菌小圆形滤纸上，将纸片放在琼脂顶部，盖上 EP 管盖。

（5）将 EP 管垂直放置在 37℃的微氧环境下，培养样品 24 h。

（6）加入 100 μL 含有 0.01%的 2,3,5-三苯基氯化四氮唑（TTC）的 PBS，对管体中的细菌进行染色,在微氧环境下培养 1 h 后拍照记录,见图 1-1-5 和图 1-1-6。

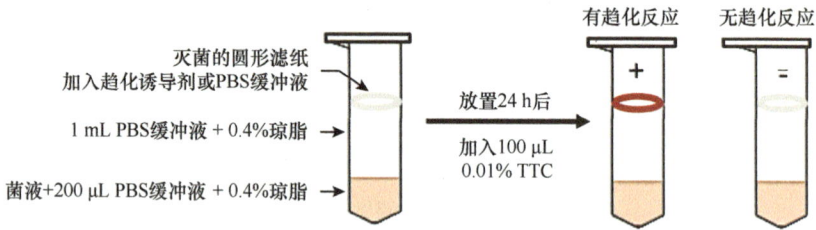

图 1-1-5　试管软琼脂趋化实验示意图

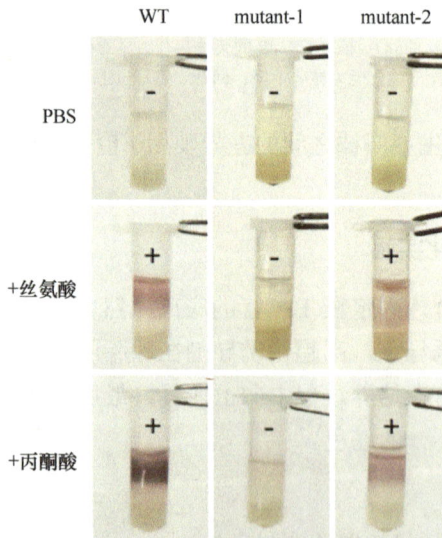

图 1-1-6　试管软琼脂趋化实验结果

WT 为空肠弯曲菌 81-176 野生型菌株，mutant-1 为 cheO 基因敲除株，mutant-2 为 cheO 基因敲除株的回补株。该图显示 cheO 基因被敲除后，突变株的趋化能力显著下降。cheO 基因回补后，菌株的趋化能力恢复

（七）显微镜观察带有荧光蛋白标签的蛋白质

趋化系统需要多种趋化蛋白相互作用完成信号转导，利用荧光标记目的蛋白，观察该蛋白质的细胞定位，有助于分析该蛋白质是否属于趋化蛋白。空肠弯曲菌的细胞两极具有单个鞭毛，趋化蛋白形成的蛋白质阵列分布在鞭毛马达周围。对目的蛋白进行绿色荧光蛋白（green fluorescent protein，GFP）标记，检测该蛋白质在细胞中是否定位在细胞两极，有助于分析该蛋白质是否为趋化蛋白。

**1. 技术要点**

（1）收集处于生长对数期的细菌进行实验。

（2）装片过程尽量在微氧环境下进行，培养液也在微氧环境进行气体平衡。

（3）在进行趋化蛋白的荧光显微镜实验时，要严格控制实验条件，如荧光显微镜的成像参数、趋化的条件和时间等，以获得准确的实验数据。

**2. 实验步骤**

（1）GFP-CheY、CheO-GFP、CheW-GFP、GFP-CheVA 在染色体中原位表达，培养好的菌株在脑心浸培养液中清洗 1 次，调整到 $OD_{600}=0.2$。

（2）清洗菌体，3000 $g$ 低速离心后，使用微氧培养箱中脑心浸培养液重悬菌体。

（3）装片操作均在微氧培养箱进行，将 1 μL 空肠弯曲菌菌液滴在载玻片上，盖上盖玻片。

（4）将少量透明指甲油涂布在盖玻片边缘，将菌液密封在玻片上。

（5）立即进行荧光显微镜观察，同时记录明场的图像作为对照。用配备有 100×Plan 镜头和 Zeiss AxioCam 503 彩色 CCD 相机的 Zeiss Axio Observer A1 显微镜记录图像。每个菌株至少记录 5 个独立视野，进行 3 批独立实验。每个实验至少记录 100 个发荧光的细菌。

（6）本节设置了一个不同氧浓度（即有氧条件）的实验，将脑心浸培养液在普通摇床、37℃下摇晃 24 h，使培养基与空气充分混合，制造含氧的液体条件。

（7）菌体在该脑心浸培养液中清洗，调整到 $OD_{600}=0.2$。

（8）清洗菌体，3000 $g$ 低速离心后，使用微氧培养箱中 BHI 液体培养基重悬菌体。

（9）装片操作均在超净工作台中进行，将 1 μL 空肠弯曲菌菌液滴在载玻片上，盖上盖玻片。

（10）立即进行荧光显微镜观察，同时记录明场的图像作为对照。用配备有 100×Plan 镜头和 Zeiss AxioCam 503 彩色 CCD 相机的 Zeiss Axio Observer A1 显微镜记录图像。每个菌株至少记录 5 个独立视野，进行 3 批独立实验。每个实验至少记录 100 个发荧光的细菌。

### 3. 数据分析

使用 ImageJ 软件的 MicrobeJ 插件沿细菌细胞体中轴线，对 GFP 荧光信号强度进行扫描分析[7]。

（1）通过明场图像划定细胞的 ROI 区域。

（2）每个细菌的 ROI 中轴线从中心（0）到两极（1.0）设定 26 个测量点。

（3）利用 MicrobeJ 测量这 26 个点的荧光强度。

（4）导出该数据后，以散点图的方式呈现这 100 个细菌的荧光强度分布，并计算这 100 个细菌的荧光强度的平均数值及抽样误差（SEM），见图 1-1-7。

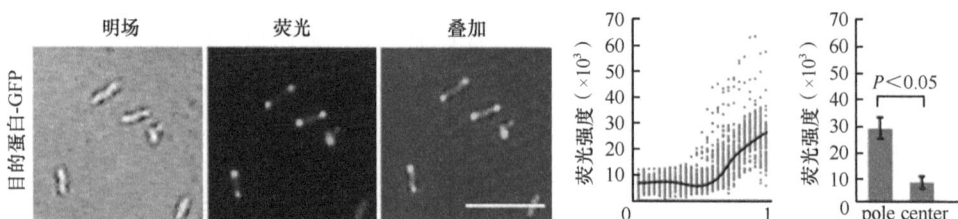

图 1-1-7　显微镜观察带有荧光蛋白标签的目的蛋白并对菌体中的荧光强度进行统计分析

荧光强度柱形图中的 pole 表示菌体的两端，center 表示菌体的中心

## （八）细菌双杂交实验

趋化系统基于大量趋化蛋白的相互作用完成信号的转导。细菌双杂交系统可以检测细菌中蛋白质与蛋白质的相互作用[8]。这套系统主要是基于大肠杆菌的基因转录激活原理，在细胞体内表达两个融合蛋白；如果二者之间存在相互作用，则可以激活报告基因的表达。该报告基因通常为编码 β-半乳糖苷酶的 *lacZ*。可以通过检测含有显色底物 X-gal 的指示培养基上的菌落颜色对 *lacZ* 基因的表达进行定性分析：蓝色菌落代表 *lacZ* 被激活表达，目的蛋白具有相互作用；白色菌落表明 *lacZ* 基因没有被表达，目的蛋白之间没有相互作用。

### 1. 技术要点

（1）明确目的蛋白融合双杂交标签蛋白的位置，两种标签可融合在目的蛋白的 C 端或 N 端，也可以考虑进行正交试验。

（2）进行双杂交试验时，注意设定阳性对照和阴性对照。

（3）进行双杂交试验时，注意观察蓝白斑的变色时间；若培养时间过长，如超过 48 h，可能会出现假阳性菌落。

（4）加了 IPTG 和 X-gal 的培养基注意避光。

**2. 实验步骤**

（1）将感兴趣的蛋白质基因片段与质粒 pKNT25/ pKT25 或 pCH363/pUT18C 中的 T25 或 T18 片段融合。

（2）将已经分别融合目标基因的 T18、T25 两个质粒共同转化到大肠杆菌 BTH101 中，并在含有氨苄青霉素（100 μg/mL）和卡那霉素（50 μg/mL）的 LB 平板上培养。

（3）挑取阳性克隆进行菌落 PCR 验证。

（4）含有正确质粒的菌株在含 250 mmol/L IPTG 的 0.5 mL LB 培养基中诱导目标基因表达，30℃下培养 8 h。

（5）取 1 μL 菌液点在含有氨苄青霉素（100 μg/mL）、卡那霉素（50 μg/mL）、X-Gal（40 μg/mL）和 IPTG（250 mmol/L）的 LB 平板上。

（6）菌株在 30℃下培养 24～48 h，其间观察菌落的颜色变化，见图 1-1-8。

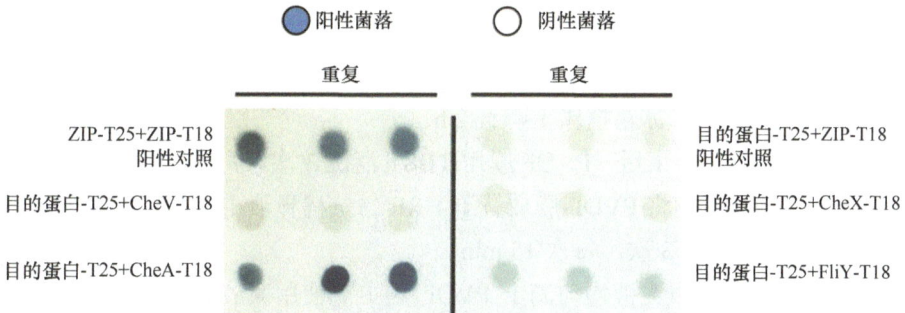

图 1-1-8　细菌双杂交系统检测趋化系统中蛋白质-蛋白质相互作用

**（九）体内磷酸化实验**

趋化系统主要利用磷酸基团进行信号转导。利用 Phos-tag 检测目的蛋白是否带有磷酸基团，可进一步确定该蛋白质是否参与趋化系统的信号转导。Phos-tag SDS-PAGE 是一种磷酸亲和电泳技术，可使用常规 SDS-PAGE 程序分离磷酸化和非磷酸化蛋白质。由于磷酸化蛋白质在电泳过程中与固定在凝胶中的 Phos-tag 表现出可逆结合，因此它们的迁移速率比非磷酸化蛋白质的迁移速率更慢，从而在 SDS-PAGE 上可形成两条或更多的蛋白条带。

**1. 技术要点**

（1）Phos-tag SDS-PAGE 现配现用，2～8℃避光保存。

（2）目的蛋白的富集后纯化过程中，样品 pH 保持在 7 左右；如果加入上样缓冲液后溶液显黄色或者橙色，则应加入 Tris 缓冲液调整 pH 为 7。

（3）制备样品中含有的还原剂、变性剂、螯合剂、钒酸等会使电泳条带发生弯曲或者拖尾，可以通过 TCA 沉淀或渗析法降低杂质含量。

（4）建议免疫印迹使用湿法转膜。

**2. 实验步骤**

（1）表达带有 FLAG tag 的目的蛋白：收集 10 mg 细胞，在冰上用 5 mL 裂解缓冲液[20 mmol/L Tris-HCl（pH 6.8）、150 m mol/L NaCl、1% Triton、1 mmol/L PMSF]重悬，用 JN-Mini 超高压细胞破碎仪裂解细胞，然后在 4℃离心收集上清液。

（2）上清液与 3×FLAG Beads 在 4℃下孵育 2 h。

（3）蛋白质进行 10% Phos-tag SDS-PAGE 凝胶电泳。

（4）电泳结束后将凝胶浸泡在含 10 mmol/L EDTA 的转膜液中轻轻晃动 10 min。

（5）将凝胶浸泡在不含 EDTA 的转膜液中轻轻晃动 10 min 以充分去除凝胶中的 $Mn^{2+}$，然后进行湿法转膜。

（6）使用牛血清白蛋白（BSA）封闭液封闭 PVDF 膜，4℃下孵育 2 h。

（7）一抗孵育：使用 TBST 清洗已封闭的 PVDF 膜 2 遍，将 PVDF 膜放置于一抗稀释液中，于 4℃冰箱摇床上孵育 2 h。

（8）一抗孵育结束后，PVDF 膜用 TBST 清洗 3 次，每次 15 min。

（9）二抗孵育：将 PVDF 膜放置于 HRP 二抗稀释液中，在室温摇床上孵育 1 h，使用 TBST 清洗 3 次，每次 15 min。

（10）将 ECL 发光液均匀滴于 PVDF 膜上，使用凝胶成像仪显影、拍照并分析结果，见图 1-1-9。

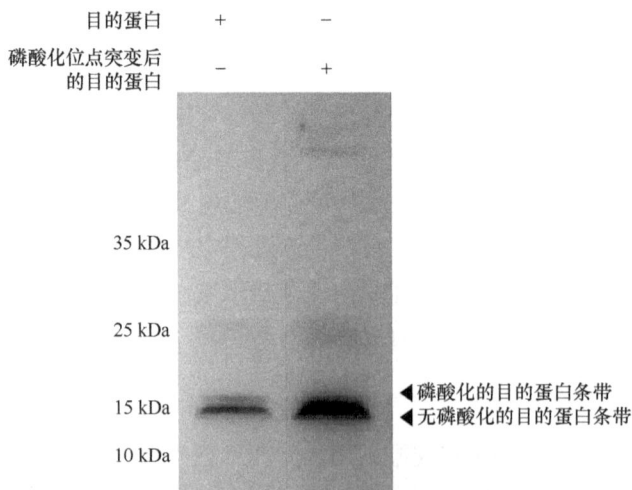

图 1-1-9　体内磷酸化实验检测趋化蛋白的磷酸化

图中左侧泳道的趋化蛋白出现两个条带，表明该蛋白质能磷酸化；右侧泳道蛋白进行了磷酸化位点点突变，该蛋白质只有单一条带，未检测到磷酸化迁移条带

（十）体外磷酸化试验

经典的趋化系统中含有磷酸激酶 CheA、磷酸接收蛋白 CheY 和磷酸酶 CheZ。使用[γ-$^{32}$P]-ATP 同位素标记磷酸激酶 CheA 后加入磷酸接收蛋白，可检测 CheA 传递磷酸基团到下游磷酸接收蛋白的效率。

对于趋化系统中具有磷酸酶功能的蛋白质，也可通过体外磷酸化试验检测该蛋白质是否具有磷酸酶的功能。实验中主要使用 EnzChek$^{TM}$ 磷酸盐检测试剂盒，利用分光光度法可定量测定溶液中的无机磷酸盐，以及 ATP 酶反应过程中释放的磷酸盐。

### 1. 技术要点

（1）利用蛋白表达质粒 pET28a 在大肠杆菌 BL21 菌株中表达趋化蛋白和目的蛋白。蛋白质纯化时注意相应的试剂应现配现用，同时避免蛋白质反复冻融。

（2）放射性同位素实验需要由持证人员在放射性同位素专用实验室中进行。

### 2. 实验步骤

1）[γ-$^{32}$P]-ATP 同位素标记实验

（1）在 100 mmol/L Tris-盐酸（pH 8.0）、50 mmol/L 氯化钾、10 mmol/L 二硫苏糖醇、10 mmol/L 氯化镁（按实验条件添加）、400 kBq 的[γ-$^{32}$P]-ATP 溶液中进行 CheA（0.1 mg/mL）的自磷酸化，反应 20 min。

（2）随后加入目的蛋白（0.5 mg/mL），CheY 作为阳性对照（0.5 mg/mL），反应 30 s 后加入 5×SDS-PAGE 蛋白上样缓冲液终止反应。

（3）样品进行 SDS-PAGE 凝胶电泳，后进行磷屏检测，见图 1-1-10。

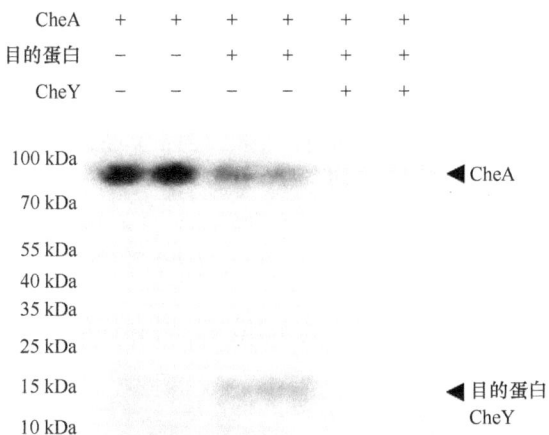

图 1-1-10 [γ-$^{32}$P]-ATP 同位素标记检测待测蛋白是否能接收磷酸基团
图中 CheY 蛋白预测是一个磷酸转移蛋白，能接收和转移来自磷酸激酶 CheA 的磷酸基团

2）磷酸盐检测实验

（1）使用 EnzChek®磷酸盐检测试剂盒（Invitrogen）检测磷酸接收蛋白及磷酸基团释放。使用缓冲液[100 mmol/L HEPES（pH 7）和 20 mmol/L MgCl$_2$]及不同浓度的磷化物 MPI[9]作为磷酸底物。

（2）在室温下测量 5 mmol/L 目的蛋白、5 mmol/L 磷酸接收蛋白 CheY 或 1 mmol/L 磷酸酶 CheZ 的磷酸释放率。

（3）为了检测磷酸酶 CheZ 对于被底物磷酸化的 CheY-P 和目的蛋白的去磷酸化活性，将 CheY 或目的蛋白与磷酸底物 MPI 共孵育，然后添加 1 mmol/L 磷酸酶 CheZ，检测磷酸盐的释放曲线；

（4）使用 OD$_{360}$测定样品的吸光度，持续记录 30 min。磷酸释放率的换算公式参见试剂盒说明书。

# 参 考 文 献

[1] Adler J. Chemotaxis in *Escherichia coli*. Cold Spring Harb Symp Quant Biol, 1965, 30: 289- 292.

[2] Terry K, Williams S M, Connolly L, et al. Chemotaxis plays multiple roles during *Helicobacter pylori* animal infection. Infect Immun, 2005, 73: 803-811.

[3] Szurmant H, Bunn M W, Cannistraro V J, et al. *Bacillus subtilis* hydrolyzes CheY-P at the location of its action, the flagellar switch. J Biol Chem, 2003, 278: 48611-48616.

[4] Ortega D R, Kjaer A, Briegel A. The chemotaxis systems of *Vibrio cholerae*. Mol Microbiol, 2020, 114: 367-376.

[5] Wuichet K, Zhulin I B. Origins and diversification of a complex signal transduction system in prokaryotes. Sci Signal, 2010, 3: ra50.

[6] Kapoor V, Hirst W G, Hentschel C, et al. MTrack: Automated detection, tracking, and analysis of dynamic microtubules. Sci Reports, 2019, 9(1): 3794.

[7] Ducret A, Quardokus E, Brun Y V. MicrobeJ, a tool for high throughput bacterial cell detection and quantitative analysis. Nat Microbiol, 2016, 1: 16077.

[8] Green M R, Sambrook J. Screening bacterial colonies using X-Gal and IPTG: α-complementation. Cold Spring Harb Protoc, 2019, (12): pdb-prot101329.

[9] Page S C, Silversmith R E, Collins E J, et al. Imidazole as a small molecule analogue in two-component signal transduction. Biochemistry, 2015, 54(49): 7248-7260.

# 第二节　细菌群体感应信号的研究方法

王明芳，邓音乐

中山大学药学院（深圳）

**摘　要**：群体感应（quorum sensing, QS）是微生物细胞-细胞间的重要信号通讯机制。细菌可以合成并分泌群体感应信号，信号随着种群密度的增加而逐渐积累，当达到阈值浓度时，信号分子与受体相互作用并激活受体，从而调控信号分子自身的合成及特定基因的表达。群体感应调控细菌众多重要的生理活动，如生物被膜形成、代谢产物合成、生物发光、孢子形成、运动性、抗生素耐药性等。研究表明，群体感应在病原微生物的毒力调控中也起着关键作用，与细菌的致病性密切相关。因此，研究细菌的群体感应信号将有助于我们了解细菌的毒力调控机制，从而为防治致病菌提供新的策略和靶点。本章以洋葱伯克霍尔德菌（*Burkholderia cenocepacia*）J2315 为例，研究其群体感应信号的检测、萃取、分离与鉴定、合成酶的鉴定、基因敲除及其相关表型。

　　**关键词：** 群体感应，洋葱伯克霍尔德菌，BDSF，致病毒力

## 一、背景

　　微生物可以通过合成并分泌群体感应信号进行种内交流，或者种间和跨界通讯[1]。信号分子在环境中产生和积累，当达到一定浓度时，它们与细胞内特定受体蛋白结合并激活相应基因的表达，这些基因涉及调控细菌多种生物学功能，包括运动性、生物被膜形成和毒力因子分泌等[2]。这类用于物种间交流的信号分子在细菌中普遍存在，统称为自诱导物（autoinducer，AI）。目前在许多不同细菌物种中均发现群体感应现象和不同的 AI 分子，通过识别独特的信号分子，细菌能够追踪自身物种及其他物种种群的变化。一旦细菌达到种群密度的阈值，就会表达调节相应群体行为的必要基因[3]。酰基高丝氨酸内酯（*N*-acyl homoserine lactone，AHL）和扩散信号因子（diffusible signaling factor，DSF）是许多革兰氏阴性菌用于种间或者种内交流的重要群体感应信号[4,5]，而革兰氏阳性菌则主要使用自诱导肽（autoinducing peptide，AIP）作为其通讯语言[6]。

　　群体感应是细菌的一个普遍特征，无论是革兰氏阴性菌还是革兰氏阳性菌，均采用特殊的化学信号进行相互交流，从而协调集体行为。由于群体感应信号与病原细菌的致病因子密切相关，因此，研究并解析其信号调控机制对防治病原菌具有重大意义[7]。一方面，干扰或阻断群体感应系统可以成为一种新的病害防控策略和措施，并且信号抑制剂的研发将有效抑制群体感应（quorum quenching，群体淬灭），从而控制病害的发生发展；另一方面，可以通过靶向群体感应系统，开发新药抑制人体致病菌生物被膜形成等致病表型，降低毒力，减少耐药性。

　　对群体感应信号的研究主要包括：信号的检测、萃取和鉴定；信号合成酶的鉴定；信号对细菌致病表型的调控。下面将以洋葱伯克霍尔德菌 J2315 为模式菌，对其产生的 DSF 家族中的 BDSF 群体感应信号和 AHL 群体感应信号的研究方法进行详细介绍。

## 二、材料与试剂

### 1. 培养基

（1）LB 培养基（高盐）

①液体培养液：称取 10 g 胰蛋白胨、5 g 酵母提取物和 10 g NaCl，加蒸馏水溶解后定容至 1000 mL，分装后高压灭菌。

②固体培养基：称取 10 g 胰蛋白胨、5 g 酵母提取物、10 g NaCl 和 15g 琼脂粉，加蒸馏水溶解后定容至 1000 mL，分装后高压灭菌。

（2）NYG 培养基

①液体培养液：称取 3 g 酵母提取物、5 g 蛋白胨、20 g 甘油，加蒸馏水溶解后定容，1000 mL，调节 pH 至 7.0，分装后高压灭菌。

②固体培养基：称取 3 g 酵母提取物、5 g 蛋白胨、20 g 甘油、15g 琼脂粉，加蒸馏水溶解后定容至 1000 mL，调节 pH 至 7.0，分装后高压灭菌。

（3）YEB 培养液：称取 5 g 酵母提取物、10 g 蛋白胨、5 g NaCl、5 g 蔗糖和 0.5 g $MgSO_4 \cdot 7H_2O$，加蒸馏水溶解后定容至 1000 mL，调节 pH 至 7.0，分装后高压灭菌。

（4）SM 培养基：称取 10 g 胰蛋白胨、3 g 琼脂，加蒸馏水溶解后定容至 1000 mL，分装后高压灭菌；使用时，每 195 mL 培养基添加 5 mL 20% 葡萄糖。

（5）MM 培养基：称取 10.5 g $K_2HPO_4$、4.5 g $KH_2PO_4$、2 g $(NH_4)_2SO_4$、0.2 g $MgSO_4 \cdot 7H_2O$、5 mg $FeSO_4$、0.01g $CaCl_2$、2 mg $MnCl_2$、2 g 甘露醇和 2 g 甘油，加蒸馏水溶解后定容至 1000 mL，调节 pH 至 7.0，分装后高压灭菌备用。

若需要向固体培养基中加入抗生素，则在培养基灭菌后，冷却至 50℃ 左右时加入，充分混匀后倒固体平板。注意事项：抗生素不耐高温，避免高压灭菌；不同抗生素用不同溶剂稀释现用现配；抗生素在工作浓度下易分解失效，配制成母液后一般冻存于 –20℃ 低温冰箱。

### 2. 试剂

（1）磷酸缓冲盐溶液：称取 NaCl 8 g、KCl 0.2 g、$Na_2HPO_4$ 1.42 g、$KH_2PO_4$ 0.27 g，用浓盐酸将 pH 调至 7.4，蒸馏水定容至 1 L。

（2）试剂盒：快速质粒小提试剂盒、细菌基因组 DNA 提取试剂盒、琼脂糖凝胶回收试剂盒、产物回收试剂盒（Cycle-Pure Kit）。

（3）抗生素母液：氨苄青霉素 100 mg/mL；卡那霉素：50 mg/mL；四环素 10 mg/mL；利福平 50 mg/mL；庆大霉素 50 mg/mL。

（4）酶：限制性内切核酸酶、T4 DNA 连接酶（NEB，英国）。

（5）化合物标准品：顺-2-十二碳烯酸（*cis*-2-Dodecenoic acid，BDSF）、*N*-

（3-氧代十二烷酰基）-L-高丝氨酸内酯[*N*-（3-oxododecanoyl）L-homoserine lactone，3-oxo-C$_{12}$-HSL]。

（6）常用化学试剂：HCl、NaOH、X-gal 溶液、X-gluc 溶液、乙醇、乙酸乙酯（色谱级）、甲醇（色谱级）、偶氮酪蛋白溶液、三氯乙酸等。

### 3. 设备

（1）恒温培养箱（龙跃，型号 LBI-80）

（2）电热恒温鼓风干燥箱（龙跃，型号 LDO-101-1）

（3）超微量分光光度计（Thermo Scientific，型号 NanoDrop One）

（4）微波炉（美的，型号 PC23M6W）

（5）超声波清洗器（禾创，型号 KH-300DB）

（6）台式低速冷冻离心机（可成，型号 L4-5KR）

（7）高速冷冻离心机（Eppendorf，型号 Centrifuge 5418R）

（8）十万分之一天平（OHAUS，型号 AX224ZH）

（9）恒温振荡培养箱（旻泉，型号 MDQ-S3R）

（10）pH 计（Mettler Toledo，型号 S210-K）

（11）旋转蒸发仪（亚荣，型号 RE-52AA）

（12）生物安全柜（ESCO，型号 AC2-4S1）

（13）多功能酶标仪（Molecular Devices，型号 SpectraMax® i3x）

（14）液相色谱仪 HPLC（Shimadzu，型号 LC-20AT）

（15）核酸电泳仪（BIO-RAD，型号 PowerPac Basic Power Supply）

（16）PCR 仪（Bio-Rad，型号 T100）

（17）高压灭菌锅（致微，型号 GR85SA）

## 三、操作步骤

### （一）DSF 和 AHL 信号的检测

#### 1. DSF 信号检测

报告菌株 FE58 可用于检测 DSF 家族群体感应信号[8]，其原理为：将 DSF 信号诱导表达的目标基因 *engXCA* 的启动子与编码 β-葡萄糖醛酸酶（β-glucuronidase）的基因 *gusA* 融合，克隆至广谱宿主载体 pLAFR3 中，最后将质粒转入野油菜黄单胞菌（*Xanthomonas campestris* pv. *campestris*）DSF 合成缺陷型菌株中，生成报告菌株 FE58。当报告菌株受到 DSF 家族的信号刺激后，促进 β-葡萄糖醛酸酶的表达，分解底物 X-gluc，产生无色葡萄糖醛酸和肉眼可见的深蓝色氯溴靛蓝沉淀，从而判断添加物中是否含有 DSF 家族信号（图 1-2-1）。

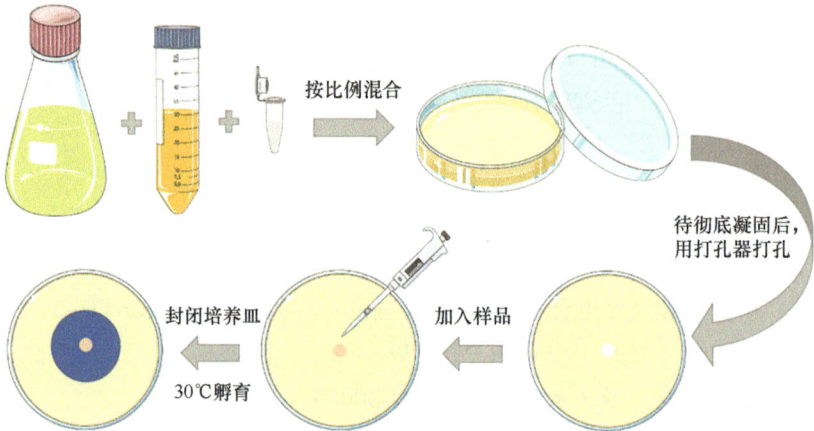

**图 1-2-1　DSF 信号检测操作步骤示意图**

图中部分素材引用来自 https://smart.servier.com/

1）技术要点

（1）菌液和 X-gluc 溶液要在培养基略微冷却后加入，以避免失活。

（2）打孔器在使用之前需灭菌处理，如用 75%乙醇喷涂后，置于生物安全柜中晾干使用。

（3）培养基、菌液和底物需要充分混合，避免显色不均匀。

2）实验步骤

（1）将 FE58 菌株从–80℃冰箱取出，在含相应抗生素的 LB 平板（10 μg/mL 四环素+50 μg/mL 利福平）划线，置于 30℃恒温培养箱中培养 24～36 h。

（2）挑选单克隆菌落接种于 10 mL 含相应抗生素的 NYG 液体培养基中（10 μg/mL 四环素+50 μg/mL 利福平），30℃、220 r/min 振荡培养至 $OD_{600}$=3.0。

（3）将预先配制的 NYG 固体培养基置于微波炉中用中火加热融化，然后转移至生物安全柜中冷却至 42℃。

（4）按照比例（NYG 培养液∶菌液∶X-gluc=100∶4∶1）进行配制，充分摇匀，使菌液和底物均匀分布在培养基中。

（5）将混合均匀的培养基迅速倒入培养皿中，避光冷却。

（6）在凝固的平板中间用灭菌打孔器（5 mm）打孔，将需要检测的样品小心加入孔中。

（7）待样品在生物安全柜中吹干后密封，置于 30℃恒温培养箱中培养 24 h。

（8）检测平板的显色情况。

## 2. AHL 信号检测

报告菌株 CF11 可用于检测长链 AHL 信号[9]，其原理为：根癌农杆菌（*Agrobacterium tumefaciens*）CF11 中包含 *tra-LacZ* 融合基因，当 CF11 菌株感应到环境中存在的长链 AHL 信号（如 3-oxo-C12-HSL）时，将启动 *lacZ* 基因的转录，表达 β-半乳糖苷酶，分解显色底物 X-gal，从而导致报告菌株周围呈现蓝色（图 1-2-2）。

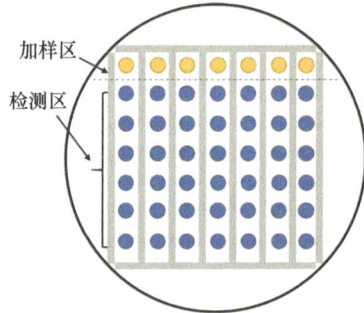

图 1-2-2　AHL 信号分子检测平板示意图

1）技术要点

（1）切琼脂条时，可事先在培养皿一侧用标记笔画线和画点。

（2）加样时避免枪头戳破培养基表面。

2）实验步骤

（1）将 CF11 菌株从–80℃冰箱取出，在含相应抗生素的 LB 平板（5 μg/mL 四环素+50 μg/mL 卡那霉素）划线，置于 28℃恒温培养箱中培养 24～36 h。

（2）挑选单克隆菌落接种于 5 mL YEB 液体培养基中（5 μg/mL 四环素+50 μg/mL 卡那霉素），28℃、200 r/min 振荡培养至 $OD_{600}$=1.5。

（3）准备 MM 琼脂糖平板（包含 30 μg/mL X-gal），利用尺子和无菌刀片将平板切成宽 1 cm、间距 3～5 mm 的琼脂条。

（4）从琼脂条的一端开始，每隔约 1 cm 进行画点（点在背面培养皿上），最上面一排作为加样区，其余所有点作为检测区。

（5）在加样区中小心滴入适量萃取液，以 3-oxo-C12-HSL 和甲醇分别作为阳性和阴性对照，在检测区中分别滴上 1 μL CF11 菌株培养液，待萃取液和 CF11 菌株培养液在生物安全柜中吹干后，置于 28℃恒温培养箱中培养 24 h。

（6）观察报告平板的显色情况。由于信号分子扩散的特性，可以根据琼脂条变蓝的情况，简单评估萃取液中 AHL 信号分子的活性强弱。

（二）群体感应信号的萃取

**1. 技术要点**

（1）旋干后的样品如果无法及时进行后续检测分析，应保存至–20℃冰箱。

（2）考虑到实验安全问题，在操作过程中，所有涉及挥发性有机溶剂的步骤均应在通风橱内进行。

（3）分离后的水相中仍然含有少量的乙酸乙酯，不能将水相随意倒入下水槽中，应转移至废液收集桶中，贴上标签，填写可能含有的组分，及时进行废液回收。

**2. 实验步骤**

（1）将 *B. cenocepacia* J2315 从–80℃冰箱中取出，在 LB 平板上划线活化，倒置于 37℃恒温培养箱中培养 16～18 h。

（2）挑选单克隆菌落接种于 4 mL LB 液体培养基中，37℃、220 r/min 过夜振荡培养。

（3）将新鲜的 J2315 菌液以 1:100 接种到 100 mL 的 LB 液体培养基中，37℃、220 r/min 振荡培养。

（4）监测菌液的生长情况，当达到稳定期（$OD_{600}=3.0$）后，停止培养。

（5）将培养到稳定期的菌液转移至 50 mL 离心管中，每管 25 mL 菌液，利用天平对 4 个离心管进行配平（误差<1 g）。

（6）将配平的离心管置于高速离心机中，8000 r/min 离心 20 min。

（7）取出离心管，将培养上清液小心转移至干净的 200 mL 烧杯中。

（8）用 HCl 将上清液调节至 pH 4.0，中间用 pH 计对 pH 进行检测。

（9）将酸化后的上清液等量转移至 2 个 200 mL 锥形瓶中，并分别加入等体积的色谱级乙酸乙酯。

（10）28℃、200 r/min 振荡摇匀 30 min，使上清液与萃取溶剂充分接触。

（11）将萃取混合液转移至 50 mL 离心管中，8000 r/min 离心 10 min，促进水相和乙酸乙酯相的分离。

（12）小心收集离心管上层的乙酸乙酯组分，并全部转移至干燥的锥形瓶中。

（13）将萃取液（乙酸乙酯相）转移至圆底烧瓶中，利用旋转蒸发仪旋干溶剂，水浴温度设定为 40℃。

（14）用 2 mL 色谱级甲醇充分溶解圆底烧瓶底部的粗提物，可置于超声清洗仪中促进溶解，随后转移至 4 mL 离心管中。

（15）8000 r/min 离心 5 min，将粗提液转移至样品瓶中。

（16）进一步利用旋转蒸发仪（40℃）旋干溶剂。

（三）群体感应信号的分离纯化

在进行信号的分离纯化前，可先利用报告系统对粗提物进行检测，确定粗提物中含有 AHL 或者 DSF 家族群体感应信号后，再进行进一步的分离纯化。

**1. 技术要点**

（1）若进一步对信号进行分离纯化，则需大量萃取菌液上清，从而对信号进行富集，否则信号含量过低，未达到报告菌株的检测线，将导致检测平板无法启动反应。另外，在分离纯化过程中，信号可能存在损失，含量过低也会导致无法进行信号结构鉴定。

（2）每次进行分离纯化前和使用完毕后，需要用纯甲醇清洗柱子；在开始分析前，需要用一定比例的甲醇对柱子进行平衡。

（3）每次分离纯化前，需用 0.22 μm 有机相过滤器对样品进行过滤，防止萃取液中存在不溶物，影响仪器和分离柱的使用寿命。

**2. 实验步骤**

（1）将粗提物溶解在适量体积的甲醇中，利用 HPLC 对活性成分进行分离纯化。

（2）流动相选择去离子水和色谱级甲醇；在使用之前，将水和甲醇放在超声仪中超声 30 min，排出气泡。

（3）根据仪器管道流通方向装上分离柱（Zorbax Eclipse XDB-C18 反相柱）；对于首次使用的仪器，在开始之前，一般需要对仪器进行排气泡操作。

（4）分离方法一般采用梯度洗脱，参考程序如下。0～5 min：5%甲醇，95%水；5～45 min：5%～100%甲醇梯度；45～55 min：100%甲醇；55～60 min：5%甲醇，95%水；检测 210 nm 处的紫外吸收。

（5）在开始分析之前，以 100%甲醇对分离柱进行清洗，至仪器紫外吸收图谱中的基线平整无波动即可。

（6）将流动相比例调整为 5%甲醇、95%水，对分离柱进行平衡，同样平衡至仪器紫外吸收图谱中的基线平整无波动即可。

（7）按照仪器的要求进行上样，根据分离洗脱程序，将粗提物分成 6 个部分。0～10 min：组分 A；10～20 min：组分 B；20～30 min：组分 C；30～40 min：组分 D；40～50 min：组分 E；50～60 min：组分 F；分别收集不同时间段的洗脱组分。

（8）将收集得到的 6 个组分分别进行旋蒸浓缩（40℃），然后用少量甲醇对旋干后的样品进行溶解。

（9）将浓缩后的 6 个组分利用报告系统进行检测，检测信号所在组分，从而确定出峰时间。

（10）根据出峰时间调整流动相比例，继续采用梯度洗脱方法，进一步对目的组分进行分离。

（11）每次收集后，需利用报告平板对信号进行检测。

（12）重复步骤（10）和（11）。

（13）最终收集得到峰型单一的样品，旋蒸浓缩后进行称重，计算产率。

（14）取活性组分溶解在甲醇中，利用电喷雾电离质谱法（ESI-MS）对化合物的分子质量和结构进行鉴定（图1-2-3）。

（15）将活性组分溶解于氘代甲醇后转移到干净核磁管中，利用核磁共振（NMR）检测活性化合物的 $^1$H NMR 和 $^{13}$C NMR。

（16）综合质谱和核磁结果，确定信号分子的结构。

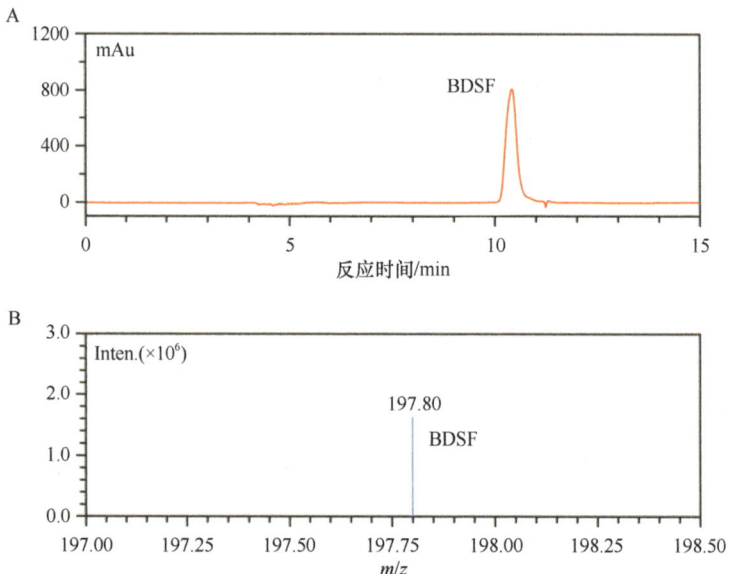

图 1-2-3　BDSF 的经典谱图
A. BDSF 的液相色谱图；B. BDSF 的质谱分析

## （四）群体感应信号合成酶的鉴定

### 1. BDSF 信号合成酶鉴定

之前的研究表明，在 *Xcc* 中，RpfF 负责 DSF 信号的合成。鉴于 BDSF 与 DSF 的结构式极其相近，因此预测 BDSF 合成酶的氨基酸序列与 RpfF 存在同源性。在本次实验中，采用同源检索的方法对 J2315 中 BDSF 合成酶进行鉴定。

1）技术要点

（1）针对特定的菌株，应在 Organism 处输入目标菌株的 taxid。

（2）在检索同源蛋白时，可根据自己的需求选择不同算法。

2）实验步骤

（1）打开 NCBI（National Center For Biotechnology Information，美国国家生物技术信息中心）网址 https://www.ncbi.nlm.nih.gov/。

（2）在 NCBI 检索框中检索输入关键词 RpfF 和 *Xanthomonas campestris* pv. *campestris* str. 8004，检索范围选为 Protein，选择正确的检索结果。

（3）核对蛋白质相关信息，点击 FASTA 查看氨基酸序列并记录。

参考序列：

>AAY49385.1 RpfF protein [*Xanthomonas campestris* pv. *campestris* str. 8004]
MSAVQPFIRTNIGSTLRIIEEPQRDVYWIHMHADLAINPGRACFSTRLVDDI
TGYQTNLGQRLNTAGVLAPHVVLASDSDVFNLGGDLALFCQLIREGDRARLL
DYAQRCVRGVHAFHVGLGARAHSIALVQGNALGGGFEAALSCHTIIAEEGVM
MGLPEVLFDLFPGMGAYSFMCQRISAHLAQKIMLEGNLYSAEQLLGMGLVDR
VVPRGQGVAAVEQVIRESKRTPHAWAAMQQVREMTTAVPLEEMMRITEIWV
DTAMQLGEKSLRTMDRLVRAQSRRSGLDAG

（4）在 NCBI 的主界面找到程序 BLAST（Basic Local Alignment Search Tool），或者点击 Analyze 进行查找。

（5）在 BLAST 的主界面，选择 Protein BLAST。

（6）在检索框内输入之前保存的 RpfF 氨基酸序列，Job 命名为 RpfF，并且在 Organism 处设定为目标菌株 *Burkholderia cenocepacia* J2315（taxid：216591）。

（7）选择算法（Algorithm）为 blastp（protein-protein BLAST），其他参数均为默认参数即可，点击 BLAST。

（8）对检索结果进行分析，选择与 RpfF 功能相近的蛋白质，E 值（E-value）、相似度（identity）、序列覆盖百分比（query cover）是重要的参考标准。另外，可通过 Alignment 对两个蛋白质的氨基酸序列进行比对。

（9）经分析，相似性为 36.88% 的蛋白质为目的蛋白，记录该蛋白质的相关信息，在 *B. cenocepacia* J2315 基因组中检索并确定编码该蛋白质的基因为 *Bcam0581*。

**2. AHL 信号合成酶鉴定**

研究表明，群体感应信号 3-oxo-C12-HSL 属于 AHL 家族，由铜绿假单胞菌（*Pseudomonas aeruginosa*）的 LasI 蛋白合成。参考上面提到的方法，同样对菌株 J2315 的 AHL 信号合成酶进行检索分析。

1）技术要点

在伯克霍尔德菌基因组数据库（https://burkholderia.com/）中，对 LasI 进行同源检索可得到两个同源蛋白（BCAM0239a，CciI；BCAM1870，CepI）。研究表明，这两个蛋白质均为 *B. cenocepacia* J2315 的 AHL 信号合成酶。

2）实验步骤

（1）在 NCBI 上检索 *P. aeruginosa* PAO1 的 LasI 氨基酸序列：

>AAG04821.1 autoinducer synthesis protein LasI[*Pseudomonas aeruginosa* PAO1]

MIVQIGRREEFDKKLLGEMHKLRAQVFKERKGWDVSVIDEMEIDGYDAL
SPYYMLIQEDTPEAQVFGCWRILDTTGPYMLKNTFPELLHGKEAPCSPHIWELS
RFAINSGQKGSLGFSDCTLEAMRALARYSLQNDIQTLVTVTTVGVEKMMIRAG
LDVSRFGPHLKIGIERAVALRIELNAKTQIALYGGVLVEQRLAVS

（2）打开 BLAST，找到 Protein BLAST，输入 LasI 的氨基酸序列。

（3）将检索菌株设定为 *Burkholderia cenocepacia* J2315（taxid：216591），选择算法 blastp，其余参数为默认值，点击开始检索。

（4）对检索结果进行分析，发现存在 CciI 和 CepI 两个同源蛋白，相似性分别为 26.39% 和 28.81%。

（五）群体感应信号合成酶的敲除

## 1. 构建自杀载体

pK18mobSacB 是一种广泛用于细菌基因敲除的自杀载体，下面将介绍基于 pK18 自杀载体的 *Bcam0581* 基因敲除方法（图 1-2-4）。

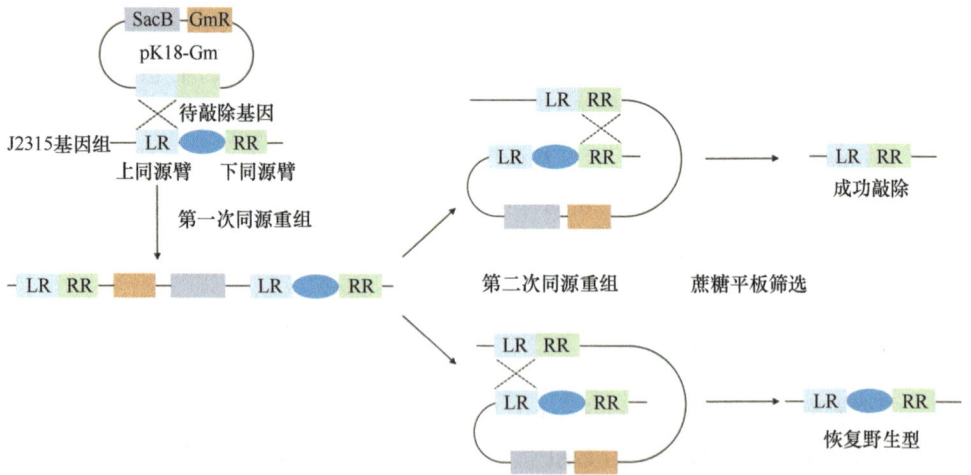

图 1-2-4　基于同源重组的基因敲除示意图

1）技术要点

（1）为方便上下游同源臂融合，分别在引物 *Bcam0581*-1R 的 3′端和

*Bcam0581*-2F 的 5′端引入 10 个互补碱基。

（2）为将同源臂克隆至 pK18-Gm 中，另需在 *Bcam0581*-1F 和 *Bcam0581*-2R 两端分别引入 *Bam*HI 和 *Hind*III 酶切位点（下划线部分）。

（3）参考引物

*Bcam0581*-1F：CG<u>GGATCC</u>AACGCTTGCGCAACCGG

*Bcam0581*-1R：GCCCGTCGCAGGTATGTCCTCGTGAGATG

*Bcam0581*-2F：AGGACATACCTGCGACGGGCGCCGCCGA

*Bcam0581*-2R：CCC<u>AAGCTT</u>CGATTCTCGACGGCGCGG

（4）原始 pK18 载体具有卡那霉素抗性，本实验中采用的 pK18-Gm 为改造后的载体，具备庆大霉素抗性，其余属性不变。

2）实验步骤

（1）在 NCBI 上检索 *Bcam0581* 基因，以其上下游约 500 bp 作为同源臂并设计 2 对引物，见"技术要点（3）"。

（2）以 J2315 菌液或者其基因组 DNA 为模板，利用 *Bcam0581*-1F、*Bcam0581*-1R 和 *Bcam0581*-2F、*Bcam0581*-2R 引物对，分别 PCR 扩增目的基因上下游同源臂片段，并利用琼脂糖凝胶电泳对扩增片段进行验证。

（3）将目的条带进行切胶纯化。

（4）将两个纯化后的片段混合作为模板，以引物 *Bcam0581*-1F 和 *Bcam0581*-2R 进行 PCR 扩增，对两个片段进行融合。

（5）利用琼脂糖凝胶电泳对 PCR 反应产物进行验证，将融合成功的产物条带纯化备用。

（6）按照质粒提取试剂盒的操作说明，提取 pK18-Gm 质粒。

（7）将 pK18-Gm 质粒和步骤（5）获得的同源臂融合片段同时进行双酶切反应（*Bam*HI 和 *Hind*III）。

（8）按照产物回收试剂盒的操作说明，对酶切产物分别纯化，并利用超微量核酸蛋白检测仪检测片段的浓度。

（9）将纯化后的质粒片段和融合片段按比例（摩尔比）混合（片段：载体＞3：1），用 T4 DNA 连接酶进行连接，连接反应可选择在室温下连接 2 h 或者 16℃过夜连接。

（10）将连接产物通过热激转化至大肠杆菌 DH5α 感受态中，复苏后的菌液涂布在含庆大霉素的 LB 平板中，倒置于 37℃恒温培养箱中过夜培养。

（11）以 pK18 通用引物（M13-F/M13-R）对平板上的单菌落进行 PCR 检测，挑选阳性克隆并进行测序验证。

（12）将构建成功的、含有目的基因上下游同源臂的 pK18-Gm 敲除菌株冷冻保存。

## 2. 三亲杂交转化

三亲杂交转化是在 *B. cenocepacia* J2315 中常用的质粒转化方法，即在辅助菌 pRK2013 的作用下，将构建好的敲除载体 pK18-Gm 转化到菌株 J2315 中。

1）技术要点

（1）该实验所有菌株均需新鲜培养，具备较好的活力。

（2）菌体混合前或者混合时，需用无抗性 LB 培养基洗涤，除去残余抗生素。

（3）三亲杂交转化实验的前提之一为宿主菌和供体质粒具有不同的抗生素抗性，方便使用抗生素筛选。例如，本实验中 *B. cenocepacia* J2315 具有氨苄青霉素抗性，pK18-Gm 则具有庆大霉素抗性。

2）实验步骤

（1）将 *B. cenocepacia* J2315、辅助菌 pRK2013 和含 pK18-Gm 的菌株在含对应抗生素的 LB 平板上划线活化。

（2）分别挑选单克隆菌落接种于 4 mL 含对应抗生素的 LB 培养基中，37℃、220 r/min 过夜振荡培养。

（3）分别取新鲜菌液 1 mL，4000 r/min 离心 5 min，弃去上清。

（4）用 2 mL LB 液体培养基重悬三种菌体，4000 r/min 离心 5 min，重复洗涤两次后，再用约 200 μL 的 LB 培养液重悬菌体。

（5）将混匀后的菌液滴在 LB 平板中，菌液尽量不扩散，敞口置于生物安全柜中至吹干菌液。

（6）将平板密封，正置于 37℃恒温培养箱中培养 12 h。

（7）吸取 1 mL 无菌去离子水（或者 LB 培养液）冲洗平板上的菌体，转移至离心管中进行梯度稀释，取稀释后的菌液涂布在含庆大霉素和氨苄青霉素的 LB 平板中，37℃过夜培养。

（8）次日检查平板上是否有单菌落长出，利用 pK18 通用引物对菌落进行验证，检测 pK18-Gm 敲除载体是否转入 J2315 菌株中。

（9）冻存转化成功的菌株。

## 3. *Bcam0581* 突变体的筛选和鉴定

1）技术要点

（1）pK18-Gm 质粒无法在细菌中独立复制，需融合到细菌基因组中才能长期存在。

（2）pK18-Gm 质粒含有蔗糖敏感基因 *sacB*，在蔗糖平板上会抑制细菌生长

（致死），从而反向筛选得到 J2315 无痕缺失突变体。

2）实验步骤

（1）将转化成功的菌株接种在含 10%蔗糖、无 NaCl 的 LB 平板中，置于 37℃培养箱中培养 12～16 h。

（2）挑选在上述平板上生长的单菌落，分别接种在不含抗生素和含庆大霉素的 LB 平板上，37℃培养 12～16 h。

（3）挑选不能在含庆大霉素的 LB 抗性平板上生长，但能在不含抗生素 LB 平板上生长的单菌落，以外围引物 *Bcam0581*-1F 和 *Bcam0581*-2R 进行 PCR 验证。

（4）敲除成功的菌落，PCR 产物的电泳条带为 1000 bp（即为上下游同源臂的长度），未交换成功的条带长度为 1864 bp（*Bcam0581* 片段加上同源臂的长度）。

（5）将验证成功的菌落进行冻存，编号 Δ*Bcam0581*。

## （六）群体感应信号调控的表型验证

生物被膜、运动性和蛋白酶是洋葱伯克霍尔德菌群体感应调控的重要致病表型[10]，可通过对生物被膜和蛋白酶产量以及运动性变化进行分析，验证群体感应信号对细菌致病表型的调控作用。

### 1. 生物被膜实验

1）技术要点

（1）每次实验前都需重新活化菌株，并挑选单克隆菌落进行培养。

（2）弃去菌液后，需要对 96 孔板进行润洗，充分除去菌液。

2）实验步骤

（1）将冻存的 *B. cenocepacia* 野生型和 Δ*Bcam0581* 突变体菌株在含氨苄青霉素的 LB 平板上划线，于 37℃恒温培养箱中培养 12～16 h。

（2）挑选单克隆点接种于 4 mL LB 培养液中，37℃、220 r/min 过夜培养。

（3）将新鲜的菌液用 LB 培养液分别稀释至 $OD_{600}$=0.05。

（4）将稀释好的菌液转移至 96 孔板中，每孔 150 μL 菌液，每组样品至少 3 个重复孔。

（5）将 96 孔板置于 37℃培养箱中静置培养 8 h。

（6）取出 96 孔板，轻柔弃去菌液并用 PBS 润洗 3 次，然后烘干 96 孔板。

（7）每孔加入 150 μL 的 0.1%结晶紫溶液，室温静置 30 min。

（8）弃去结晶紫溶液，每孔加入 150 μL 的去离子水润洗 3 次并烘干。

（9）往样品孔中加入 150 μL 的 95%乙醇，静置 15 min。

（10）测定 $OD_{570}$ 的值，根据吸光度比较分析各菌株生物被膜产量差异（相关实验数据可参考文献[11]）。

**2. 运动性实验**

1）技术要点

（1）每次实验前都需重新活化菌株，并挑选新鲜单克隆菌落进行实验。

（2）用牙签接种时应注意力度，轻点即可，避免戳破培养基表面。

（3）可将待测菌株接种于培养液中，吸取新鲜菌液，滴在平板中间进行运动性检测。

2）实验步骤

（1）将冻存的 *B. cenocepacia* 野生型和 Δ*Bcam0581* 突变体菌株在含氨苄青霉素的 LB 平板上划线，于 37℃恒温培养箱中培养 12～16 h。

（2）将预先配制好的 SM 培养基置于微波炉内融化后，转移至生物安全柜中降温。

（3）待温度下降至约 50℃时，加入 20%葡萄糖溶液（每 195 mL 的 SM 培养基中加入 5 mL 的 20%葡萄糖），混合均匀。

（4）将混合后的培养基转入直径为 9 cm 的无菌培养皿中，静置约 15 min。

（5）用无菌牙签轻轻挑取单菌落，小心接种于平板的中央。

（6）封上平板的盖子，小心将平板转移至 30℃培养箱内，水平放置并静置培养 12～18 h。

（7）利用直尺量取细菌游动的直径，记录数据并拍照保存（相关图片可参考文献[11]）。

**3. 蛋白酶产量实验**

1）技术要点

（1）每次实验前都需重新活化菌株，并挑选新鲜单克隆菌落进行试验。

（2）待测菌株在离心前需培养或者调整至相同 $OD_{600}$ 值。

（3）三氯乙酸为有刺激性气味的有机化合物，请在通风橱内进行实验。

2）实验步骤

（1）将冻存的 *B. cenocepacia* 野生型和 Δ*Bcam0581* 突变体菌株在含氨苄青霉素的 LB 平板上划线，于 37℃恒温培养箱中培养 12～16 h。

（2）挑选单克隆菌落接种于 4 mL NYG 培养液中，37℃、220 r/min 过夜培养。

（3）取新鲜菌液作为种子液，再次接种到含氨苄青霉素抗性的 10 mL NYG 培养液中，37℃、220 r/min 分别培养至菌液 $OD_{600}=4.0$。

（4）每组菌液分别吸取 1 mL 至 1.5 mL 无菌离心管中，并做 3 个重复处理，在离心机中以 12 000 r/min 离心 10 min。

（5）收集样品上清液，并用 0.22 μm 过滤器进行过滤。

（6）分别吸取 100 μL 过滤后的上清液，向其中加入相同体积的 5 mg/mL 偶氮酪蛋白溶液，混合均匀后置于 30℃恒温水浴锅中孵育 60 min。

（7）向反应混合物中加入 400 μL 的 10%三氯乙酸，混合均匀后室温孵育 2 min 终止反应。

（8）将上述混合物置于离心机中，12 000 r/min 离心 5 min。

（9）小心收集上清液，转移至新的 2 mL 离心管中，并向其中加入 700 μL 浓度为 0.5 mol/L 的 NaOH 溶液，混合均匀。

（10）分别吸取 200 μL 的混合物转移至 96 孔板中，测定 $OD_{442}$ 的值。根据吸光度比较分析各菌株蛋白酶产量差异（相关实验数据可参考文献[11]）。

# 参 考 文 献

[1] Deng Y, Wu J, Tao F, et al. Listening to a new language: DSF-based quorum sensing in Gram-negative bacteria. Chem Rev, 2011, 111(1): 160-173.

[2] Papenfort K, Bassler B L. Quorum sensing signal-response systems in Gram-negative bacteria. Nat Rev Microbiol, 2016, 14(9): 576-588.

[3] Hense B A, Schuster M. Core principles of bacterial autoinducer systems. Microbiol Mol Bio R, 2015, 79(1): 153-169.

[4] Fuqua C, Greenberg E P. Listening in on bacteria: Acyl-homoserine lactone signalling. Nat Rev Mol Cell Bio, 2002, 3(9): 685-695.

[5] He Y W, Deng Y, Miao Y, et al. DSF-family quorum sensing signal-mediated intraspecies, interspecies, and inter-kingdom communication. Trends Microbiol, 2023, 31(1): 36-50.

[6] Banerjee G, Ray A K. Quorum-sensing network-associated gene regulation in Gram-positive bacteria. Acta Microbiol Imm H, 2017, 64(4): 439-453.

[7] Defoirdt T. Quorum-sensing systems as targets for antivirulence therapy. Trends Microbiol, 2018, 26(4): 313-328.

[8] Wang L H, He Y, Gao Y, et al. A bacterial cell-cell communication signal with cross-kingdom structural analogues. Mol Microbiol, 2004, 51(3): 903-912.

[9] Deng Y, Lim A, Wang J, et al. *Cis*-2-dodecenoic acid quorum sensing system modulates *N*-acyl homoserine lactone production through RpfR and cyclic di-GMP turnover in *Burkholderia cenocepacia*. BMC Microbiol, 2013, 13(1): 148.

[10] Deng Y, Boon C, Eberl L, et al. Differential modulation of *Burkholderia cenocepacia* virulence and energy metabolism by the quorum-sensing signal BDSF and its synthase. J Bacteriol, 2009, 191(23): 7270-7278.

[11] Deng Y, Schmid N, Wang C, et al. *Cis*-2-dodecenoic acid receptor RpfR links quorum-sensing signal perception with regulation of virulence through cyclic dimeric guanosine monophosphate turnover. Proc Natl Acad Sci, 2012, 109(38): 15479-15484.

# 第三节　细菌 VI 型分泌系统蛋白杀伤试验与效应蛋白功能鉴定

傅　晹，刘　鸣

南方科技大学医学院

**摘　要：** 2006 年，Pukatzki 等人发现了不同于 I～V 型分泌系统的一种新型蛋白质分泌系统，后续被命名为 VI 型分泌系统[1]（type VI secretion system，T6SS）。通过大规模测序和生物信息学分析，发现这个结构高度保守的分泌系统广泛存在于高达 25% 的革兰氏阴性菌中[2]。T6SS 是一种针状的大分子纳米机器，在细菌内部充分延伸后快速发射，能够通过穿刺作用实现对邻近细胞的蛋白质递送（被递送的蛋白质称为效应蛋白，通常具有毒性），最终实现杀伤作用。T6SS 是自然界中菌种对抗的重要手段，对细菌在自然环境中维持丰度和竞争优势具有重要意义。效应蛋白是体现 T6SS 功能最重要的部分，特别是在发挥杀菌活性中居主导地位。大多数效应蛋白的化学本质是一系列具有极强催化活性的酶，如脂酶、肽聚糖酶、蛋白酶和核酸酶等，能够高效降解被攻击细胞的关键生命大分子，造成细胞的死亡；也有一些效应蛋白在发挥酶学活性外，展现出诸如形成离子通道、结合和阻断关键生物大分子的功能，以发挥抑制或杀伤的作用。随着对 T6SS 和效应蛋白研究的深入，发现效应蛋白甚至能够结合并辅助吸收外界的稀有金属离子，作为营养摄取的工具，这显著增强了细菌适应外界恶劣环境的能力[3~5]。

鉴于效应蛋白的多样性，本节旨在展示利用遗传操作、分子克隆和蛋白质互作等试验，鉴定和研究一系列具有不同活性的 T6SS 相关效应蛋白。总之，效应蛋白的鉴定是一个复杂且多样化的领域，综合运用多种分子生物学方法、根据不同效应蛋白的特性进行区分，有助于快速挖掘和筛选高价值效应蛋白。

**关键词：** 霍乱弧菌，VI 型分泌系统（T6SS），效应蛋白，菌种竞争

## 一、背景

细菌等微生物作为生态系统中物质和能量流动过程的重要参与者，既有种间或种内的合作（如共生），也有竞争（如寄生和捕食）。细菌在自然环境中种间竞争、在宿主体内侵染时都会时刻面临生存危机，不论是竞争生态位以防止被"赶尽杀绝"，还是抵御宿主的免疫反应以防被清除。细菌在长期进化中获得了多种竞争及防御手段，其中非常有代表性的是多种独立的分泌系统。分泌系统可以通过分泌小分子代谢产物如抑菌、杀菌物质等以扩散的方式毒杀周围其他细菌，也

可以通过如 VI 型分泌系统（T6SS）、接触依赖生长抑制（contact-dependent growth inhibition，CDI）系统和以 BamA 受体为代表的大分子进而以接触依赖生长抑制的方式进行竞争[6,7]。

近十几年来，在各类革兰氏阴性菌中相继发现了超过 6 种蛋白质分泌系统，根据各自特异的分泌方式大致可以分为两类：一步分泌途径和二次转运途径。例如，T2SS 和 T5SS 这两类分泌系统依赖分泌蛋白本身的信号肽完成第一次跨膜；转运蛋白进入周质空间后，被进一步剪切和加工，再由周质空间转移到胞外。T3SS、T4SS 和 T6SS 分泌系统多会形成类似针管状的大型跨膜结构，能够将被转运蛋白一次性送入受体细胞[8~10]。

T6SS 是一种大分子纳米机器，广泛分布于大约 25% 的革兰氏阴性菌中，在细菌相互作用中扮演重要角色。T6SS 的核心结构由大约 15 个关键基因所编码，能够在膜上组装形成类似反向 T4 噬菌体尾鞘的结构（图 1-3-1）。T6SS 的结构大致可以分为三个部分：膜复合体、基座和管鞘结构。T6SS 尖端结构和针状结构的穿刺杀伤力非常有限，其杀伤力主要由与 VgrG 蛋白/PAAR 蛋白/Hcp 共价或非共价结合而被协同转运的效应蛋白所赋予[11]。T6SS 相关效应蛋白多种多样，大多数效应蛋白的化学本质是具有极强催化活性的酶，如蛋白酶、核酸酶、肽聚糖酶和脂酶等。效应蛋白在被 T6SS 递送入靶细胞后，会根据其特异的活性功能靶向细胞内具有重要生物学功能的成分，导致被攻击细胞生长受到抑制或死亡。T6SS 的结构基因在不同菌种中相对保守，序列上具有较高同源性，功能上也具有类似性。

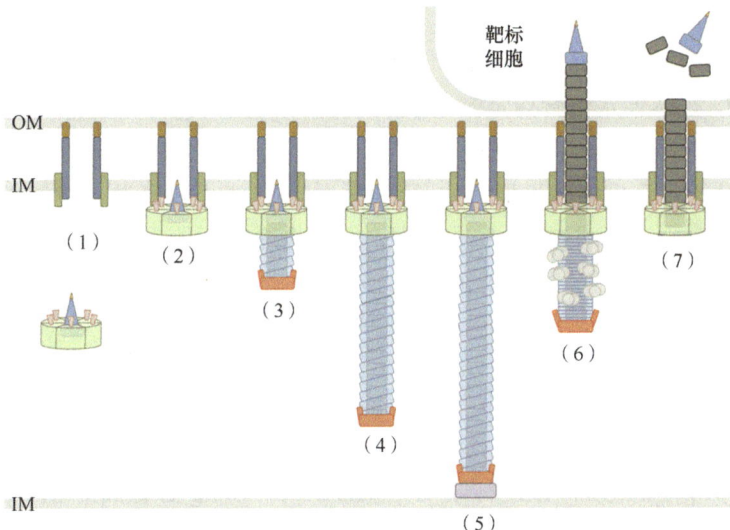

图 1-3-1　T6SS 动态组装和发射示意图[12]

（1）T6SS 的生物合成始于膜复合体的定位和组装以及基座的组装；（2）～（5）基座在膜复合体上的招募和对接启动了由 TssA 介导的尾管/鞘管结构的聚合，当撞击到对侧膜时，由 TagA 终止；（6）鞘的收缩将管/尖针推进到目标中，同时 ClpV ATP 酶被招募到收缩的鞘上以回收鞘亚基；（7）针的组成部分及其相关效应物被传递到目标内部不同菌种所含有的效应蛋白多种多样，甚至在同种细菌中的分布也呈现高度不均一性。随着高通量测序、蛋白质分泌组学和生物信息学分析手段的进步，多序列同源比对能够快速、高效地筛查 T6SS 相关效应蛋白，使效应蛋白的研究得以长足发展。

综上所述，通过构建含有特异效应蛋白的疫苗株，实现对经典病原菌的杀伤，为预防高毒性及耐药性病原菌的感染提供了新视野；也可以改造并使益生菌拥有组成型 T6SS 和强效或具有靶向功能的效应蛋白，增强其与病原菌在环境或宿主内的竞争优势，达到生物防治的目的。霍乱弧菌（*Vibrio cholerae*）是研究 T6SS 的经典模式菌，自然环境中有大量的非产毒霍乱弧菌，蕴含有大量潜在的特异性效应蛋白，能够在精准抗菌领域发挥重大应用潜力，因此 T6SS 具备较高的研究价值。本节将以霍乱弧菌为模式细菌展示 T6SS 效应蛋白功能的鉴定。

## 二、材料与试剂

### 1. 培养基

（1）LB 培养基（高盐）

①液体培养液：称取 10 g 胰蛋白胨、5 g 酵母提取物和 10 g NaCl，加蒸馏水溶解后定容至 1000 mL，调节 pH 至 7.0，分装后高压灭菌。

②固体培养基：称取 10 g 胰蛋白胨、5 g 酵母提取物、10 g NaCl 和 15 g 琼脂粉，加蒸馏水溶解后定容至 1000 mL，调节 pH 至 7.0，分装后高压灭菌。

（2）10%蔗糖选择性培养基：称取 10 g 蛋白胨、5 g 酵母粉、15 g 琼脂粉、100 g 蔗糖，加蒸馏水溶解后定容至 1000 mL，分装后 115℃高压蒸汽灭菌 30min。

若需要向固体培养基中加入抗生素，则在培养基灭菌后，冷却至 50℃左右时加入，充分混匀后倒固体平板。注意事项：①抗生素不耐高温，避免高压灭菌；②不同抗生素用不同溶剂稀释；③抗生素在工作浓度下易分解失效，应现用现配，配制母液后一般冻存于–20℃低温冰箱。

### 2. 试剂

（1）5×电泳缓冲液：称取 15.1 g Tris-base、94 g 甘氨酸、5 g SDS 溶解于 800 mL 去离子水中，在量筒中定容至 1000 mL，装于试剂瓶中保存。

（2）12.5×转膜缓冲液：称取 37 g Tris-base、180 g 甘氨酸溶解于 800 mL 去离子水中，在量筒中定容至 1000 mL，装于试剂瓶中保存。

（3）10×PBS 溶液：称取 80 g NaCl、36.3 g $Na_2HPO_4 \cdot 12 H_2O$、2 g KCl、2.4 g $KH_2PO_4$ 溶解于 800 mL 去离子水中，在量筒中定容至 1000 mL，装于试剂瓶中保存。

（4）PBST 缓冲液：取 10×PBS 缓冲液稀释成 1×PBS 缓冲液，每 1000 mL

的 1×PBS 缓冲液中加入 400 μL 吐温-20，摇匀在试剂瓶中保存。

（5）酶和染料

| 实验使用试剂盒/耗材 | 货号 | 供应商 |
| --- | --- | --- |
| *Not*I | R0189V | NEB |
| *Xho*I | R0146S | NEB |
| *Sal*I | R0138S | NEB |
| *Kpn*I | R0142S | NEB |
| *Sac*I | R0156S | NEB |
| *Sca*I | 1084A | NEB |
| *Eco*RV | R0195S | NEB |
| *Bam*HI | R3136S | NEB |
| *Nde*I | R0111S | NEB |
| T4 DNA 连接酶 | M0202S | NEB |
| Q5 DNA 聚合酶 | M0491S | NEB |
| Anti-His-tag 单抗/鼠源 | 105327-MM02T-100 | Sino Biological |
| Anti-HA-tag 单抗/鼠源 | HT301-01 | 全式金 |
| Anti-Flag-tag 单抗/鼠源 | F1804-50UG | Sigma Aldrich |
| 山羊抗小鼠二抗/HRP 标记 | ab6789 | Abbkine/亚科因 |
| SYTOX™ Blue | S11348 | Thermo Fisher |
| DiBAC$_4$(3) | B438 | Invitrogen |

## 3. 设备

（1）生物安全柜（Thermo Scientific）

（2）离心机（Eppendorf）

（3）移液器（不同量程）（Eppendorf）

（4）实时荧光定量 PCR 仪（Roche LightCycler 480）

（5）Confocal 荧光显微镜（Zeiss LSM900）

（6）高压灭菌器（Zealway，型号 GR-60DA）

（7）多功能酶标仪（MD）

（8）电子天平（MEIILER TOLEDO）

（9）双色红外激光成像仪（Odyssey）

（10）PCR 仪（BIO-RAD）

（11）DNA 凝胶成像系统（BIO-RAD）

（12）蛋白质电泳仪、转膜仪（BIO-RAD）

（13）蛋白纯化仪（GE/AKTA pure）

（14）Nanodrop 分光光度计（Thermo Scientific）

（15）超声波破碎仪（新芝，型号 JY88-IIN）

（16）超纯水机（Milli-Q）

### 4. 数据库与分析软件

（1）NCBI 数据库：https://www.ncbi.nlm.nih.gov/

（2）MiST 数据库：https://mistdb.com/

（3）Clustal W 序列多重比对：http://www.clustal.org/

（4）HHpred 蛋白结构预测网站：https://toolkit.tuebingen.mpg.de/tools/hhpred

（5）SART 蛋白结构预测网站：https://smart.embl-heidelberg.de/

（6）Image J：https://imagej.net/

（7）MtrackJ：https://imagej.net/plugins/mtrackj

（8）MicrobeJ：https://www.microbej.com/

（9）NCBI 数据库：https://www.ncbi.nlm.nih.gov/

（10）RAST 预测：https://rast.nmpdr.org/rast.cgi/

（11）TatP-1.0 信号肽预测 https://services.healthtech.dtu.dk/services/TatP-1.0/

### 5. 培养条件

本试验提到的菌株培养环境通常为 37℃ 的 LB 培养基（固体/液体），并加入对应抗生素：氯霉素（大肠杆菌 10 μg/mL；霍乱弧菌 2 μg/mL）、氨苄青霉素（100 μg/mL）、卡那霉素（50 μg/mL）、萘啶酮酸（10 μg/mL）。IPTG（isopropylthio β-D-galactoside）诱导浓度一般为 100 μmol/L，阿拉伯糖诱导浓度一般为 0.2%，葡萄糖抑制浓度一般为 0.2%。

## 三、操作步骤

### （一）T6SS 介导的细菌杀菌活力鉴定

T6SS 根据发射状态大致可以分为组成型和沉默型：前者在几乎绝大多数条件下都能够持续组装和发射[13]；后者主要处于沉默状态，但在受到外界特定刺激后会组装和发射。通过共培养方式的竞争性杀菌试验是检验一株菌是否存在组成型 T6SS 且是否有杀菌能力最直观的策略。由于接触杀菌或抑菌的方式很多，因此竞争性杀菌试验需要在全基因组测序的指导下获得 T6SS 失活株，并作为对照组参与。

### 1. 技术要点

（1）造成细菌生长抑制或死亡现象的因素有很多，首先需要通过上清共培养试验排除扩散类抑菌物质的存在。

（2）竞争性杀菌试验需要注意捕食者与被捕食者的比例，并且需要尽可能使捕食者处于 T6SS 活跃阶段。

**2. 实验步骤**

（1）37℃，200 r/min 过夜摇菌，次日吸取 1% 转接摇菌到吸光度 $OD_{600}=0.8$。

（2）吸取 1～2 mL 菌液，使用新鲜无抗生素 LB 培养液离心洗涤 2～3 次（离心转速 6000 r/min）。

（3）用 500 μL 无抗生素 LB 培养液悬起各菌（捕食者和被捕食者）沉淀，至吸光度约为 $OD_{600}=1.0$，并转入 1.5 mL 至 EP 管中，备用。

（4）在 PCR 管中加入 20 μL 捕食者（霍乱弧菌）和 20 μL 被捕食者（大肠杆菌），吹打混合。

（5）取 5 μL 混合液点滴在铺有 0.22 μm 滤膜的 LB 琼脂培养基上。

（6）放置 37℃ 恒温孵箱培养 4 h。

（7）4 h 杀菌结束后，用烧过的镊子和剪刀将菌斑剪下，放入 1 mL 0.8% 的盐水中，震荡仪震荡 10 min，将细菌洗下。

（8）连续梯度稀释，共 5 个梯度。

（9）每个梯度取 5 μL 点滴在抗性培养基上（与被计数菌相同抗性）。

（10）晾干后放置于 37℃ 恒温培养箱，静置培养 8～12 h。

（11）根据稀释梯度确定原菌液密度，推测杀菌能力。

注意：杀菌试验需要野生型与 T6SS 失活突变株进行对照，以确定 T6SS 赋予野生型杀菌能力。

**3. 数据分析**

首先采用上清共培养试验排除了霍乱弧菌菌株 X（此处以菌株 X 代表任意一株霍乱弧菌或其他具有 T6SS 研究价值的菌株），发现菌株 X 的培养上清与其他霍乱弧菌或 LB 对照组一致，无法对大肠杆菌 MG1655 或霍乱弧菌 C6706 造成生长抑制，因此排除了菌株 X 能够通过分泌并扩散某种未知抑菌物质的可能性（图 1-3-2 A）。菌株 X 在以霍乱弧菌 C6706（T6SS 沉默型，阴性对照）和霍乱弧菌 V52（T6SS 组成型，阳性对照）为对照的情况下，通过接触杀菌试验发现，其野生型能够对大肠杆菌 MG1655 产生接触杀伤作用，而其 T6SS 失活株（*vasK* 缺失株）则无法展现杀菌能力（图 1-3-2 B），因此证明菌株 X 的接触杀菌能力由 T6SS 所赋予。

**（二）Western Blot（WB）检测 T6SS 依赖的分泌蛋白**

T6SS 能够分泌多种蛋白，一般包含 T6SS 结构蛋白（VgrG、Hcp 或 PAAR 等）和效应蛋白（脂酶、蛋白酶、肽聚糖酶效应蛋白等）。通过经典的蛋白质检测技术——Western Blot 检测培养上清中的 T6SS 关键分泌蛋白（通常为 Hcp 蛋白），是验证组成型 T6SS 的"金标准"[14]。由于分泌蛋白分散于整个液体培养基，丰度极低，需要浓缩后再进行检测，一般采用三氯乙酸（TCA）沉淀法浓缩。

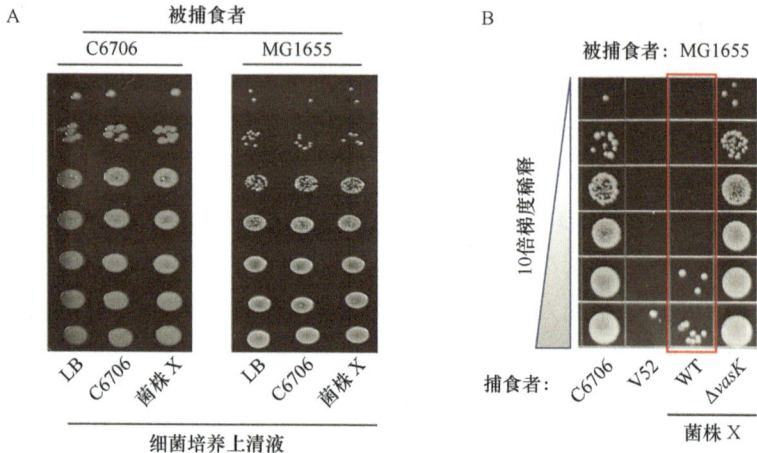

图 1-3-2　菌株 X 的上清培养试验和接触杀菌试验

A. C6706 与菌株 X 的上清液均不能对其猎物菌株产生杀伤作用；B. 通过猎物菌株 MG1655 与各个捕食者菌株进行共培养，C6706 作为接触杀伤的阴性对照，V52 作为接触杀伤的阳性对照，表明菌株 X 的野生株具有接触杀伤作用，缺失 vasK 则丧失接触杀伤作用

除去检测上清中的 T6SS 相关分泌蛋白外，通常也会使用 qRT-PCR 技术辅助检测 T6SS 相关基因在转录水平上的变化。在霍乱弧菌的 T6SS 鉴定过程中，一般以具有沉默型 T6SS 的霍乱弧菌 C6706 为阴性对照，以具有组成型 T6SS 的霍乱弧菌 V52 为阳性对照。

**1. 技术要点**

（1）采用 TCA 沉淀法浓缩上清蛋白，因此需要全程保持低温（冰上操作），以防止蛋白质降解。

（2）TCA 具有较强酸性，需要在 WB 上样前使用 10% NaOH 调节 pH 至碱性。

（3）需要使用经典的蛋白质检测技术（WB），根据目的蛋白的大小合理配制 SDS-PAGE 胶的浓度，并合理计算电泳时间。

（4）为避免细菌破裂污染导致的假阳性，通常使用 RpoB 蛋白作为细胞内容物代表内参；若上清中无法检测到 RpoB 蛋白，则证明上清未被污染。

**2. 实验步骤**

1）浓缩分泌蛋白

（1）37℃，200 r/min 摇菌，至 $OD_{600}=0.8$ 时，5000 g 离心 5 min，沉淀菌体。

（2）将上清吸出，用 0.22 μm 滤膜过滤除菌，转移至 15 mL 离心管中。

（3）加入 2% 脱氧胆酸钠，冰上放置 30 min。

（4）加入 TCA（按 10× 体积加入），冰上放置 15 min。

（5）4℃，14 000 g 离心 10～15 min，去除上清。

（6）丙酮洗涤沉淀 2 次，每次 14 000 g 离心 5～10 min，丢弃丙酮。

（7）使用 50 μL 工作浓度上样缓冲液将蛋白沉淀悬起，使用 10% NaOH 调节 pH 至碱性（上样缓冲液呈蓝色）。

（8）使用 100℃金属浴加热 10 min，使蛋白质充分变性，准备进行电泳。

2）垂直电泳和转膜

（1）取出提前制备好的 SDS-PAGE 胶，将之正确安装在垂直电泳槽中，小心拔掉梳子；按照实验顺序，将蛋白预染 Marker 和样品加入到胶孔中，一般每个样品上样 10～15 μL。

（2）确认正负极后接通电源，先用 100 V 恒压运行大约 20 min，确保样品已经进入分离胶；再调高电压至 150 V，直到上样缓冲液中的溴酚蓝跑出胶板，如果目的蛋白分子质量较大，可以继续根据 Marker 确定跑胶终点。

（3）垂直电泳结束后，准备转膜程序。

（4）采用湿转法转膜，经典三明治结构中各材料由上到下的顺序为：正极+双层滤纸+PVDF 膜+SDS-PAGE 胶+双层滤纸+负极；夹紧之前采用滚轮将气泡赶走。将组装好的三明治结构按照正负极装入垂直转印槽，并将预冷的转膜液加入转膜槽中，盖上盖子。

（5）打开电源，以恒流 200 mA 的方式转膜 2 h。

3）封闭、抗体印记和曝光

（1）转膜结束后，轻轻取出三明治结构，将转印好的 PVDF 膜用镊子快速夹出，放置在 PBST 中洗涤一次，防止干燥；再将洗涤后的膜放入 5%脱脂奶粉溶液中，室温振荡封闭 1 h。

（2）封闭结束后，使用 PBST 洗涤 PVDF 转印膜 3 次，每次振荡洗涤 5 min。

（3）洗涤后，根据 Marker 确定需要检测的蛋白质位置并将之剪下，放在抗体孵育盒里，加入对应一抗溶液，4℃过夜孵育。

（4）过夜孵育结束后，回收一抗，并使用 PBST 洗涤 3 次，每次 5 min，再加入二抗溶液，室温孵育 45 min。

（5）二抗孵育结束后，回收或倾倒掉二抗，使用 PBST 洗涤 3 次，每次 3 min。

（6）吸干 PVDF 膜上的 PBST，将显色液使用移液器均匀加在膜上，静置 3～5 min，随后吸干显色液，开始曝光。

注意：检测上清中 Hcp（T6SS 分泌的蛋白质）是验证 T6SS 活性的"金标准"，需要与 T6SS 失活突变株对比；需要上清蛋白和细胞碎片样品中的 RpoB 蛋白作为内参，防止因细胞破碎污染导致的假阳性。

### 3. 数据分析

在确定菌株 X 具有 T6SS 介导的杀菌能力，以及获得菌株 X 全基因组序列及注释后，对其 T6SS 关键基因进行 qRT-PCR 分析和纯化并制备抗体。通过针对 T6SS 关键结构基因（*vipA/vipB/hcp*）的 qRT-PCR 分析，能够发现在菌株 X 中，这些结构相关的关键基因具有较高表达水平，相对于具有沉默型 T6SS 的霍乱弧菌 C6706，其表达模式更接近具有组成型 T6SS 的霍乱弧菌 V52（图 1-3-3A）。我们也纯化了 T6SS 关键结构基因 *hcp* 的表达蛋白，并制备了其多克隆抗体。通过 Western blot 技术检测了菌株 X 培养上清中的 Hcp 蛋白。以霍乱弧菌 V52 和霍乱弧菌 C6706 为对照，我们能够发现野生型菌株 X 上清中存在 Hcp 蛋白，而在 T6SS 失活株（*vasK* 缺失株）的培养上清中无法检测到（图 1-3-3B）。综上所述，通过检测培养上清中的 Hcp 蛋白，最终确定了菌株 X 具有组成型 T6SS。

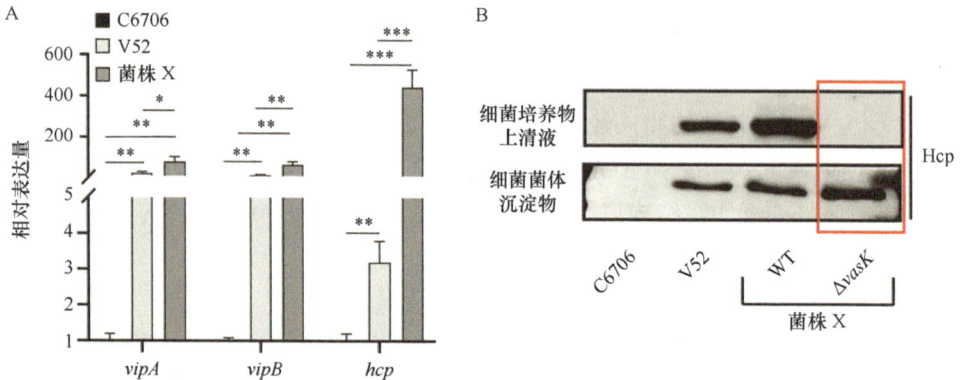

图 1-3-3　qRT-PCR 和 WB 检测 T6SS 关键结构基因表达与蛋白质分泌

A. 使用 vipA、vipB、hcp 基因内 100～150 bp 片段作为 qRT-PCR 的检测产物，*$P<0.05$，**$P<0.01$，***$P<0.0001$；
B. 将试验菌株培养至 $OD_{600}=0.8$，取 1 mL 培养液离心，获得菌体沉淀及上清，浓缩上清蛋白并制样，使用 Hcp 抗体进行检测

## （三）效应蛋白的保守结构域预测与功能鉴定

T6SS 相关效应蛋白是 T6SS 展现杀菌活性的关键，对 T6SS 相关效应蛋白的解析能够让我们更加明确 T6SS 的杀菌机制。由于 T6SS 相关效应蛋白种类多种多样，且具有截然不同的催化活性，因此通常会先使用基于数据库的注释和预测进行初步筛选，再通过分子克隆等经典生理生化技术对潜在的效应蛋白进行系统鉴定。

### 1. 技术要点

（1）通过全基因组测序和基于数据库的注释数据，大致推测 T6SS 簇的位置，并寻找潜在的效应蛋白。

（2）对位于 *vgrG* 或 *PAAR* 等基因后的假设蛋白进行更进一步的预测，发掘其保守结构域。

（3）通过预测保守结构域，对潜在蛋白进行筛选。

### 2. 实验步骤

（1）使用二代测序结合三代测序，能够获得该菌株完整的全基因组图谱。

（2）将全基因组图谱序列上传至 RAST 数据库，匹配物种后开启全基因组注释。

（3）寻找 T6SS 相关结构蛋白，确定其主簇和辅助簇的位置。

（4）对主簇和辅助簇上的未知假设蛋白进行序列同源对比，筛选具有保守结构域及潜在催化活性的效应蛋白。

（5）对初步确定的效应蛋白进行进化分析，探寻其亲缘关系，并预测将会获得的保守结构域信息，以供后续实验验证。

### 3. 数据分析

通过与霍乱弧菌 N16961 参考序列对比，在 E1 的基因组上发现了一个 T6SS 大簇和两个 T6SS 辅助簇，并且在其辅助 1 簇（auxiliary cluster 1，Aux1）中发现了一个具有潜在脂酶结构域的假设蛋白（图 1-3-4A）。通过 pfam 数据库，对这个假设蛋白进行预测，发现在其第 238~512 个氨基酸残基中包含有一个 DUF2235 结构域，该结构域属于磷脂酶效应蛋白 Tle 超家族，是一个潜在的脂酶效应蛋白（图 1-3-4B）。通过系统发育树分析，能够发现 Tle1$^{Vc}$ 与来自嗜水气单胞菌（*Aeromonas hydrophila*）NJ-35 的已知 Tle1（AKJ35788.1）效应蛋白表现出非常近的进化亲缘关系[15]（图 1-3-4C）。

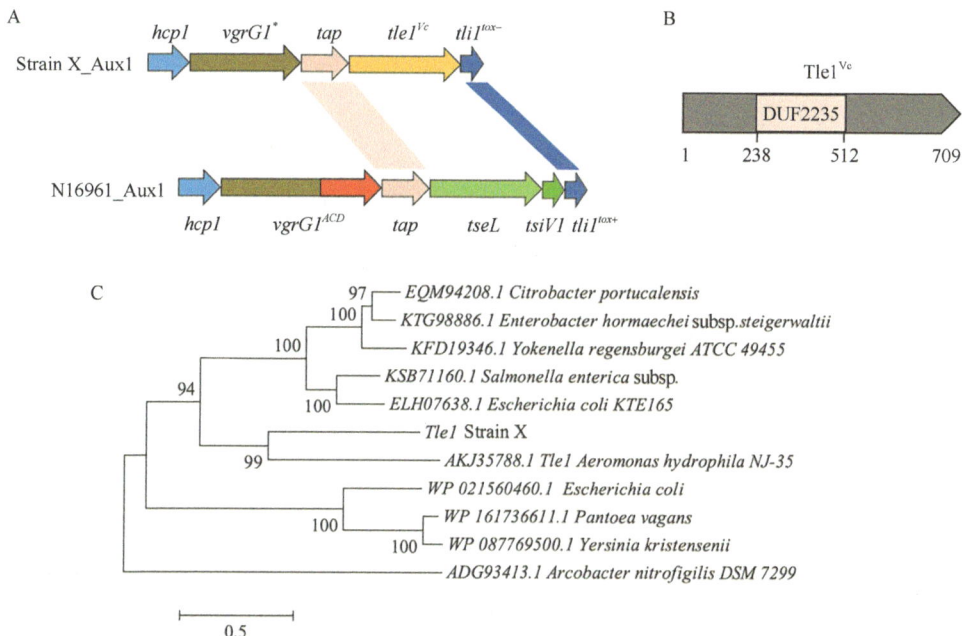

图 1-3-4 假设蛋白的功能结构域预测

A. 霍乱弧菌 Strain X 和 N16961 辅助 1 簇的序列比对。Strain X 和 N16961 的基因在数据库中，序列高度相似，效应蛋白编码基因 *tseL* 处具有明显差异；B. 对假设蛋白进行预测。根据使用 pfam 数据库预测，假设蛋白含有 DUF2235 结构域，是潜在脂酶效应蛋白；C.使用 MEGA6.0 对霍乱弧菌 Strain X 和不同细菌中 Tle1 家族成员的 Tle1 效应蛋白进行系统发育分析

（四）效应蛋白同源互补免疫蛋白筛选与鉴定

对于大多数 T6SS 相关效应蛋白的鉴定通常分为两步：首先对全基因组测序数据进行基于数据库的同源比对和预测；之后对具有明显酶学活性的假设蛋白进行分子克隆和异源表达，以确认其杀菌活力。通常具有明显杀菌活力的假设蛋白即为效应蛋白。细菌为了免疫周围姐妹细胞中具有的同源效应蛋白的攻击，也协同进化出了与效应蛋白互补的免疫蛋白。T6SS 相关免疫蛋白的编码基因通常位于其效应蛋白基因后，因此筛选同源免疫蛋白可以克隆编码效应蛋白基因的下游基因以进一步验证[16]。免疫蛋白的验证通常分为两个层面，可以在宏观层面进行异源共表达杀菌试验和竞争性杀菌试验加以验证；也可以在分子层面通过 Co-IP 或 ITC 测定蛋白质之间的直接相互作用加以验证。

**1. 技术要点**

（1）克隆潜在效应蛋白，进行异源表达和诱导杀菌试验验证。

（2）通过双异源表达或竞争性杀菌试验鉴定效应蛋白的互补免疫蛋白。

（3）纯化效应蛋白和免疫蛋白，通过 ITC 或 Co-IP 等经典分子互作试验，对效应蛋白和免疫蛋白进行互作验证。

**2. 实验步骤**

1）潜在效应蛋白的克隆和异源表达

（1）根据 NCBI 数据库查询或对目标菌进行全基因组测序，获得目的基因的序列。

（2）使用 Clone Manager 8 或 SnapGene 软件，对目的基因设计特异性引物。

（3）在获得目的基因模板和特异性引物后，采用 PCR 法对目的片段进行特异性扩增。

（4）预先配制 0.5×电泳缓冲溶液和琼脂糖凝胶，将 PCR 扩增产物与 DNA 上样缓冲溶液混合跑胶，电泳结束后在凝胶成像仪上根据 DNA Marker 观察扩增片段大小，或是否有特异片段；若成功扩增特异目的条带，则使用回收试剂盒对扩增片段回收。

（5）根据酶切位点对目的片段和载体进行双酶切及连接，完成重组表达载体的构建。

（6）将重组产物通过化学转化法转移到感受态细胞中，过夜培养，对单克隆菌落进行抗性筛选和 PCR 鉴定。

（7）将测序正确的克隆进行梯度稀释并点在含有诱导剂的培养皿上，诱导活性效应蛋白表达，观察和计数 CFU，以确定潜在效应蛋白的杀菌能力。

注意：免疫蛋白也可以通过上述步骤克隆和表达，用于与效应蛋白共表达和进行杀菌试验。

2）蛋白质纯化

（1）基于分子克隆技术，将目的蛋白的 DNA 序列克隆在可诱导表达载体上，并根据需要融合标签，用于后续纯化。

（2）活化并挑取具有正确目的蛋白表达载体的单菌落，扩大培养，并在合适的生长状态下加入诱导剂。

（3）待菌量达到实验要求后，通过离心法收集菌体，超声破碎，释放胞内目的蛋白，以供后续纯化。

（4）通过镍柱等亲和层析的方式（根据融合的标签而定），截流目的蛋白，达到纯化目的。

（5）使用洗脱液洗脱被截流的目的蛋白，并通过层析柱或超滤管对目的蛋白脱盐或进行溶剂置换，最后低温保存。

注意：纯化的蛋白质可用于后续通过 ITC 定量分析结合强度，或通过 Co-IP/Pull-down 等蛋白质互作技术定性检测其结合能力。

### 3. 数据分析

我们通过使用 pBAD24 阿拉伯糖诱导载体，将 $tle1^{Vc}$ 克隆出来，并在其 N 端融合或不融合双精氨酸转运信号肽（Tat）；通过化学转化法转到大肠杆菌（*Escherichia coli*）BL21（DE3）中，并在阿拉伯糖诱导的条件下表达，能够观察到只有融合双精氨酸转运信号肽的 $Tle1^{Vc}$ 能够杀伤大肠杆菌，而细胞质表达则无毒性（图 1-3-5A）。我们根据多序列同源性分析发现了 Tle1 具有两个保守结构域，因此对其也进行了突变，发现其丧失了杀菌活性（图 1-3-5A）。我们同时发现，周质空间表达野生型 $Tle1^{Vc}$ 不仅会造成生长抑制，还能导致细菌菌落形态变化，由原本的平滑表面转为了粗糙的表面（图 1-3-5B）。

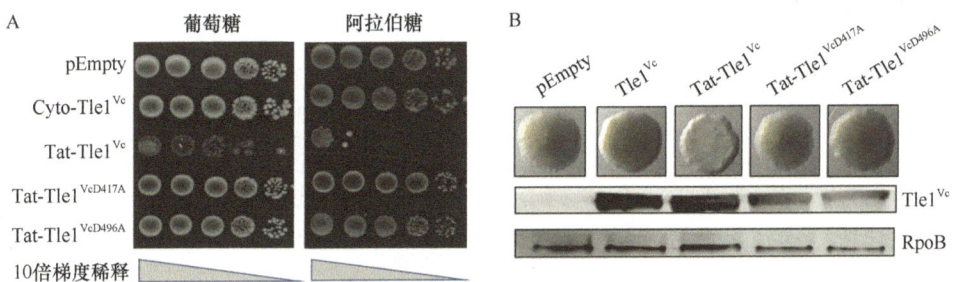

图 1-3-5　潜在效应蛋白的异源表达和 WB 检测

A. 在大肠杆菌中表达 $Tle1^{Vc}$ 及其催化突变体并检测毒性。通过阿拉伯糖对 pBAD 启动子诱导，在大肠杆菌 BL21（DE3）细胞质（Cyto-Tle1$^{Vc}$）和周质空间（Tat-Tle1$^{Vc}$、Tat-Tle1$^{Vc\,D417A}$ 和 Tat-Tle1$^{Vc\,D496A}$）中表达 $Tle1^{Vc}$ 及其变体，并通过梯度稀释和 CFU 计数检测细菌存活数量。B. Tle1$^{Vc}$ 介导的集落形态变化。将各组细菌在 LB 琼脂平板上划线培养，无诱导剂，允许泄漏表达，并对单个菌落进行成像分析（上图）。通过免疫印迹检测 BL21（DE3）细胞中 Tle1$^{Vc}$ 及其变体的表达。RpoB 作为内部参考。所有图像均在相同放大倍数条件下获得，只展示了 3 个独立重复实验中的一组数据为了验证 Tli1$^{tox}$ 是 Tle1$^{Vc}$ 的互补免疫蛋白，我们将 tle1$^{Vc}$ 和 tli1$^{tox}$ 同时敲除并将缺失突变株作为被捕食者（prey）用于和野生型的竞争性杀菌试验。若 Tli1$^{tox-}$ 是 Tle1$^{Vc}$ 的互补免疫蛋白，则缺乏免疫蛋白的突变株会被同源的野生型捕食者（predator）杀死。正如预料的那样，虽然 Δtle1$^{Vc}$ 敲除株和 ΔvasK 敲除的 T6SS 沉默株无法杀死 Δtle1$^{Vc}$/tli1$^{tox-}$ 双敲除株，但是野生型和 Δtle1$^{Vc}$+ptle1$^{Vc}$ 敲除回补株能够杀死 Δtle1$^{Vc}$/tli1$^{tox-}$ 双敲株。同时，我们也在 Δtle1$^{Vc}$/tli1$^{tox-}$ 双敲株中通过 IPTG 诱导型质粒 pSRK 回补了潜在免疫蛋白 Tli1$^{tox-}$，IPTG 诱导后进行竞争性杀菌试验，发现其能够抵御野生型和 Δtle1$^{Vc}$+ptle1$^{Vc}$ 敲除回补株的杀伤（图 1-3-6A）。

我们进一步纯化了 Tle1$^{Vc}$ 效应蛋白和两种免疫蛋白，通过凝胶色谱结合静态光散射技术测定 Tle1$^{Vc}$ 与 Tli1$^{tox-}$ 的相互作用。当我们将 3 种蛋白质分别加入凝胶色谱柱时，会得到两个蛋白独立的洗脱峰，并且激光散射能够定量分析单体的分子质量。当我们将 Tle1$^{Vc}$ 和 Tli1$^{tox-}$ 混合并且共孵育后，再加入到凝胶色谱柱内，发现 Tle1$^{Vc}$ 和 Tli1$^{tox-}$ 各自独立的峰消失了，取而代之出现了一个具有更高分子质量的新峰。新复合物的峰对应的分子质量为 113.3 kDa，大约等于 Tle1$^{Vc}$ 和 Tli1$^{tox-}$ 分子质量的总和（图 1-3-6B）。

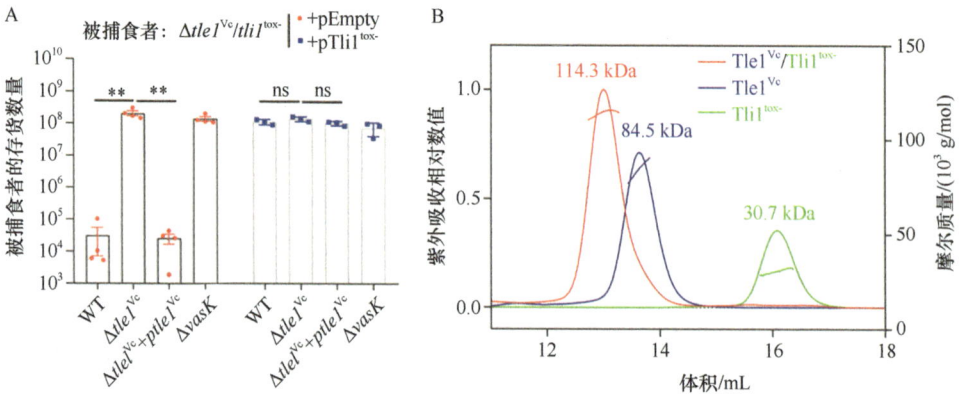

图 1-3-6　免疫蛋白保护实验功能鉴定

A. Tli1$^{tox-}$ 能够保护细菌免受 Tle1$^{Vc}$ 的攻击。Δtle1$^{Vc}$/tli1$^{tox-}$ 双敲株含有 pSRKKm 载体，回补或不回补 tli1$^{tox-}$，其作为被捕食者，以 1∶1 的比例与捕食者混合，进行竞争性杀菌实验。使用 50 μmol/L IPTG 和 0.1%阿拉伯糖诱导相应的基因表达。存活的被捕食者（survival of prey）通过梯度稀释并计数 CFU 数量。误差条表示至少三个独立生物重复的平均值±SD（使用 t 检验；ns 代表无显著性差异；**P＜0.01）。B. 通过 SEC 分析蛋白质之间复合物的形成。使用 SuperdexTM 200 Increase 10/300GL 柱分离蛋白质样品（50 μmol/L），使用 AKTA FPLC 系统结合静态光散射检测器获得摩尔质量

综上所述，通过宏观的竞争性杀菌保护试验和微观的蛋白质分子互作试验，我们证明了 Tli1$^{tox-}$ 就是效应蛋白 Tle1$^{Vc}$ 的免疫蛋白，能够特异结合 Tle1$^{Vc}$ 并中和其毒性，达到免疫的目的。

（五）利用激光共聚焦成像技术对不同功能效应蛋白分型

不同 T6SS 相关效应蛋白通过作用于不同的关键生物大分子，造成不同的死亡表型。例如，部分作用于细胞壁的效应蛋白会导致肽聚糖降解，失去细胞壁的支持，最终形成球形并死亡；作用于膜磷脂的效应蛋白会导致膜的瓦解，膜电势和通透性会发生瞬间剧烈变化；成孔型效应蛋白能够导致细胞内容物泄漏，根据孔径和泄漏偏好，具体杀伤细胞的表型也略有不同。共聚焦显微镜结合特异性染料能够动态观察到细菌的死亡过程，这对我们了解和推断效应蛋白的作用机制具有一定意义。

我们以脂酶效应蛋白 Tle1$^{Vc}$ 为例，使用电压敏感染料 DiBAC$_4$(3)作为细胞膜电势的指示剂，测定膜电势。DiBAC$_4$(3)是一种亲脂染料，在细胞膜极化时无法与膜结合；但当细胞膜失去电势且去极化时，其会在膜上聚集，并发出强烈的荧光信号；当细胞膜被裂解时，会丧失选择透过性而导致膜两侧离子分布由极化转化为均一，进而丧失膜电势。SYTOX$^{TM}$ Blue 是一种核酸染料，当细胞存活时，细胞膜具有选择透过性，染料分子无法透过；但当细胞被杀死时，细胞膜会丧失选择透过性，此时染料分子会扩散进入细胞，并结合核酸分子呈现出强烈的荧光信号[17,18]。我们可以通过荧光显微镜配合稳定系统对细菌进行长时间观察，根据染料指示捕捉细菌死亡过程。

**1. 技术要点**

（1）根据不同效应蛋白的杀菌特性，选择特异性染料。

（2）显微成像需要配合使用 100×油镜和对焦稳定系统，特别是连续长时间（大于 1 h）拍摄。

（3）细菌的样品固定需要把握好琼脂片的厚度，过湿会导致固定不佳，过干则导致无法散开。

**2. 实验步骤**

（1）向 LB 液体培养基内加入终浓度 1.5%的琼脂糖粉，煮沸后冷却备用。

（2）向 15 mL 离心管中加入 4 mL 约 70℃的热 LB 琼脂糖固体培养基，待温度不烫手后，迅速加入染料/抗生素/诱导剂，快速倾倒入 9 cm 培养皿，振荡均匀，并放置在水平桌面上等待冷凝，即形成 2 mm 厚度的超薄琼脂糖片。

（3）取 1 mL OD$_{600}$=1.0 的菌液，浓缩到 100 μL。

（4）使用手术刀划取大小为 1.5 cm×1.5 cm 的超薄琼脂糖片，将之放置在洁净的盖玻片上，风干约 2 min；取 1 μL 浓缩菌液，轻点在方形琼脂糖薄片的正中央，风干约 30 s，注意不要完全风干液滴。

（5）将盖玻片（超薄琼脂糖片侧向下）快速扣在共聚焦皿上，并轻轻碾动盖玻片，将菌液摊开，防止菌体过度聚集。

（6）共聚焦皿正置于37℃培养盘中，盖上盖子，用共聚焦显微镜观察菌的形态。

### 3. 数据分析

在阿拉伯糖的诱导下，表达 Tat-Tle1$^{Vc}$ 的大肠杆菌 BL21（DE3）会同时发出绿色和蓝色荧光信号，表明其能够同时分别被 DiBAC$_4$(3) 和 SYTOX$^{TM}$ Blue 染料着色。这与其预测结果相符，脂酶效应蛋白能够降解磷脂，从而导致细胞膜的瓦解，同时失去选择透过性和膜电势。在葡萄糖的阻遏作用下，pBAD 启动子缺乏 cAMP 结合蛋白（CRP）而无法启动转录，因此从始至终 Tat-Tle1$^{Vc}$ 组都没有呈现出任何荧光。与此同时，Tat-Tle1$^{Vc}$D417A 不论是在阿拉伯糖诱导还是葡萄糖阻遏条件下都无法检测出任何荧光信号（图 1-3-7A～D）。

综上所述，这些数据表明 Tle1$^{Vc}$ 在周质空间内表达时，会导致细胞膜去极化和膜的选择透过性丧失，最终导致细胞死亡。

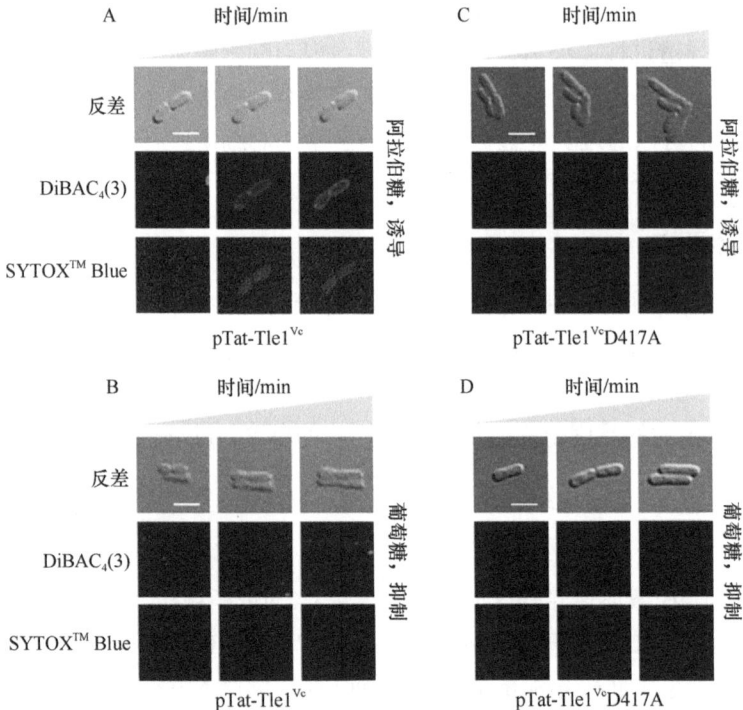

图 1-3-7 Tle1$^{Vc}$ 效应蛋白破坏细胞膜的完整性

含有 DiBAC$_4$(3)、SYTOX$^{TM}$ Blue 染料以及 0.2%阿拉伯糖（A 和 B；诱导）或 0.2%葡萄糖（B 和 D；抑制）的 LB 琼脂垫上的大肠杆菌 BL21（DE3），分别表达 Tat-Tle1$^{Vc}$（A 和 B）或 Tat-Tle1$^{Vc}$D417A（C 和 D）。标尺=5 μm；从众多视野中选取了代表性数据呈现

### （六）效应蛋白的酶学催化实验（以肽聚糖酶效应蛋白为例）

大多数 T6SS 相关效应蛋白的化学本质是具有极强催化活性的酶，能够在分泌到靶细胞后对特异性底物造成催化和分解作用，以达到杀伤的目的。因此，对

效应蛋白的酶学分析是鉴定其具体功能的重要手段。下面以分布较广的、能够破坏细胞壁的肽聚糖酶效应蛋白为例进行分析。

**1. 技术要点**

（1）采用离心法粗提大肠杆菌的肽聚糖，提取期间需要严格控制转速，尽量提高肽聚糖的纯度。

（2）提取过程中使用超速离心机时，务必确保配平和规范操作，并确保两人以上操作。

（3）菌体收集后，需要使用 PBS 缓冲液进行清洗；在裂解过程中需要反复搅拌和振荡，确保裂解充分，尽可能增大产率。

**2. 实验步骤**

1）肽聚糖粗提取

（1）将大肠杆菌 MG1655 转接至 2 L 的 LB 液体培养基中，37℃，200 r/min 过夜培养。

（2）收集菌体，并用 40 mL 的 0.025 mol/L $KH_2PO_4$ 溶液（pH 7）将菌体重悬。

（3）将重悬溶液逐滴加到等体积沸腾的 8% SDS 溶液中，并一起煮沸 30 min，然后于室温放置过夜。

（4）将放置过夜的溶液于室温 100 000 $g$ 离心 1 h，弃上清，用 $ddH_2O$ 清洗沉淀，去除沉淀中的 SDS，并在室温下 100 000 $g$ 离心 1 h 收集沉淀，共清洗 4 遍。

（5）将沉淀用含有 10 mmol/L 的 Tris-HCl 缓冲液（pH7.0）重悬，并在 37℃下用胰蛋白酶和 DNase I消化过夜。

（6）将过夜的液体在室温下 100 000 $g$ 离心 1 h，收集沉淀。将沉淀重新悬浮在 $ddH_2O$ 中，并逐滴加入煮沸的 8% SDS 溶液中，共煮沸 1 h。

（7）室温下 100 000 $g$ 离心 1 h 收集沉淀，并用 $ddH_2O$ 清洗 4 遍，即可得到澄清的肽聚糖。

2）肽聚糖体外降解

配制 100 μL 肽聚糖溶解体系，包含 10 μg VgrG3$^{cp}$、100 μg 肽聚糖、20 mmol/L HEPES（pH6.8）。将上述溶液放在 37℃进行孵育，并用酶标仪在 $OD_{595}$ 连续测量 1 h，将得到的数据绘制成曲线即可。

注意：本试验中酶降解肽聚糖的速度较快，应提前准备好试验所需材料，并提前打开酶标仪及系统软件，防止测量数据出现偏差。

3）肽聚糖体外降解产物分析

（1）将 500 μg 肽聚糖和 100 μg VgrG3$^{cp}$ 混合，并在 37℃下孵育 12 h。

（2）向混合物中加入等体积的甲醇，离心，收集上清，并通过 UPLCQTOF MS 进行分析。

（3）选择 Acquity UPLC HSS T3 柱作为固定相，溶剂 A（0.1%甲酸）和溶剂 B（甲醇）作为流动相。

（4）在 65 min 内将溶剂 B 的浓度按梯度从 1%提升到 20%；随后在 1 min 内将其浓度从 20%提升到 100%，保持 5 min。

（5）用 99%的溶剂 A 冲洗 4 min。

**3. 数据分析**

VgrG3$^{cp}$ 具有典型的肽聚糖酶催化活性，在此作为理想的、具有酶学催化活性的 T6SS 相关效应蛋白模型分析。VgrG3$^{cp}$ 蛋白的 N 端结构域与 C 端毒性结构域之间存在着一段天然的序列，这段序列的功能是将 C 端毒性区域带到其发挥作用的位置（图 1-3-8A）。我们通过截短试验并辅助以杀菌试验验证，将其催化活性中心分离出来，以供后续纯化和酶活试验使用。

根据此前的报道，TseP 是一种糖苷水解酶，其可以对肽聚糖的主干结构进行切割，将肽聚糖水解成不同长度的 NAG-NAM 肽段，在此我们将它作为阳性对照

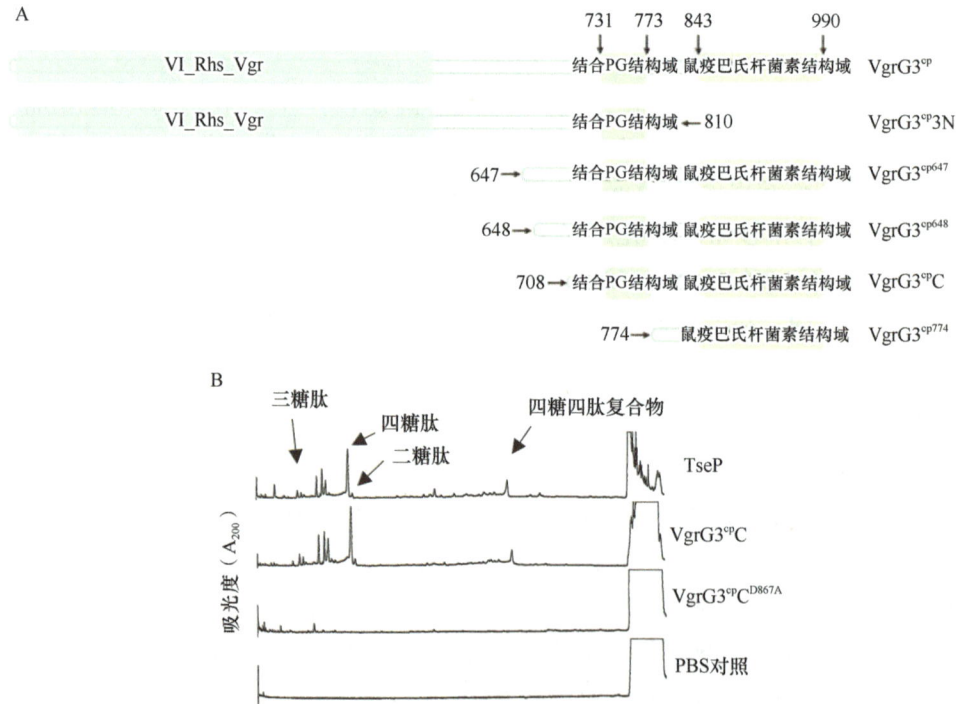

图 1-3-8 VgrG3$^{cp}$ 截短示意图和酶学活性分析

A. VgrG3$^{cp}$ 蛋白及其截断体结构示意图，截断体包括保留 N 端结构的 VgrG3$^{cp}$N，以及一系列保留 C 端结构域的 VgrG3$^{cp647}$、VgrG3$^{cp648}$、VgrG3$^{cp}$C 和 VgrG3$^{cp774}$；B. 分别用 GST-VgrG3$^{cp}$C、GST-VgrG3$^{cp}$C$^{D867A}$ 蛋白处理大肠杆菌细胞壁中的肽聚糖，其降解产物通过 UPLC 进行分析。峰值通过质谱法显示

组[19]。通过实验发现 VgrG3$^{cp}$ 能够分解降解肽聚糖，且产物的出峰位置与阳性对照组 TseP 一致，而活性中心突变失活的 VgrG3$^{cp}$C$^{D867A}$ 则无法催化肽聚糖降解，其结果与空白对照组的数据一致（图 1-3-8B）。

综上所述，通过纯化肽聚糖和 VgrG3$^{cp}$ 蛋白进行的降解试验，验证了 T6SS 相关效应蛋白 VgrG3$^{cp}$ 具有酶学活性，能够催化对应底物的降解。

# 参 考 文 献

[1] Pukatzki S, Ma A T, Sturtevant D, et al. Identification of a conserved bacterial protein secretion system in Vibrio cholerae using the Dictyostelium host model system. Proc Natl Acad Sci U S A, 2006, 103(5): 1528-1533.

[2] Chen L, Zou Y, She P, et al. Composition, function, and regulation of T6SS in *Pseudomonas aeruginosa*. Microbiol Res, 2015, 172: 19-25.

[3] Howard S A, Furniss R C D, Bonini D, et al. The breadth and molecular basis of hcp-driven type vi secretion system effector delivery. mBio, 2021, 12(3): e0026221.

[4] Lacourse K D, Peterson S B, Kulasekara H D, et al. Conditional toxicity and synergy drive diversity among antibacterial effectors. Nat Microbiol, 2018, 3(4): 440-446.

[5] Deshazer D. A novel contact-independent T6SS that maintains redox homeostasis via Zn(2+)and Mn(2+)acquisition is conserved in the *Burkholderia pseudomallei* complex. Microbiol Res, 2019, 226: 48-54.

[6] Yu K W, Xue P, Fu Y, et al. T6SS mediated stress responses for bacterial environmental survival and host adaptation. Int J Mol Sci, 2021, 22(2):478.

[7] Mcclatchey A I, Yap A S. Contact inhibition(of proliferation)redux. Curr Opin Cell Biol, 2012, 24(5): 685-694.

[8] Pinaud L, Sansonetti P J, Phalipon A. Host cell targeting by enteropathogenic bacteria T3SS effectors. Trends Microbiol, 2018, 26(4): 266-283.

[9] Costa T R D, Harb L, Khara P, et al. Type IV secretion systems: Advances in structure, function, and activation. Mol Microbiol, 2021, 115(3): 436-452.

[10] Kostiuk B, Unterweger D, Provenzano D, et al. T6SS intraspecific competition orchestrates *Vibrio cholerae* genotypic diversity. Int Microbiol, 2017, 20(3): 130-137.

[11] Dar Y, Jana B, Bosis E, et al. A binary effector module secreted by a type VI secretion system. EMBO Rep, 2022, 23(1): e53981.

[12] Cherrak Y, Flaugnatti N, Durand E, et al. Structure and activity of the type VI secretion system. Microbiol Spectr, 2019, 7(4):10.1128.

[13] Crisan C V, Hammer B K. The *Vibrio cholerae* type VI secretion system: Toxins, regulators and consequences. Environ Microbiol, 2020, 22(10): 4112-4122.

[14] Wettstadt S, Wood T E, Fecht S, et al. Delivery of the *Pseudomonas aeruginosa* phospholipase effectors PldA and PldB in a VgrG- and H2-T6SS-dependent manner. Front Microbiol, 2019, 10: 1718.

[15] Ma S, Dong Y, Wang N, et al. Identification of a new effector-immunity pair of *Aeromonas hydrophila* type VI secretion system. Vet Res, 2020, 51(1): 71.

[16] Miyata S T, Unterweger D, Rudko S P, et al. Dual expression profile of type VI secretion system immunity genes protects pandemic *Vibrio cholerae*. PLoS Pathog, 2013, 9(12): e1003752.

[17] Scornik F S, Bucciero R S, Wu Y, et al. DiBAC₄(3)hits a "sweet spot" for the activation of arterial large-conductance $Ca^{2+}$-activated potassium channels independently of the $β_1$-subunit. Am J Physiol Heart Circ Physiol, 2013, 304(11): H1471-1482.

[18] Keller T, Wengenroth L, Smorra D, et al. Novel DRAQ5$^{TM}$/SYTOX® blue based flow cytometric strategy to identify and characterize stem cells in human breast milk. Cytometry B Clin Cytom, 2019, 96(6): 480-489.

[19] Liang X, Pei T T, Wang Z H, et al. Characterization of lysozyme-like effector tsep reveals the dependence of type VI secretion system(T6SS)secretion on effectors in *Aeromonas dhakensis* Strain SSU. Appl Environ Microbiol, 2021, 87(12): e0043521.

# 第四节 细菌毒素-抗毒素系统的鉴定与功能研究方法

郭云学，王晓雪

中国科学院南海海洋研究所

**摘　要:** 毒素-抗毒素（toxin-antitoxin，TA）系统是广泛分布在原核生物中的遗传元件，通常由两个相邻的基因编码，其中毒素具有细胞毒性，抗毒素不具有细胞毒性，但特异性地拮抗其相邻毒素的毒性。TA 系统对细菌生命周期的多个过程具有重要调控作用，进而影响细菌的抗生素抗性、生物被膜、致病性和噬菌体防御等功能。目前针对 TA 系统的研究以细菌为主，包括对不同类型 TA 的发现、生理功能与作用机制的解析两大方面。前者主要是通过对 TA 系统中毒素和抗毒素组分的鉴定，解析毒素的作用靶点和抗毒素拮抗毒素毒性的方式；后者主要通过构建敲除突变株或者在细菌宿主内表达不同 TA 组分，对 TA 系统的生物学功能和调控通路进行研究。这两个方面的研究综合运用微生物学、分子生物学、遗传学、生物化学、生物信息学等学科的理论和技术手段。本节以铜绿假单胞菌（*Pseudomonas aeruginosa*）PAO1 和大肠杆菌（*Escherichia coli*）K-12 为实验对象，提供一套检测细菌 TA 系统功能及作用机制的研究方案，包括从 DNA、RNA 和蛋白质水平进行检测的方法及实验流程。

这些实验手段可以帮助我们系统地开展 TA 系统的研究，探究毒素蛋白是通过何种方式对细菌产生细胞毒性、抗毒素分子拮抗毒素毒性的过程和机制，以及 TA 系统如何参与细菌环境适应过程及其与细菌的"天敌"噬菌体进行博弈的过程。总之，TA 系统的作用方式和功能多样且复杂，综合运用传统的、先进的技术手段有助于揭示 TA 系统精妙的遗传调控网络，对靶向 TA 系统的致病菌防控和治疗具有重要的科学和现实意义。

关键词：毒素-抗毒素系统，毒性机制，拮抗机制，环境胁迫，噬菌体防御

## 一、背景

细菌的生死存亡是一个复杂而被精细调控的过程，涉及中心法则的各个步骤，包括 DNA 复制、转录和蛋白质翻译等。TA 系统是细菌基因组编码的重要调控元件，调控着中心法则中遗传信息传递的过程。此外，TA 系统还参与了蛋白质的翻译后修饰过程。根据毒素和抗毒素的分子特性（蛋白质或 RNA）及抗毒素拮抗毒素毒性的方式，将 TA 系统分为 8 种不同类型[1,2]，其中 II 型 TA 系统的研究最为广泛。在 II 型 TA 系统中，毒素为稳定的蛋白质，抗毒素蛋白通过直接与毒素结合拮抗毒素的毒性。在该类型中，抗毒素除了和毒素基因共转录以外，部分表达量高于毒素，这主要是因为抗毒素基因具有自己独立的启动子。抗毒素蛋白具有毒素结合结构域和 DNA 结合结构域，分别负责与毒素和 DNA 的结合。这些抗毒素部分用于拮抗毒素的毒性，其余的可以作为独立的转录因子与宿主重要基因启动子区结合而调控其表达，如 RpoS、MvfR 等[3~5]。反过来，TA 系统的表达也受宿主因子的控制，其中最典型的为细菌中的蛋白酶，它们在特定环境下被激活，通过降解不稳定的抗毒素释放毒素毒性[6,7]。例如，铜绿假单胞菌 MPAO1 中的 TA 系统 HigBA 在庆大霉素胁迫时，抗毒素 HigA 被 Lon 蛋白酶降解，激活毒素 HigB[3]。此外，环境胁迫条件下，大肠杆菌中的蛋白水解酶 Lon 可迅速水解抗毒素蛋白 MqsA，解除其对毒素蛋白 MqsR 的抑制作用；同时，因抗毒素蛋白 MqsA 水解释放的 RpoS 也能够调控胞外多糖、过氧化氢酶、环二鸟苷酸等物质的合成，从而促进了生物被膜的形成[5]。除了这些调控以外，不同类型的 TA 系统间还存在相互调控作用，例如，上述环境胁迫激活的 MqsR 降解 V 型抗毒素 GhoS 的 mRNA，导致 V 型毒素 GhoT 累积并发挥作用[8]。II 型毒素 MqsR 还可诱导 II 型 TA 系统编码基因 *relBE* 的表达[9,10]。TA 系统间的调控并不是单向的，如毒素 RelE 也可以诱导 *mqsRA* 的表达[10~12]。这些相互调控关系表明，TA 系统作为独立的转录调控因子，在调控宿主基因的同时也受宿主因子及其他 TA 系统的调控，具有复杂的调控网络，这与毒素的多种酶活性密切相关。有研究发现，一个细菌可以携带多达 88 对 TA 系统[13]。

TA 系统具有如此复杂的调控网络，表明其具有功能的多样性，主要包括质粒等可遗传元件稳定性的维持、细胞的程序性死亡、环境适应性调控及噬菌体防御等方面。首先，TA 系统最早发现于低拷贝的质粒[14]，通过"分裂后致死效应"（post-segregational killing，PSK）维持质粒的稳定性[15]，这一理论被广泛接受为 TA 系统稳定质粒的机制，但实验证据仍不够充分。最近研究发现，海洋细菌红色假交替单胞菌（*Pseudoalteromonas rubra*）中携带拷贝数为 1 的接合型质粒，这个

质粒编码一对 II 型 TA 系统 PrpT/PrpA，其中 PrpT 是 ParE 类家族毒素，而 PrpA 是功能未知的新颖抗毒素，其直接结合质粒复制起始区上的重复子序列（iteron）以维持质粒的拷贝数[4]。其次，II 型 TA 系统 MazEF 和 HipAB 在细菌的程序性死亡过程中发挥作用，前者研究最为清晰。当细菌正常生长时，抗毒素 MazE 通过与毒素 MazF 直接作用形成稳定的 $MazF_2\text{-}MazE_2\text{-}MazF_2$ 复合物，抑制毒素毒性[16]。而在环境胁迫条件下，细胞内环境诱导产生的 ppGpp 抑制 mazEF 操纵子的转录。与此同时，细胞内的蛋白水解酶 ClpA 表达量被上调，特异性降解不稳定的抗毒素蛋白 MazE。细胞内释放出大量游离的毒素 MazF，它是非核糖体依赖型 mRNA 内切酶，通过特异性切割 mRNA 中的 ACA 或 ACU 序列抑制翻译[17]，阻止代谢和存活必需的大蛋白的合成，而转录出的死亡相关基因则可以继续翻译，细胞进而产生大量的 ROS，启动细胞程序性死亡过程。MazF/MazE 介导的程序性死亡被蛋白激酶 YihE[18]和群体感应因子 Asn-Asn-Trp-Asn-Asn（NNWNN）[也叫细胞外死亡因子（extracellular death factor，EDF）]抑制[19]。再次，敲除 TA 系统的细菌会降低对某一种或多种抗生素的抗性，如敲除 I 型 TA 系统 RalRA 会降低细菌对广谱性抗生素磷霉素的抗性[20]，而控制质粒稳定性的 TA 系统对质粒携带的抗生素抗性基因的维持和传播又具有重要的促进作用。尽管 TA 系统在顽固耐药菌群（persister）形成中的作用受到巨大争议，它们在细菌抗生素抗性维持中的作用仍不可忽略。最后，近几年 TA 系统作为重要的免疫元件，在噬菌体防御过程中发挥重要的调控作用，它们主要通过流产感染（abortive infection，Abi）机制对细胞群体进行保护，是国际前沿和热点研究问题[19,20]。有研究表明，Abi 是指当噬菌体侵染细胞时，TA 系统被激活从而使细菌细胞进入休眠状态或者死亡，抑制噬菌体的繁殖，进而保护未被侵染的细胞[21]。

本节以铜绿假单胞菌和大肠杆菌为实验对象，首先介绍基因组内 TA 系统的预测和分析方法，然后以 II 型 TA 系统为例介绍毒素毒性机理、毒素与抗毒素互作的研究方法，最后介绍 TA 系统功能的研究方法。TA 系统功能及作用机制的研究主要包括微生物学、遗传学、生物化学以及流行的组学技术。这些方法和技术的综合运用，可以更清晰地揭示不同类型 TA 系统作用的独特性和共性，揭开其调控宿主生理和生态功能的机制，为合理地开发利用这些基因资源奠定基础。

## 二、材料与试剂

### 1. 培养基

（1）LB 培养基（高盐）

①液体培养液：称取 10 g 胰蛋白胨、5 g 酵母提取物和 10 g NaCl，加蒸馏水溶解后定容至 1000 mL，调节 pH 至 7.0，分装后高压灭菌。

②固体培养基：称取 10 g 胰蛋白胨、5 g 酵母提取物、10 g NaCl 和 15 g 琼脂粉，加蒸馏水溶解后定容至 1000 mL，调节 pH 至 7.0，分装后高压灭菌。

（2）麦康凯（MacConkey）固体培养基：称取 MacConkey 配方培养基粉末 50 g，加蒸馏水定容至 1000 mL。

（3）双层琼脂平板（double-layer agar plate）：双层琼脂平板由上、下两层平板构成，下层平板（R-bottom）琼脂浓度较高，起支撑作用；上层平板（R-top）琼脂浓度较低，便于细菌生长形成菌苔，广泛应用于抗菌活性检测、噬菌体分离纯化等多种实验。

①R-top 培养基：称取 1 g 酵母提取物、10 g 胰蛋白胨、10 g NaCl、8 g 琼脂粉，加蒸馏水定容至 1000 mL。

②R-bottom 培养基：同 LB 固体培养基。

**2. 试剂**

（1）0.1% SDS：称 0.1 g SDS（十二烷基硫酸钠）溶解于 80 mL 双蒸水中，加双蒸水定容至 100 mL。

（2）邻硝基苯-β-D-吡喃半乳糖苷（$O$-nitrophenyl-β-D-galactopyranoside，ONPG）溶液：根据现用现配原则，使用前将 ONPG 溶于 β-巯基乙醇中，终浓度为 4 mg/mL。

（3）1 mol/L $Na_2CO_3$ 溶液：称 10.6 g $Na_2CO_3$ 溶解于 80 mL 双蒸水中，加双蒸水定容至 100 mL。

（4）0.1% 结晶紫：称 0.1 g 结晶紫溶解于 80 mL 双蒸水中，加双蒸水定容至 100 mL。

（5）5-溴-4-氯-3-吲哚-β-D-吡喃半乳糖苷（5-bromo-4-chloro-3-indolyl-β-D-galactopyranoside，X-gal）溶液：称 0.2 g X-gal 溶解于 10 mL DMSO 中，分装后-20℃避光保存。

（6）SM 溶液：先配制 1 mol/L pH 7.6 的 Tris-HCl 溶液，称 121.1 g Tris 溶于 800 mL 双蒸水中，加入 60 mL 浓盐酸并加双蒸水定容至 1 L，室温保存。称 1.21 g $MgSO_4$ 和 0.336 g 乙二胺四乙酸二钠于 800 mL 双蒸水中，加入 20 mL 1 mol/L pH 7.6 的 Tris-HCl 溶液，加双蒸水定容至 1L，高温高压灭菌后室温保存。

（7）三甲基甘氨酸（tricine）-SDS 胶：①分离胶（10%）：ddH₂O 4.270 mL、1.5 mol/L Tris-HCl（pH 8.8）2.625 mL、10%（$m/V$）SDS 105 μL、30%（$m/V$）聚丙烯酰胺 3.5 mL、10%（$m/V$）APS 70 μL、TEMED 7 μL；②浓缩胶（10%）：ddH₂O 3.075 mL、0.5 mol/L Tris-HCl（pH 6.8）2.625 mL、10%（$m/V$）SDS 105 μL、30%（$m/V$）聚丙烯酰胺 3.5 mL、10%（$m/V$）APS 70 μL、TEMED 7 μL。

（8）6%聚丙烯酰胺凝胶：30%（$m/V$）聚丙烯酰胺 0.8 mL、5×TBE 0.8 mL、

ddH$_2$O 2.4 mL、10%（$m/V$）APS 28 μL、TEMED 2.8 μL。

（9）考马斯亮蓝 G-250 缓冲液：考马斯亮蓝 G-250 1 g、异丙醇 250 mL、乙酸 100 mL，蒸馏水定容至 1000 mL。

（10）考马斯亮蓝染色脱色液：乙酸 100 mL、乙醇 50 mL，加蒸馏水定容至 1000 mL。

（11）膜转移缓冲液（Western Blot 实验中用）：称甘氨酸 2.9 g、Tris 5.8 g、SDS 0.37 g，蒸馏水加至 800 mL，加入 200 mL 甲醇。

（12）TBST 缓冲液（Western Blot 实验中用）：NaCl 8.8 g、1 mol/L Tris-HCl（pH 8.0）20 mL、Tween-20 0.5 mL，蒸馏水定容至 1000 mL。

（13）封闭缓冲液（Western Blot 实验中用）：脱脂奶粉 5 g、TBST 缓冲液 100 mL。

（14）50×TAE 缓冲液：Tris 242 g、EDTA 37.2 g、冰乙酸 57.1 mL，定容至 1000 mL。

（15）5×TBE 缓冲液：Tris 54 g、硼酸 27.5 g、EDTA 3.72 g（pH 8.0）。

（16）试剂盒

①快速质粒小提试剂盒；

②细菌基因组 DNA 提取试剂盒；

③细菌总 RNA 提取试剂盒；

④琼脂糖凝胶回收试剂盒；

⑤Step-one 快速连接试剂盒；

⑥Light Shift Chemiluminescent DNA EMSA 试剂盒；

⑦Biotin 3′End DNA 标记试剂盒；

⑧SMARTer RACE 5′/3′试剂盒。

（17）酶

①限制性内切核酸酶 *Nco*I、*Hind*III 等（NEB）；

②PrimerSTAR Mix DNA 聚合酶（TaKaRa）；

③2×PCR mix（诺唯赞）。

（18）常用化学试剂：甲醇、乙醇、异丙醇、冰乙酸、盐酸、尿素、咪唑、钠盐、钾盐、三（羟甲基）氨基甲烷（Tris）、Tris-HCl、L-阿拉伯糖、IPTG 等。

### 3. 设备

（1）生物安全柜（ESCO，型号 AC2-6S1）

（2）超净工作台（ESCO，型号 ACB-4A1）

（3）生化培养箱（Thermo Fisher Scientific，型号 RI-250）

（4）恒温摇床（知楚，型号 ZQLY-180V）

（5）低温摇床（Panasonic，型号 MIR-154-PC）

（6）全自动生长曲线测定仪（INFORS，型号 MINITRON）

（7）高压灭菌锅（Panasonic，型号 GI80DWS）

（8）小型离心机（Thermo Fisher Scientific，型号 Legend Micro 17）

（9）冷冻离心机（Eppendorf，型号 Centrifuge 5190R）

（10）高速离心机（Eppendorf，型号 Centrifuge 5804R）

（11）流式细胞仪（BD Biosciences，型号 BD Acurri C6 Plus）

（12）荧光定量 PCR 仪（BIO-RAD，CFX Connect Real-time System）

（13）PCR 仪（东胜，型号 ETC821）

（14）金属浴（COYOTE，型号 H2O3-Pro）

（15）分光光度计（尤尼柯，型号 7200）

（16）全波长多功能酶标仪（Tecan，型号 Pro NanoQuant）

（17）荧光倒置显微镜（ZEISS，型号 Axio Scope A1）

（18）体式显微镜（ZEISS，型号 AxioCam 508）

（19）压力细胞破碎仪（聚能，型号 JN-mini）

（20）超声波破碎仪（新芝，型号 JY88-IIN）

（21）电转仪（BTX，ECM630，英国）

（22）蛋白电泳仪（BIO-RAD，型号 EV265）

（23）核酸电泳仪（BAYGENE，型号 BG-Power 600K）

（24）蛋白转膜仪（BIO-RAD，型号 1703930）

（25）化学发光仪（天能，型号 Tanon5200）

（26）凝胶成像系统（天能，型号 Tanon4200SF）

（27）立式超低温冰箱（Eppendorf，型号 F440n）

（28）组合式全温振荡培养箱（知楚，ZQZY-CS8ES）

## 4. 生物信息学数据库和相关分析软件

（1）NCBI 数据库：https://www.ncbi.nlm.nih.gov/

（2）T1TAdb 预测 I 型 TA 系统数据库：https://d-lab.arna.cnrs.fr/t1tadb

（3）TADB 3.0 预测 II 型 TA 系统数据库：https://bioinfo-mml.sjtu.edu.cn/TADB3/

（4）RAST 基因组注释数据库：https://rast.nmpdr.org/

（5）UniProt 蛋白序列分析软件：https://www.uniprot.org/?msclkid=d9583585aa6811eca08a8cd9d98c07f2

（6）HHpred 蛋白结构预测网站：https://toolkit.tuebingen.mpg.de/tools/hhpred

（7）SMART 蛋白结构预测网站：https://smart.embl-heidelberg.de/

（8）Palindromic Sequences Finder 回文序列分析网站：https://www.novoprolab

s.com/tools/dna-palindrome

## 三、操作步骤

### （一）TA 系统的生物信息学预测

（1）在 NCBI 下载 *Pseudomonas aeruginosa* PAO1 和 *Escherichia coli* K-12 的基因组。

（2）通过基因组注释，结合 T1TAdb 和 TADB 2.0 数据库预测并筛选典型的 TA 系统。

（3）对于 II 型 TA 系统，其基因组成具有如下典型的特征：①编码毒素和抗毒素的基因通常为一个操纵子，两者均编码小蛋白（一般少于 150 个氨基酸）；②毒素和抗毒素基因部分重叠或间距较短（≤60 碱基），且抗毒素多位于毒素的上游；③位于上游的基因的启动子多有回文序列，用于反馈调控；④抗毒素蛋白通常由两部分组成，即 N 端的蛋白结合结构域和 C 端的 DNA 结合结构域。根据上述特点对未预测为 TA 系统的基因进行分析，寻找可能的新的 TA 系统。

### （二）潜在 TA 系统的验证

#### 1. 技术要点

（1）所有接种操作在生物安全柜或超净工作台中进行，严格遵守无菌操作流程，避免污染。

（2）所有使用的耗材和器具必须在使用前经过高压灭菌处理，并在试验后进行回收，进行无害化处理。

（3）严格按照实验步骤进行操作，勿轻易改变实验条件。

#### 2. 细菌菌株和培养条件

铜绿假单胞菌（*Pseudomonas aeruginosa*）PAO1 和大肠杆菌（*Escherichia coli*）K-12 培养条件皆为 37℃ 条件下 LB 培养基培养。诱导剂为 L-阿拉伯糖 0.3%（$m/V$）、IPTG 0.5 mmol/L。将 *P. aeruginosa* 以及 *E. coli* 菌株对数期的培养液与灭菌后的甘油混合，并使甘油的终浓度在 18%，置于 -80℃ 冰箱中保藏。

所用抗生素及浓度：氨苄青霉素 100 μg/mL，庆大霉素 30 μg/mL，卡那霉素 50 μg/mL。

#### 3. 毒素和抗毒素基因的克隆表达实验步骤

利用表达质粒，将目的基因插入到质粒的多克隆位点，表达质粒中带有诱导型启动子。本章中的表达质粒有 pET28b、pUT18C、pKT25、pHERD20T 等。

（1）PCR 扩增。以基因组 DNA 为模板扩增相应的片段，以基因开放阅读框的两端设计正反向引物，并加上酶切位点，从载体的多克隆位点上选择合适的酶切位点。

（2）酶切。酶切基因片段与载体，利用 NEB 公司的快切反应，37℃反应 15 min。

（3）纯化。酶切后的 PCR 产物和载体用纯化试剂盒进行纯化（Qiagen）。

| | |
|---|---|
| 限制性内切核酸酶 | 0.3 μL |
| 10×缓冲液 | 5.0 μL |
| DNA | 42 μL |
| 蒸馏水 | 加至 50 μL |

（4）连接。将载体 DNA 与回收的 DNA 片段连接，一般按照 DNA 片段与载体 DNA 摩尔比为 6∶1 进行连接，25℃反应 150 min，连接体系如下：

| | |
|---|---|
| 10×T4 DNA ligase buffer | 1.0 μL |
| DNA 片段 | 3.5 μL |
| 载体 DNA | 1.5 μL |
| T4 DNA 连接酶 | 1.0 μL |
| 蒸馏水 | 加至 10 μL |

（5）转化。可以利用化学转化法或电击转化法。

A. 化学转化法

①接种大肠杆菌单克隆于 LB 培养基中，37℃过夜培养。

②按 1∶100 的比例转接过夜菌液于 50 mL 新鲜 LB 液体培养基（250 mL 锥形瓶）中，37℃摇床培养至 $OD_{600}$=0.6 左右。

③将培养液转入 50 mL 离心管中，冰上放置 30 min，然后 4℃、4000 r/min 离心 5～7 min，弃掉上清。

④向沉淀中加入 30 mL 灭菌后提前预冷的 0.85 mol/L $CaCl_2$ 和 0.15 mol/L $MgCl_2$ 混合液，轻轻悬浮细胞，4000 r/min 离心 5～7 min，弃掉上清。

⑤加入 2.5 mL 灭菌后预冷的、含有 15%甘油的 0.1 mol/L $CaCl_2$ 溶液，轻轻悬浮细胞，即成为感受态细胞。在冰上将感受态细胞分装至 1.5 mL 预冷的 EP 管中，每管 100 μL，–80℃保存。

⑥取–80℃保存的化转感受态细胞置于冰上溶解；待溶解后，向感受态细胞中加入适量连接产物或者质粒，轻轻混合均匀，冰上放置 30 min；42℃热激 90 s，立即置于冰上冷却 3～5 min；加入 1 mL 新鲜 LB 培养基，轻轻混合均匀，37℃复苏 1 h；菌液均匀涂布于含适当抗生素浓度的 LB 平板上，37℃过夜培养。

B. 电击转化法

①接种铜绿假单胞菌单克隆于 LB 培养基中，37℃过夜培养。

②按 1：100 的比例转接过夜菌液于 50 mL 新鲜 LB 液体培养基（250 mL 锥形瓶）中，37℃摇床培养至 OD$_{600}$=0.8 左右。

③将培养液转入 50 mL 离心管中，冰上放置 30 min，然后 4℃、6000 r/min 离心 5min，弃掉上清。

④向沉淀中加入 30 mL 高压灭菌且提前预冷的蔗糖溶液（300 mmol/L），轻轻悬浮细胞，6000 r/min 离心 5 min，弃掉上清。

⑤重复步骤④。

⑥加入适量体积的蔗糖溶液（300 mmol/L）轻轻悬浮细胞，再加入终浓度为 15%的甘油，即成为感受态细胞。在冰上将感受态细胞分装至 1.5 mL 预冷的 EP 管中，每管 100 μL，–80℃保存。

⑦取–80℃保存的电转感受态细胞置于冰上溶解；待溶解后，向感受态细胞中加入适量连接产物或者质粒，轻轻混合均匀，然后用 100 μL 的移液枪将混合了 DNA 的感受态细胞液加入到预冷的电转杯（BTX 公司的 2 mm 电转杯规格）中，将电转杯插入电转仪，电压为 1.25 kV，5 ms。立即加入 1 mL 新鲜 LB 培养基，轻轻混合均匀，37℃复苏 2 h；菌液均匀涂布于含适当抗生素浓度的 LB 平板上，37℃过夜培养。

（6）验证克隆子。重组质粒用载体多克隆位点两端的引物进行 PCR 验证，挑选目的片段大小正确的克隆进行 DNA 测序验证。

### 4. 生长曲线和 CFU 的测定

1）实验步骤

（1）从新鲜划线长好的固体平板中挑取单克隆接种于 25 mL 的 LB 培养基中，根据菌株抗性特点添加必要的抗生素，37℃、200 r/min 过夜培养。

（2）转接过夜培养的菌液至 25 mL 含有诱导剂的培养基中使菌液的起始 OD$_{600}$ 为 0.05，37℃、200 r/min 培养。

（3）每隔 1 h 测定 OD$_{600}$，用 0.85% NaCl 溶液稀释菌液 10 倍后测 OD$_{600}$。同时使用 0.85% NaCl 溶液 10 倍梯度稀释菌液，然后取稀释后各个梯度的 10 μL 菌液至 LB 平板上，重复 3 组。

（4）细菌生长进入稳定期、OD$_{600}$ 不再增加时，停止测定，一般测 8～10 h。

（5）待点完菌液的 LB 平板上液滴晾干后，正面朝上置于 37℃培养箱培养 10～12 h，进行拍照记录和 CFU 计数。

（6）挑选菌落数量在 30～300 的稀释梯度进行菌落计数：

$$CFU（个/mL）=100×（3 次重复的平均值）×10^{稀释的梯度}$$

（7）根据记录的 CFU 和 OD$_{600}$ 值，分别以诱导生长时间为横坐标、以测得的 OD$_{600}$ 值和 CFU 为纵坐标，得到细菌的生长曲线和 CFU 曲线。

2）数据分析

从测得的生长曲线和 CFU 曲线（图 1-4-1）可以看出，过表达毒素菌株的生长速率要显著低于过表达空载体、抗毒素和 TA 系统的菌株；抗毒素无明显的细胞毒性，能显著降低毒素的毒性，由此可以判断该预测的 TA 系统是否符合经典的 TA 系统。

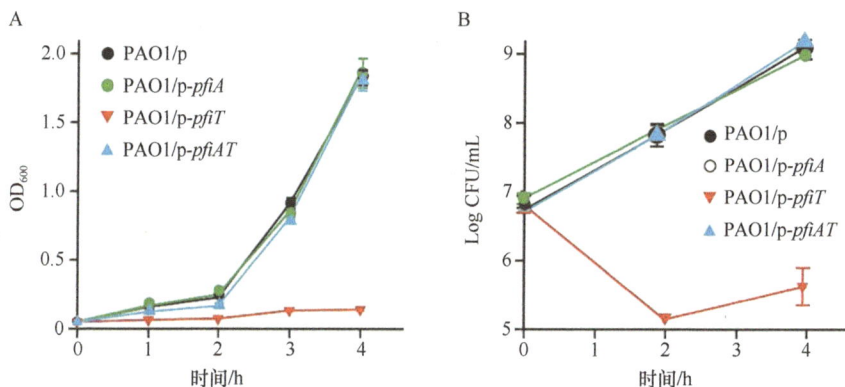

图 1-4-1　铜绿假单胞菌中的 PfiTA 的生长曲线（A）和 CFU 曲线（B）

## （三）TA 系统反馈调控的验证

### 1. 技术要点

（1）制胶试剂（丙烯酰胺、AP、TEMED）需 4℃保存；部分试剂有毒，需要在通风橱进行配制；跑完胶后要及时清洗整理实验台桌面，用清水清洗干净制胶的玻璃板后静置晾干。

（2）根据蛋白质的性质适当调整蛋白质的诱导表达条件，如诱导时间、诱导温度、诱导剂浓度等。

（3）X-gal 一定要避光保存。

（4）在进行 DNase I 足迹试验之前，利用电泳迁移率变动分析（electrophoretic mobility shift assay，EMSA）试验中摸索出最佳的 DNA 探针与蛋白浓度的比值。

### 2. 毒素和抗毒素蛋白的表达纯化及 Tricine-SDS-PAGE

1）实验步骤

（1）将构建好的带有 His 标签的 BL21 菌株接种至 400 mL LB 培养基（如果想要收集较多量的蛋白质，则适当增大体积）和对应的抗生素中，37℃恒温振荡培养至 $OD_{600}$ 约为 1，8000 r/min 离心收集 1mL 菌液，将菌体沉淀放至−80℃保存，用于后续实验中诱导前样品的制备。

（2）将 1 mmol/L IPTG 诱导剂加入菌液，37℃下诱导表达 5 h 左右，8000 r/min

离心收集适量诱导后的菌液（以 $OD_{600}$ 为 1 时收集 1mL 计算）。剩下诱导后的菌液同样在 4℃、8000 r/min 离心，倒掉上清，收集菌体。

（3）收集后的菌体加入约 8 mL 蛋白裂解缓冲液和 80 μL PMSF（蛋白酶抑制剂）重悬，25 kPa 下高压破碎，在 4℃预冷的离心机中 9000 r/min 离心 1 h（可同时进行蛋白胶配制和 Ni-NTA 琼脂糖纯化树脂的平衡）。

（4）收集离心后的上层清液于干净的 50 mL 离心管中，与适量的平衡后 Ni-NTA 琼脂糖纯化树脂混合，置于摇床上冰浴约 1 h，分别用含有 10 mmol/L、20 mmol/L、50 mmol/L、100 mmol/L 和 300 mmol/L 咪唑的蛋白裂解缓冲液进行蛋白洗脱，分别收集含有洗脱蛋白的 50 mmol/L、100 mmol/L 和 300 mmol/L 咪唑的洗脱液。

（5）分别取 100 μL 步骤（1）、（2）和（4）收集的诱导前菌液、诱导后菌液和蛋白洗脱液，加入蛋白质上样缓冲液，在沸水中煮 10 min，然后进行 Tricine-SDS-PAGE 上样和跑胶，先在 70 V 电压下电泳 30 min，后改用 110 V 电压进行电泳，当蛋白质上样缓冲液跑至蛋白胶底部时，停止电泳。

（6）拆胶，用考马斯亮蓝染色液染胶 45 min，然后使用脱色液脱色至条带清晰，拍照记录。

2）数据分析

铜绿假单胞菌中抗毒素 HigA 的纯化见图 1-4-2。如果毒素用以上方法无法纯化得到，可采用 pBAD 质粒用 0.3% 的葡萄糖抑制启动子加上低温（15℃）诱导蛋

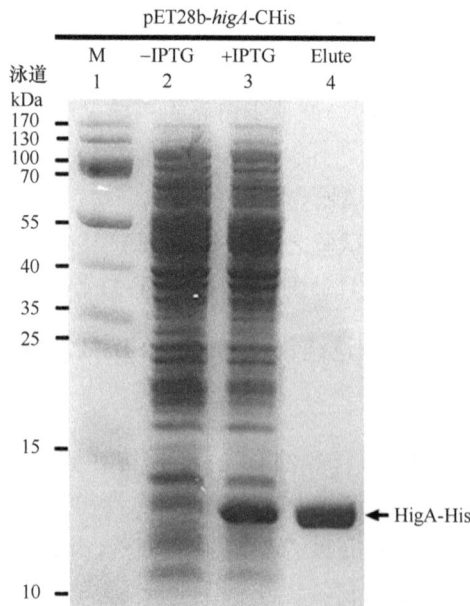

图 1-4-2　铜绿假单胞菌抗毒素 HigA 的纯化

白过夜表达（宿主可用 BW25113），或者缩短诱导时间；也可尝试融合助溶标签进行表达纯化。

### 3. 电泳迁移率变动分析（EMSA）

1）实验步骤

（1）将纯化的蛋白质通过透析和浓缩得到较高浓度的蛋白质溶液；通过 PCR 扩增得到对应的探针序列，按照 Biotin 3′ End DNA Labeling Kit（Thermo Scientific，Hudson，NH，USA）使用说明书进行标记，或者采用带有生物素（biotin）标记的引物扩增对应的探针序列。

（2）按照 Light Shift Chemiluminescent DNA EMSA Kit（Thermo Scientific，Hudson，NH，USA）使用说明书进行蛋白溶液和 DNA 溶液之间体系的配置，反应体系总共 20 μL。

| | |
|---|---|
| Poly（dI-dC）（1 μg/μL） | 0.25 μL |
| $MgCl_2$ | 1 μL |
| KCl | 1 μL |
| NP40 | 1 μL |
| 50%甘油 | 1 μL |
| 10×反应缓冲液 | 2 μL |
| DNA 探针 | 1 μL |

共 7.5 μL

剩余的蛋白质+水共 12.5 μL，设置梯度。例如：

| 蛋白质/μL | 0 | 0.5 | 1 | 2 | 4 | 8 |
|---|---|---|---|---|---|---|
| 水/μL | 12.75 | 12.25 | 11.75 | 10.75 | 8.75 | 4.75 |

（3）25℃孵育 1 h，同时预跑 6%的聚丙烯酰胺凝胶。

（4）孵育结束后加入 5 μL 5×LightShift 上样缓冲液进行凝胶电泳。先在 70 V 条件下电泳 30 min，然后在 110 V 条件下电泳至染料带消失。

（5）400 mA、30 min 恒流转移到尼龙膜上（0.5×TBE 需预冷）。

（6）紫外线交联 20 min。

（7）加入 Blocking buffer 封闭 20 min，加入抗体（黄色液体）孵育 30 min，然后用 1×洗脱缓冲液清洗 3 次、每次 5 min，加入平衡液平衡 1 min。

（8）加入显色液（A 液：B 液=1：1，一张膜约用 1.5 mL）后在化学发光仪下曝光拍照保存：

A 液：稳定过氧化物溶液（stable peroxide solution）；

B 液：鲁米诺发光增强液（Luminol/enhancer solution）。

2）数据分析

图 1-4-3 为 TA 系统的 PfiTA 复合物与该 TA 系统启动子区的 EMSA 结果，反应体系中加入梯度的 PfiTA 后出现梯度迁移条带（泳道 1～5），在固定复合物体积条件下继续加入抗毒素 PfiA 并不能促进迁移（泳道 5～7），单独的抗毒素 PfiA 不能结合并迁移探针（泳道 8～10）。结果表明，PfiTA 可以结合在启动子区，而单独的抗毒素 PfiA 不可以。

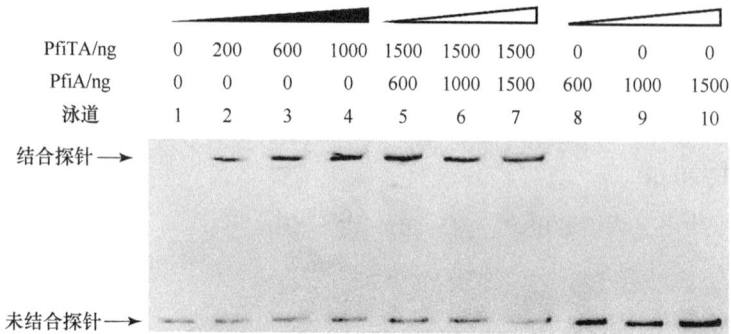

| PfiTA/ng | 0 | 200 | 600 | 1000 | 1500 | 1500 | 1500 | 0 | 0 | 0 |
| PfiA/ng | 0 | 0 | 0 | 0 | 600 | 1000 | 1500 | 600 | 1000 | 1500 |
| 泳道 | 1 | 2 | 3 | 4 | 5 | 6 | 7 | 8 | 9 | 10 |

结合探针 →

未结合探针 →

图 1-4-3　PfiT 和 PfiA 复合物 PfiTA 与 *pfiTA* 启动子区结合

## 4. 启动子活性分析

1）实验步骤

（1）利用 PCR 扩增 TA 系统的启动子区（上游-300 bp），然后连接到载体 pHGR01，与无启动子的 *lacZ* 基因融合，启动 *lacZ* 基因的表达。同时，将启动子区的回文序列（palindrome）进行突变，进行同样的克隆。

（2）将质粒导入 *E. coli* WM3064 菌株中整合，并制备成感受态细胞，然后将质粒 pMQ70、pMQ70- *crlA* 和 pMQ70- *crlTA* 转化到制备的感受态细胞中。分别添加 3%的 L-阿拉伯糖诱导蛋白质的表达。诱导 4 h 后，首先测定 $OD_{600}$ 值，收集 1～2 mL 的菌液，离心去上清。

（3）采用显色测吸光度法测定沉淀细胞内的半乳糖苷酶活性[22]，以 Miller 单位（Miller unit，MU）表示：

$$MU = （1000×OD_{420}）/（OD_{600nm}×T×V）$$

式中，$T$ 为反应时间（min）；$V$ 为反应体积（mL）。

2）数据分析

在野生型的回文序列的构建中，抗毒素 CrlA 能够显著抑制启动子的活性（图 1-4-4），CrlTA 复合物不能抑制启动子活性，表明毒素 CrlT 与抗毒素 CrlA 结合后抑制了抗毒素与 DNA 的结合。在突变回文序列后，抗毒素也不能抑制启动子活性，说明抗毒素 CrlA 是通过结合在回文序列对 TA 系统进行反馈调节的。

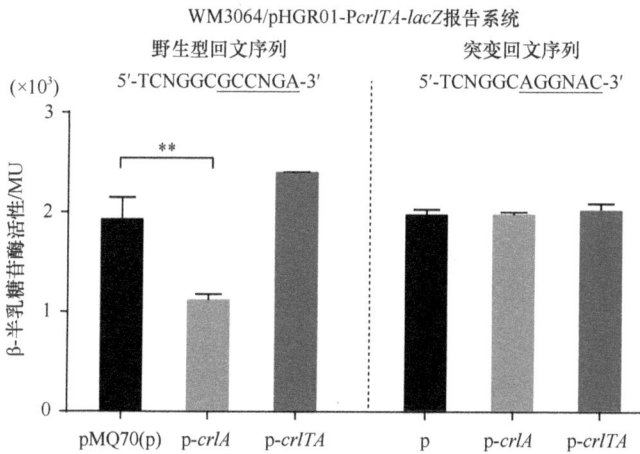

图 1-4-4 铜绿假单胞菌 TA 系统 *crlTA* 的反馈调节

p 表示质粒 pMQ70

### 5. DNase I 足迹保护试验

1）实验步骤

（1）设计扩增目的探针的引物，然后在正向引物的 5′端标记 FAM 荧光引物，再利用 PCR 扩增目的探针，模板为基因组 DNA。

（2）设计三组实验：一组只有 DNA 和缓冲液（对照组）；另外两组实验之后要加 DNase I 处理，即含 DNA 和目的结合蛋白的实验组 1、含 DNA 和缓冲液的实验组 2，分别设计同样的样品数量。

（3）在 50 μL 的结合总反应体系中加入 0.5 nmol/L 的 DNA 探针，目的蛋白的浓度则相应地以 EMSA 试验摸索出的 DNA 与蛋白浓度比例来添加。其余的缓冲液按照 EMSA 试验的体系添加。

（4）将结合反应体系置于 25℃的培养箱中反应 2 h。

（5）分别对两组实验进行 DNase I 处理，处理不同的时间（如 1 min、2 min、5 min、10 min），使用不同酶浓度（2 U、1 U、0.5 U、0.25 U、0.125 U）。

（6）利用 EDTA 终止酶反应，最终利用 DNA 回收试剂盒回收 DNA 探针。

（7）将回收的 DNA 探针送测序公司测序，进行分析。

2）数据分析

DNase I 足迹保护试验是指在蛋白质与 DNA 结合后，蛋白质会对结合位置的 DNA 进行保护，使之不能被 DNase I 切割，在测序的时候不能出现对应位置的峰。如图 1-4-5 所示，PfiTA 复合物在与启动子区的回文序列结合后，回文序列被保护起来，在加入 DNase I 对 DNA 探针进行随机切割的时候不会出现对应位置的峰值，而在没有 PfiTA 复合物的时候，DNA 探针便可以被 DNase I 随机切割，在探针的不同位置均出现明显的切割峰。

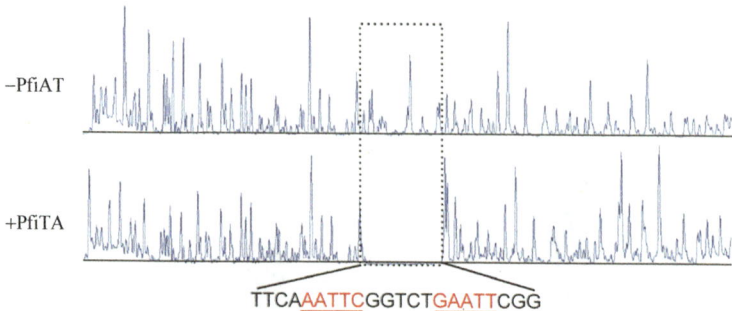

图 1-4-5　DNase I 足迹保护试验

## （四）毒素基因和抗毒素基因转录本分析

### 1. 技术要点

（1）RNA 提取操作尽量在干净的固定区域开展。

（2）引物试验采用的 RNA 浓度和纯度一定要高，特殊情况下可以将目的基因及其上游的启动子区克隆到高拷贝的质粒中进行 RNA 提取。

（3）若通过 5′RACE 试验得不到目的产物，可调整基因特异引物。

### 2. 共转录验证

1）实验步骤

（1）RNA 的提取：挑取平板上的单菌落，接于 LB 液体培养基，37℃振荡培养过夜；稀释至 $OD_{600}=0.1$，转接于新鲜的液体 LB 培养基，37℃振荡培养至 $OD_{600}=1.0$，超低温条件下收集菌体；RNA 提取的具体步骤参考天根细菌总 RNA 提取试剂盒说明书。

（2）逆转录：以提取的 200 ng RNA 为模板，参考 GoScript$^{TM}$ Reverse Transcription System（Promega）说明书，将 RNA 逆转录成 cDNA。

（3）将 cDNA 进行 10 倍稀释，采用上游基因内部正向引物和下游基因反向引物进行 PCR 扩增。同时，以细菌的总 RNA 和细菌基因组 DNA 为对照模板，以细菌基因组中非转录区域的引物为引物对照。

2）数据分析

以 TA 系统上游基因 *crlT* 内部的 F 引物和下游基因 *crlA* 的 R 引物进行 PCR 扩增，以基因组 DNA 和逆转录的 cDNA 为模板扩增出对应大小的 PCR 产物，以 RNA 为模板未获得 PCR 产物（图 1-4-6），表明二者是共转录的。同时，非转录区域的引物仅在以基因组 DNA 为模板时有扩增条带，表明 RNA 和 cDNA 质量较好，无基因组 DNA 污染。

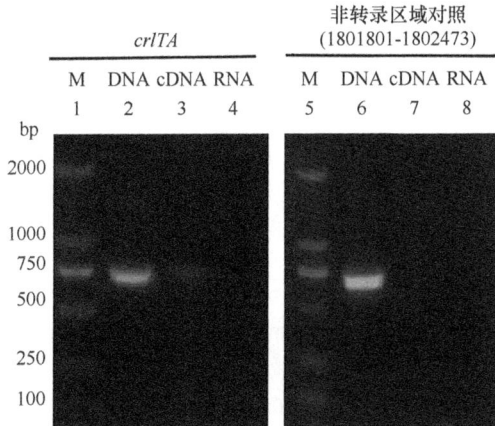

图 1-4-6　PCR 验证铜绿假单胞菌毒素基因 *crlT* 和抗毒素基因 *crlA* 共转录

### 3. 引物延伸

1）实验步骤

（1）设计引物。在待测定的基因序列内部设计引物，一般长度为 20～25 bp，并添加 5′端 FAM 染料（6-carboxyfluorescein）标记。

（2）提取 RNA。RNA 的浓度应尽量高，达 6 μg/μL 左右。

（3）RNA 预处理。取 20 μL RNA 和 1 μL 标记的 FAM 引物混合，70℃热变性 5 min、冰浴 20 min、−58℃ 20 min、室温 15 min。

（4）逆转录反应。依次加入以下试剂：

| | |
|---|---|
| MgCl$_2$ | 6 μL |
| 10×缓冲液 | 3 μL |
| dNTP | 3 μL |
| RNase 抑制剂 | 0.75 μL |
| AMV 逆转录酶 | 1.5 μL |
| 总 RNA+FAM 标记引物 | 15.75 μL |
| 总体积 | 30 μL |

42℃，1 h（1.5 h 为好）

（5）逆转录后的产物浓缩至 10 μL，然后由 Invitrogen 公司进行 STR 扫板测序。

（6）产物采用 ABI3730 DNA 分析仪（Applied Biosystems，Foster City，California，USA）进行扫板分析，结果采用 Genemapper（Version 4.1）软件进行分析。

2）数据分析

引物延伸试验多采用 5′荧光染料 FAM 标记的长 20～30 bp 基因特异性引物，通过逆转录对目的基因 mRNA 5′端进行检测，逆转录产物长度为 150 bp 以内时，可获得最佳结果。图 1-4-7 为抗毒素基因 *pfiT* 特异性引物逆转录得到的该抗毒素基因的转录起始位点。

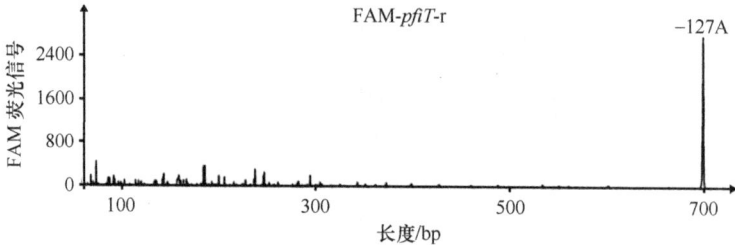

图 1-4-7　引物延伸试验确定 *pfiT* 基因的转录起始位点

### 4. 5′RACE

1）实验步骤

（1）收集培养至 $OD_{600}$=1.0 的铜绿假单胞菌或者大肠杆菌菌株。

（2）利用 RNA 提取试剂盒（Promega，Madison，WI，USA）的说明方法提取 RNA。

（3）使用 TaKaRa 公司的 SMARTer RACE 5′/3′试剂盒。对 RNA 进行添加 poly（A）尾的反应。

（4）利用添加了 poly（A）尾的 RNA 合成第一链，然后利用下游基因序列设计逆转录引物，合成目的基因的特异第二链。

（5）将第二链无痕连接至试剂盒提供的载体中，并利用 M13 引物对质粒进行测序，则能找到相应的转录起始位点。

2）数据分析

根据测序结果，将载体序列剔除，得到的序列起始位点为该 TA 系统的起始位点。

（五）毒素毒性机制研究

### 1. 技术要点

（1）在对毒素的毒性机制预测时，如果不能预测到与毒素蛋白同源的已知功能蛋白，则可能为新的毒素，有必要对其进行多种功能的尝试。

（2）所有使用的耗材和器具必须高压灭菌并进行回收，灭菌后处理。

（3）在进行毒素活性试验时，一定要确保毒素蛋白为活性蛋白。

（4）mRNA 切割实验要保证所有试剂和耗材都进行核酸酶灭活处理，用

DEPC 水配制试剂并对耗材进行浸泡。

### 2. 毒素蛋白潜在功能预测

1）实验步骤

（1）在验证潜在的 TA 系统为真正的 TA 系统后，获取毒素的蛋白质序列。

（2）首先利用 NCBI 和 UniProt 数据库对毒素蛋白进行同源蛋白的搜索，根据已知同源蛋白的功能进行毒素功能的分析。

（3）对于完全没有同源蛋白的未知蛋白质，采用 NCBI 保守结构域分析功能以及 Pfam 等结构域分析的数据库对毒素蛋白的保守结构域进行预测，根据保守结构域的功能推测毒素蛋白潜在的功能。

2）数据分析

部分保守性很高的 TA 系统，在进行注释时会直接获得同源 TA 系统，对于这一类 TA 系统的研究较容易，但新颖性略有欠缺；部分 TA 系统在分析的时候被认为是未知蛋白，但可以对蛋白的保守结构域进行分析，预测其潜在的生物学功能；少数 TA 系统在分析的时候完全没有功能方面的信息，此时需要将 II 型 TA 系统集中的几方面功能进行综合研究。

### 3. 细胞的显微镜观察

1）实验步骤

（1）菌株的接种和培养同"生长曲线测定试验"。

（2）毒素蛋白用相应的诱导剂诱导 4 h（需要根据毒素的毒性情况进行调整）后，吸取 1 mL 细胞，3000 r/min 离心 5 min。

（3）菌体沉淀用 300 μL PBS 进行重悬，然后重复上述离心过程。

（4）重复步骤（3）。

（5）细菌悬液可以直接用显微镜进行细胞形态观察。

（6）用荧光倒置显微镜在 100×油镜下对细胞的形态进行观察。

2）数据分析

毒素具备不同的酶活性质，因而在表达时表现出不同的毒性，例如，V 型毒素 GhoT 为细胞膜裂解肽，表达时诱导鬼影细胞（ghost cell）的出现（图 1-4-8A）；I 型毒素 RalR 为非特异性 DNase，表达时诱导细胞变长（图 1-4-8B）。

### 4. mRNA 切割试验

1）实验步骤

（1）设计特定引物，将需要转录的 *ompA* 基因与 T7 RNA 聚合酶启动子进行

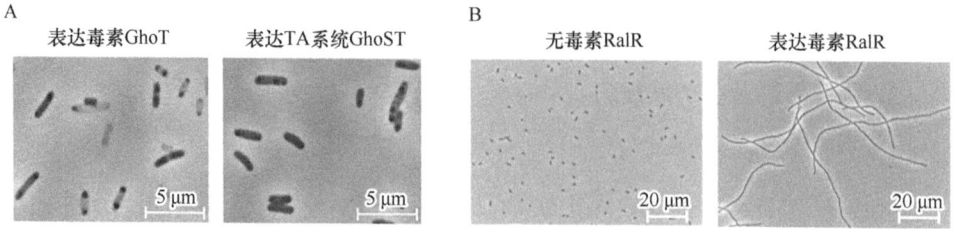

图 1-4-8　不同 TA 系统毒素表达后细胞显微观察

A. 表达毒素 GhoT 诱导鬼影细胞的形成；B. 表达毒素 RalR 诱导细胞变长

融合，用于后续的体外转录。

（2）以基因组 DNA 为模板进行 PCR 扩增，得到具有 T7 标记的 DNA 片段，对 PCR 产物进行胶纯化。

（3）将 1 μg 回收的 PCR 片段作为体外转录的模板，采用 T7 RNA 体外转录试剂盒（New England Biolabs，Beverly，MA，USA）进行体外转录，得到 T7-*ompA* mRNA，具体操作参考说明书。

（4）采用 RNA 3′端生物素标记试剂盒（Thermo Scientific，Hudson，NH，USA）对 50 pmol 体外转录的 RNA 进行生物素标记，具体操作参考说明书。

（5）采用成熟的方法进行 RNA 切割试验[18,23]。反应体系为 10 μL，其中含有 2 μg 体外合成的 T7-*ompA* mRNA、50 mmol/L Tris-HCl（pH 8.5）、100 mmol/L KCl、2.5 mmol/L $MgCl_2$ 和 30 μg 纯化的毒素蛋白。

（6）反应在 37℃进行 10 min、20 min 和 30 min，加入等体积的 2× TBE-尿素样品缓冲液（Invitrogen）终止反应。

（7）用 15% TBE-尿素胶进行凝胶电泳，采用 SYBR 安全染料对 RNA 进行染色。

2）数据分析

利用纯化的毒素蛋白（图 1-4-9A）进行 mRNA 活性的切割试验（图 1-4-9B），

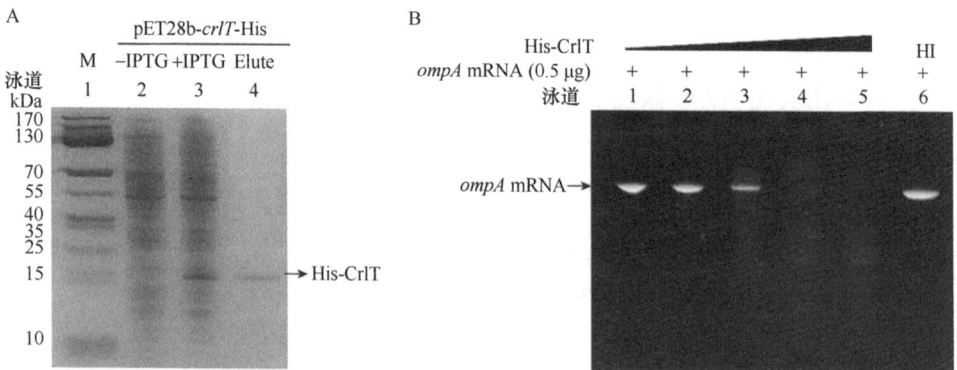

图 1-4-9　毒素功能鉴定

A. 毒素 CrlT 的纯化；B. 毒素 CrlT（条带 1～5）切割 *ompA*（1～306 nt）mRNA，热激灭活（heat-inactivated，HI）的 CrlT-His 蛋白作为对照

随着毒素蛋白浓度的增加，相同时间内切割掉的 T7-ompA mRNA 越来越明显（泳道 1～5），而热激灭活的毒素蛋白则失去切割活性（泳道 6）。没有 mRNA 切割活性的毒素不会表现为 mRNA 条带的缺失；具有特异切割位点的毒素，切割后会在主带下面出现系列大小不一的条带；而无特异性切割位点的毒素则可将 mRNA 直接切掉，观察不到特异条带。

### 5. DNA 切割试验

1）实验步骤

（1）采用改进的方法进行 DNA 切割试验[18]。分别用 150 pmol 纯化的毒素蛋白和突变的毒素蛋白与不同的 DNA 底物进行切割反应，采用的反应温度为 37℃，反应体系中含有 250 mmol/L NaCl、100 mmol/L Tris-HCl（pH 7.5）、10 mmol/L $CaCl_2$ 和 10 mmol/L $MgCl_2$，反应时间分别为 30 min 和 120 min。这些 DNA 可以是提取的质粒、细菌基因组 DNA、甲基化和非甲基化的 λ DNA（$dam^-$，$dcm^-$）（1 μg）等。通过加入反应终止液（25%甘油、0.5% SDS、0.05% 溴酚蓝和 50 mmol/L EDTA）进行终止反应。

（2）进行 1%琼脂糖凝胶电泳并用 SYBR 安全染料（Invitrogen）进行染色。等量的 DNase I（New England Biolabs，Beverly，MA，USA）作为毒素蛋白的阳性对照。

（3）对于具有 DNA 切割活性的毒素，为研究 $Ca^{2+}$ 和 $Mg^{2+}$ 是否为毒素的辅因子，将 10 mmol/L $Ca^{2+}$ 和（或）10 mmol/L $Mg^{2+}$加入到含 250 mmol/L NaCl 和 100 mmol/L Tris-HCl（pH 7.5）的缓冲液中，然后进行 DNA 切割试验。突变的毒素蛋白作为阴性对照。

2）数据分析

利用纯化的毒素蛋白对甲基化和非甲基化的 λ DNA 进行切割试验（图 1-4-10A、B），发现毒素 RalR 为非特异性的 DNase，无特异识别位点。对于有特异识别位点的 DNase，切割后会在 DNA 主带下面出现明显的切割条带。为排除其他 DNase 污染的可能性，需要对毒素关键酶活位点进行突变；纯化突变的蛋白质进行同样的 DNA 切割试验，观察其是否仍具有切割活性，如没有则未被污染。有时候还需要添加已知的商品化 DNase I 作为切割试验的蛋白质阳性对照。由于很多酶的活性需要金属离子作为辅因子（$Ca^{2+}$ 和 $Mg^{2+}$最常见），为研究毒素的活性是否依赖金属离子，可以通过在反应体系中添加和去除相应的金属离子进行切割试验（图 1-4-10C）：如果是依赖金属离子的，在去除金属离子后毒素应无切割活性；如不是依赖性金属离子的，则在去除金属离子后毒素仍具有切割活性。

A

B

C

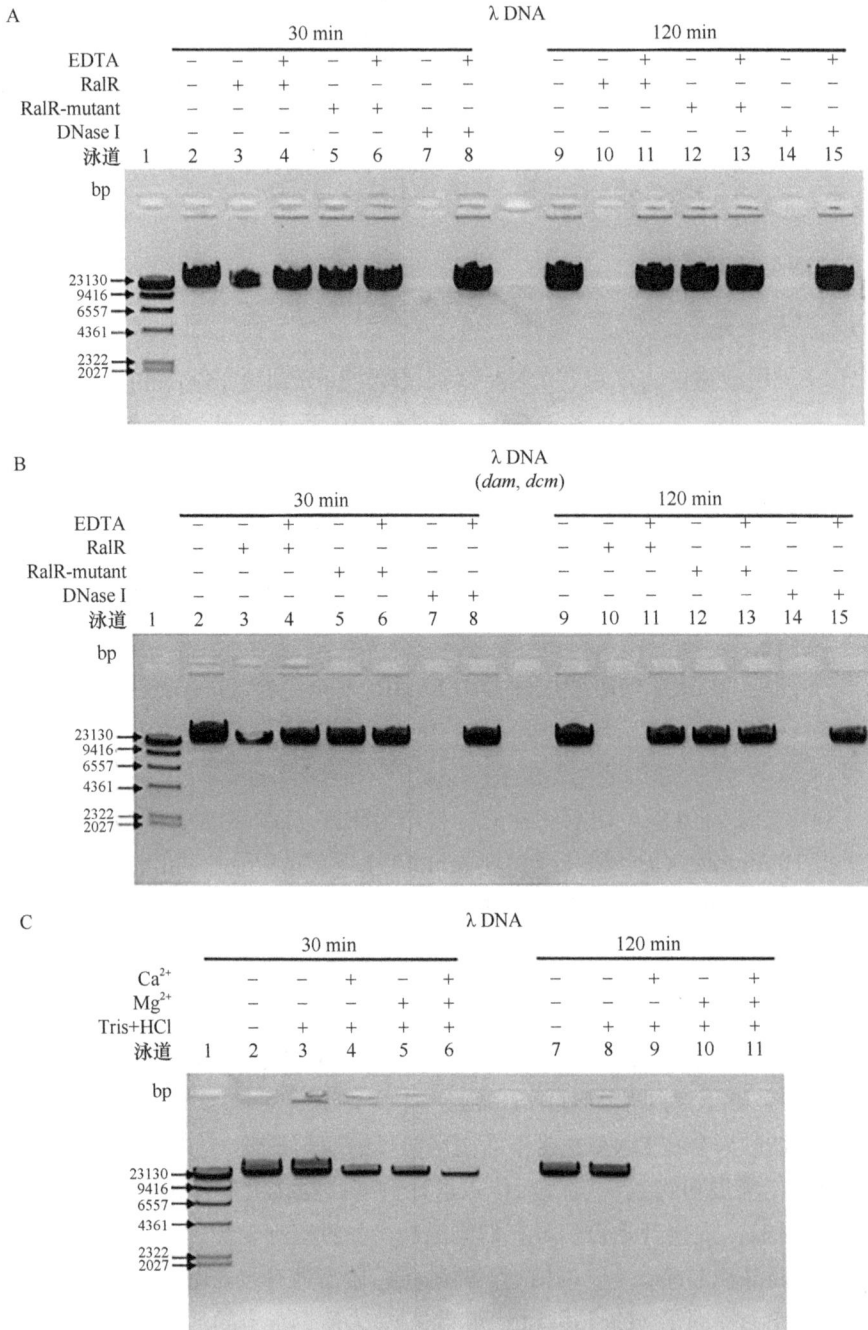

图 1-4-10　大肠杆菌毒素 RalR 的金属离子依赖性

A. RalR 毒素对甲基化 λ DNA 的非特异切割；B. RalR 毒素对非甲基化 λ DNA 的切割；
C. RalR 毒素的辅因子为 $Ca^{2+}$ 和 $Mg^{2+}$

（六）毒素蛋白和抗毒素蛋白互作的研究

### 1. 技术要点

（1）如果在牵出（pull-down）试验过程中蛋白表达量较低，可以改变载体、诱导条件，甚至可以进行密码子优化。

（2）细菌双杂交试验要严格按照实验步骤进行操作，勿轻易改变实验条件。

### 2. Pull-down 试验

1）实验步骤

（1）根据实验要求，构建三个克隆对 TA 系统的两个基因进行共表达，这三个克隆分别是：在上游基因的 N 端加上 His 标签的克隆；在下游基因的 C 端加上 His 标签的克隆；在上、下游基因上都没有标签的克隆。

（2）根据上述纯化蛋白的方法对表达三种克隆组合的蛋白质进行纯化。

（3）通过 Tricine-SDS-PAGE 和 Western blot 对纯化的蛋白质进行鉴定；如有必要，可以通过二级质谱对纯化的蛋白质进行序列鉴定。

2）数据分析

Pull-down 试验是一种能够有效验证蛋白质之间相互作用的实验技术，主要利用蛋白质之间的相互作用，通过纯化一种蛋白质而将另一种蛋白质一同纯化出来。如果两种蛋白质存在相互作用，在对一种蛋白质进行纯化时，与其相互作用的蛋白质会被一起纯化，用纯化的蛋白跑 Tricine-SDS-PAGE 胶，根据胶上跑出的蛋白大小判断牵出的蛋白是否为与纯化蛋白互作的蛋白质（图 1-4-11），进一步可通过 Western blot 对纯化的蛋白质进行鉴定，牵出蛋白可通过二级质谱进行序列鉴定。

### 3. 细菌双杂交试验

1）实验步骤

（1）将编码毒素和抗毒素的两个基因分别克隆至质粒 pUT18C 和质粒 pKT25。

（2）将两个质粒共同转化到大肠杆菌中。

（3）通过 PCR 验证筛选到的正确克隆，摇菌培养后，点 10 μL 菌液至添加了 X-gal（40 μg/mL）的 LB 固体平板上。30℃避光孵育 18～24 h。

（4）观察菌落是否变蓝，若变成蓝色说明检测的蛋白质之间有相互作用，若不变色则说明蛋白质之间没有相互作用。

2）数据分析

细菌双杂交技术是一种在大肠杆菌中研究蛋白质相互作用的技术。这套系统

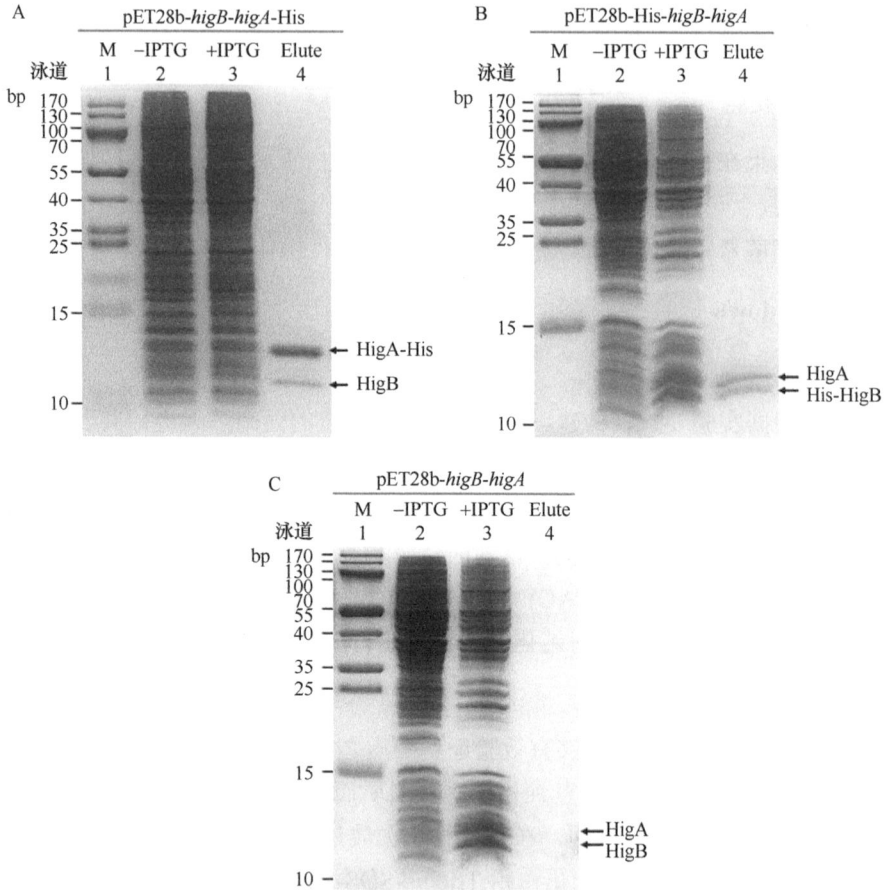

图 1-4-11　铜绿假单胞菌中 HigB 和 HigA 的 Pull-down 试验

A. 带 His 标签的抗毒素 HigA 牵出不带标签的 HigB；B. 带 His 标签的毒素 HigB 牵出不带标签的 HigA；C. 不带标签的抗毒素 HigA 与不带标签的 HigB 不能被纯化

主要是基于基因的转录激活原理，在细菌体内表达两个融合蛋白，如果二者之间存在相互作用，则可以激活报告基因 *LacZ* 的表达，在含有 X-gal 的板上呈现蓝色。两个融合蛋白中的一个是由待测蛋白和已知的 DNA 结合蛋白融合，而另外一个则是由另一个待测蛋白和细菌的 RNA 聚合酶融合。可以将两个待测蛋白的位置互换后进行双向检测，如图 1-4-12 所示。

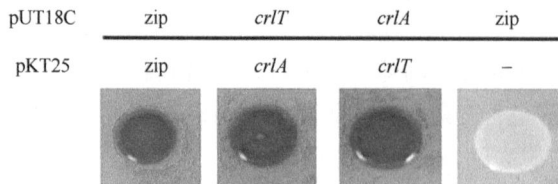

图 1-4-12　细菌双杂交试验验证 CrlT 和 CrlA 蛋白相互作用

两个质粒都表达 zip 的为阳性对照（第一个菌落），仅在一个质粒上表达 zip 的为阴性对照（第四个菌落）

（七）TA 系统生理功能研究

## 1. 技术要点

（1）开展生理功能研究时一定要注意设立多个平行试验，个别时候会出现结果不一致情况。

（2）进行基因敲除试验时，如果条件允许，对基因敲除菌株进行全基因组测序，以确保在敲除的过程中未引入新的其他位点突变。

（3）环境胁迫试验要准确把握胁迫时间，尽量缩短胁迫条件到正常状态的过渡过程。

（4）噬菌体防御试验要特别使用专门的区域开展，且要及时清除产生的实验垃圾，防止造成实验室污染。

## 2. TA 系统的敲除试验

1）实验步骤

（1）通过同源重组的方法敲除铜绿假单胞菌中的 TA 系统[24]。设计引物扩增需要敲除基因的上、下游各 1000 bp 序列，作为上、下游同源臂。同时，将庆大霉素抗性基因及其启动子基因进行 PCR 扩增，并插入上、下游同源臂中间替代敲除基因。此外，在同源臂的上、下游分别设计 LF/LR 和 SF/SR 引物对，用于后续对敲除菌株的验证。

（2）采用诺唯赞公司的一步法连接试剂盒，将获取的上、下游同源臂连接到敲除质粒 pEX18Ap，连接前 pEX8Ap 使用合适的限制性内切核酸酶进行酶切和回收。

（3）采用上述的化学转化法，将连接产物转化大肠杆菌 DH5α，然后涂布于含有 30 μg/mL 庆大霉素的 LB 固体平板上。

（4）37℃培养过夜，PCR 验证获取的阳性克隆子，提取质粒。

（5）将质粒转化 WM3064，PCR 后测序验证克隆子的正确性。

（6）将构建好的 WM3064 与铜绿假单胞菌 PAO1 进行接合转移，分别将新鲜培养的 $OD_{600}=1.0$ 的供体菌和受体菌菌液，以 6000 r/min 转速离心 2 min 收集菌体，去掉上清后各用 50 μL 的液体 LB 培养基重悬，混匀两种菌体后全部点板至稍微干燥的、含有 0.3 mmol/L DAP 的 LB 平板。

（7）37℃过夜培养，用接种环挑取菌苔环线至含有庆大霉素的 LB 平板。将长出来的单菌落挑入含有庆大霉素（15 μg/mL）的液体 LB 培养基中，37℃、180 r/min 过夜培养。如果生长正常，将筛选得到的单交换克隆分别用 LF/SR、SF/LR 引物进行菌落 PCR 验证。

（8）验证正确的单克隆用含有 10% 蔗糖的 LB 平板筛选双交换克隆子，将筛选得到的单菌落用 LF/LR 引物进行菌落 PCR 验证。对 PCR 验证正确的敲除突变株进行测序。阳性菌株为单交换菌株，庆大霉素抗性基因代替了目的基因的编码序列。

（9）为了将庆大霉素抗性基因敲除，使用 pFLP2 质粒能够特异性地识别庆大霉素基因两侧的 *FRT* 序列，使得庆大霉素基因被剪切。具体操作为：将 pFLP2 质粒转化 WM3064 后，通过结合转移的方式将 pFLP2 转入敲除突变株，37℃、180 r/min 过夜培养后划线，菌落 PCR 验证庆大霉素基因被剪切。将阳性菌株涂布于含 10%蔗糖的 LB 平板诱导 pFLP2 质粒丢失，通过印章法验证 pFLP2 丢失，以此得到完整的基因敲除突变株。

2）数据分析

基因敲除后采用不同的引物对进行验证（图 1-4-13），同一对引物在野生型和敲除菌株中扩增片段的大小不同，后者扩增片段比前者小的碱基数，即为敲除基因的大小。值得注意的是，在 TA 系统组分的敲除过程中，抗毒素有时候无法敲除，这是因为抗毒素的敲除会导致毒素的激活，显示细胞毒性，导致细胞死亡。

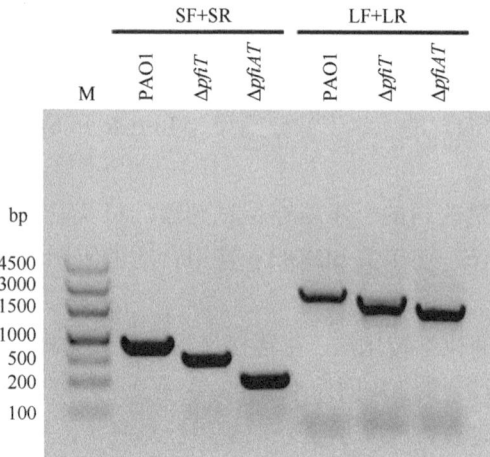

图 1-4-13　铜绿假单胞菌中 TA 系统 *pfiTA* 和 *pfiT* 基因敲除菌株的 PCR 验证

### 3. 绿脓菌素定量试验

1）实验步骤

（1）绿脓菌素的定量分析方法参照参考文献[25]，从新鲜的、划线活化菌株的平板中挑取单菌落，在含有相应抗生素的 25 mL 液体 LB 培养基中过夜培养（37℃、180 r/min）。

（2）转接过夜培养的菌液于含有相应抗生素的 25 mL 液体 LB 培养基，使得 $OD_{600}$ =0.1，37℃、180 r/min 培养。分别在培养 0 h、2 h、4 h、6 h、8 h、12 h、24 h、48 h 时测定 $OD_{600}$，并取 1 mL 菌液，15 000 r/min 离心 2 min，取 800 μL

上清于新的离心管中，加 480 μL 氯仿，涡旋抽提 2 min。

（3）15 000 r/min 离心 2 min，吸取 300 μL 下层液体于新的离心管中。

（4）向新离心管中加入 0.8 mL 0.2 mol/L HCl，涡旋抽提 2 min（上清颜色可能由蓝色变成粉红色）。取 600 μL 上清读取 $OD_{520}$ 值（设置空白对照为 0.2 mol/L HCl）。

（5）绿脓菌素的数值采用下式计算：$[Sample(OD_{510}) - Blank(OD_{520})]/[Sample(OD_{600}) - Blank(OD_{600})]$。

2）数据分析

绿脓菌素是铜绿假单胞菌分泌的一种重要毒力因子，其产量的改变受遗传因素控制，主要是通过调控绿脓菌素合成基因簇的表达实现。敲除 PAO1 中的抗毒素基因 *higA* 后，绿脓菌素的产量被显著上调（图 1-4-14）。

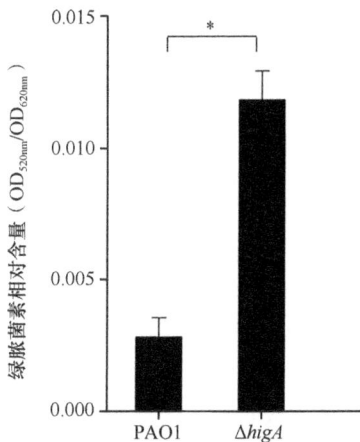

图 1-4-14 敲除铜绿假单胞菌中抗毒素 HigA 促进绿脓菌素的产生

#### 4. 生物被膜形成

对于敲除 TA 系统单一基因或者整个 TA 系统的菌进行生物被膜形成能力的测定，同时以野生型菌株为对照。具体操作详见本书第二章第一节"细菌生物被膜的体外动态培养和观测方法"。

#### 5. 环境胁迫对 TA 系统的调控

1）实验步骤

（1）从新鲜划线长好菌落的固体平板中挑取单克隆接种于 25 mL 的液体培养基中，在 37℃条件下振荡过夜培养。

（2）转接 1/100 过夜培养的菌液至无菌培养基，摇床培养至 $OD_{600}=4.0$。

（3）用含有 2 μg/mL 庆大霉素的 LB 培养基处理铜绿假单胞菌 15 min 和 30 min

后，12 000 r/min 离心收集 1 mL 菌体。

（4）在样品中加入 200 μL 的 1×蛋白上样缓冲液，沸水中煮沸 10 min 使蛋白质变性。

（5）分别在两块相同的 15%丙烯酰胺 Tricine-SDS-PAGE 胶中加入相同量的变性蛋白质进行电泳，电泳在 BIO-RAD 的蛋白垂直电泳装置上完成。首先用 80 V 电泳 30 min 使蛋白质样品跑出浓缩胶，再增加电压至 120 V 继续电泳 1 h；电泳完成后，其中一块蛋白胶直接进行考马斯蓝染色，另一块胶进行 Western blot。

（6）将蛋白胶置于转膜缓冲液中，400 mA 电泳 40 min，冰浴条件下进行转膜，蛋白质被转移到 PVDF 膜上。

（7）用含 5%脱脂奶粉的封闭液进行封闭 1 h。

（8）在 4℃条件下用一抗孵育过夜，对基因组上 His 和 Flag 分别标记的抗毒素、毒素和 MvfR 使用对应的一抗。为了验证蛋白上样量一致，用 RNA 聚合酶（RNAP）特异性抗体作为对照。

（9）用新鲜配制的含 0.05%吐温的 TBS 清洗游离的一抗。

（10）加入对应的二抗继续孵育 1 h。

（11）使用含 0.05%吐温的 TBS 进行清洗。

（12）用 Western blot 发光液进行检测。

2）数据分析

在庆大霉素处理后，抗毒素 HigA 被激活的 Lon 蛋白酶降解，解除对 *higBA* 启动子的抑制作用，产生更多的 HigB 蛋白（图 1-4-15）。同时，HigA 对毒力因子 MvfR 启动子的抑制也被解除，从而产生更多的 MvfR 蛋白。

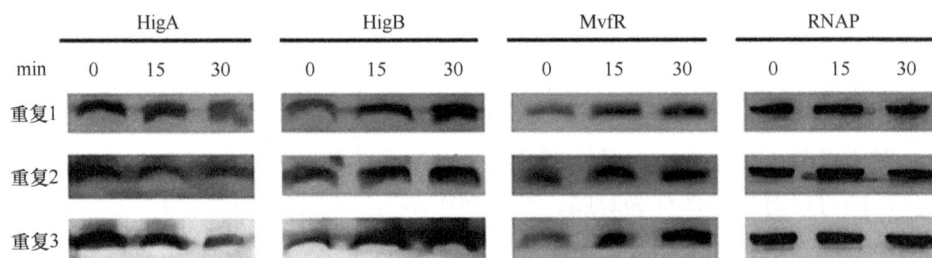

图 1-4-15　庆大霉素处理降解 HigA、激活 HigB 和 MvfR

RNA 聚合酶 RNAP 为参考蛋白

### 6. 抗生素抗性试验

1）实验步骤

（1）采用上述 TA 系统验证实验中的生长曲线测定方法对细菌进行培养。

（2）将过夜菌稀释至 OD$_{600}$=0.01，然后在培养基中加入特定浓度的抗生素（需要进行前期不同浓度抗生素的筛选，选择对敲除菌株或者野生型菌株之一具有生长抑制作用的浓度，挑出两种菌株抗性存在差异的抗生素）。

（3）在不同时间点测定 $OD_{600}$，测定结束后进行生长曲线的绘制。

2）数据分析

根据生长曲线的差别（图 1-4-16A、B）确定 TA 系统是否具有抗生素相关的功能。也可以通过最低抑菌浓度（minimum inhibitory concentration，MIC）和抗生素处理一段时间后的菌落形成单位差异，或者综合利用几种测定的结果进行系统分析。

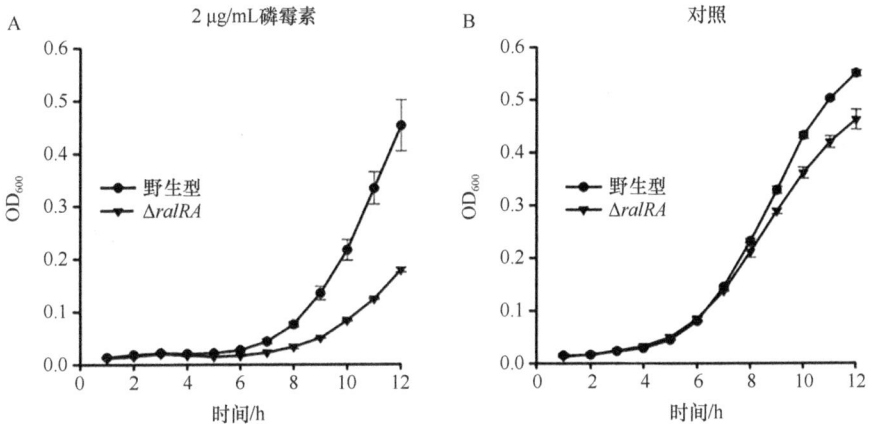

图 1-4-16　敲除大肠杆菌 TA 系统 *ralRA* 的功能检测

A. 敲除 *ralRA* 降低宿主对光谱性抗生素磷霉素的抗性；B. 培养基中未加抗生素的对照

### 7. 噬菌体防御试验

1）实验步骤

（1）将实验中所用到的烈性噬菌体用双层琼脂平板法进行活化。首先，将宿主细菌以液体培养法于 37℃温度下培养，一般培养 16～24 h。其次，将噬菌体原液 100 μL 与细菌悬浮液 300 μL 均匀混合，静置 15 min 使其感染。将混合液加入 5 mL 冷却至 50℃ 的 T-top 琼脂培养基中，均匀混合后立即平铺在已倒好的 R-bottom 培养基平板上。再次，待平板凝固后移至 37℃培养箱中，一般培养 8～24 h，培养时间根据噬菌体不同而有差异。最后，将培养的平板中的 R-top 溶解于 2 mL 的 SM 缓冲液中，用玻璃珠振荡破碎细胞，6000 r/min 离心 5 min，取上清，用 NanoPore 公司的 0.22 μm 过滤器过滤，得到噬菌体。

（2）将过夜的细菌培养液稀释至 $OD_{600}=0.1$，37℃条件下培养，取 1 mL 处于 $OD_{600}=1$ 的被侵染目的菌（如果是基因敲除菌株则直接用；如果是基因表达菌株，可以在细菌接菌时加入对应的诱导剂诱导基因表达），加入到 3 mL 保温的上层培养基，再加入 200 μL $MgSO_4$ 混匀，快速铺板到 R-bottom 培养基平板上，在超净工作台晾干 5～10 min。

（3）吸取 5 μL 梯度稀释的噬菌体上清液点在上述铺菌后的平板上，按顺序点上噬菌体上清。

（4）37℃孵育 10 h 左右，肉眼可清晰地看见噬菌斑，观察噬菌体对不同基因敲除或表达菌株的侵染情况。同时以野生型菌株或不表达任何基因的空质粒作为对照。

（5）细菌培养和稀释同步骤（2），同时加入不同浓度的噬菌体。一般感染复数（multiplicity of infection，MOI）可以设置为 100 到 0.0001，10 倍的梯度进行稀释。

（6）37℃培养，在不同时间测定 $OD_{600}$，绘制生长曲线。

2）数据分析

根据加入噬菌体后菌株的生长差异确定基因的噬菌体防御功能（图 1-4-17A）。还可以对不同时间点产生的噬菌体进行噬菌斑形成单位（plaque forming unit，PFU）分析，通过噬菌体的产量同步生长曲线测定基因的噬菌体防御功能，防御功能强的噬菌体的释放会显著低于不具有噬菌体防御功能的对照组。也可以通过双层板琼脂试验将梯度稀释的等量噬菌体点到含有宿主噬菌体的上层平板中，通过观察噬菌斑的情况确定基因对噬菌体的防御功能（图 1-4-17B）。

## 8. 温和噬菌体激活试验

1）实验步骤

（1）从新鲜划线长好的固体平板中挑取单克隆接种于 25 mL 液体培养基中，根据菌株抗性特点添加必要的抗生素，37℃、200 r/min 过夜培养。

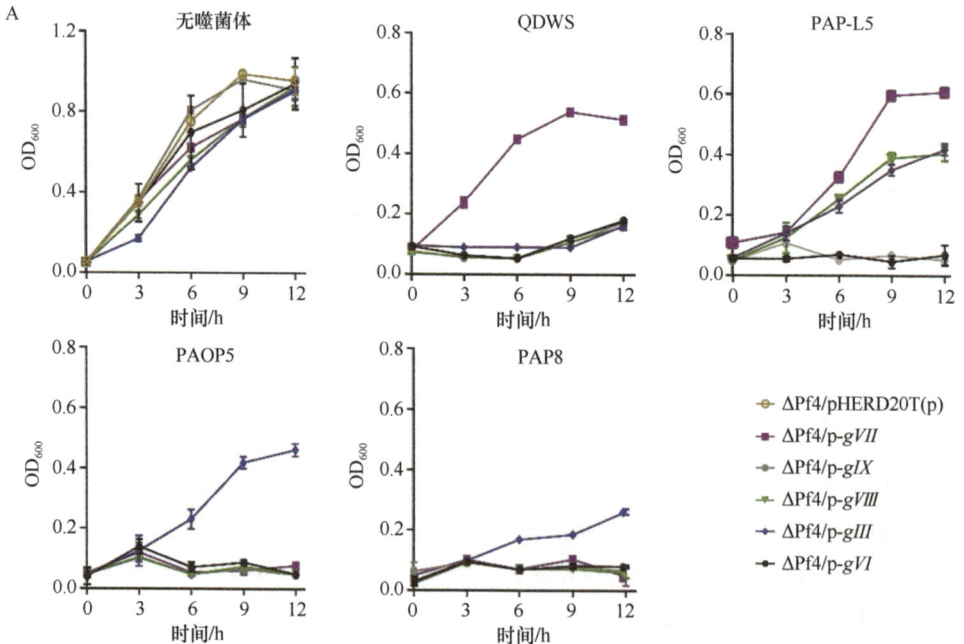

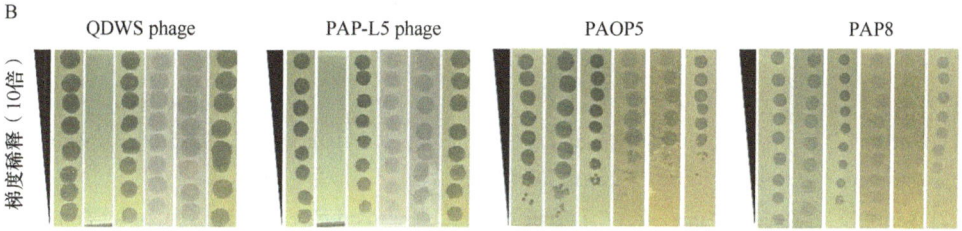

图 1-4-17 铜绿假单胞菌结构基因的噬菌体防御功能

A. 生长曲线测定基因的噬菌体防御功能； B. 噬菌体形成试验测定基因的噬菌体防御功能

（2）转接过夜培养的菌液至 25 mL 液体培养基中使菌液的起始 $OD_{600}$ 为 0.05，分装 4 mL 在 6 孔板静置培养，培养温度为 37℃。

（3）按时间间隔（2 h 或 3 h）收集培养液（静态培养或摇瓶培养）1～2 mL，12 000 r/min 离心 5 min。

（4）用 0.22 μm 滤膜过滤上清，收集噬菌体。

（5）根据上述"7. 噬菌体防御试验"中的噬菌斑测定的方法进行 PFU 测定。

（6）根据噬菌体数量和时间，绘制以时间为横坐标、以 PFU 为纵坐标的噬菌体 PFU 增长曲线。

2）数据分析

温和噬菌体为将自身 DNA 整合到宿主细菌基因组中的原噬菌体，它们的激活受宿主和原噬菌体编码的基因的控制。根据野生型和基因敲除菌株 PFU 曲线的差异（图 1-4-18），可判断 TA 系统的对温和噬菌体激活的影响。也可用 DNase I 处理含噬菌体的上清，将噬菌体裂解细菌过程中释放的基因组 DNA 去除，然后通过荧光定量 PCR 对噬菌体特异基因进行测定，检测噬菌体基因的激活情况。

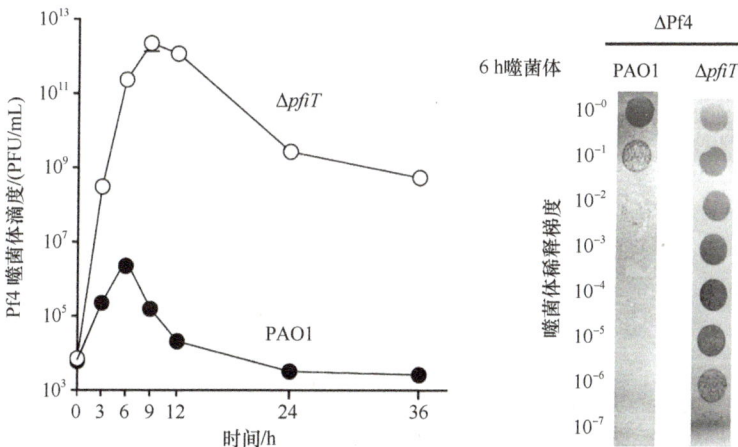

图 1-4-18 铜绿假单胞菌中毒素 *pfiT* 抑制温和噬菌体 Pf4 的激活

# 参 考 文 献

[1] Jurenas D, Fraikin N, Goormaghtigh F, et al. Biology and evolution of bacterial toxin-antitoxin systems. Nat Rev Microbiol, 2022, 20: 335-350.

[2] Wang X X, Yao J Y, Sun Y C, et al. Type VII toxin/antitoxin classification system for antitoxins that enzymatically neutralize toxins. Trends Microbiol, 2021, 29: 388-393.

[3] Guo Y X, Sun C L, Li Y M, et al. Antitoxin HigA inhibits virulence gene mvfR expression in *Pseudomonas aeruginosa*. Environ Microbiol, 2019, 21: 2707-2723.

[4] Ni S W, Li B Y, Tang K H, et al. Conjugative plasmid-encoded toxin-antitoxin system PrpT/PrpA directly controls plasmid copy number. Proc Natl Acad Sci, 2021, 118: e2011577118.

[5] Wang X X, Kim Y, Hong S H, et al. Antitoxin MqsA helps mediate the bacterial general stress response. Nat Chem Biol, 2011, 7: 359-366.

[6] 郭云学, 李百元, 王晓雪. 细菌的毒素-抗毒素系统: 定时炸弹还是免死金牌. 微生物学报, 2017, 57: 1708-1715.

[7] Wang X X, Wood T K. Toxin-antitoxin systems influence biofilm and persister cell formation and the general stress response. Appl Environ Microbiol, 2011, 77: 5577-5583.

[8] Wang X X, Lord D M, Hong S H, et al. Type II toxin/antitoxin MqsR/MqsA controls type V toxin/antitoxin GhoT/GhoS. Environ Microbiol, 2013, 15: 1734-1744.

[9] Kim Y H, Wang X X, Zhang X S, et al. *Escherichia coli* toxin/antitoxin pair MqsR/MqsA regulate toxin CspD. Environ Microbiol, 2010, 12: 1105-1121.

[10] Kasari V, Mets T, Tenson T. Transcriptional cross-activation between toxin-antitoxin systems of *Escherichia coli*. BMC Microbiol, 2013, 13: 45.

[11] Kasari V, Kurg K, Margus T, et al. The *Escherichia coli* mqsR and ygiT genes encode a new toxin-antitoxin pair. J Bacteriol, 2010, 192: 2908-2919.

[12] Garcia-Pino A, Christensen-Dalsgaard M, Wyns L, et al. Doc of prophage P1 is inhibited by its antitoxin partner Phd through fold complementation. J Biol Chem, 2008, 283: 30821-30827.

[13] Ramage H R, Connolly L E, Cox J S. Comprehensive functional analysis of *Mycobacterium tuberculosis* toxin-antitoxin systems: Implications for pathogenesis, stress responses, and evolution. PLoS Genet, 2009, 5: e1000767.

[14] Ogura T, Hiraga S. Mini-F plasmid genes that couple host-cell division to plasmid proliferation. Proc Natl Acad Sci, 1983, 80: 4784-4788.

[15] Gerdes K, Rasmussen P B, Molin S. Unique type of plasmid maintenance function: Postsegregational killing of plasmid-free cells. Proc Natl Acad Sci, 1986, 83: 3116-3120.

[16] Kamada K, Hanaoka F, Burley S K. Crystal structure of the MazE/MazF complex: Molecular bases of antidote-toxin recognition. Mol Cell, 2003, 11: 875-884.

[17] Zhang Y L, Zhang J J, Hoeflich K P, et al. MazF cleaves cellular mRNAs specifically at ACA to block protein synthesis in *Escherichia coli*. Mol Cell, 2003, 12: 913-923.

[18] LeRoux M, Srikant S, Teodoro G I C, et al. The DarTG toxin-antitoxin system provides phage defence by ADP-ribosylating viral DNA. Nat Microbiol, 2022, 7: 1028-1040.

[19] Aframian N, Eldar A. Abortive infection antiphage defense systems: Separating mechanism and phenotype. Trends Microbiol, 2023, 10:1003-1012.

[20] Guo Y X, Quiroga C, Chen Q, et al. RalR(a DNase)and RalA(a small RNA)form a type I toxin-antitoxin system in *Escherichia coli*. Nucleic Acids Res, 2014, 42: 6448-6462.

[21] LeRoux M, Laub M T. Toxin-antitoxin systems as phage defense elements. Annu Rev Microbiol, 2022, 76: 21-43.

[22] Wu L, Wang J, Tang P, et al. Genetic and molecular characterization of flagellar assembly in *Shewanella oneidensis*. PLoS One, 2011, 6: e21479.

[23] Wang X X, Lord D M, Cheng H Y, et al. A new type V toxin-antitoxin system where mRNA for toxin GhoT is cleaved by antitoxin GhoS. Nat Chem Biol, 2012, 8: 855-861.

[24] Hoang T T, Karkhoff-Schweizer R R, Kutchma A J, et al. A broad-host-range Flp-FRT recombination system for site-specific excision of chromosomally-located DNA sequences: Application for isolation of unmarked *Pseudomonas aeruginosa* mutants. Gene, 1998, 212: 77-86.

[25] Essar D W, Eberly L, Hadero A, et al.. Identification and characterization of genes for a second anthranilate synthase in *Pseudomonas aeruginosa*: Interchangeability of the two anthranilate synthases and evolutionary implications. J Bacteriol, 1990, 172: 884-900.

# 第二章　新兴衍生微生物方向实验技术

## 第一节　细菌生物被膜的体外动态培养和观测方法

张莹丹，贾添元，王嘉怡，杨　亮

南方科技大学医学院

**摘　要**：生物被膜的形成、群落结构和代谢活动均具有高度的时间异质性与空间异质性，对生物被膜群落活动的动态特征进行定性观察与定量表征，对于深入研究生物被膜调控机制及其与环境因素的相互作用具有重要意义。目前，常见的体外生物被膜研究模型主要有静态生物被膜培养模型（如微孔板生物被膜、玻璃珠生物被膜、玻片生物被膜等）和动态生物被膜培养模型（如滴流式生物被膜反应器、三通道生物被膜反应器、管式生物被膜反应器等）。动态生物被膜培养体系中引入了流体动力剪切力、养分供应和分散细胞的物理运送等，这些因素更好地模拟了在自然状态下生物被膜的定植与发展。本章以铜绿假单胞菌（*Pseudomonas aeruginosa*）PAO1 模式生物被膜和希瓦氏菌（*Shewanella oneidensis*）MR-1 模式生物被膜为例，提供了两种培养方案及对应的观察与定量方法。此标准化的流动培养系统易于根据研究项目所需条件对装置进行适应性改造，并保证了生物被膜研究实验结果的高产与可重复性。

**关键词**：铜绿假单胞菌，希瓦氏菌，动态生物被膜培养法，生物被膜表征

## 一、背景

生物被膜（biofilm）是由众多细菌个体及包裹菌体的胞外大分子聚合物（extracellular polysaccharides substances，EPS）[1]构成的细菌生态群落，是细菌最普遍的一种生长状态。生物被膜的群落结构具有高度的时间异质性、空间异质性、物理化学异质性和代谢活动异质性，这一特点赋予了生物被膜强大的生命力，使其能够承受多种类型的环境压力[2]。一方面，工业界利用生物被膜高度丰富的代谢特征和高耐受性等，将生物被膜应用于营养物发酵、有毒化合物降解，以及作为微生物燃料电池发电等；另一方面，生物被膜的高耐受性往往导致生物附着污染和生物被膜感染难以得到有效控制。进一步了解生物被膜的形成、扩散的动态特征和代谢活性，将会为生物被膜控制策略提供依据。

典型的生物被膜生命周期通常包括 5 个阶段：①可逆性附着期；②稳定且不可逆的附着期；③成熟期；④瓦解与扩散期；⑤释放游离的细菌[3]。生物被膜群落在其各个生长阶段都表现出活跃的社会行为，同时参与同环境因素的相互作用，进一步调节了生物被膜的代谢活动。目前，用于研究生物被膜形态、发育和代谢活动的体外研究方法通常被分为静态生物被膜法和动态生物被膜法。静态生物被膜法操作简单，被普遍用于高通量筛选生物被膜的早期形成特性和耐药性等。然而，静态生物被膜法难以模拟生物被膜在自然条件下面临的复杂物理化学环境，如物理化学环境的不均一性、流体剪切力等。生物被膜的动态培养模型能够为深入了解其对复杂环境压力的响应机制提供解决方案。

最常见的生物被膜动态培养系统包括滴流培养系统[4]、管式培养法[5]和池式培养法[6,7]。下面以铜绿假单胞菌（*Pseudomonas aeruginosa*）PAO1 为模式生物，对管式培养法和池式培养法进行详细介绍。

## 二、材料与试剂

### 1. 培养基

10% LB 液体培养基（高盐）：称取 1 g 胰蛋白胨、0.5 g 酵母提取物和 1 g NaCl，加蒸馏水溶解后定容至 1000 mL，调节 pH 至 7.0，分装后高压灭菌。

### 2. 材料

（1）12 mL 无菌摇菌管。

（2）长 50 cm，内直径 1.0 mm 硅胶管。

（3）长 25 cm/长 20 cm，内直径 1.0 mm 硅胶泵管。

（4）长 15 cm，内直径 1.0 mm 硅胶管。

（5）长 10 cm，内直径 3.2 mm 硅胶管。

（6）长 30 cm，内直径 1.0 mm 硅胶泵管。

（7）变径直通接头。

（8）三通道培养池与树脂盖。

（9）等径直通接头。

（10）鲁尔接头。

（11）过滤器（过滤孔 0.22 μm）。

（12）5 mL 及 1 mL 无菌针管。

（13）26G 无菌针头。

（14）硅胶胶水。

（15）2 L 玻璃培养瓶。

（16）所需菌株；75%乙醇。

### 3. 设备

（1）蠕动泵（200 系列 16 通道泵，Watson Marlow）

（2）酶标仪（Spark®，Tecan）

（3）流式细胞仪（CytoFLEX，Beckman）

（4）探针式超声仪（SONICS，型号 VCX750）

（5）离心机（Eppendorf，型号 5418R）

（6）生物安全柜（MSC-Advantage™ II，ThermoFisher）

（7）高压灭菌器（Zealway，型号 GR-60DA）

（8）激光共聚焦显微镜（Zeiss，型号 LSM900）

### 4. 分析软件

（1）Imaris（Bitplane，Oxford Instrument）

（2）ImageJ（https://imagej.net/）

（3）Comstat 2（http://www.comstat.dk/）

## 三、操作步骤

### （一）两种流体培养系统的组装与生物被膜动态培养观察

#### 1. 管式培养法

管式生物被膜（tubular biofilm）培养法通常适用于以下场景：①需要模拟管道内生物被膜生长环境的研究；②需要相对大量生物被膜样品的研究；③生物被膜对药物/化合物代谢（biofilm biotransformation）的相关研究等。管式生物被膜培养法具有较高通量，可以一次性培养多通道生物被膜样品。针对管式培养的生物被膜的分析方法主要包括干重/湿重分析、基因组/转录组/蛋白质组提取和测序分析、EPS 等代谢产物提取、电子显微镜观察、氧气探针/化合物探针监测等。以下示意装置（图 2-1-1）和操作均以铜绿假单胞菌（PA）为模式菌株，在耗氧培养条件下进行示例。

1）技术要点

（1）所有操作须严格遵守无菌操作流程，在操作过程中须注意使用灭菌器具并用酒精消毒操作台及所使用的器具，避免交叉污染。

（2）使用针管与针头吸取菌液后，针头不可朝向操作人，不可盖回针头盖子，以免误伤操作人员。

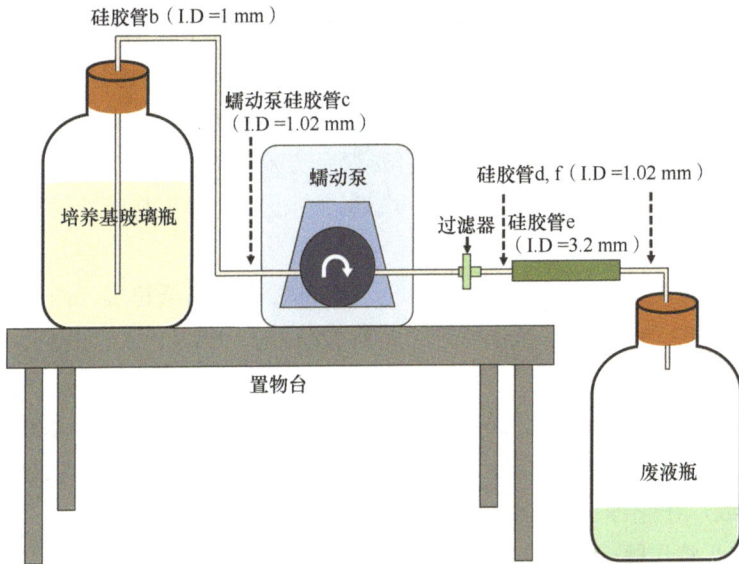

图 2-1-1 体外动态生物被膜培养方法——管式培养法
硅胶管 b、d、e、f 和蠕动泵硅胶管 c 参数详见材料（2）～（6）

（3）将使用过的针管与针头丢弃入医用尖锐物处理容器统一处理，避免误伤操作人员。

（4）保证无阻泵运行速度一致，避免液体回流造成污染。

（5）保证硅胶管管壁厚度适宜，以免管壁破裂，影响生物被膜形成。

（6）在培养过程中如需添加培养基，须用酒精消毒瓶口及邻近装置表面，避免污染。

（7）培养瓶口须用透气封口膜密封，防止培养基蒸发。

2）实验方案

首先将装有培养基的玻璃培养瓶、硅胶管和镊子在 121℃高温高压灭菌 20 min，取出并将硅胶管和镊子干燥备用。如图 2-1-1 所示，在无菌操作台中按顺序用安装双向接头的硅胶管 b 连接装有培养基的玻璃培养瓶，以及无阻泵、过滤器、硅胶管、2 L 废液罐，同套装置内至少三个平行（图内展示一个平行），将整个系统置于恒温培养箱内。

将目标菌株接种至适当体积的 LB 培养基中，在所需温度下 200 r/min 摇晃培养过夜。在无菌操作台中，用新鲜 LB 培养基将菌液调整至 $OD_{600}=1.0$ 待用，用无菌针管将稀释后的菌液注入装置中，静置培养 2 h，使细菌黏附于管壁。连续培养 3～7 天，形成生物被膜。

3）实验步骤

（1）将进料瓶硅胶管（实验材料 2）通过等径直通接头（实验材料 9）与硅

胶泵管连接（实验材料 3）。

（2）将硅胶泵管的另一端通过鲁尔接头（实验材料 10）与过滤器（实验材料 11）连接；将接菌硅胶管（实验材料 4）与过滤器另一端连接后，通过变径直通接头（实验材料 7）与生物被膜培养管（实验材料 5）连接。

（3）将生物被膜培养管的另一端通过变径直通接头与废液管（实验材料 6）连接。

（4）将以上步骤（1）～（3）的连接部件用锡箔纸包裹，高温高压灭菌。

（5）在 2 L 玻璃培养瓶中新鲜配制 1.8 L 的 10%（$V/V$）LB 肉汤培养基，高温高压灭菌。

（6）将空置的 2 L 玻璃培养瓶高温高压灭菌后，倒入 200 mL 漂白剂（bleach）；剪取两张 10 cm×10 cm 大小的封口膜，以及两张 15 cm×15 cm 大小的锡箔纸，在超净工作台中 UV 灭菌 30 min。

（7）将步骤（4）～（6）灭菌材料无菌转移到同一个超净工作台中。

（8）将进料瓶硅胶管放入盛有 1.8 L 培养基的培养瓶中，确保管口接触到玻璃瓶底部。

（9）将废料罐放入盛有 200 mL 漂白剂的玻璃瓶中，确保管口不低于瓶口下 1/3 高度。

（10）用封口膜和锡箔纸将培养基玻璃瓶及废液瓶的瓶口密封。

（11）将整套连接装置转移出超净工作台，放置于带有蠕动泵（设备 1）的培养箱中。

（12）将硅胶泵管放在蠕动泵上，按照蠕动泵使用说明完成连接。

（13）开启蠕动泵最大转速，使整个管式体系中充满培养基，并驱赶潜在的气泡；将蠕动泵转速调至 3 mL/h，观察废液管的流出液体流速，调整至流速均匀后，暂停蠕动泵转动，用燕尾夹将接菌硅胶管 d 段卡死。

（14）将过夜培养的目标菌液调整浓度至 $OD_{600}$=1.0 后进行 100 倍稀释。

（15）将稀释菌液抽取至带有 26 G 无菌针头的注射管中，去除气泡。

（16）将稀释菌液从接菌硅胶管 d 段的燕尾夹下游注射到生物被膜培养管中，在拔取注射器之前，用燕尾夹将废液管 e 段卡死，拔取注射器，并以硅胶封闭注射口。

（17）静置培养 2 h。

（18）移除燕尾夹，开启蠕动泵。

（19）持续培养 3～7 天后进行观察与定量分析。

## 2. 池式培养法

池式生物被膜（flow-cell biofilm）培养法通常适用于以下场景：①需要实时观察生物被膜形态的相关研究；②需要实时观察生物被膜中标记蛋白/基因表达及

分布的相关研究；③需要实时观察生物被膜群落中不同菌种相对位置关系的研究等。针对池式培养的生物被膜的分析方法主要包括死活菌细胞染色法、激光共聚焦荧光显微镜观测法、3D荧光成像定性定量法等。

1）技术要点

（1）所有操作须严格遵守无菌操作流程，在操作过程中须使用灭菌器具，并用酒精消毒操作台及所使用的器具，避免交叉污染。

（2）使用针管与针头吸取菌液后，针头不可朝向操作人，不可盖回针头盖子，以免误伤操作人员。

（3）将使用过的针管与针头丢弃入医用尖锐物处理容器统一处理，避免误伤操作人员。

（4）保证无阻泵运行速度一致，避免液体回流造成污染。

（5）保证培养池翻转状态，以免影响生物被膜形成。

（6）黏结培养池与池盖时须小心，不可将池盖压破，并须保证培养池与池盖完全密封，避免菌液与培养基溢出而造成污染。

（7）保证培养池所有通道畅通，避免堵塞造成液体回流与污染。

（8）在培养过程中如需添加培养基，须用酒精消毒瓶口及邻近装置表面，避免污染。

（9）培养瓶口须用透气封口膜密封，防止培养基蒸发。

2）实验方案

首先将三通道生物被膜培养池（3-channel flow cell）用盖玻片进行黏附覆盖，并分别将进料瓶、培养池、硅胶管、废液瓶等进行灭菌并干燥。随后按照图2-1-2所示进行拼装，将整个系统置于恒温培养箱内。

在用药组的培养基玻璃瓶中加入工作浓度的目标抗生素并混合均匀；在阳性对照组的培养基玻璃瓶中加入已知具有抑菌、抑生物被膜浓度的黏菌素（colistin）并混合均匀；在阴性对照组的培养基玻璃瓶中加入等体积用药组抗生素的溶剂并混合均匀。用药组、阳性对照组和阴性对照组均按照下述培养步骤进行接种、培养，后收集生物被膜进行观察。

3）实验步骤

（1）用75%乙醇清洗三通道生物被膜培养池（实验材料8），并在通风橱内进行干燥。

（2）在培养池的间隔壁和外侧壁上均匀涂抹一层硅胶胶水，并将一块盖玻片黏附其上，去除黏附位置的气泡，使盖玻片稳定覆盖住培养池，静置过夜。

（3）将进料瓶硅胶管（实验材料2）通过等径直通接头（实验材料9）与硅胶泵管（实验材料3）连接。

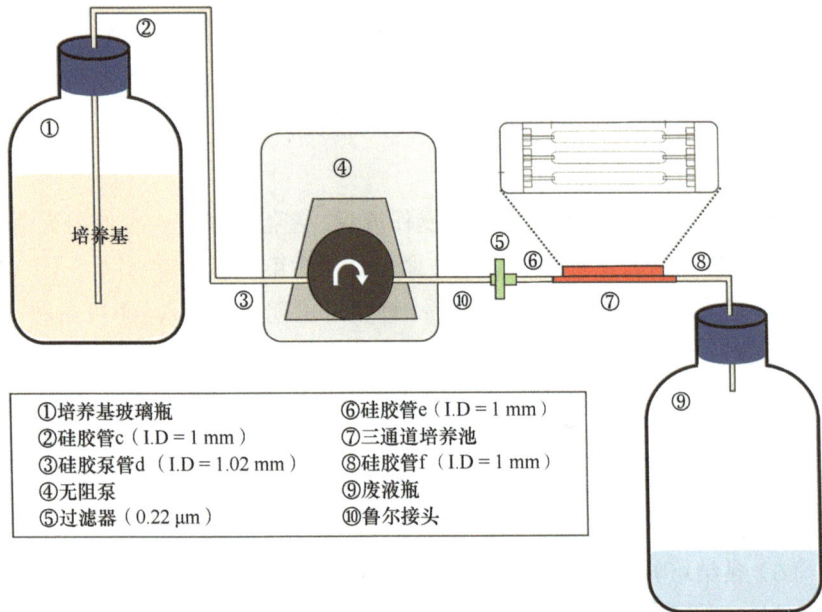

①培养基玻璃瓶　　　　　　　⑥硅胶管e（I.D=1 mm）
②硅胶管c（I.D=1 mm）　　　⑦三通道培养池
③硅胶泵管d（I.D=1.02 mm）　⑧硅胶管f（I.D=1 mm）
④无阻泵　　　　　　　　　　⑨废液瓶
⑤过滤器（0.22 μm）　　　　　⑩鲁尔接头

图 2-1-2　体外动态生物被膜培养方法——池式培养法

（4）将硅胶泵管的另一端通过鲁尔接头（实验材料 10）与过滤器（实验材料 11）连接。

（5）将接菌硅胶管（实验材料 4）与过滤器另一端连接后，再与组装好的生物被膜培养池连接。

（6）将生物被膜培养池的另一端与废液管（实验材料 6）连接。

（7）将步骤（1）～（6）的连接部件用锡箔纸包裹，高温高压灭菌。

（8）在 2 L 玻璃培养瓶中新鲜配制 1.8 L 的 10%（V/V）LB 肉汤培养基，高温高压灭菌。

（9）将空置的 2 L 玻璃培养瓶高温高压灭菌后，倒入 200 mL 漂白剂(bleach)。

（10）剪取两张 10 cm×10 cm 大小的封口膜和两张 15 cm×15 cm 大小的锡箔纸，在超净工作台中 UV 灭菌 30 min。

（11）将步骤（7）～（10）灭菌材料无菌转移到同一个超净工作台中。

（12）将进料瓶硅胶管放入盛有 1.8 L 培养基的培养瓶中，确保管口接触到玻璃瓶底部。

（13）将废料罐放入盛有 200 mL 漂白剂的玻璃瓶中，确保管口不低于瓶口下 1/3 高度。

（14）用封口膜和锡箔纸将培养基玻璃瓶及废液瓶的瓶口密封。

（15）将整套连接装置转移出超净工作台，放置于带有蠕动泵（设备 1）的培养箱中。

（16）将硅胶泵管放在蠕动泵上，按照蠕动泵使用说明完成连接。

（17）开启蠕动泵最大转速，使整个管式体系中充满培养基，并驱赶潜在的气泡。

（18）将蠕动泵转速调至 3 mL/h，观察废液管流出液体的流速，调整至流速均匀后，暂停蠕动泵转动，用燕尾夹将接菌硅胶管 d 段卡死。

（19）将过夜培养的目标菌液调整浓度至 $OD_{600}=1.0$ 后进行 100 倍稀释。

（20）将稀释菌液抽取至带有 26G 无菌针头的注射管中，去除气泡。

（21）将稀释菌液从接菌硅胶管 d 段的燕尾夹下游注射到生物被膜培养管中，在拔取注射器之前，用燕尾夹将废液管 f 段卡死，拔取注射器，并以硅胶封闭注射口。

（22）将盖玻片向下，静置培养 3 h。

（23）移除燕尾夹，将盖玻片调整向上，开启蠕动泵。

（24）持续培养 1～7 天后进行观察与定量分析。

## （二）生物被膜接种与培养

（1）准备接种物：通常在最适温度下培养细菌过夜，将所得菌液用培养基稀释至所需细胞密度。通常情况下铜绿假单胞菌采用 $1×10^7$～$1×10^8$ 细胞/mL 的细胞密度。

（2）用 26G 针头将细菌接种物装入注射器。确保接种量能填满生物被膜反应器。

（3）接种前应关闭蠕动泵，夹紧注射管。

（4）用 75%乙醇对生物被膜培养管的插入部位进行消毒。

（5）将细菌悬浮液用注射针头打入每个生物被膜反应器。

（6）用夹子夹住流出管。

（7）取下针头，立即用硅胶胶水封住针头扎出的小孔。

（8）在培养箱中保持 2～3 h 不流动，并确保用于初始附着的生物被膜反应器的内表面朝下。

（9）翻转生物被膜反应器，使生物被膜附着的内表面朝上。

（10）开始流动（设定流速每通道 3～8 mL/h）并取出夹子。

（11）培养箱中培养所需时间后，收取生物被膜。

## （三）生物被膜药物处理

### 1. 直接灌注

（1）此部分以 $CaCl_2$ 作为目标药物进行展示，$CaCl_2$ 母液配制在纯水体系中。将 CaCl$_2$ 溶液在 LB 培养基中稀释到指定浓度（0 mmol/L、0.34 mmol/L 和 0.68 mmol/L），其中 0 mmol/L 为加入溶剂 H$_2$O 的 LB 培养基。用 26G 针头将配置好的溶液装入 1 mL 注射器。

（2）灌注前停止蠕动泵，夹住注射管。

（3）用 75%乙醇对生物被膜培养管的插入部位进行消毒。

（4）将制备的化学溶液注入生物被膜培养管中。

（5）立即取下针头，用硅胶封住小孔。

（6）静置培养合适的时间。

（7）开始流动（设定流速每通道 3～8 mL/h）并取出夹子，或直接收取生物被膜。

### 2. 连续加载

（1）准备一瓶含 CaCl$_2$（0.68 mmol/L）的无菌 LB 培养基和一瓶加入药物溶液中溶剂（在本例中为 H$_2$O）的无菌 LB 培养基。

（2）对保鲜膜和金属箔片进行消毒。

（3）停止蠕动泵，夹紧进料管。

（4）将进料管移至新的含有 CaCl$_2$（0.68 mmol/L）的无菌培养基/加入药物溶液中溶剂（在本例中为 H$_2$O）的进料瓶中。

（5）用保鲜膜和金属箔盖住进料瓶口。

（6）拆下卡箍，启动蠕动泵，确保系统内无气泡。

## （四）生物被膜采样

### 1. 从管式培养反应器中收取生物被膜

（1）停止流动，夹紧进料管和废液管。

（2）拆分液流系统，取出进料管-生物被膜培养管-废液管相连的三部分，放入生物安全柜。

（3）将生物被膜培养管水平放置，小心取出进料管和废液管。

（4）将生物被膜培养管中的液体滴入一个无菌离心管中。

（5）在进口端和出口端切断生物被膜培养管，用接种环将生物被膜刮下并全部收集到步骤（4）使用的离心管中。

（6）将获取的每个样品调整到相同的体积。

（7）在室温下对收获的生物被膜进行水浴超声，处理 5 min 以分离细菌聚集物。如果样本中存在较大的聚集，则重新执行此步骤。

（8）定量分析之前对样品进行涡旋处理。

**2. 从池式培养反应器中收取生物被膜**

微流控器件大多采用硅胶粘接、等离子体粘接、热粘接等方式密封，不容易拆卸进行生物被膜采集。

（1）停止蠕动泵，夹紧进料管和废液管。

（2）小心将设备移至生物安全柜内。

（3）在不损失生物被膜含量的情况下，用短硅胶管替换进料管和废液管。

（4）让生物被膜反应器中液体从设备的一侧滴入一支已消毒的离心管中。

（5）将设备的另一侧与含有 PBS 缓冲液的注射器相连接。

（6）用 PBS 缓冲液正向和反向冲洗管道：①将获取的每个样品调整到相同的体积；②在室温下对收获的生物被膜进行水浴超声，处理 5 min 以分离细菌聚集物。如果样本中存在较大的聚集，则重新执行此步骤。

（7）定量分析之前对样品进行涡旋处理。

（五）管材的清洗与再利用

（1）从液流系统中去除过滤头和生物被膜反应器的部分，然后使用直通接头将断开处重新连接。

（2）在加料瓶中装满 75%乙醇，以 1 mL/min 的速度冲洗管路系统 1 h。

（3）将进料管置于空气中，蠕动泵以最大转速工作 10 min；用空气吹扫管路系统。

（4）重复步骤（2）和（3），3 次。

（5）在进料瓶中注满水，以 1 mL/min 的速度冲洗管路系统 1 h。

（6）将给料管置于空气中，蠕动泵以最大转速工作 10 min；用空气吹扫管路系统。

（7）重复步骤（5）和（6），3 次。

（8）断开系统的每个部分，干燥所有部分，并用金属箔包装。

（六）生物被膜观察与定量

**1. 相对密度定量**

将 100 μL 分散生物被膜悬浮液装入 96 孔微孔板，每个样本至少 5 个重复，用微孔板阅读器读取 $OD_{600}$ 吸光值。相对密度表示每个样本中的相对生物量。

**2. CFU 计数**

用 LB 培养基将分散的生物被膜悬浮液依次稀释（$10^1$、$10^2$、$10^3$、$10^4$、$10^5$ 和 $10^6$ 倍），将 10 μL 稀释后的悬浮液滴到 LB 琼脂板上，每次稀释至少 5 次重复[8]。

在 37℃培养箱中培养 16 h，计数菌落。

注意：该方法旨在选择性培养生物被膜群落中具有特定代谢活性的细菌。

### 3. 流式细胞术分析

在 0.9%NaCl 缓冲液中制备 1000 倍稀释的分散生物被膜。计数和分析实验组生物被膜与对照组生物被膜。

注意：该方法通常针对不同荧光标记的细菌进行相对定量。

### 4. 组学研究[9,10]

按照分离试剂盒的使用说明，从分散生物被膜悬浮液中分离和纯化 DNA/RNA/蛋白质。

1）全基因组分离

分离 1 mL 分散生物被膜悬浮液，8000 g 离心 3 min，去除上清液。使用 DNA分离试剂盒（QIAamp DNA 微试剂盒）从菌体沉淀中分离总 DNA。

2）总 RNA 分离

将 1 mL 分散生物被膜悬浮液 8000 g 离心 1 min；用 NaCl 缓冲液仔细清洗菌体两次。按照制造商提供使用说明（RNeasy Mini Kit）将菌体进行总 RNA 分离。

注意：如果样品处理过程超过 10 min，则应使用液氮快速冷冻菌体。

3）总蛋白分离

将 1 mL 分散生物被膜悬浮液移至 2 mL 微管中，置于冰水浴。用 250 W 的超声探头超声破碎细菌 30 min，设置 2 s 超声、4s 间隔循环。总裂解物以 20 000 g离心 1 h，收集上清液中全部可溶性蛋白。

将收集到的总 DNA 根据实验目的进行全基因组测序、扩增子测序或目的基因检测等；将收集到的总 RNA 进行逆转录，然后进行转录组测序或目的基因的RT-PCR 分析；将收集到的总蛋白进行蛋白质组测序分析。

### 5. 用共聚焦激光扫描显微镜（CLSM）观察和定量生物被膜

生物被膜反应器仅在附着面为透明且厚度小于 0.5 mm 时才能与 CLSM 系统兼容。

（1）停止蠕动泵并夹紧流池的进样管和废液管。

（2）用手推车将整个系统连同泵移至 CLSM 机房。

（3）将生物被膜反应器置于 CLSM 样品台上，盖朝下（仅适用于倒置显微镜）。

（4）启动蠕动泵，移除管夹。

（5）三维结构成像，追踪颗粒/细菌的运动等。

（6）图像分析方法：①软件：Imaris、Comstat2、ImageJ 等。②计算方法：所有菌落与各个菌落的生物体积和相对荧光强度、表面覆盖度、粗糙度、聚块计数等。

（七）数据分析

## 1. 相对密度定量

1）原始数据（表 2-1-1）

表 2-1-1　PAO1 野生型及其突变体分散生物被膜 $OD_{600}$ 值（原始值示意表）

| 编号 | 空白对照 | PAO1 野生型 | PAO1 突变体 1 | PAO1 突变体 2 | PAO1 突变体 3 | PAO1 突变体 4 |
|------|---------|------------|--------------|--------------|--------------|--------------|
| 1 | 0.66 | 2.28 | 1.51 | 1.68 | 2.28 | 2.41 |
| 2 | 0.70 | 2.04 | 1.73 | 1.89 | 1.96 | 2.15 |
| 3 | 0.50 | 1.99 | 1.55 | 1.77 | 2.17 | 2.31 |
| 4 | 0.34 | 2.01 | 1.90 | 1.80 | 2.21 | 2.41 |

2）计算平均值和标准差（表 2-1-2）

表 2-1-2　PAO1 野生型及其突变体分散生物被膜 $OD_{600}$ 值（统计值示意表）

| | 空白对照 | PAO1 野生型 | PAO1 突变体 1 | PAO1 突变体 2 | PAO1 突变体 3 | PAO1 突变体 4 |
|------|---------|------------|--------------|--------------|--------------|--------------|
| 平均值 | 0.55 | 2.08 | 1.67 | 1.79 | 2.16 | 2.32 |
| 方差 | 0.17 | 0.13 | 0.18 | 0.09 | 0.14 | 0.12 |

3）结果展示图（图 2-1-3）

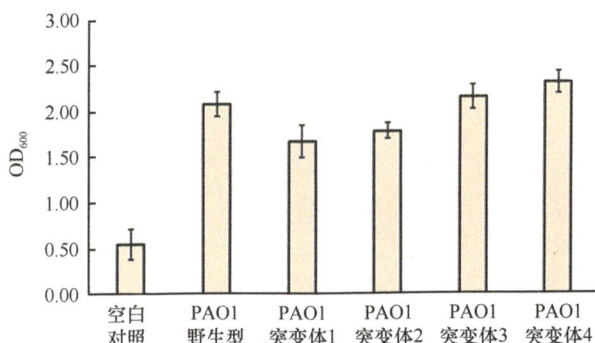

图 2-1-3　PAO1 野生型及其突变体分散生物被膜的相对密度示意图

## 2. 分散生物被膜的 CFU 计数结果（图 2-1-4）

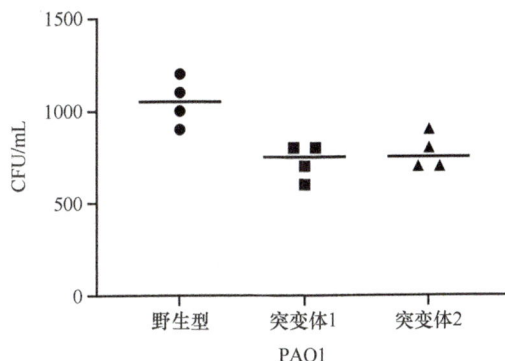

图 2-1-4　分散生物被膜 CFU 计数的结果示意图

### 3. 流式细胞术分析（图 2-1-5）

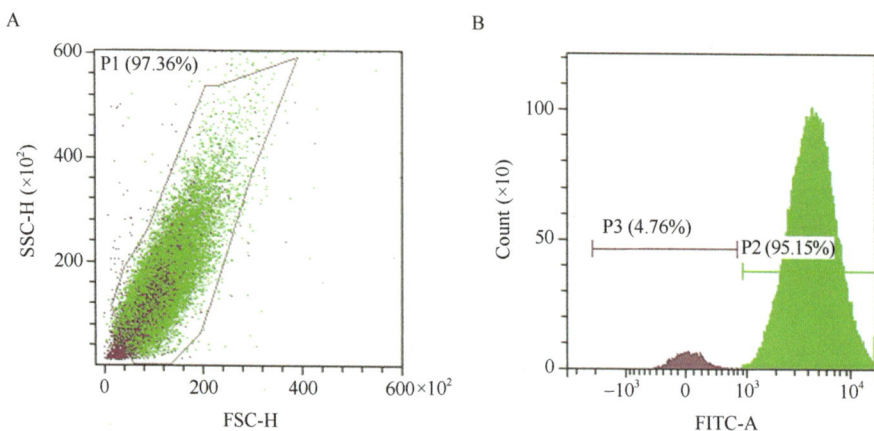

图 2-1-5　分散 PAO1-GFP 标记生物被膜的流式细胞示意图

### 4. 生物被膜的转录组分析（图 2-1-6）

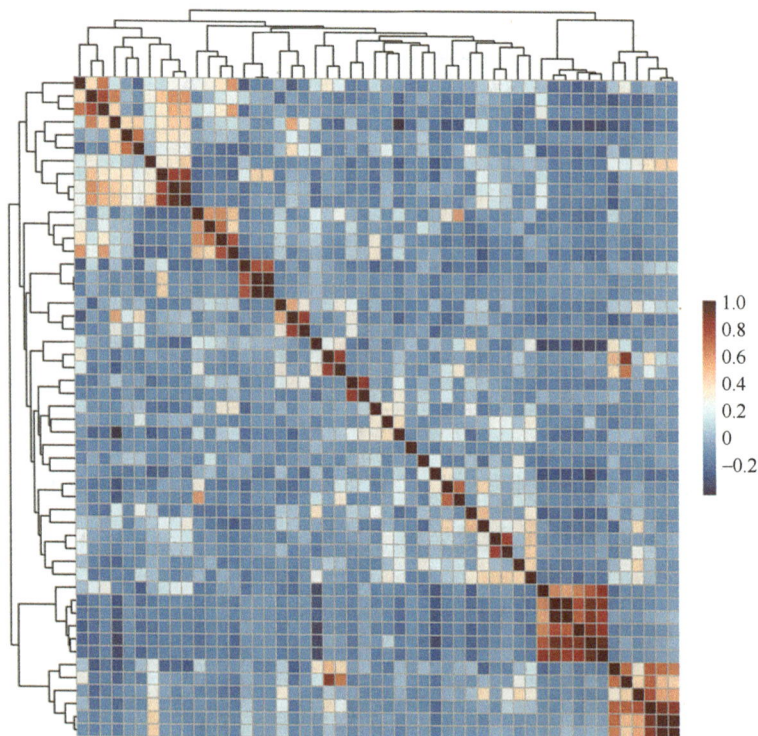

图 2-1-6　生物被膜转录组分析显著失调基因之间的相关性示意图

### 5. 通过 CLSM 对生物被膜进行观察和定量

（1）*S. oneidensis* MR1-GFP 在三通道生物被膜培养池中培养 7 天。分别于第 3、5、7 天采用 CLSM 法观察生物被膜形态。代表性图像如图 2-1-7 所示。

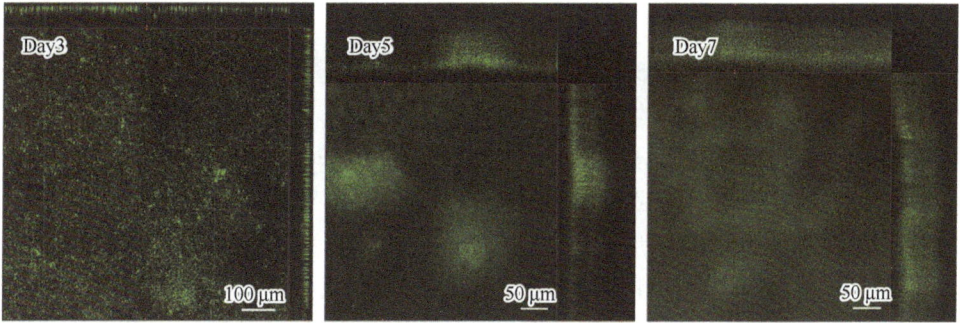

图 2-1-7　*S. oneidensis* MR1-GFP 生物被膜在培养过程中的 Ortho 图像

生物被膜由第 3 天的薄层单菌落发展到第 7 天的厚而结实的扁平生物被膜

（2）*S. oneidensis* MR1-GFP 生物被膜在流控系统中培养 3 天，使用 4 种不同的钙离子剂量浓度。通过 CLSM 成像评估每种给药条件下生物被膜的形成，然后进行图像分析。如图 2-1-8 所示，生物被膜的形成与钙离子的供应呈正相关，在一定范围内，随着钙离子供应增加，生物体积和表面覆盖度增加。

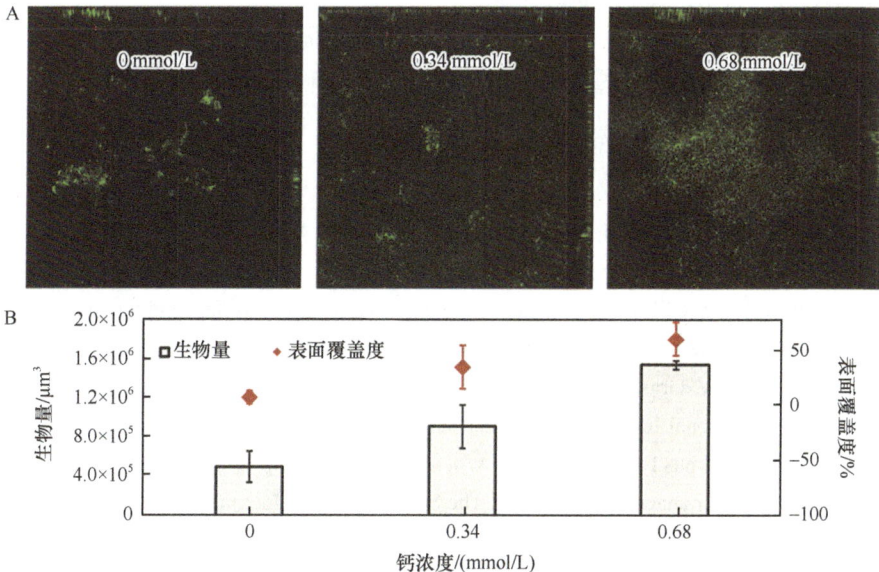

图 2-1-8　不同钙离子供给下流控系统中生物被膜的 CLSM 图像和分析

A. CLSM 成像。绿色是所有生物质的 SYTO9 染色；B.根据 CLSM 图像计算的生物量和表面覆盖度

a. 基于 CLSM 成像结果的生物被膜生物体积分析

①打开 Imaris，按照制造商提供的使用说明创建一个新的"arena"，并创建对应的子文件夹（即"Treated"，"Control"）。

②将 CLSM 图像上传到子文件夹中，例如，加载"PAO1-wild type"到子文件夹"Control"。

③在分析面板中，创建具有调整阈值的表面，确保表面能覆盖大部分荧光信号。

④计算所选定"表面"的体积和表面覆盖度。

⑤导出体积信息到 Excel。注意，列表中的每个体积信息都表示单个微集落的计算生物体积。这些体积的和就是图像中的体积总和。

b. 基于 CLSM 成像结果的表面覆盖度和粗糙度分析

①确保图片的文件格式与 Comstat2 兼容。

②启动 Comstat2 并添加文件夹目的地以上传图像文件。

③选择目标图像文件并调整到适当的阈值。

④选择目标参数，并按照制造商提供的使用说明开始分析。

c. 基于 CLSM 成像结果的形态学观察

①在 Zen 中打开 CLSM 图像。

②在 ORTHO 面板中选择具有最具代表性的 X、Y 和 Z 视图的焦点。

③调整图像的阈值。

注意：同一批次实验图像的阈值必须设置相同，以避免成像偏差。

④从当前视图生成一个新的图像。

⑤在新的图像面板中，添加比例条，调整其正面和线条大小。

⑥在"分析"面板中选择"导出目标文件类型和位置"，导出 Ortho 图像。

# 参 考 文 献

[1] Flemming H C, Wingender J, Szewzyk U, et al. Biofilms: An emergent form of bacterial life . Nature Reviews Microbiology, 2016, 14(9): 563-575.

[2] Van Dyck K, Pinto R M, Pully D, et al. Microbial interkingdom biofilms and the quest for novel therapeutic strategies . Microorganisms, 2021, 9(2): 412.

[3] Martin I, Waters V, Grasemann H. Approaches to targeting bacterial biofilms in cystic fibrosis airways . International Journal of Molecular Sciences, 2021, 22(4): 2155.

[4] Gonzalez A M, Corpus E, Pozos-Guillen A, et al. Continuous drip flow system to develop biofilm of *E. faecalis* under anaerobic conditions. The Scientific World Journal, 2014, (1): 706189.

[5] Winn M, Casey E, Habimana O, et al. Characteristics of *Streptomyces griseus* biofilms in continuous flow tubular reactors . FEMS Microbiology Letters, 2014, 352(2): 157-164.

[6] Sternberg C, Tolker-Nielsen T. Growing and analyzing biofilms in flow cells . Current Protocols In Microbiology, 2006, (1): 1B. 2.1-B. 2.15.

[7] Pamp S J, Sternberg C, Tolker-Nielsen T. Insight into the microbial multicellular lifestyle via flow-cell technology and confocal microscopy. Cytometry Part A: The Journal of the International Society for Analytical Cytology, 2009, 75(2): 90-103.

[8] Herigstad B, Hamilton M, Heersink J. How to optimize the drop plate method for enumerating bacteria . Journal of Microbiological Methods, 2001, 44(2): 121-129.

[9] Ding W, Zhang W, Alikunhi N M, et al. Metagenomic analysis of zinc surface–associated marine biofilms . Microbial Ecology, 2019, 77: 406-416.

[10] Zhang Y, Zhao J, Cheng H, et al. Development and quantitation of *Pseudomonas aeruginosa* biofilms after *in vitro* cultivation in flow-reactors. Bio-Protocol, 2021, 11(16): e4126.

# 第二节　持留菌的分离及检测方法

冯　杰，吴卫辉

南开大学生命科学学院

　　**摘　要**：持留菌是细菌群体中休眠或生长缓慢的细胞，能够高度耐受氧化应激、营养缺乏和抗生素等环境压力。持留菌的形成主要是由于表型转换，当环境压力解除后，持留菌能够恢复成正常生长繁殖的细胞。持留菌是临床上导致慢性和复发性感染的主要原因之一。因此，对于持留菌形成机制和生理特点的研究将为解决临床问题提供理论基础。由于持留菌一般只占细菌群体的一小部分（如万分之一），其分离和研究需要去除大量的死细胞。铜绿假单胞菌（*Pseudomonas aeruginosa*）在氟喹诺酮药物处理后会发生裂解，基于此现象，本章以铜绿假单胞菌模式菌株 PA14 为例，提供了该菌株经环丙沙星处理后检测存活率、纯化分离持留菌、检测持留菌形态及分离纯化持留菌的方法，具有易于操作、可重复性强的特点。

　　**关键词**：抗生素，持留菌，感染，铜绿假单胞菌

## 一、背景

　　持留菌（persister cell）是细菌群体中生长缓慢或停滞的极小部分个体，是对致死浓度的抗生素或外界压力具有超强耐受能力的表型变异细胞[1]。与产生抗生素抗性（resistance）的突变体不同，持留菌仅仅在短时间内表现出对抗生素的高耐受性（tolerance），将抗生素去除之后，这些高耐受性的细菌能恢复其原生长状态，其遗传物质并未发生突变，仅表现为表型耐受，子代细胞在后续正常培养过程中对抗生素仍保持敏感[2,3]。近年来的研究表明，间断性抗生素处理导致的持留菌形成，会促进抗性突变菌的出现，故而作为一个潜在的细菌"种子库"，持留菌是导致抗生素治疗失败的主要因素。这类细胞的存在往往被认为是引起慢性和复发性感染的重要原因之一。

　　持留菌的形成可通过形成典型的"双相性"杀菌动力学曲线检测（图 2-2-1）。在使用抗菌药物（如抗生素）对细菌进行处理的初始阶段，大部分的细菌会迅速被抗生素杀死，而随着处理时间的延长，药物的杀伤动力减慢，呈现为平缓的杀菌曲线，此时仍然能存活的细菌即被定义为持留菌[4,5]。

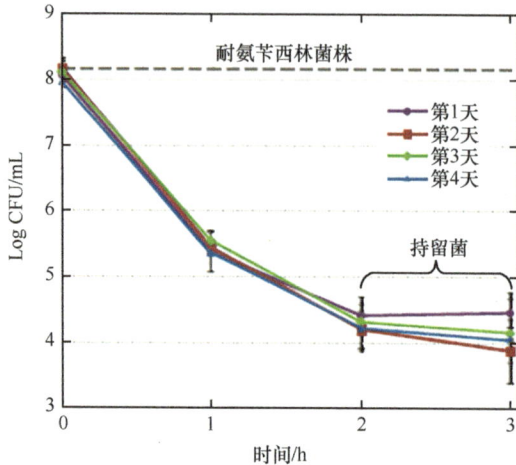

图 2-2-1　抗生素处理细菌的杀伤动力学曲线[1]

大多数抗生素的作用机理都是针对细菌生长必需的正常生理过程，而持留菌能免于抗生素杀伤效力的主要原因是其能迅速降低生长和代谢的速率，进入可逆的"休眠"状态，导致抗生素的作用靶点活性降低，从而存活下来[2,5]。根据持留菌发生瞬时的生长停滞机制，将其分为两种类型：I型持留菌为细菌或真菌识别到压力信号后形成，如营养缺乏等导致复苏生长的时间延长；II型持留菌则为非外源信号诱导情况下偶然进入非生长状态后形成[5]。持留菌既可以是均一的持留群体，也可以是多元化不均一的群体。细菌的菌龄、抗生素处理的时间和浓度都可能影响持留菌形成的频率[6,7]。

近年来的研究发现多个基因和多条代谢通路都参与了持留菌的形成，以及持留菌对多种药物和压力的耐受机制。与持留菌形成相关的基因包括细菌正常生理过程（复制、转录、翻译、分裂等）相关基因、代谢过程（糖、氨基酸、氮代谢等）相关基因、细胞膜合成相关基因等。与持留菌形成相关的机制有毒素-抗毒素（toxin/antitoxin，TA）系统[8,9]、氧化应激诱导[10,11]、细胞物质代谢和能量代谢[12,13]、细菌群体密度感应系统[13~15]、生物被膜的形成[16,17]、化学信号诱导[18~20]、反式翻译机制[21]等。

持留菌在常规的临床治疗过程中是很难被检测到的，且在正常生长过程中很难将其与非持留菌群体区分开来。更加令人担忧的是，持留现象几乎在所有病原菌中都被报道过，且已经被多次证实是导致临床上慢性和复发性感染发生的主要原因。与其他微生物不同的是，对动态环境具有高度适应性的铜绿假单胞菌（*Pseudomonas aeruginosa*）PA14 菌株中已有两对 TA 系统（HigBA 和 RelBE）被证实参与持留菌的形成[22~24]。铜绿假单胞菌在氟喹诺酮处理下，会产生大量绿脓杆菌素（pyocin），绿脓杆菌素的释放伴随着菌体的裂解[25]，因此使用致死剂量氟喹诺酮处理后，去除细菌碎片可以获得持留菌，用于形态、生理及基因表达研究。

下面以环丙沙星处理铜绿假单胞菌 PA14 菌株后得到持留菌为例，对持留菌的形成、收集和鉴定进行详细介绍。

## 二、材料与试剂

### 1. 培养基

LB 液体培养基（低盐）：分别称取 5 g NaCl、10 g 胰蛋白胨、5 g 酵母提取物，加蒸馏水溶解后定容至 1000 mL，调节 pH 至 7.0，分装后高压灭菌。

### 2. 试剂

（1）环丙沙星（10 mg/mL）：称取 0.1 g 环丙沙星抗生素粉末充分溶解于 10 mL 无菌水，用 0.22 μm 过滤器过滤除菌，分装至 1.5 mL 离心管中，于 –20℃冰箱保存。使用时，用无菌水稀释至相应浓度，稀释后立即使用。

（2）PBS 缓冲液：分别称取 $KH_2PO_4$ 0.27 g、$Na_2HPO_4$ 1.42 g、KCl 0.20 g、NaCl 8.00 g，先加入 400 mL 双蒸水充分搅拌使其溶解，调节 pH 至 7.4，然后加入双蒸水定容至 1 L，于 121℃高压蒸汽灭菌 20 min，置于室温保存。可用于细菌菌液的稀释滴板。

（3）0.30 mol/L 蔗糖溶液：称取 30.81 g 蔗糖充分溶解于 300 mL 双蒸水中，于 115℃高压蒸汽灭菌 30 min，然后置于室温保存。可用于细菌的密度梯度离心。

（4）75%乙醇。

（5）0.50 μg/mL 碘化丙啶（PI）。

（6）低熔点琼脂糖。

（7）50%（$V/V$）甘油：量取 50 mL 的甘油，再加入等体积的超纯水，充分混匀后，于 121℃高压蒸汽灭菌 20 min，后置于 4℃保存。可用于保存细菌菌株。

### 3. 设备

（1）Smar Spec3000 型分光光度计（BIO-RAD）

（2）SW-CJ-IFD 型超净工作台（苏州净化）

（3）GHP-9050 型细菌培养箱（上海一恒）

（4）MX-S 型漩涡混合仪（北京大龙）

（5）Centrifuge 5424 离心机（德国 Eppendorf）

（6）BX53 荧光显微镜（日本 Olympus）

### 4. 生物信息学数据库和相关分析软件

（1）Imaris（Bitplane，Oxford Instrument）

（2）GraphPad Prism（https://www.graphpad-prism.cn）

## 三、操作步骤

### 1. 杀菌实验

采用时间依赖型杀伤试验[26]检测持留菌水平。

（1）从-80℃菌种库中将铜绿假单胞菌 PA14 菌株于 LB 固体平板划线活化，37℃培养过夜，挑取单菌落接种于新鲜的液体培养基中过夜培养。取过夜培养的菌液按照 $OD_{600}=0.05$ 转接于新的 3 mL LB 液体培养基中，置于 37℃摇床，200 r/min 振荡至 $OD_{600}=0.30\sim0.40$。

（2）取出 100 μL 原始菌液，用 PBS 溶液按照 10 倍梯度稀释，分别取 10 μL $10^{-4}$、$10^{-5}$ 稀释液滴加于固体 LB 培养基平板上（此时为 0 h，记录药物处理前菌数）。

（3）根据体积在剩余菌液中加入 0.50 μg/mL 的环丙沙星，置于 37℃摇床，继续振荡培养，处理不同时间点（如 2 h、4 h、6 h、8 h）取出 100 μL 菌液，以 PBS 溶液进行 10 倍梯度稀释，分别取 4 个梯度的稀释液 10 μL 滴加于固体 LB 培养基平板上，记录滴板各稀释梯度和时间点。

（4）将所有平板倒置于 37℃培养箱中，过夜培养至菌落形态清晰可计数（约 18 h）。

（5）取出平板进行细菌计数，与 0 h 时间点的细菌数相除计算细菌存活率。

### 2. 持留菌的收集及生长曲线测定

（1）持留菌的获得参考前述"1. 杀菌试验"的步骤。

（2）将经抗生素处理 5 h 后的菌液收集，8000 r/min 离心 10 min。

（3）加入 1 mL 无菌 PBS 溶液，振荡混匀，8000 r/min 离心 5 min。

（4）加入 1 mL 无菌 0.3 mol/L 蔗糖溶液，振荡混匀，12 000 r/min 离心 5 min，重复两次，充分去除细菌碎片。

（5）重复步骤（3），再洗涤两次，以去除残留的抗生素。

（6）加入 5 mL 新鲜的 LB 培养基重悬，继续培养，并将该时间点记录为持留菌复苏的起点（0 h）。

（7）继续振荡培养，每隔 0.5 h 取出 100 μL 菌液，以 PBS 溶液进行 10 倍梯度稀释，取 4 个梯度（分别为 $10^{-1}$、$10^{-2}$、$10^{-3}$、$10^{-4}$）的稀释液 10 μL 滴加于固体 LB 培养基平板上，记录滴板各稀释梯度和时间点，持续观察至持留菌回复正常生长状态。

（8）将所有平板倒置于 37℃培养箱中，过夜培养至菌落形态清晰可计数（约 18 h）。

（9）取出平板，进行细菌计数（置信区间为 30～90）（图 2-2-2）。

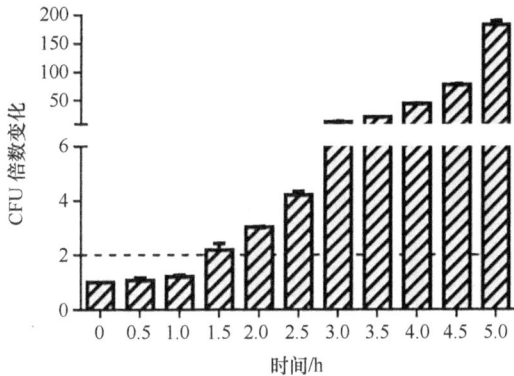

图 2-2-2　环丙沙星处理 5 h 后的 PA14 菌株持留菌在新鲜培养基中的恢复生长情况

在环丙沙星处理 5 h 后，用新鲜培养基清洗掉抗生素和死菌后，在新鲜培养基中菌的恢复情况

### 3. PI 染色

碘化丙啶（PI）是一种不可渗透膜的 DNA 嵌入剂，可用于区分死亡细胞和活细胞。为了检验经上述步骤收集到的持留菌中被抗生素杀死的细菌是否被清洗干净，可用 PI 对菌液进行染色，然后在荧光显微镜下进行观察，具体步骤如下。

（1）持留菌的收集参考前述"2. 持留菌的收集及生长曲线测定"步骤（3）～（5）。

（2）将收集到的持留菌重悬于 200 μL 无菌的 PBS 溶液，使最终菌体浓度为 $OD_{600}=0.50$，后加入 0.5 μg/mL 碘化丙啶（PI），于室温避光染色 15 min。

（3）染色结束后，8000 r/min 离心 5 min，使用 PBS 溶液洗涤一次，重悬于 1 mL 无菌的 PBS 中。

（4）制备显微镜观察的胶片（图 2-2-3）。

①将 3 个载玻片平行并列紧贴放置于水平洁净台面。

②在步骤①铺好的 3 个载玻片上平行并列放置 2 个载玻片，相距半个载玻片宽度为宜，且这两个载玻片正好覆盖下层 3 个载玻片之间的缝隙。

③称取 0.1 g 的低熔点琼脂糖粉末，溶于 5 mL 的无菌 PBS 溶液中（2%，$m/V$），微波炉低火充分融化。

④取 1.5 mL 融化后的琼脂糖滴加于步骤②的两个载玻片之间，充分填充整个区域。

⑤在其上再覆盖一张载玻片，从右至左滑动至完全覆盖，防止有气泡产生。

⑥静置 20～30 min，缓慢轻柔地掀开最上层载玻片，轻轻分离中间层两个盖玻片，即得到一个长度为一个载玻片长、宽度为半个载玻片宽的胶片，可根据需要适当修剪。

（5）取 5 μL 染色后的样品，小心缓慢地滴加于低熔点琼脂糖覆盖的载玻片上，轻柔覆上干净的盖玻片，制片完成，用奥林巴斯 BX53 荧光显微镜观察（图 2-2-4 和图 2-2-5）。

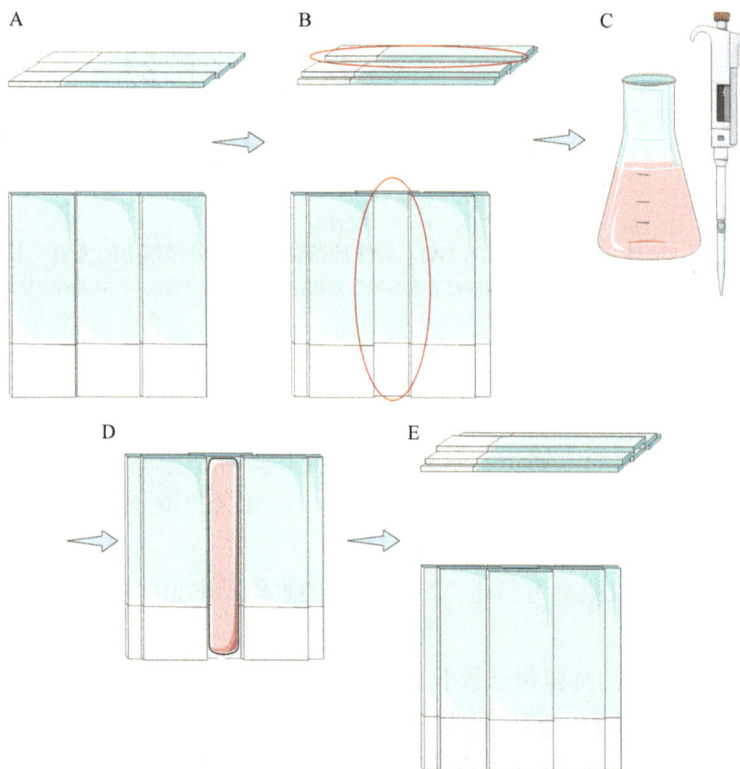

图 2-2-3　显微镜观察胶片的制作流程示意图

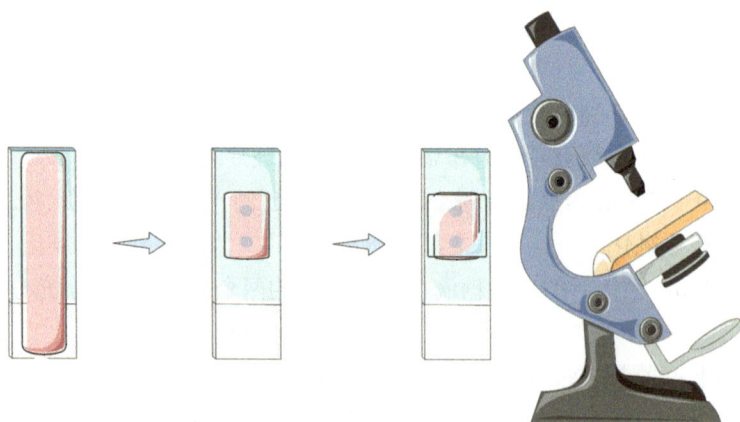

图 2-2-4　样品的滴加和观察

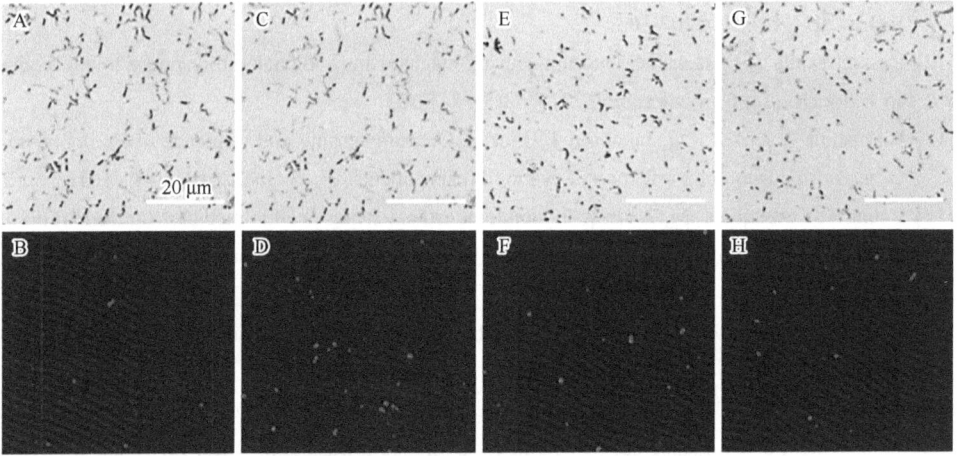

图 2-2-5　PA14 菌株的普通光学显微镜图和荧光显微镜染色图[26]

（A，B）正常培养的 PA14 菌株；（C，D）环丙沙星处理 PA14 后 5 h 收集到的持留菌；（E，F）回复生长 1 h 的
细菌；（G，H）回复生长 1.5 h 的细菌标尺=20 μm

# 参 考 文 献

[1] Hardalo C, Edberg S C. *Pseudomonas aeruginosa*: Assessment of risk from drinking water. Crit Rev Microbiol, 1997, 23(1): 47-75.

[2] Balaban N Q, Merrin J, Chait R, et al. Bacterial persistence as a phenotypic switch. Science, 2004, 305(5690): 1622-1625.

[3] Keren I, Kaldalu N, Spoering A, et al. Persister cells and tolerance to antimicrobials. FEMS Microbiology Letters, 2004, 230(1): 13-18.

[4] Lewis K. Persister cells. Annu Rev Microbiol, 2010, 64: 357-372.

[5] Bigger J. Treatment of staphylococcal infections with penicillin by intermittent sterilisation. The Lancet, 1944, 244(6320): 497-500.

[6] Luidalepp H, Joers A, Kaldalu N, et al. Age of inoculum strongly influences persister frequency and can mask effects of mutations implicated in altered persistence. J Bacteriol, 2011, 193(14): 3598-3605.

[7] Li Y, Zhang Y. PhoU is a persistence switch involved in persister formation and tolerance to multiple antibiotics and stresses in *Escherichia coli*. Antimicrob Agents Chemother, 2007, 51(6): 2092-2099.

[8] Schuster C F, Bertram R. Toxin-antitoxin systems are ubiquitous and versatile modulators of prokaryotic cell fate. FEMS Microbiology Letters, 2013, 340(2): 73-85.

[9] Xie Y, Wei Y, Shen Y, et al. TADB 2.0: An updated database of bacterial type II toxin-antitoxin loci. Nucleic Acids Res, 2018, 46(D1): D749-D753.

[10] Dörr T, Lewis K, Vulić M. SOS response induces persistence to fluoroquinolones in *Escherichia coli*. PLoS Genet, 2009, 5(12): e1000760.

[11] Shan Y, Brown Gandt A, Rowe S E, et al. ATP-dependent persister formation in *Escherichia coli*.

mBio, 2017, 8(1): e02267-16.

[12] Rasamiravaka T, El Jaziri M. Quorum-sensing mechanisms and bacterial response to antibiotics in *P. aeruginosa*. Curr Microbiol, 2016, 73(5): 747-753.

[13] Bjarnsholt T, Jensen P O, Jakobsen T H, et al. Quorum sensing and virulence of *Pseudomonas aeruginosa* during lung infection of cystic fibrosis patients. PLoS One, 2010, 5(4): e10115.

[14] Leung V, Levesque C M. A stress-inducible quorum-sensing peptide mediates the formation of persister cells with noninherited multidrug tolerance. Journal of Bacteriology, 2012, 194(9): 2265-2274.

[15] Harms A, Maisonneuve E, Gerdes K. Mechanisms of bacterial persistence during stress and antibiotic exposure. Science, 2016, 354(6318): aaf4268.

[16] Lebeaux D, Ghigo J M, Beloin C. Biofilm-related infections: Bridging the gap between clinical management and fundamental aspects of recalcitrance toward antibiotics. Microbiol Mol Biol Rev, 2014, 78(3): 510-543.

[17] Kint C I, Verstraeten N, Fauvart M, et al. New-found fundamentals of bacterial persistence. Trends Microbiol, 2012, 20(12): 577-585.

[18] Grant S S, Kaufmann B B, Chand N S, et al. Eradication of bacterial persisters with antibiotic-generated hydroxyl radicals. Proc Natl Acad Sci U S A, 2012, 109(30): 12147-12152.

[19] Bink A, Vandenbosch D, Coenye T, et al. Superoxide dismutases are involved in *Candida albicans* biofilm persistence against miconazole. Antimicrob Agents Chemother, 2011, 55(9): 4033-4037.

[20] Li J, Ji L, Shi W, et al. Trans-translation mediates tolerance to multiple antibiotics and stresses in *Escherichia coli*. J Antimicrob Chemother, 2013, 68(11): 2477-2481.

[21] Christensen S K, Gerdes K. RelE toxins from Bacteria and Archaea cleave mRNAs on translating ribosomes, which are rescued by tmRNA. Molecular Microbiology, 2003, 48(5): 1389-1400.

[22] Li M, Long Y, Liu Y, et al. HigB of *Pseudomonas aeruginosa* enhances killing of phagocytes by up-regulating the type III secretion system in ciprofloxacin induced persister cells. Front Cell Infect Microbiol, 2016, 6: 125.

[23] Wood T L, Wood T K. The HigB/HigA toxin/antitoxin system of *Pseudomonas aeruginosa* influences the virulence factors pyochelin, pyocyanin, and biofilm formation. Microbiologyopen, 2016, 5(3): 499-511.

[24] Penterman J, Singh P K, Walker G C. Biological cost of pyocin production during the SOS response in *Pseudomonas aeruginosa*. J Bacteriol, 2014, 196: 3351-3359.

[25] Dörr T V M, Lewis K. Ciprofloxacin causes persister formation by inducing the TisB toxin in *Escherichia coli*.. PLoS Biol, 2010, 23(8): e1000317.

[26] Long Y, Fu W, Li S, et al. Identification of novel genes that promote persister formation by repressing transcription and cell division in *Pseudomonas aeruginosa*. J Antimicrob Chemother, 2019, 74(9): 2575-2587.

# 第三节　铜绿假单胞菌体外竞争实验及显微镜观察方法

吴丽丽，董　涛

南方科技大学生命科学学院

　　**摘　要**：在微生物群落中，细菌需要与周围的微生物竞争营养和空间，从而保证自身群落的生存和发展。细菌能够采取不同的策略影响相邻微生物的存活及生长，其中一种策略是利用嵌入细菌胞膜（bacteria cell envelope）的复杂大分子纳米机器，将具有不同功能的效应蛋白传递到相邻细胞中，如 VI 型分泌系统（type VI secretion system，T6SS）。T6SS 存在于大约 25% 已测序的革兰氏阴性菌中，主要由跨膜复合体、基座复合体和管鞘复合体组成。T6SS 能够通过外鞘的收缩将尖状复合体、Hcp 内管和具有不同作用靶点的效应蛋白传递到相邻细胞或环境中。T6SS 能够作用于原核细胞和真核细胞，在微生物群落的交流、与宿主的互作中起着重要作用。铜绿假单胞菌（*Pseudomonas aeruginosa*）是一种重要的革兰氏阴性条件致病菌，在自然界中广泛存在，能够导致伤口感染、囊性纤维化等。铜绿假单胞菌 PAO1 基因组中共编码三个 T6SS，分别被命名为 H1/H2/H3-T6SS。其中，H1-T6SS 只作用于原核细胞，H2-T6SS 能够作用于原核细胞和真核细胞。H2-T6SS 和 H3-T6SS 能够在胁迫条件下参与金属离子的转运等。

　　本节以铜绿假单胞菌 PAO1 野生型及突变株为例，提供了研究铜绿假单胞菌体外竞争和显微镜观察的方法。通过这些方法可以深入研究铜绿假单胞菌胞内 T6SS 结构的组装动态及 T6SS 在细菌种间竞争中的作用，能够为微生物群落调控及铜绿假单胞菌相关的疾病防治提供理论基础。

　　**关键词**：铜绿假单胞菌，VI 型分泌系统（T6SS），体外竞争，结构组装，显微镜观察

## 一、背景

　　铜绿假单胞菌（*Pseudomonas aeruginosa*）是一种重要的革兰氏阴性条件致病菌，是引起医院内感染的主要病原菌之一，也是导致囊性纤维化患者肺部感染和糖尿病患者难治性伤口感染的重要原因[1,2]。为了能够在环境中更好地存活，铜绿假单胞菌能够利用多种分泌系统，使其在不同环境中获得竞争优势[3]。VI 型分泌系统（type VI secretion system，T6SS）是一种结构上类似噬菌体尾部的分子注射器，能够穿刺原核细胞和真核细胞，将具有不同功能的效应蛋白传递到相邻靶细胞中[4~6]。T6SS 主要由跨膜复合体（TssJLM）、基座复合体（TssEFGK）、管鞘复合体（Hcp

内管，TssB/C 外鞘）组成[4,7,8]。外鞘的收缩能够将尖状复合体（VgrG，PAAR）、Hcp 内管和效应蛋白传递到胞外，此外还有能够解聚收缩后外鞘的 ClpV、调控管鞘复合体组装的 TssA[4,7,8]。目前，已鉴定到的效应蛋白根据作用靶点不同可以分为抗原核细胞效应蛋白和抗真核细胞效应蛋白，还有部分效应蛋白能够参与金属离子的转运[5,6,9]。效应蛋白不仅能够发挥毒性作用，还能够参与 T6SS 组装[10,11]。

铜绿假单胞菌 PAO1 是研究 T6SS 的模式菌株之一,其基因组共编码三个 T6SS，被命名为 H1/H2/H3-T6SS。其中，H1-T6SS 只作用于细菌，目前共鉴定到 8 种具有不同功能的效应蛋白[12,13]；H2-T6SS 可以作用于原核细胞和真核细胞[12,14]。H2-T6SS 和 H3-T6SS 能够在胁迫环境下参与金属离子的转运[9]。

细菌体外竞争试验和显微镜观察是常用的研究 T6SS 活性及组装过程的经典方法。本节以铜绿假单胞菌 PAO1 及相关突变株为模式菌株，对体外竞争试验和显微镜观察方法进行详细的介绍。

## 二、材料与试剂

### 1. 培养基

LB 培养基（低盐）

①液体培养液：称取 10 g 胰蛋白胨、5 g 酵母提取物、5 g NaCl，加蒸馏水溶解后定容至 1000 mL，调节 pH 至 7.0，分装后高压灭菌。

②固体培养基：称取 10 g 胰蛋白胨、5 g 酵母提取物、5 g NaCl 和 15 g 琼脂粉，加蒸馏水溶解后定容至 1000 mL，调节 pH 至 7.0，分装后高压灭菌。

### 2. 试剂与耗材

（1）15 mL 无菌摇菌管。

（2）直径 90 mm 无菌圆形培养皿。

（3）130 mm×130 mm 无菌方形培养皿。

（4）10 mL 无菌注射器。

（5）0.22 μm 无菌过滤器。

（6）移液器。

（7）无菌枪尖。

（8）载玻片。

（9）盖玻片。

（10）1.5 mL/2.0 mL 无菌离心管。

（11）无菌 96 孔板。

（12）无尘纸（KIMTECH）。

（13）琼脂糖（Invitrogen）。

（14）无水乙醇。

（15）75%乙醇。

（16）抗生素（工作浓度：三氯生 25 μg/mL，庆大霉素 20 μg/mL，链霉素 100 μg/mL）。

（17）0.5×PBS 缓冲液。

### 3. 设备

（1）Nano-300 分光光度计（奥盛）

（2）生物安全柜 BSC-1304-IIA2（苏净安泰）

（3）高速离心机（ThermoFisher Scientific）

（4）纯水系统（Millipore）

（5）全电动恒温倒置荧光显微镜 Ti-2E（Nikon）

（6）高温高压灭菌锅（Hirayama，型号 HVA-85）

（7）温控摇床（旻泉）

（8）MSC-100 温控摇床（奥盛）

（9）恒温金属浴（奥盛）

（10）生化培养箱（Blue pard）

### 4. 软件

（1）Fiji（https://imagej.net/imagej-wiki-static/ImageJ）

（2）GraphPad Prism software（8.2.1）

## 三、操作步骤

### （一）铜绿假单胞菌体外竞争试验

铜绿假单胞菌 PAO1 基因组共编码 3 个 T6SS 基因簇，即 H1/H2/H3-T6SS，其中，H1-T6SS 只作用于原核细胞[12]。铜绿假单胞菌 H1-T6SS 组装受由 TagQRST-PpkA- Fha1-PppA 组成的苏氨酸磷酸化通路调控，TagQRST 能够感受外界刺激，使 PpkA 激酶发生磷酸化，PpkA 能够使 Fha1 发生磷酸化，进而激活 H1-T6SS 组装[4]。铜绿假单胞菌能够响应多种刺激信号，进而激活 H1-T6SS 组装，如姐妹细胞或异源细胞来源的 T6SS 攻击、RP4 接合菌毛、胞外 DNA 和多黏菌素 B 等[15~18]。体外竞争试验是研究铜绿假单胞菌自身 T6SS 活性的重要研究手段，本节以霍乱弧菌（*Vibrio cholerae*）为受体细胞，介绍了铜绿假单胞菌 H1-T6SS 体外竞争试验的方法和步骤。

**1. 技术要点**

（1）体外竞争试验需要选择合适的受体细胞。例如，现有研究结果表明铜绿假单胞菌能够响应对其有刺激作用的相邻细胞，组装 H1-T6SS 进行反击；对没有刺激作用的相邻细胞不会做出反击[15,16]。因此，研究铜绿假单胞菌 H1-T6SS 活性时，可以选择 T6SS 活跃或能够诱导铜绿假单胞菌 H1-T6SS 组装的受体细胞。

（2）受体细胞状态选择。研究铜绿假单胞菌不同 T6SS 活性时，可以选择处于稳定期的受体细胞（更容易被杀伤）或能够诱导铜绿假单胞菌 H1-T6SS 组装的受体细胞。本节主要研究铜绿假单胞菌 H1-T6SS 活性，故而选择 T6SS 活跃的霍乱弧菌 V52 为受体细胞。

（3）选择合适的共培养时间。细菌竞争试验共培养时间可以根据实验要求和目的进行相应的调整，保证供体细胞与受体细胞有足够的时间发生相互作用，常用的共培养时间为 3 h。若杀伤效果不显著，可以观察过夜培养后供体细胞和受体细胞的存活情况。

（4）实验过程中不宜同时检测过多样品，若处理时间过长，样品之间接触及培养时间存在差异，容易导致产生实验误差等问题。

（5）体外竞争试验需要选择合适的阳性对照和阴性对照。

（6）对受体细胞的存活情况进行统计时，可能会出现检测不到单菌落的情况发生。这种情况下，需要设定检测极限（detection limit，DL）对实验结果进行统计分析。

（7）用于共培养的 LB 固体培养基需要进行适当的干燥处理，防止混合物因为培养基表面过于湿润而发生流动，或平板过于干燥导致混合物形状不规则，不利于菌体收集，甚至影响菌体之间的相互作用。本节中，将 LB 固体培养基凝固后于生物安全柜中风干 40～50 min，用于细菌共培养。

（8）在 LB 固体培养基上点样时，同一混合物需要设置两个平行试验，这样可以防止操作不当导致样品采集失败。此外，如果混合物共同培养时间不足，观察不到样品之间的差异，剩余的样品可作为备用，用于统计更长共培养时间条件下供体细胞和受体细胞的存活情况。

（9）细菌体外竞争试验应设置至少 3 个生物重复，保证实验数据的准确性和可重复性。

（10）收集细菌菌体时需要使用合适的离心速度，在保持完整细胞形态的同时快速沉淀细胞。同时，操作时间过长可能导致沉淀后的菌体再次悬浮，不利于上清的吸取。上清需要吸取干净，防止上清中的抗生素影响受体细胞的生长，从而影响最终结果。

（11）供体细胞与受体细胞混合物需要采用合适的方法从 LB 固体平板上取

下，本节使用 1 mL 无菌枪尖取样。1 mL 枪尖的大小便于操作，同时其末端的直径与滴在平板上的混合物大小接近，能够减少样品之间因取样方法产生的差异。

（12）菌株培养过程中严格遵守无菌操作流程，操作过程中注意使用 75%乙醇对生物安全柜及使用的工具进行杀菌消毒。

（13）重悬后的混合物由于琼脂块的存在，需要小心吸取悬液，防止移液器污染。

（14）梯度稀释后的样品点在筛选平板上时，吸取的体积不宜过大或过小，过大会导致样品相连，过小会导致样品之间误差增大。本节使用的点样体积为 3～5 μL。

**2. 实验步骤**

（1）将铜绿假单胞菌菌株接种在含有 25 μg/mL 三氯生的 LB 固体培养基上，37℃过夜培养，得到铜绿假单胞菌单菌落。

（2）将 3 个铜绿假单胞菌单菌落接种到含有 500 μL LB 液体培养基的 1.5 mL 离心管中，37℃，950 r/min 过夜培养大约 12 h。同时，将霍乱弧菌 V52 接种到含有 100 μg/mL 链霉素的 LB 固体培养基中，37℃过夜培养大约 12 h。

（3）将过夜培养的铜绿假单胞菌按照 1/50（$V/V$）的比例接种到含有 3 mL LB 液体培养基的无菌摇菌管中，37℃、200 r/min 培养 3～4 h，使铜绿假单胞菌 $OD_{600}$=0.8～1.0（H1-T6SS 活跃）。

（4）取 1 mL $OD_{600}$=0.8～1.0 的铜绿假单胞菌菌体，10 000 $g$ 离心 30～60 s，用移液器小心去除上清，得到铜绿假单胞菌菌体。

（5）将步骤（4）中得到的铜绿假单胞菌菌体用新鲜 LB 液体培养基重悬，使铜绿假单胞菌 $OD_{600}$=10。

（6）刮取适量在 LB 固体培养基上过夜培养的霍乱弧菌，随后用新鲜的 LB 液体培养基将菌体重悬，将菌体 $OD_{600}$ 调整为 1 或 2（受体细胞浓度可根据具体的实验要求进行调整）。

（7）将铜绿假单胞菌和霍乱弧菌按照 10∶2（$OD_{600}$∶$OD_{600}$）的比例等体积混合，取 10 μL 混合物滴在风干后的无抗 LB 固体培养基上，混合物风干后，在 37℃生化培养箱中倒置培养 3 h。

（8）使用 1 mL 无菌枪尖将共培养 3 h 后的混合物连同 LB 固体培养基一起取出，加入到含有 500 μL LB 液体培养基的 2 mL 无菌离心管中，涡旋振荡 3 min 后进行 10 倍梯度稀释。用移液器吸取 3～5 μL 混合物，分别滴在含有不同抗生素的筛选平板上（例如，含有 25 μg/mL 三氯生的 LB 固体培养基用于分离铜绿假单胞菌，含有 100 μg/mL 链霉素的 LB 固体培养基用于分离霍乱弧菌）。待样品在生物安全柜中风干后，于 37℃生化培养箱中倒置过夜培养。

（9）过夜培养后的平板进行拍照、计数和统计分析。若过夜培养后霍乱弧菌没有菌落长出，可按照原始梯度有 0.5 个单菌落存活进行计数及统计分析，并将其设置为检测极限[19]。

### 3. 数据分析

（1）观察过夜培养后筛选平板上铜绿假单胞菌和霍乱弧菌的存活情况及菌落形态是否发生显著变化，如图 2-3-1A 所示。

（2）统计铜绿假单胞菌和霍乱弧菌存活情况并计数，使用 GraphPad 对计数结果进行绘图及统计学分析，如图 2-3-1B 所示。

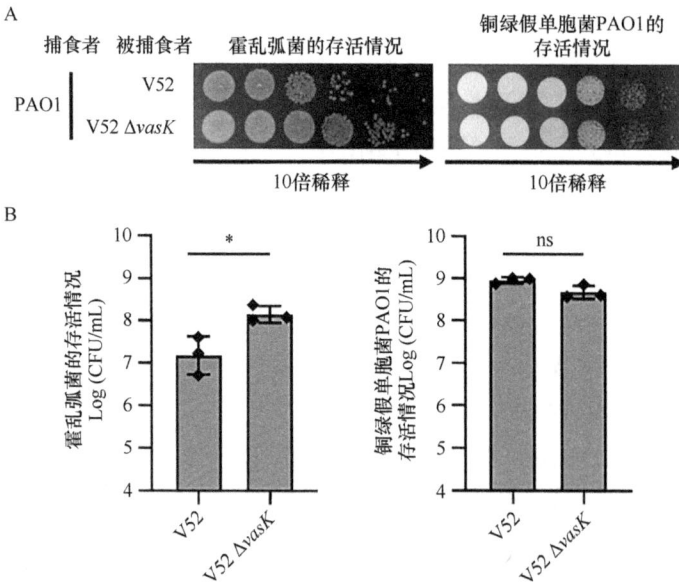

图 2-3-1　铜绿假单胞菌与霍乱弧菌体外竞争实验

A. 筛选平板上霍乱弧菌（左）及铜绿假单胞菌（右）的存活情况。V52：T6SS 活跃的霍乱弧菌；V52 ΔvasK：T6SS 失活的霍乱弧菌细胞。B. 霍乱弧菌与铜绿假单胞菌细胞存活情况统计分析。误差线指的是至少三个生物重复得到的数据平均值±标准方差。双尾学生 t 检测（two-tailed Student's t-test）来评估不同样品的存活差异。*P＜0.05；ns，不显著

### （二）铜绿假单胞菌显微镜观察

在微生物学领域，利用显微镜观察细菌的细胞形态和蛋白质的胞内定位或动态是一种被广泛接受的技术。为了能够研究 T6SS 组装动态，研究人员尝试将 T6SS 结构蛋白（如 ClpV 和 TssB/C）进行荧光蛋白标记[15,20]，随后在显微镜下观察 T6SS 的动态。其中，ClpV 是一种 AAA+ATP 酶，是 T6SS 核心组分之一，能够识别并降解收缩后的 T6SS 外鞘，为新一轮的 T6SS 组装提供外鞘蛋白亚基，因此，ClpV 与收缩后外鞘蛋白共定位，能够用于观察 T6SS 动态[4,7,8,20]。T6SS 外鞘蛋白由 TssB/C 亚基组成，外鞘动态包括三个不同的阶段：外鞘聚合、外鞘收缩和外鞘解聚[4,7,8]，因此，能够通过显微镜下观察外鞘的伸缩动态表征 T6SS

动态。本节以 TssB1-sfGFP 标记的铜绿假单胞菌为例，介绍显微镜下观察 T6SS 动态的方法和步骤。

### 1. 技术要点

（1）菌株培养过程中严格遵守无菌操作流程，操作过程中注意使用 75%乙醇对生物安全柜及使用的工具进行杀菌消毒。

（2）将使用过的枪尖进行灭菌处理，盖玻片或载玻片丢入医用尖锐物处理容器中，避免误伤其他操作人员。

（3）样品处理过程中，注意周围环境温度的变化，铜绿假单胞菌 T6SS 的表达和组装水平受温度的影响[21]。

（4）铜绿假单胞菌 PAO1 基因组编码 3 个 T6SS，并且每个 T6SS 的表达调控和组装条件不同[22]，因此，观察不同 T6SS 时需要选择合适的培养条件。

（5）观察细菌之间的相互作用时，需要保证足够的细胞数目和浓度，增加细菌相互接触的概率。较为常用的混合比例为供体细胞：受体细胞=10：10（$OD_{600}$：$OD_{600}$）。

（6）样品制备的过程中，盖玻片需要从一侧开始缓缓放下直至将样品完全覆盖，注意避免气泡的产生。制备好的样品可以插入 50 mL 离心管中，方便携带；可以插入无尘纸防止载玻片晃动。

（7）载玻片使用前，需要使用蘸有 75%乙醇的无尘纸进行擦拭，去除载玻片表面的灰尘等。使用后的载玻片也需要用蘸有 75%乙醇的无尘纸进行清洁（75%乙醇能够对残留在载玻片上的菌体起到杀菌效果），清洁后的载玻片可用于下次样品制备。

（8）显微镜观察的样品需要尽可能新鲜、有活力，因此转接时可以按照 1/100 或 1/50（$V/V$）的比例进行转接。

（9）用于显微镜观察的样品需要充分涡旋，避免细胞聚集成团，影响显微镜观察。

（10）观察 T6SS 动态时，通常使用间隔 10 s、时长 5 min 的条件。观察的时间间隔和时长可根据实验目的进行调整。

（11）使用 Fiji 软件对显微镜观察图片进行处理时，延时拍摄图片需要首先统一到相同的平均光强度，用以纠正信号淬灭。

### 2. 实验步骤

1）菌体培养

（1）将需要观察的铜绿假单胞菌菌株接种在含有 25 μg/mL 三氯生的 LB 固体培养基上，37℃静置过夜培养，分离单菌落。

（2）将过夜培养的铜绿假单胞菌单菌落接种到 500 μL 含有 25 μg/mL 三氯生的 LB 液体培养基中，37℃、950 r/min 过夜培养大约 12 h。

（3）将过夜培养的种子液按照 1/50（$V/V$）的比例转接到 3 mL 含有 25 μg/mL 三氯生的 LB 液体培养基中，37℃、200 r/min 培养 3～4 h，使铜绿假单胞菌 $OD_{600}$=0.8～1.0。

（4）取 1 mL $OD_{600}$=0.8～1.0 的铜绿假单胞菌菌体，10 000 $g$ 离心 30～60 s，用移液器小心去除上清，得到铜绿假单胞菌菌体沉淀。

（5）若需要观察的铜绿假单胞菌菌株中含有质粒（以 pPSV37 质粒为例），则需要在培养过程中加入相应的抗生素（20 μg/mL 庆大霉素）。当菌株培养到 $OD_{600}$=0.8～1.0 时，吸取 1 mL 菌体到 1.5 mL 无菌离心管中，加入终浓度为 1 mmol/L 的 IPTG 诱导剂，37℃静置诱导 1 h（可根据自身需求进行调整）。随后 10 000 $g$ 离心 30～60 s，用移液器小心去除上清，获得菌体沉淀。

若含有质粒的铜绿假单胞菌培养过程中加入了抑制质粒泄漏表达的试剂，如葡萄糖，在加入诱导剂进行诱导前需要 10 000 $g$ 离心 30～60 s，用移液器小心去除上清。随后用 1 mL 新鲜 LB 液体培养基重悬菌体，加入终浓度为 1 mmol/L 的 IPTG 诱导剂，37℃静置诱导 1 h 后使用步骤（4）中的操作收集菌体。

（6）用 0.5 × PBS 重悬步骤（4）和（5）中得到的菌体沉淀，使菌体 $OD_{600}$=10，重悬后的菌体备用。

（7）如果需要观察铜绿假单胞菌与其他菌株之间的相互作用，需要同时将两种菌株培养到 $OD_{600}$=0.8～1.0（可根据具体情况调整，例如，$OD_{600}$=2.0 时，H2-T6SS 的表达和组装水平较高），取 1 mL 菌体，10 000 $g$ 离心 30～60 s，用移液器小心去除上清。随后用 0.5 × PBS 重悬菌体，使菌体 $OD_{600}$=20，随后将两种菌株按照 1∶1（$V/V$）的比例混合，振荡混匀后备用。

2）显微镜观察

（1）1%琼脂糖制备：向 50 mL 无菌离心管中加入 20 mL 0.5×PBS、0.2 g 琼脂糖（1%，$m/V$），在微波炉中加热融化。由于微波炉加热速度较快，需选择小火加热，先加热 10 s，然后小心晃动混匀。随后每加热 5 s 取出，小心晃动混匀。注意观察琼脂糖融化情况，防止加热过度、液体喷溅。琼脂糖完全融化后，以每管 500 μL 分装到无菌 1.5 mL 离心管中，凝固后 4℃保存备用。

（2）用于显微镜观察的样品制备好后，将存放的 1%琼脂糖放置在 98℃恒温金属浴中融化。将两个盖玻片分别放置在载玻片的两侧，两个盖玻片的间距小于盖玻片的宽度，如图 2-3-2A 所示。将 100 μL 融化后的 1%琼脂糖加入到两个盖玻片的间隙中，立刻在 1%琼脂糖上方覆盖干净的盖玻片，注意避免气泡的产生。室温凝固大约 1 min 后，首先将凝固好的琼脂块边缘切掉，随后将琼脂块进一步切割成 4 块大约 0.5 cm×0.5 cm 大小的琼脂糖小块（可根据样品数目进行调整），如图 2-3-2B 所示。

（3）取 0.5～1.0 μL "1）菌体培养"中制备的样品滴在已经切割好的琼脂糖小块上，随后将干净的盖玻片覆盖在样品上方，从一侧轻轻放下，避免气泡的产生，如图 2-3-2C 所示。

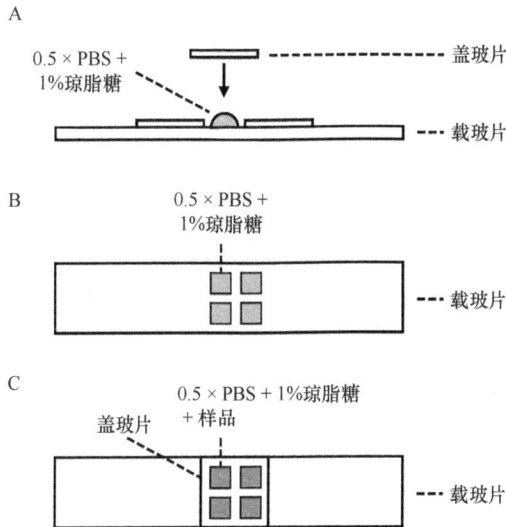

图 2-3-2　显微镜观察样品制备方法示意图

A. 载玻片上方放置两片盖玻片，将 100 μL 1%琼脂糖（溶解在 0.5×PBS 中）加入到两个盖玻片之间的空隙中，覆盖上新的盖玻片。B. 小心将上层的盖玻片移除，去除已凝固琼脂糖的边缘部分，并将剩余部分切割成 4 块大小约为 0.5 cm×0.5 cm 的胶块。C. 将 0.5～1.0 μL 样品点在胶块中心，小心盖上盖玻片

（4）观察样品前需要将显微镜的温度控制器打开（可根据实验需求调节），待温度达到预设温度后进行显微镜观察。本文使用的显微镜为 Nikon Ti-2E 全电动恒温倒置荧光显微镜，使用 100×油镜，ET-GFP（Chroma 49002）用于观察 GFP 信号，相差（phase contrast）通道用于观察细菌的细胞形态和位置。观察 T6SS 动态时，使用完美锁焦系统（perfect focus system，PFS）锁定焦距，可设置 10 s 间隔、5 min 时长进行拍摄，也可以根据实验需求进行相应的调整。

### 3. 数据分析

（1）细胞计数：随机截取 30 μm×30 μm 大小视野，以相差通道图片为基础进行细胞计数。首先，使用"Threshold"对相差图片进行处理，使系统能够识别大多数细菌单细胞。随后，使用"Watershed"对发生重叠的细胞进行分割。使用"Analyze Particle"对细菌细胞进行计数，排除位于边缘的细胞。最后，对细胞计数结果进行人工确认。

（2）T6SS 动态及数目统计：随机截取 30 μm×30 μm 大小视野，以荧光通道图

片为基础统计 T6SS 数目。当需要对观察时间范围内所有 T6SS 数目进行统计时，需要将所有荧光通道图片统一到相同的平均光强度，以纠正信号淬灭。随后，使用"Temporal-Color code"对荧光通道照片进行处理，LUT 设置为光谱（spectrum）。通过这种方式，5 min 内出现的所有 T6SS 数目能够在一张图片中展示，便于 T6SS 数目统计，如图 2-3-3 所示。

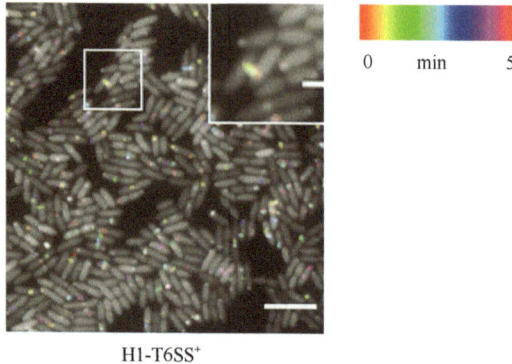

图 2-3-3　铜绿假单胞菌 H1-T6SS$^+$突变株显微镜观察

左侧：30 μm×30 μm 视野范围内，10 s 间隔，5 min 内 H1-T6SS 动态，标尺=5 μm。小框内为 5 μm×5 μm 视野放大两倍，标尺=1 μm。右侧：时间颜色编码标尺。H1-T6SS$^+$：Δ*retS*，Δ*tssB2*，Δ*tssB3*，*tssB1-sfGFP*

# 参 考 文 献

[1] Gellatly S L, Hancock R E W. *Pseudomonas aeruginosa*: New insights into pathogenesis and host defenses. Pathog Dis, 2013, 67: 159-173.

[2] Lyczak J B, Cannon C L, Pier G B. Lung infections associated with cystic fibrosis. Clin Microbiol Rev, 2002, 15: 194-222.

[3] Bleves S, Viarre V, Salacha R, et al. Protein secretion systems in *Pseudomonas aeruginosa*: A wealth of pathogenic weapons. Int J Med Microbiol, 2010, 300: 534-543.

[4] Ho B T, Dong T G, Mekalanos J J. A view to a kill: The bacterial type VI secretion system. Cell Host Microbe, 2014, 15: 9-21.

[5] Monjarás Feria J, Valvano M A. An overview of anti-eukaryotic T6SS effectors. Front Cell Infect Microbiol, 2020, 10: 584751.

[6] Hernandez R E, Gallegos-Monterrosa R, Coulthurst S J. Type VI secretion system effector proteins: Effective weapons for bacterial competitiveness. Cell Microbiol, 2020, 22: e13241.

[7] Wang J, Brodmann M, Basler M. Assembly and subcellular localization of bacterial type VI secretion systems. Annu Rev Microbiol, 2019, 73: 621-638.

[8] Cianfanelli F R, Monlezun L, Coulthurst S J. Aim, load, fire: The type VI secretion system, a bacterial nanoweapon. Trends Microbiol, 2016, 24: 51-62.

[9] Yang X, Liu H, Zhang Y, et al. Roles of type VI secretion system in transport of metal ions. Front Microbiol, 2021, 12: 756136.

[10] Wu C, Lien Y, Bondage D, et al. Effector loading onto the VgrG carrier activates type VI

secretion system assembly. EMBO Rep, 2020, 21: e47961.

[11] Liang X, Kamal F, Pei T T, et al. An onboard checking mechanism ensures effector delivery of the type VI secretion system in *Vibrio cholerae*. Proc Natl Acad Sci U S A, 2019, 116: 23292-23298.

[12] Sana T G, Berni B, Bleves S. The T6SSs of *Pseudomonas aeruginosa* strain PAO1 and their effectors: Beyond bacterial-cell targeting. Front Cell Infect Microbiol, 2016, 6: 61.

[13] Nolan L M, Cain A K, Clamens T, et al. Identification of Tse8 as a type VI secretion system toxin from *Pseudomonas aeruginosa* that targets the bacterial transamidosome to inhibit protein synthesis in prey cells. Nat Microbiol, 2021, 6: 1199-1210.

[14] Burkinshaw B J, Liang X, Wong M, et al. A type VI secretion system effector delivery mechanism dependent on PAAR and a chaperone-co-chaperone complex. Nat Microbiol, 2018, 3: 632-640.

[15] Basler M, Mekalanos J J. Type 6 secretion dynamics within and between bacterial cells. Science, 2012, 337: 815.

[16] Basler M, Ho B T, Mekalanos J J. Tit-for-tat: Type VI secretion system counterattack during bacterial cell-cell interactions. Cell, 2013, 152: 884-894.

[17] Ho B T, Basler M, Mekalanos J J. Type 6 secretion system-mediated immunity to type 4 secretion system-mediated gene transfer. Science, 2013, 342: 250-254.

[18] Wilton M, Wong MJQ, Tang L, et al. Chelation of membrane-bound cations by extracellular DNA activates the type VI secretion system in *Pseudomonas aeruginosa*. Infect Immun, 2016, 84: 2355-61.

[19] Hersch S J, Lam L, Dong T G. Engineered type six secretion systems deliver active exogenous effectors and Cre recombinase. mBio, 2021, 12: e01115-21.

[20] Mougous J D, Cuff M E, Raunser S, et al. A virulence locus of *Pseudomonas aeruginosa* encodes a protein secretion apparatus. Science, 2006, 312: 1526-1530.

[21] Allsopp L P, Wood T E, Howard S A, et al. RsmA and AmrZ orchestrate the assembly of all three type VI secretion systems in *Pseudomonas aeruginosa*. Proc Natl Acad Sci U S A, 2017, 114: 7707-7712.

[22] Sana T G, Soscia C, Tonglet C M, et al. Divergent control of two type VI secretion systems by RpoN in *Pseudomonas aeruginosa*. PLoS One, 2013, 8: e76030.

# 第四节　新型生防菌的鉴定及功能机制研究方法

邵小龙，钱国良

南京农业大学植物保护学院

摘　要：生防菌（biocontrol bacteria）是指可以防治植物病害的有益微生物，利用微生物种间或种内的各种相互作用杀灭或抑制某些病原菌的生长。生防菌及其代谢产物种类丰富，是防治作物病虫害药物的重要来源，已广泛用于新药研发和生防微生物作用机制研究。常见生防菌的筛选策略是对土壤、植物或环境样品进行处理，获得组织或样品浸出液，进而涂布在常规培养基上进行培养，通过抗菌活性等指标从中筛选生防微生物，其主要是通过产生可扩散性的抗菌物质对病原菌产生抑制或杀伤作用（直接分离法）。虽然这种传统方法简单易行，但也存在随机性强、筛选效率低等问题。最新研究提出了一种以"同一寄主中生防菌-病原菌协同进化、相生相克"为理念的生防细菌靶向分离策略（定向分离法）。该方法利用植物病原细菌的活体细胞或植物病原真菌(卵菌)的菌丝体作为营养"诱饵"替代常用培养基，从相应寄主作物的种子、叶片或枝干等样品的内源微生物组中靶向富集能定植并"食用"病菌细胞或菌丝体的内生细菌。另外，与常见分离方法得到的依靠抗菌物质杀菌的生防菌不同，该方法同时融入了接触杀菌的原理，能够分离得到常见方法遗漏的、依靠接触杀菌方式抑制病原菌生长的生防菌。本节分别以生防菌 BCA1# 和 BCA02 为例，以病原菌猕猴桃溃疡病菌（*Pseudomonas syringae* pv. *actinidiae* M228）为防治对象，提供了生防菌传统的直接分离方法，以及一种基于病原菌富集的定向性分离方法；同时介绍了生防菌接触型杀菌机制的研究方法，此方法可根据研究项目所需进行适应性改造升级，从而提高生防菌的鉴定及功能机制研究的效率。

**关键词：**生防菌，分离与鉴定，接触杀菌，效应蛋白，生防机制，病原菌

## 一、背景

生防菌及其代谢产物种类丰富，是防治作物病虫害药物的重要来源，已广泛用于新药研发和生防微生物作用机制研究。常见的生防菌包括芽孢杆菌（*Bacillus* spp.）、假单胞菌（*Pseudomonas* spp.）、溶杆菌（*Lysobacter* spp.）及链霉菌（*Streptomyces* spp.），其主要机制是依赖于自身合成并分泌的可扩散性抗菌物质杀死或抑制病原菌的生长，进而达到控制病害的目的。基于枯草芽孢杆菌（*Bacillus subtilis*）研发的微生物农药的使用已经较为普遍，通常以活菌的形式施用。生防假单胞菌可编码多种抗菌物质，如硝吡咯菌素、嗜铁素、FitD 蛋白、黄豆黄素、2,4-二乙酰间苯三酚（2,4-DAPG）和氢氰酸（HCN）等，对多种植物病害均有显著防效[1~4]。已报道的溶杆菌菌株主要包括 C3、N4-7、3.1T8 和 OH11[5~9]。其中，产酶溶杆菌 OH11 产生的多种胞外几丁质酶、纤维素酶、环肽类抗生素 WAP-8294A2 和大环内酰胺类抗真菌热稳定因子（HSAF），对线虫、革兰氏阳性菌和多种植物病原真菌病害均有良好防效[10~15]。链霉菌作为放线菌类群中一类发现抗生素最多的物种，在医药、农业和酶工业等领域均有广泛应用[16,17]，包括抗菌化合物（如红霉素、四环素和万古霉素等）、抗癌化合物（如博来霉素、放线菌素 D 和丝裂霉素等）、免疫抑制化合物（如雷帕霉素、他克莫司等）、抗寄生虫/杀虫化合物（如阿维菌素、杀螨菌素等）、除草

化合物（如比亚拉普斯、草铵膦等）等[18,19]。

　　生防菌除了产生可扩散性抗菌物质以外，还可以通过生防菌与病原菌之间的竞争作用、捕食或寄生作用，以及对寄主植物的免疫诱抗作用等三种机制发挥防效[20]。为了杀死竞争者并获得生存优势，革兰氏阴性病原细菌，如铜绿假单胞菌（*Pseudomonas aeruginosa*）、霍乱弧菌（*Vibrio cholerae*）和假结核耶尔森菌（*Yersinia pseudotuberculosis*），利用其 VI 分泌系统（type VI secretion system，T6SS）通过细胞-细胞接触的方式将自身的毒性效应蛋白注射到竞争者细胞中，进而产生细胞毒性，杀死竞争者[21~24]。然而，生物防治革兰氏阴性菌与其他生物防治菌或致病菌通过细胞间接触建立种间相互作用的研究较少，仅在 2016 年报道了 1 例样本病例[25]。另一种依赖于接触的杀菌蛋白分泌系统是 IV 分泌系统（type IV secretion system，T4SS），它既分布在致病细菌如柑橘黄单胞菌（*Xanthomonas citri*）和嗜肺军团菌（*Legionella pneumophila*）的基因组中[26~28]，也存在于其他非致病性的细菌如产酶溶酶杆菌（*Lysobacter enzymogenes*）和恶臭假单胞菌（*Pseudomonas putida*）中[29,30]。对于利用 T4SS 的生防细菌，效应蛋白可以削弱其他生防细菌的竞争力，同时也可以用来杀灭病原菌[29,31]。上述研究表明，生防菌与病原菌竞争过程中的接触杀菌活性可作为一种生防菌筛选、分离和鉴定的重要指标。

　　生防菌筛选方法限制了有效生防菌的快速获得。最常用的筛选方法是在平板上筛选对病原菌有抑制活性的菌株，即离体平板筛选或直接分离法。土壤作为微生物的大本营以及植物生长所必需的基质，对于植物病害的发生发展起着重要作用，因此从土壤中分离生防菌是最常见的方式，即土壤稀释平板法。此外，也可以从目标植物或环境样品浸出液中分离得到生防菌[9,32~34]。虽然常见生防菌筛选方法简单易行，但也存在随机性强、筛选效率低等问题。也有一些针对病原菌特征提出的综合法、诱导法、毛细管分离方法和平板划线分离法等[35,36]。最新研究提出了一种生防细菌靶向分离策略[37]。这种新策略是以"同一寄主中生防菌-病原菌协同进化、相生相克"为理念，是基于"农作物种子内部必然存在拮抗其病原菌的生防微生物"这一科学假说而提出，其依据是近期相关文献报道的水稻、油菜等植物种子内生微生物组中存在可延续其免疫抗性的特定微生物。这种生防菌的靶向挖掘技术简便、实用，不依赖特殊的仪器设备。利用植物病原细菌的活体细胞和（或）植物病原真菌（卵菌）的菌丝体作为营养"诱饵"来替代常用培养基，从相应寄主（猕猴桃、草坪草和水稻）的种子内源微生物组中靶向富集能定植并"食用"病菌细胞或菌丝体的内生细菌。以此为材料依托，结合传统上基于平板拮抗的生防菌筛选方法，从中挖掘对目标病原菌具有专一或广谱抗菌活性的生防细菌，提升生防菌筛选的靶向性与有效性。该方法已成功鉴定了 3 株高效生防菌株，包括沙福芽孢杆菌（*Bacillus safensis*）ZK-1、产碱假单胞菌（*Pseudomonas alcaligenes*）ZK-2 和贝莱斯芽孢杆菌（*Bacillus velezensis*）ZK-3，分别对猕猴桃溃疡病菌、草坪草币斑病菌、水稻白叶枯病菌/稻瘟病菌具有显著抗菌活性；基于ZK1 和 ZK3 研发的高效生防菌发酵产品已在湖北多个猕猴桃果园显现出了显著防效。另外，该方法进一步融入接触杀菌的原理，除了筛选到依靠可扩散性的抗菌物质杀菌以外的生防菌，还能够筛选到利用细胞-细胞间近距离接触杀死病原菌的生防菌。基于病原菌富集协同接触杀菌的筛选分离策略，上述研究团队已从猕猴桃枝干微生物组中分离并鉴定了多株木质部来源的生防治剂（biocontrol agent，BCA），在离体平板活性测定和植物生测试验中均有显著防效。

　　本节将以生防菌 BCA1#和 BCA02 为例，以病原菌猕猴桃溃疡病菌（*Pseudomonas syringae* pv. *actinidiae* M228）为防治对象，对生防菌传统的直接分离方法和基于病原菌富集的靶向性分离方法，以及接触杀菌的生防功能机制进行详细介绍。相关的生防菌分离鉴定和功能机制研究方法可以帮助研究人员从感兴趣的植物、动物和环境样品中有针对性地、大规模地高效分离出具有特异性或广谱抗菌活性的潜在生防微生物。

## 二、材料与试剂

### 1. 培养基

（1）LB 培养基（高盐）：

①液体培养液：称取 10 g 胰蛋白胨、5 g 酵母提取物和 10 g NaCl，加蒸馏水溶解后定容至 1000 mL，调节 pH 至 7.0，分装后高压灭菌。

②固体培养基：称取 10 g 胰蛋白胨、5 g 酵母提取物、10 g NaCl 和 15 g 琼脂粉，加蒸馏水溶解后定容至 1000 mL，调节 pH 至 7.0，分装后高压灭菌。

（2）PDA（potato dextrose agar）培养基：将新鲜的马铃薯去皮后切块，称取 200 g，用纯水煮沸 0.5 h 至马铃薯变绵软，双层纱布过滤，取滤液，加葡萄糖 20 g，搅拌溶解，用 ddH$_2$O 定容到 1000 mL，加入 15 g 的琼脂粉，分装后 115℃高压蒸汽灭菌 30 min。

（3）肉汁胨（NA）培养基：称取 1 g 酵母浸膏、3 g 牛肉浸膏、7 g 蛋白胨、5g NaCl、10 g 蔗糖、15 g 琼脂，加 ddH$_2$O 定容到 1000 mL，pH 调为 7.2，115℃高压蒸汽灭菌 30 min。

（4）KB（King's B）培养基：

①液体培养液：称取 20 g胨蛋白胨（proteose peptone）、10 mL 甘油、1.5 g K$_2$HPO$_4$、1.5 g MgSO$_4$·7H$_2$O，ddH$_2$O 定容到 1000 mL，分装后高压灭菌。

②固体培养基：称取 20 g胨蛋白胨、10 mL 甘油、1.5 g K$_2$HPO$_4$、1.5g MgSO$_4$·7H$_2$O、15g 琼脂粉，ddH$_2$O 定容到 1000 mL，分装后高压灭菌。

**2. 试剂与耗材**

（1）耗材

①Ni-NTA His-Tag 纯化琼脂糖树脂（Qiagen）

②GST-Tag 谷胱甘肽琼脂糖树脂（GE）

③0.2 μm 无菌滤器（Milipore）、无菌注射器等

（2）试剂盒

①细菌基因组提取试剂盒

②质粒小提试剂盒

③PCR 产物纯化试剂盒

④凝胶回收试剂盒

⑤琼脂糖凝胶回收试剂盒等

（3）酶：PCR 扩增的高保真酶、*Taq* 酶

（4）抗体和磁珠

①Anti-FLAG 抗体（Sigma）

②Anti-GST 抗体（Sigma）

③Anti-FLAG 磁珠（Sigma）等

（5）抗生素

①卡那霉素（Kan）：50 μg/mL

②氯霉素（CM）：100 μg/mL

③氨苄青霉素（Amp）：100 μg/mL

（6）试剂

①10×TBE 缓冲液：称取 27.5 g 硼酸、54.0 g Tris-base、0.5 mol/L EDTA（pH 8.0）20 mL，加 ddH$_2$O 定容至 500 mL。

②1%琼脂糖凝胶：琼脂糖 1 g，加 1×TBE 定容至 100 mL，最后加入 5 μL 核酸染料。

③30 mmol/L 咪唑缓冲液：称取 3.9 g NaH$_2$PO$_4$·2H$_2$O、8.77 g NaCl、1.02 g 咪唑，ddH$_2$O 溶解后用 NaOH 调 pH 到 8.0，定容到 500 mL。

④1×PBS Buffer：称取 8 g NaCl、0.2 g KCl、1.42 g Na$_2$HPO$_4$、0.27 g KH$_2$PO$_4$，ddH$_2$O 定容至 1000 mL，浓盐酸将 pH 调至 7.5。

⑤膜转移缓冲液：称取 2.9 g 甘氨酸、5.8 g Tris、0.37 g SDS，ddH$_2$O 加至 800 mL，加入 200 mL 甲醇。

⑥封闭缓冲液（Western blot）：5 g 脱脂奶粉，100 mL TBST。

⑦EMSA 上样缓冲液：10 mmol/L Tris-HCl（pH 7.4），50 mmol/L KCl、5 mmol/L MgCl$_2$，10%甘油。

⑧6.0%非变性聚丙烯酰胺蛋白胶：1 mL 5×TBE，2.7 mL 丙烯酰胺/亚甲基双丙烯酰胺（37.5：1），50 μL 10% AP，5 μL TEMED，ddH$_2$O 6.2 mL，总体积10 mL。

⑨其他试剂：1 mol/L NaOH、70%乙醇、10% NaClO 溶液、0.4 mol/L IPTG、阿拉伯糖、ECL 显色液（Vazyme，中国）、GelRed 核酸染料（BIOFOUNT，中国）、琼脂糖、4×SDS 上样缓冲液（TaKaRa，日本）、钠盐、钾盐、Tris-base、Tris-HCl、IPTG 等。

### 3. 设备

（1）生物安全柜（ESCO）

（2）恒温培养箱（Panasonic）

（3）恒温摇床（太仓，型号 THZ-C-1）

（4）高压灭菌锅（Panasonic）

（5）冷冻离心机（Eppendorf）

（6）PCR 扩增仪（BIO-RAD）

（7）核酸电泳仪（BIO-RAD）

（8）转膜仪（BIO-RAD）

（9）分光光度计（Thermo Fisher Scientific）

（10）体式荧光显微镜（OLYMPUS）

（11）显微镜相机（ZEISS，型号 AxioCam 503）

（12）彩色 CCD 相机（Zeiss）

（13）凝胶成像仪（BIO-RAD）

（14）Synergy 2 酶标仪（BioTek）

（15）–80℃超低温冰箱（Haier）

（16）组织破碎机（YG11-DS-1）

（17）蛋白质电泳仪（BIO-RAD）

（18）多功能酶标仪（BioTek）

（19）电转仪（BIO-RAD）

（20）人工气候培养箱（RTOP-1000）

（21）荧光定量 PCR 仪（CFX Connect Real-time System，BIO-RAD）

（22）多功能成像仪（BIO-RAD）

（23）电极转化杯（BIO-RAD）

（24）核酸电泳槽（BIO-RAD）

（25）SDS-PAGE 电泳槽（BIO-RAD）

#### 4. 生物信息学数据库和相关分析软件

（1）NCBI 数据库：https://www.ncbi.nlm.nih.gov/

（2）Mafft 在线分析平台：https://mafft.cbrc.jp/alignment/server/

（3）iTOL：https://itol.embl.de/

（4）PhyloSuite 软件

（5）MEGA7.0 软件

（6）GraphPad Prism8 软件

（7）BioRender：https://app.biorender.com/

（8）PacBio 平台

（9）pafm：https://www.ebi.ac.uk/interpro/

## 三、操作步骤

### （一）生防菌的传统直接分离法

#### 1. 生防菌的筛选、分离与纯化

1）技术要点

（1）植物内生菌的分离需要对样品表面彻底消毒。

（2）病原菌的富集条件和时间需要根据病原菌的发病规律及发病特征而定。

（3）病原菌需要用带有 GFP 绿色荧光蛋白的质粒标记，提高后期分离纯化的效率。

2）实验步骤

（1）如图 2-4-1 所示，取植株根表层 1 mm 土层土样。

（2）将采集的土样经 2 mm 土壤筛，筛除杂物。

（3）称取 10 g 土样加入装有 90 mL 无菌水的三角瓶中（内装玻璃珠若干），摇床振荡 20 min，然后进行 3～4 次 10 倍系列稀释，得到土样浸出液。

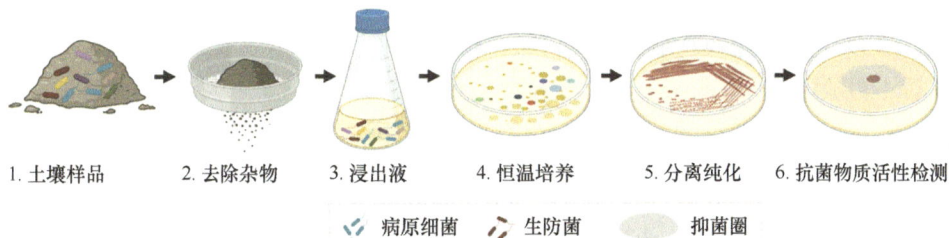

1. 土壤样品　　2. 去除杂物　　3. 浸出液　　4. 恒温培养　　5. 分离纯化　　6. 抗菌物质活性检测

　病原细菌　　　生防菌　　　抑菌圈

图 2-4-1　生防菌的传统直接分离法

（4）吸取稀释液 100 μL 于 NA 平板上均匀涂布，每个稀释度中设 3 次重复

于 28℃下培养 2～3 天。

（5）稀释度以每平板菌落数 100～150 为宜，挑取不同类型的菌落于 NA 平板上纯化 3 次后，4℃冰箱短期保存备用；若长期保存，可将纯化好的菌株用 50%的灭菌甘油保存于 –80℃冰箱中备用。后续生防菌的传统直接分离法将以实验室前期分离得到的生防菌 BCA1# 为例进行介绍。

**2. 生防菌生长曲线测定**

1）技术要点

（1）严格遵守无菌操作流程，所用器材需严格灭菌处理，且在操作过程中用 75%乙醇消毒无菌超净工作台及所使用的器具，避免交叉污染。

（2）LA 平板需要使用 1～2 天左右新鲜活化的菌株，避免使用时间过长的平板菌落。

（3）为了避免每次取样造成污染，可按时间点准备相应数量的样品，每次取出后不再放回摇床。

2）实验步骤

（1）挑取 LA 平板上生防菌 BCA1# 单菌落，接种至 LB 培养基中，置于 28℃、220 r/min 的恒温振荡培养箱中培养。

（2）分光光度计测定菌液 $OD_{600}$ 为 1.0 时，按 1∶100 的接种量转接至 10 mL 新鲜 LB 培养基的锥形瓶中，置于 28℃恒温摇床中 220 r/min 培养，每隔 2 h 测定一次菌液浓度（$OD_{600}$），每次 3 个重复；也可以使用 96 孔板在多功能酶标仪中按照同样的培养条件实时监测 $OD_{600}$ 的变化。

（3）以培养时间为横坐标、菌液 $OD_{600}$ 值为纵坐标，绘制拮抗菌株的生长曲线。

**3. 生防菌最适培养条件测定**

1）技术要点

（1）严格控制 pH 和温度梯度。

（2）需要使用 1～2 天的新鲜活化菌株，避免用时间过长的平板菌落。

（3）为了避免每次取样造成污染，可按时间点准备相应数量的样品，每次取出后不再放回摇床。

2）最适生长温度的测定

将生防菌 BCA1# 菌株接种于灭菌后的 LB 培养基中，置于 28℃、220 r/min 的恒温摇床中培养 14 h，即制备种子液，按 1∶100 接种量转接至 10 mL 新鲜的 LB 培养基中，分别于 25℃、28℃、31℃、34℃、37℃和 40℃的恒温摇床中培养至生长稳定期，控制转速为 220 r/min，每组温度处理设置 3 个重复，用分光光度

计测量吸光值 $OD_{600}$，并计算其平均值。

3）最适生长 pH 的测定

（1）用 1 mol/L NaOH 和 HCl 分别调节不同 LB 培养基的 pH 至 4.5、5.5、6.5、7.5、8.5、9.5 和 10.5，使用高压蒸汽灭菌锅对不同 pH 的 LB 培养基进行灭菌处理。

（2）灭菌后按照 1:100 的比例接种生防菌 BCA1# 的新鲜种子液，置于 25℃ 恒温摇床中，220 r/min 培养至生长稳定期，每组 pH 处理 3 次重复。

（3）用分光光度计测量吸光值 $OD_{600}$，并计算其平均值。

### 4. 生防菌拮抗活性的测定

1）技术要点

（1）含病原菌的 LB 琼脂平板需要现配现用，且需要将琼脂培养基温度控制在 40℃ 左右，以避免温度过高杀死病原菌。

（2）需要使用 1～2 天新鲜活化的菌株，避免用时间过长的平板菌落。

（3）接种生防菌后，需要等液体蒸干方可倒置培养。

2）实验步骤

（1）生防菌拮抗活性测定。将 $1×10^5$ CFU/ mL 待测病原细菌菌悬液与 NA 培养基 1：9 混合制成平板，放置 30 min，待表面干燥后，吸取 5 μL 拮抗细菌悬液接于培养基表面，设无菌培养液处理为对照，每处理重复 3 次，置于 28℃ 恒温培养箱培养 24 h 后测定抑菌圈直径。抑菌圈直径越大，代表生防菌产生的活性物质越多（图 2-4-2）。

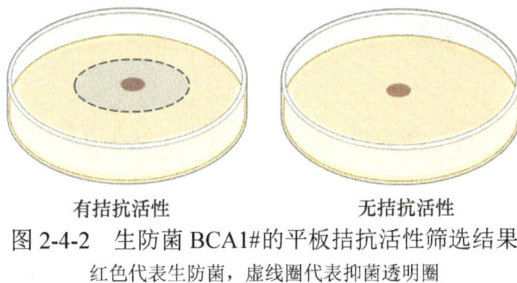

有拮抗活性　　　　　　　　无拮抗活性
图 2-4-2　生防菌 BCA1# 的平板拮抗活性筛选结果
红色代表生防菌，虚线圈代表抑菌透明圈

（2）生防菌 BCA1# 对猕猴桃枝溃疡病防效测定。采用易感病品种‘红阳’猕猴桃果树枝干，将猕猴桃健康枝干剪成约 15 cm 的短枝，用无菌水冲洗，末端用石蜡密封以避免蒸发。将生防菌和 *Psa* 过夜培养物在无菌水中调整至 $OD_{600}$=1.5，并按 1：1 比例混合。每次试验均在枝条中间用刀片切开一个深至韧皮部、宽度为 2 mm 的创口，接种 10 μL 混合液，阴性对照为无菌水。每个处理接种 5 个分枝。在 16℃ 的人工气候培养箱中，自然昼夜循环（光照 16 h，黑暗 8 h）。42 天后测量树枝的病斑长度，病斑长度越长，代表发病越严重（图 2-4-3）。

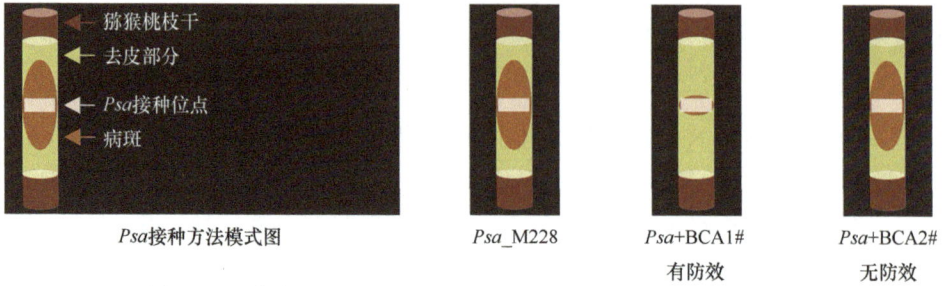

图 2-4-3　生防菌 BCA1#对猕猴桃枝溃疡病的室内离体防效试验

### 5. 生防菌抑菌广谱性测定

1）技术要点

同"生防菌拮抗活性的测定"。

2）实验步骤

（1）选取不同地区来源的 *Psa* 菌株为靶标菌，接种至 LB 液体培养基中，28℃，220 r/min，培养至菌液 $OD_{600}=1.0$ 时，6000 r/min 离心 3 min，弃去上清并将菌体沉淀用无菌水悬浮，调至 $OD_{600}=1.0$，将 $1×10^5$ CFU/mL 待测病原细菌菌悬液与 LB 琼脂培养基 1∶9 混合制成平板。

（2）在上述平板上滴 5 μL 待测菌液，晾干后，置于 28℃恒温培养箱中培养 2 天后观察拮抗情况，十字交叉法计算抑菌面积，计算公式为：

$$（透明圈半径）^2 - （菌落半径）^2$$

抑菌圈越大，说明抑菌效果越好。

### 6. 生防菌的分类学鉴定

1）技术要点

（1）确保待鉴定的生防菌株为纯培养物，避免污染。

（2）PCR 所用引物、反应条件等需要优化，保证产物 DNA 在琼脂糖凝胶上的条带单一。

（3）系统进化树的构建可用多种方法进行相互佐证，保证菌株分类地位的准确性。

2）实验步骤

（1）拮抗细菌 BCA1#基因组 DNA 的提取：使用北京天根生物公司的细菌基因组 DNA 提取试剂盒提取生防菌基因组 DNA，具体操作步骤参照试剂盒内的说明书。

（2）16S rDNA 和 *gyrB* 基因序列的扩增与测序：将提取的生防菌基因组 DNA 用特异性引物（16S-F：ACGGTTACCTTGTTACGAC，16S-R：AGAGTTTGATC

ATGGCTCAG，1400bp；*gyrB*-F：GAAGTCATCATGACCGTTCTGCA，*gyrB*-R：
AGCAGGGTACGGATGTGCGAGGC，1260bp；*rpoB*-F：TGGCCGAGAACCAGT
TCCGCGT，*rpoB*-R：CGGCTTCGTCCAGCTTGTTCAG，1247bp；*rpoD*-F：ATYG
AAATCGCCAARCG，*rpoD*-R：CGGTTGATKTCCTTGA，736bp）进行 PCR 扩增。
扩增产物用 1.0%琼脂糖凝胶电泳检测（图 2-4-4），然后将产物进行测序。

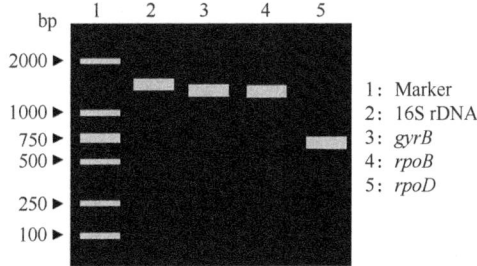

图 2-4-4　琼脂糖凝胶分离检测 PCR 扩增产物

（3）序列比对与系统发育树构建：根据 *gyrB* 测序结果，登录 NCBI 核酸数
据库，通过 Blast 软件实施同源性搜索并下载同源性较高的模式菌株序列；利用
MEGA7.0 软件，采用邻接（neighbor joining）法进行聚类，选取一致性大于 95%
的菌株建立系统发育树，确定菌株分类地位。

## （二）生防菌的定向分离法

### 1. 生防菌的定向筛选、分离与纯化

1）技术要点

（1）植物内生菌的分离需要对样品表面彻底消毒。

（2）病原菌的富集条件和时间需要根据病原菌的发病规律及发病特征而定。

（3）病原菌需要用带有 GFP 的质粒标记，提高后期分离纯化的效率。

2）实验步骤（图 2-4-5）

（1）植物组织样品匀浆的制备：本部分以从猕猴桃枝干、叶片或果实样品中
分离生防菌为例。称取 100 g 样品；样品表面及仪器用 70%乙醇处理 30 s，然后
用 10% NaClO 溶液处理 5 min，再用无菌水冲洗残留液，上述操作重复三次；吸
取最后一次洗脱液 100 μL 涂于 LB 平板，置于 28℃恒温培养箱，2～3 天后观察，
若无菌落生长则证明消毒处理后样品表面无菌。同样，将破碎机内胆经无水乙醇、
紫外照射等操作进行无菌处理；将消毒好的猕猴桃枝干同 50 mL 无菌水一起倒入
破碎机中，破碎操作按照使用手册进行，处理时长为 3 min，然后取 20 mL 样品
汁液 3000 r/min 离心留上清，将上清液转移至 50 mL 无菌锥形瓶中备用。

1. 样品匀浆　　2. 接种病原菌　　3. 富集培养　　4. 恒温培养　　5. 分离纯化

抗细菌物质活性

接触杀细菌活性

6. 抗菌活性检测

病原细菌　　生防细菌　　抑菌圈

图 2-4-5　基于病原菌富集的定向分离方法

（2）从 LB 平板上挑取 GFP 标记的猕猴桃溃疡病菌（*Psa*-GFP）单菌落于 1 mL 无菌水中重悬，调至 $OD_{600}$=1.0，取 1 mL 无菌水菌悬液于上述无菌锥形瓶中。

（3）加入 10 mL 上清样品匀浆液后，在 28℃恒温摇床中振荡培养 2 天。

（4）取 100 μL 涂于 LB 固体平板，在 28℃恒温培养箱中静置培养 2 天。

（5）挑取不同的菌落划线分离纯化 3 次，4℃冰箱保存备用；若长期保存，可将纯化好的菌株用 50%的灭菌甘油保存于–80℃冰箱中备用。

（6）抗菌活性测定：分离纯化得到的细菌纯培养物分别用于平板拮抗活性和接触杀菌活性测定。

**2. 生防菌拮抗活性的测定**

生防菌拮抗活性采用平板拮抗活性测定，抑菌圈直径越大，代表生防菌产生的活性物质越多（图 2-4-6）。

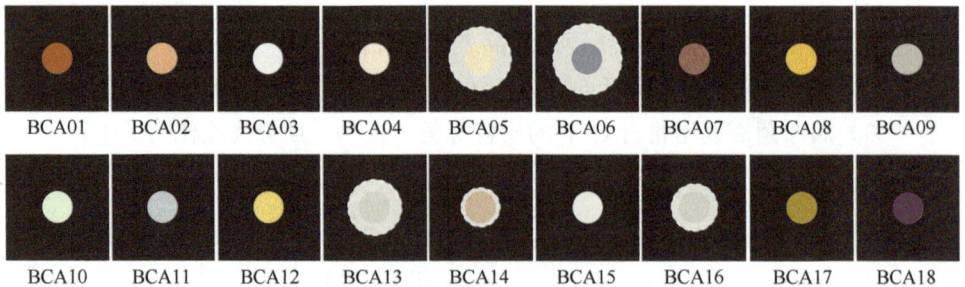

BCA01　BCA02　BCA03　BCA04　BCA05　BCA06　BCA07　BCA08　BCA09

BCA10　BCA11　BCA12　BCA13　BCA14　BCA15　BCA16　BCA17　BCA18

图 2-4-6　生防菌平板拮抗试验结果

不同颜色代表菌落，虚线圈代表抑菌透明圈

**3. 生防菌分类鉴定**

实验步骤同"生防菌最适培养条件测定"。

**4. 具有接触杀菌能力的生防菌株荧光标记**

下文将以 BCA02 菌株为例介绍各种实验方法。

1）技术要点

（1）若病原菌用带有 GFP 的质粒标记，则生防菌需要用红色 mCherry 荧光蛋白标记，避免荧光重叠。

（2）转化完成后需要在荧光显微镜下检测相应的菌落是否发光，以保证后续实验顺利进行。

2）实验步骤

（1）取制备的感受态细胞，加入 50～100 ng pBRM-mCherry 或 pPROBE-GFP 质粒，将质粒和感受态混合物转移至无菌的 0.1 cm 的电极杯内，1.8 kV、4.8 ms 条件下进行电击。

（2）电击完成后立即加入 800 μL 液体 LB 培养基，混匀后转移到 1.5 mL EP 管中，28℃振荡培养 2 h。

（3）离心浓缩后将全部菌液涂布于含有相应抗生素的 LB 平板上，28℃培养 24 h。

（4）转化子单克隆置于体式荧光显微镜下观察，挑取正常发光的菌株保存。

**5. 具有接触杀菌能力的生防菌株活性测定**

1）技术要点

（1）竞争双方混合的菌悬液需要用无抗性的 LB 平板培养。

（2）菌悬液滴在 LB 平板上，需要等待水分彻底挥发干后方可放入培养箱。

（3）采集荧光照片时，需要保证曝光时间等拍摄条件一致。

2）实验步骤

（1）将相应的荧光标记菌株在含有相应抗生素的 LB 平板上活化。

（2）挑取单菌落于 3 mL 含有相应抗生素的液体 LB 培养基中过夜振荡培养。

（3）次日，以 1∶100 的比例转接到 20 mL 含有相应抗生素的液体 LB 培养基中，培养至 $OD_{600}=1.0$。6000 r/min 离心 3 min 收集菌体，用无菌水清洗菌体 3 遍，最后用无菌水重悬菌体。

（4）取竞争双方的菌株菌悬液各 100 μL 混合均匀，取混合后的菌悬液 5 μL 滴在 LB 平板表面，待液体挥发干，置于 28℃培养 24 h，或在 16℃培养 48 h。

（5）用体式荧光显微镜观察竞争双方生存情况，并拍照记录。单独培养荧光标记的生防菌和病原菌菌株时，各自的荧光强度正常（图 2-4-7 左）；如果生防菌具有接触杀菌活性，则病原菌 M228 菌株绿色荧光强度将显著减弱或消失（图 2-4-7 中）；如果生防菌无接触杀菌活性，则病原菌 M228 菌株绿色荧光强度将无显著变化（图 2-4-7 右）。

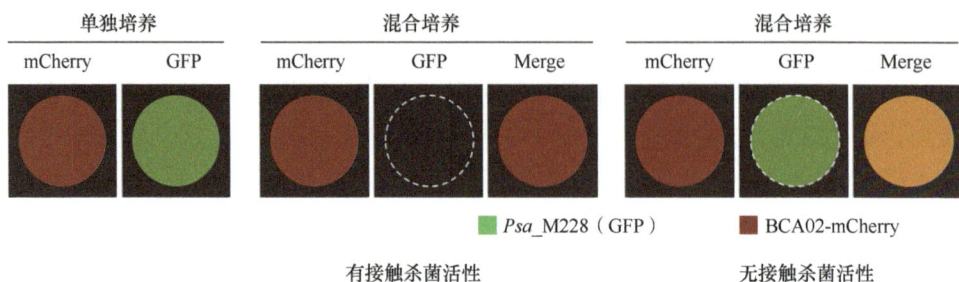

图 2-4-7　生防菌株 BCA02 通过接触杀菌活性抑制病原菌的生长

### 6. 滤膜隔离的接触依赖杀菌试验

1）技术要点

（1）无菌滤膜需要插入到培养皿底部，且尺寸不宜过大，高出培养基 0.5 cm 即可。

（2）接种菌悬液的时候避免太接近滤膜，预留 0.25 cm 左右的距离，防止菌液顺着滤膜流入缝隙。

（3）采集荧光照片时，需保证曝光时间等拍摄条件一致。

2）实验步骤

（1）BCA02-mCherry 和 *Psa*-GFP 菌株 LB 液体培养基过夜振荡培养，次日调整菌液至 $OD_{600}=1.0$。

（2）将融化的 LB 固体培养基导入培养皿内，将剪裁至合适大小的 0.22 μm 孔径无菌滤膜插入培养基中，用经消毒处理的镊子固定滤膜，待培养基冷却凝固，滤膜能独立固定在固体培养基平板中。

（3）分别取 5 μL 竞争双方的菌液滴在滤膜两侧，以 5 μL 单独培养和混合培养菌液作为对照。

（4）待液体挥发后，置于 28℃培养箱培养 24 h，或在 16℃培养 48 h。

（5）将培养皿置于多功能成像仪或体式荧光显微镜下，观察发光情况并拍照记录。结果如图 2-4-8 所示，如果有接触杀菌活性的生防菌 BCA 被滤膜隔开后，

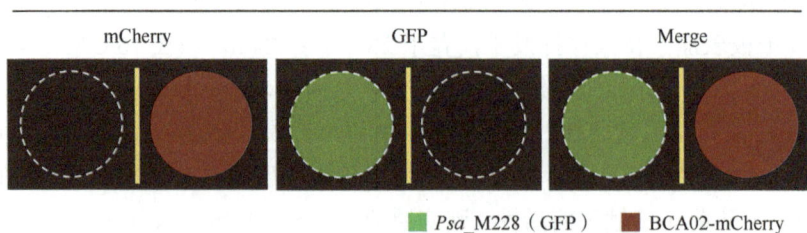

图 2-4-8　滤膜隔离后生防菌株 BCA02 丧失杀菌活性

病原菌 M228 菌株的荧光强度无显著减弱，即可证明生防菌 BCA 不是通过产生可扩散的抗菌物质抑制病原菌的生长。

### 7. 菌落重叠竞争试验

1）技术要点

（1）菌落重叠区域不宜过多，重叠约 0.25 cm² 为宜。

（2）生防菌悬液滴在 LB 平板上，需要等待水分彻底挥发干后方可将病原菌再滴在上面，避免液体流动。

（3）采集荧光照片时，需要保证曝光时间等拍摄条件一致。

2）实验步骤

（1）BCA02-mCherry 以及 *Psa*-GFP 菌株过夜振荡培养，次日调整菌液至 $OD_{600}=1.0$。

（2）先取 5 μL BCA02-mCherry 菌液滴在 LB 培养基平板表面，待液体挥发干后再取 5 μL *Psa*-GFP 菌液滴在 BCA02-mCherry 旁边，使形成的两个菌落有一定面积的重叠区域。

（3）待液体挥发后，置于 28℃培养箱培养 24 h。用体式荧光显微镜观察菌落发光情况并拍照记录。结果表明，有接触杀菌活性的生防菌将对病原菌在重叠区域的生长产生明显抑制作用，即病原菌 M228 菌株的绿色荧光强度显著减弱（图 2-4-9A）；而无接触杀菌活性的生防菌则在重叠区域对病原菌无抑制作用，即病原菌的绿色荧光强度显著减弱（图 2-4-9B）。

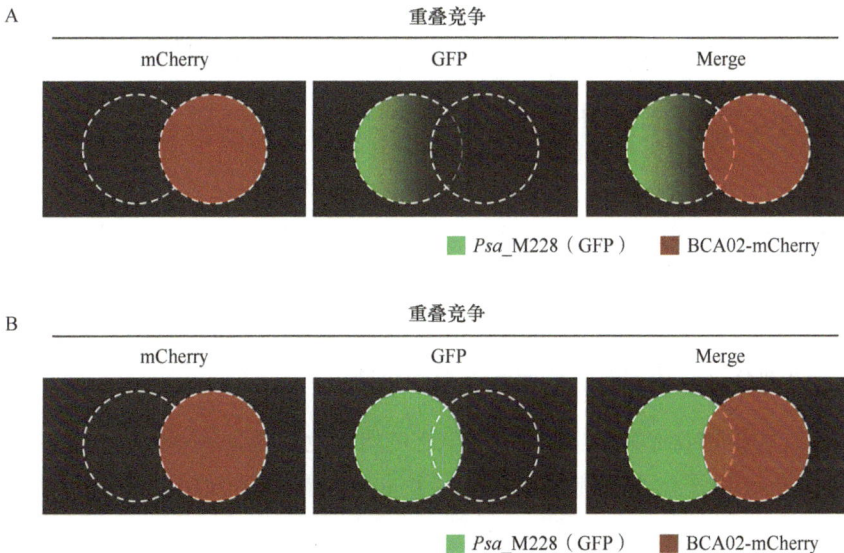

图 2-4-9　菌落重叠竞争试验

A. 有接触杀菌活性；B. 无接触杀菌活性

### 8. 生防菌 BCA02 抑菌广谱性测定

选取来自不同地区的 *Psa* 菌株作为靶标菌，方法同"滤膜隔离的接触依赖杀菌试验"。

### 9. 生防菌 BCA02 的分类鉴定及系统发育树构建

1）技术要点

（1）PCR 反应需要用高保真 DNA 聚合酶，避免发生点突变现象；

（2）保证看家基因的 PCR 产物在 DNA 琼脂糖凝胶上条带单一；

（3）每个看家基因测序后的序列需要单独比对；并将比对结果需要截取相同的序列长度。

2）实验步骤

（1）选择生防菌 BCA02 进行系统发育分析。根据 16S rDNA 序列比对结果，选取 *gyrB*、*fusA*、*leuS*、*pyrG*、*rplB* 和 *rpoB* 这 6 个看家基因设计引物，进行多基因串联系统发育树构建。

（2）以 BCA02 菌株的基因组 DNA 为模板，用对应引物扩增出相应的片段。

（3）将各个基因分别上传至 Mafft 在线分析平台进行多重序列比对，获得 Alignment 文件，并将比对结果截取成相同长度。

（4）将 6 个基因的 Alignement 文件导入至 PhyloSuite 软件进行序列串联，用 PhyloSutie 中的 Partitionfinder 模块选择最适合的模型，对其结果进行贝叶斯法系统发育树构建[38]。

（5）用 iTOL 在线工具对获得的发育树进行编辑和美化，最后导出系统发育树。

### （三）生防菌的功能机制研究

细菌的细胞-细胞间直接接触产生的杀菌行为一般依赖于 IV 型分泌系统（T4SS）或 VI 型分泌系统（T6SS），其中，T6SS 在革兰氏阴性菌基因组中分布更为广泛。假设 BCA 基因组含有 T6SS，本部分将以 BCA02 菌株的 T6SS 杀菌机制研究为例，介绍生防菌接触杀菌的功能机制的常用研究方法。

### 1. VI型分泌系统基因簇的生物信息学预测

（1）选择防效优异的生防菌 BCA02 纯培养物送至华大基因（中国深圳）公司，使用 PacBio 平台进行测序获得基因组注释信息，基因组组装和注释由测序公司完成。

（2）生物信息学分析获得 VI 型分泌系统基因簇（图 2-4-10）。

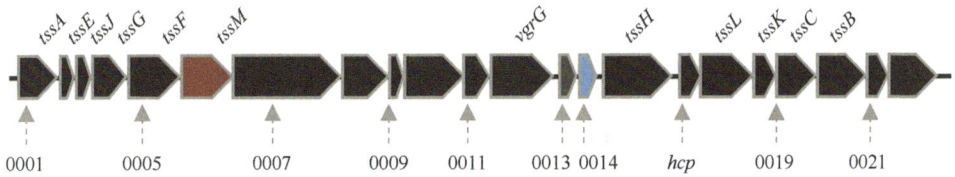

图 2-4-10　优异生防菌株 BCA02 的 VI 型分泌系统相关基因簇

## 2. VI型分泌系统结构蛋白编码基因 *tssM* 突变体的构建

对 BCA02 菌株基因组中编码VI型分泌系统结构蛋白 TssM 的基因进行删除突变体的构建。利用 PCR 扩增 *tssM* 基因上下游同源片段（约 1500 bp），与通过 *Hind*III 酶切后的线性化 pK18mobsacB（pK18）质粒片段连接后产生 pK18-*tssM* 质粒，通过电击转化将 pK18-*tssM* 质粒转化至 BCA02 野生型菌株。重组载体上的同源片段与 BCA02 基因组中的同源片段进行双交换重组，从而得到删除突变体[39]。

1）技术要点

（1）上下游片段长度不小于 1000 bp，且上下游片段相差 200～500 bp。

（2）突变体中的验证引物扩增产物应在 300～500 bp。

（3）如果 *Xba*I 酶切位点（5′-TCTAGA-3′）左边是 GA 或右边是 TC，则 Dam 甲基化酶会阻止 *Xba*I 的切割活性，因此引物设计环节应避免上述 GA 和 TC 的形成。

2）实验步骤

a. 引物设计。每个突变体的构建需要 4 对引物。

（1）一般将这两个片段大小分别控制在 1000 bp 和 1500 bp 左右。上游片段引物用于扩增 *tssM* 的上游片段。将 pK18mobsacB（pK18）自杀质粒的左同源臂（5′-AAACAGCTATGACATGATTACGAATTC-3′）添加到正向引物（pK18-*tssM*-Up-F）的 5′端；*Xba*I 酶切位点被添加到反向引物（pK18-*tssM*-Down-R）的 5′端。下游片段引物用于扩增 *tssM* 的下游片段。将 *Xba*I 酶切位点添加到正向引物（pK18-*tssM*-Down-F）的 5′端；pK18 自杀质粒的右侧同源臂（5′-AACGACGGCCAGTGCCAAGCTT-3′）添加到反向引物（pK18-*tssM*-Down-R）的 5′端。

（2）在上游片段反向引物和下游片段正向引物外设计一对验证引物（*tssM*-verify-F 和 *tssM*-verify-R），对上下游片段连接部分进行扩增。

（3）一对 qRT-PCR 引物（*tssM*-RT-F 和 *tssM*-RT-R）用于验证缺失基因的转录水平。

b. pK18-*tssM*-Up-Down 自杀质粒的构建。

（1）用 PCR 分别扩增 BCA02 基因组 DNA 中的 *tssM* 上下游片段。PCR 产物用 1.0%琼脂糖凝胶检测，大小无误后进行产物纯化。

（2）上下游的纯化产物与酶切后纯化回收的 pK18 质粒（*Eco*RI 和 *Hind*III）

使用多片段同源重组连接酶进行连接（10 μL 体系：上下游片段各 1 μL/ 20ng，pK18 质粒酶切回收产物 1 μL/200 ng，2 μL 5×CE II 缓冲液，1 μL Exnase II，4 μL ddH$_2$O），在 37℃下反应 30 min。

（3）将重组产物热激转化至 E.coli DH5α 感受态细胞，涂布于终浓度为 50 μg/mL Kan$^R$ 抗生素的 LB 琼脂平板，于 37℃恒温培养箱过夜培养。

（4）次日，使用设计好的验证引物（tssM-verify-F 和 tssM-verify-R）挑选单克隆进行菌落 PCR，并使用琼脂糖凝胶电泳进行 PCR 产物检测，若 DNA 大小为 300～500 bp，说明删除 tssM 后的上下游片段连接成功。挑选 2 个菌落 PCR 正确的单菌落，过夜培养于 2 mL 含 50 μg/mL 卡那霉素的 LB 培养基中，设置摇床温度为 37℃，转速为 220 r/min。

（5）次日，使用快速质粒试剂盒从培养物中提取质粒 DNA，使用 EcoRI 和 HindIII 进行质粒酶切验证，并使用琼脂糖凝胶电泳进行酶切产物大小检测。若酶切产物为两条带，一条为线状载体大小（约 5700 bp），另一条为上下游总长度（约 2500 bp），证明载体构建成功；若上下游片段中存在 EcoRI 或 HindIII 的酶切位点，酶切产物则为多条带，其中一条仍为线状载体大小（约 5700 bp），其余条带长度总和为上下游总长度（约 2500 bp）。

c. BCA02 感受态细胞的制备。

（1）挑取已在平板上提前一天活化好的 BCA02 菌株单菌落于 5 mL LB 液体培养基中，28℃恒温摇床过夜培养。

（2）次日按 1 : 100 转接至新鲜的 LB 液体培养基中，同样条件下继续活化 3～4 h 至 OD$_{600}$=0.6，冰上放置 30 min 后于 4℃、5000 r/min 离心 10 min 收集菌体。

（3）用预冷的无菌 10%甘油重悬菌体，4℃、5000 r/min 离心 10 min 收集菌体，重复 3 遍。使用 2 mL 的 10%甘油悬浮菌液，即得到 BCA02 菌株的感受态细胞。每个离心管分装 100 μL，立即用于电击转化；或置于–80℃保存。

d. tssM 删除突变体的构建。

（1）先将 100 ng 质粒和 100 μL 感受态细胞混合 0.5 h 后转移至无菌的 0.1 cm 电极转化杯中，1.8 kV、4.8 ms 条件下进行电击。电击完成后立即加入 800 μL 液体 LB 培养基，吹打混匀后转移到 1.5 mL EP 管中，28℃振荡培养 2 h。离心浓缩后将全部菌液涂布于含 100 μg/mL 卡那霉素的 LB 平板上，28℃过夜培养。

（2）次日，选择单个菌落于含 100 μg/mL 卡那霉素的 LB 液体培养基培养 12 h，使质粒与菌株基因组的同源部分充分发生双交换；然后取 2 μL 菌液均匀涂布于含有 0.3 mol/L 蔗糖的 LB 固体平板上，28℃下恒温过夜培养。

（3）将蔗糖平板上长出的同一个单克隆在不加抗生素的 LB 平板和含有 100 μg/mL 卡那霉素的 LB 平板上分别划线培养。待长出单克隆后，选择在 LB 平板上生长而在 100 μg/mL 卡那霉素 LB 平板上未生长的菌落进行后续 PCR 筛选。用验证引物

（*tssM*-verify-F/R）在潜在的 Δ*tssM* 突变体和野生型菌株基因组 DNA 中分别进行 PCR 扩增。PCR 产物用 1.0% 琼脂糖凝胶检测，若扩增产物与引物设计的 PCR 产物大小相符（300～500 bp），则为正确的突变体。

（4）进一步采用 qRT-PCR 方法，通过相应的 RT 引物（*tssM*-RT-F/R）检测 *tssM* 突变株中 *tssM* 基因相对于野生型菌株中的 mRNA 水平有无显著降低，若突变体中 *tssM* 基因不表达，则该突变体构建成功。

### 3. Δ*tssM* 突变体接触杀菌活性测定

1）技术要点

同"具有接触杀菌能力的生防菌株活性测定"。

2）实验步骤

以 *Psa*-GFP 为指示菌，检测 BCA02-mCherry 接触抑制能力，方法同"具有接触杀菌能力的生防菌株活性测定"。结果如图 2-4-11 所示，相对于野生型生防菌株 $WT_{BCA}$，Δ*tssM* BCA02 突变株丧失对病原菌 *Psa* 的接触杀菌活性。

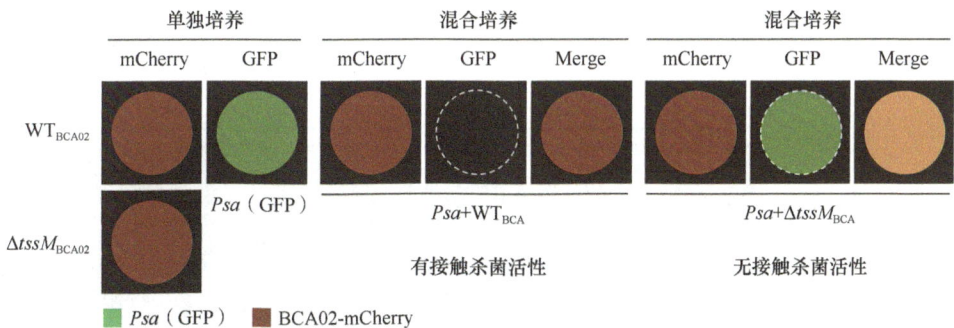

图 2-4-11　VI 型分泌系统突变体（Δ*tssM*）丧失接触杀菌活性

### 4. 效应蛋白的鉴定及其细胞活性测定

常见细菌 IV 型和 VI 型分泌系统效应蛋白一般对 *E. coli* 细胞有细胞毒性。本实验将对 BCA02 菌株基因组中一个潜在的、编码 VI 型分泌系统效应蛋白的基因 *BT60013* 进行细胞毒性检测。

1）技术要点

将携带空载体的菌株作为阴性对照，以已经报道的铜绿假单胞菌的一个 T6SS 毒性效应因子 PldB 和水稻白叶枯病菌的 T3SS 毒性效应蛋白 AvrRxo1 分别作为周质空间和胞质中细胞毒性检测的阳性对照[40,41]。

2）实验步骤

（1）将预测的编码潜在效应蛋白的基因序列上传至 pafm（https://www.ebi.

ac.uk/interpro/），在线预测保守结构域。

（2）将预测的效应蛋白 BT60013，通过 PCR 扩增编码相应效应蛋白的基因片段，分别构建至受阿拉伯糖诱导的 pBAD（Amp$^R$）和受 IPTG 诱导的 pET22b（Kan$^R$）质粒上进行筛选。

（3）将上述携带重组质粒的菌株活化于含有相应抗生素的 LB 平板上。挑取单菌落接种于含相应抗生素的 LB 液体培养基，37℃、220 r/min 过夜培养。次日，按 1∶100 转接至含相应抗生素的 LB 培养基，37℃、220 r/min 培养至 OD$_{600}$=1.0。

（4）取 1 mL 菌液至 1.5 mL EP 管中，6000 r/min 离心 3 min 收集菌体；用无菌水清洗菌体并用相同体积的无菌水重悬菌体，上述菌悬液进行 10 倍梯度稀释。

（5）分别取 3 μL 不同浓度的梯度稀释液，滴加于诱导平板（含 Amp 或 Kan 100 μg/mL+ CM 34 μg/mL+0.5 mmol/L IPTG 或 2%阿拉伯糖）和对照平板（不含诱导剂 IPTG 或阿拉伯糖）上，37℃过夜培养，次日观察结果并拍照记录。如图 2-4-12 所示，BT60013 在周质空间有细胞毒性，而在细胞质内无细胞毒性。

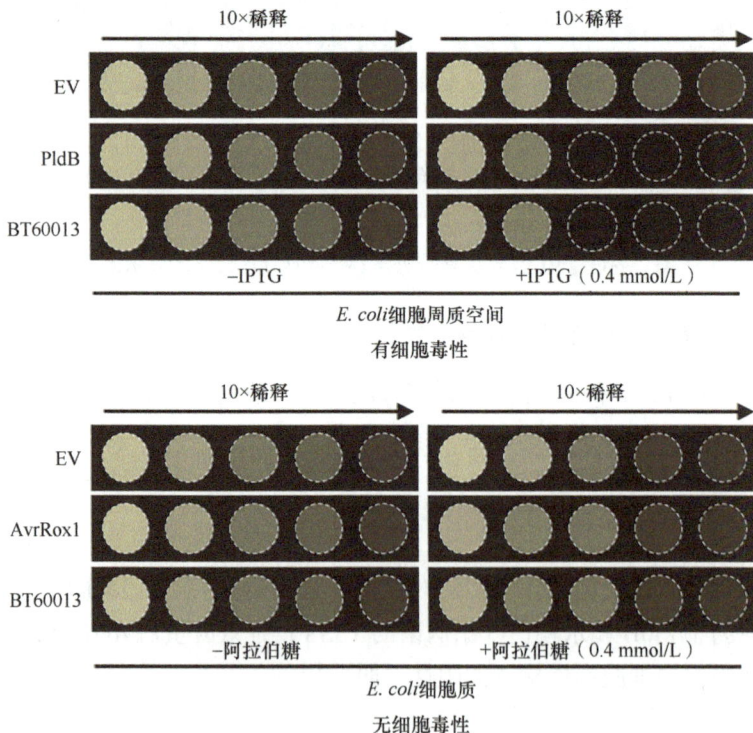

图 2-4-12　Ⅵ型分泌系统效应子的鉴定及其细胞毒性测定

**5. Pull-down 实验**

根据蛋白质保守结构域的预测结果可知，BT60013 没有 DNA 结合结构域，即不是一个转录因子，据推测，其在宿主体内的作用靶标可能是通过蛋白质-蛋白质相互作用发挥生理功能。因此，首先通过体内 Co-IP 实验（此处不介绍具体方法）进行全蛋白组的筛选，得到一批与该诱饵蛋白 BT60013 互作的靶标蛋白；接下来通过 Pull-down 实验筛选和验证潜在的靶标蛋白[31]，假设最终鉴定 BT60013 在病原菌中的互作蛋白为一个已知的与细胞死亡通路相关的转录因子 TF A。

1）技术要点

（1）提前准备冰盒，Pull-down 实验需全程于低温条件下进行。

（2）验证互作的两个蛋白质需用不同标签标记。

（3）在实验中需同时准备阴性对照，确定 His 标签标记的蛋白质与孵育所使用的磁珠不存在非特异性结合。

2）实验步骤

（1）将 TF A 用 His-tag 标签标记，构建至 pET28a（$Kan^R$）表达载体，然后导入大肠杆菌 BL21（DE3）中；BT60013 用 FLAG-tag 标记，构建至 pBBR1MCS-5（$Gm^R$）表达载体，导入大肠杆菌 DH5α 中。

（2）将含表达载体的大肠杆菌分别接种于加入相应抗生素（终浓度为 50 μg/mL）的 20 mL LB 培养基中，于 37℃恒温摇床中过夜培养。

（3）取 200 μL 过夜培养的 BL21 菌液转接至 20 mL LB 培养基中，37℃摇床培养至 $OD_{600}$=0.4～0.6，再加入 25 μL 0.4 mol/L　IPTG，16℃摇床培养 12～16 h；重组菌株 DH5α 不需诱导，可直接进行超声破碎。

（4）4℃，6000 r/min 分别离心收集菌体，去除上清，加入 4 mL 1×PBS 缓冲溶液悬浮细胞，在冰水浴中用超声破碎至菌液变透亮。

（5）4℃，12 000 r/min 离心 10 min，将上清分别转移至新的离心管中，此时蛋白质溶于上清中。

（6）将带有不同标签的 TF A-His 与 BT60013-FLAG 蛋白各取 500 μL 于干净的 2 mL 离心管中温和地颠倒混匀，然后取 50 μL 混合蛋白液于 PCR 管中，加入 16.6 μL 的 4×SDS Loading buffer 混匀，98℃处理 10 min，然后放于 4℃冰箱中保存备用，此为 In-put 样品。

（7）取 20 μL 的 FLAG 磁珠于新的 2 mL 离心管中，用预冷的 1 mL 1×PBS 缓冲液温和吹打混匀后，将离心管置于磁力架上静置 30 s，待磁珠被全部吸附到管壁、溶液变澄清后，用移液器弃去废液。之后将离心管从磁力架中取出，再用 1 mL 1×PBS 缓冲液重悬磁珠，步骤如前。此操作需重复 3 次。

（8）磁珠洗涤之后，将步骤（6）中准备的混合蛋白液与磁珠置于同一管中，并温和地吹打混匀，盖好离心管的盖子并用封口膜密封，置摇床上于 4℃过夜旋转孵育。

（9）次日，取出孵育完成的样品，置于磁力架上后弃去液体，将磁珠用含 0.5%吐温-20 的 1×PBST 缓冲液重悬，放在旋转摇床上洗涤 10 min。该步骤需重复 3 次。

（10）用含 0.5%吐温-20 和 350 mmol/L NaCl 的 PBST 缓冲液洗涤 3 次，步骤同上，最后弃去废液。

（11）加入 45 μL 配制好的 0.1 mol/L 甘氨酸-HCl 溶液（pH3.0）与磁珠混匀，并吹打 100 次，之后将离心管置于磁力架上，待磁珠被吸附到管壁后将液体转移至一个新的 PCR 管中。

（12）在 PCR 管中加入 5 μL 的 1 mol/L Tris 溶液（pH10.0）并混匀，之后再加入 16.6 μL 的 4×SDS 上样缓冲液混匀，98℃处理 10 min，然后放于 4℃冰箱中保存备用，此为 Elution 样品。

（13）实验过程中需设置好阴性对照，即验证 His 标签标记的 TF A 蛋白是否与 FLAG 磁珠存在非特异性结合，区别仅在于：步骤（6）中将 TF A-His 与 GFP-FLAG 各取 500 μL 混匀，取出 In-put 样品后与 FLAG 磁珠进行孵育；或是取 TF A-His 500 μL，用 PBS 补齐 1 mL 后直接与 FLAG 磁珠进行孵育。

（14）使用 Western blot 技术验证两种蛋白质是否存在互作。

### 6. Western blot

1）技术要点

（1）转膜时间和电压要把握好。

（2）封闭和洗膜要充分。

（3）设置阳性和阴性对照。

（4）若需孵二抗，孵育时间不宜过长。

2）实验步骤

（1）SDS-PAGE 电泳：按照蛋白 Marker、In-put（试验组）、In-put（阴性对照）、Elution（试验组）、Elution（阴性对照）的顺序进行上样，每孔 20 μL；按照相同顺序在后续胶孔中继续加样。加样完成后进行电泳，控制电压为 150 V，电泳时间为 20～30 min。

（2）切胶：根据蛋白 Marker，将目的蛋白大小区域的 SDS-PAGE 胶切割下来，量取胶块的长与宽并做好记录，之后将胶块浸泡于转膜液中。

（3）裁剪两块比胶块面积略大的双层滤纸，根据滤纸大小裁剪一块比滤纸面积略大的 PVDF 膜。将两块滤纸浸泡于转膜液中，PVDF 膜浸泡于甲醇溶液中。

（4）半干电转移法转膜：按照从下而上的顺序放置双层滤纸、PVDF 膜、蛋白胶、双层滤纸，注意放置前将滤纸与膜上多余的液体沥干，每放置一层，就用提前浸泡过转膜液的小滚轮轻轻压实，排除中间气泡。设置转膜电压为 20 V，转膜转膜时间依据蛋白质大小而定，15～20 min 转移 55 kDa 蛋白。

（5）封闭：准备两个洗干净的盒子，加入含 5.0%脱脂奶粉的 TBST 溶液，将转膜完成的 PVDF 膜用洗净的剪刀裁剪开（步骤 1 中加了两份相同的样品），分别放置盒中，室温水平摇床孵育 1 h。

（6）一抗：按照 1∶5000 比例（根据抗体种类而定）分别在上述两个盒子中分别加入 Flag 和 His 标签的一抗，随后室温水平摇床孵育 1～2 h；抗体溶液可重复使用 3～5 次，其间保存于–20℃。

（7）洗膜：用 1×TBST 溶液洗涤 PVDF 膜中残留的一抗和非特异性结合，每次 15 min，重复 3 次。

（8）二抗：按照 1:5000 比例加入相应的二抗抗体，室温水平摇床孵育 1 h。

（9）洗膜：用 1×TBST 溶液洗涤 PVDF 膜中残留的二抗和非特异性结合，每次 15 min，重复 3 次。

（10）显色：加入 ECL 显色液（A 液∶B 液=1∶1）对 PVDF 膜进行显色反应，5 min 后用凝胶成像仪通过化学发光仪检测结果。如图 2-4-13 所示，结果表明 BT60013 与 TF A 存在蛋白质-蛋白质之间的直接互作关系。

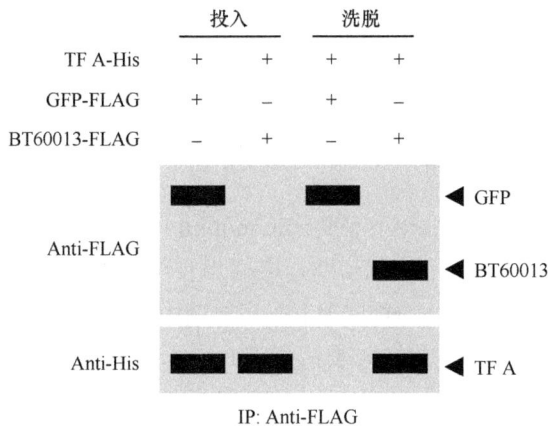

图 2-4-13　Ⅵ型分泌系统效应子 BT60013 互作蛋白的鉴定

### 7. 启动子活性检测

假设在病原菌 *Psa* 中，TF A 通过结合 Gene B 进而直接调控 Gene B 的转录表达。由上一步的结果可知，TF A 与 BT60013 直接互作，进一步推测 BT60013 在病原菌中通过影响 TF A 结合 Gene B 活性而影响 Gene B 的转录表达。因此，本部分将以 Gene B-*lux* 报告质粒的方法为例证实这一推测。

（1）构建 Gene B-*lux* 报告质粒。PCR 扩增 Gene B 起始密码子上游 300～500 bp 区域，将其构建至线性化的无启动子 pMS402 质粒上，通过 PCR、酶切和测序验证后得到正确的 pMS402-gene B-*lux* 报告质粒，并将其分别与空载体（empty vector，EV）和 BT60013 过表达载体（BT60013）共转化至病原菌 *Psa* 中得到两个测试菌株。

（2）将过夜培养的菌液按照 1:100 的比例接种至 2 mL 新鲜 LB 液体培养基中继续活化 3 h。

（3）将 5 μL 新鲜菌液转移到 95 μL 的 LB 液体培养基中，在 Synergy 2 酶标仪（BioTek）中每 2 h 检测一次 Luminence 和 $OD_{600}$ 数值。最终启动子活性用 Luminence（CPS）值/$OD_{600}$ 比值表示。结果如图 2-4-14 所示，BT60013 在病原菌中通过影响 TF A 结合 Gene B 活性而影响 Gene B 的转录表达。

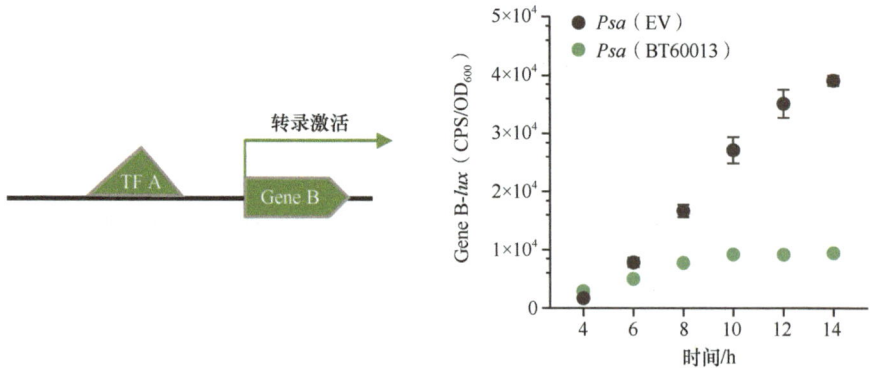

图 2-4-14　VI 型分泌系统效应子 BT60013 抑制互作蛋白 TF A 下游 Gene B 的转录

### 8. 电泳迁移率变动分析

电泳迁移率变动分析（electrophoretic mobility shift assay，EMSA）是一种研究 DNA 结合蛋白与其相关的 DNA 结合序列相互作用的技术，可用于定性和定量分析。由图 2-4-15 结果可知，BT60013 在病原菌中抑制 TF A 结合 Gene B 启动子的能力，进而降低 Gene B 的转录表达。因此，本部分将用已有的 EMSA 实验方法进一步验证这一推论[42,43]。

1）技术要点

（1）非变性聚丙烯酰胺蛋白胶的制备过程中应该最后加入 TEMED，加入后尽快混匀制胶，以免提前凝固。

（2）若跑胶完成后发现蛋白质-DNA 结合带堵在胶孔，可在制胶过程中加入终浓度为 10% 的甘油。

（3）溴酚蓝有时会影响蛋白质与 DNA 的结合，建议尽量使用无色的 EMSA

上样缓冲液。如果上样困难，则可在临上样前加入极少量的溴酚蓝至能观察到蓝色即可。

（4）跑胶的时间主要根据 DNA 探针的长度而定，避免时间过长导致对照 DNA 跑出凝胶外影响结果；具体时间应根据预实验结果决定。

（5）蛋白质浓度区间需要根据具体纯化的蛋白质纯度和生物结合启动子的活性而定。初次使用新提纯的蛋白质，需要摸索其结合具体启动子的可信浓度区间。

2）实验步骤

（1）反应体系制备。按照图 2-4-15A 所示，分别加入 2 μL 含有 140 ng 的 DNA 探针至 138 μL 的 EMSA 上样缓冲液（10 mmol/L Tris-HCl，pH 7.4，50 mmol/L KCl，5 mmol/L $MgCl_2$，10%甘油）中混匀，然后按照图示依次加入各个 PCR 管。在第 6 管中加入 2μL 已纯化好的 TF A 蛋白，使其终浓度为 2.0 μmol/L，随后进行 2 倍的梯度稀释，第 1 管为不加蛋白质的对照；室温反应 20 min。

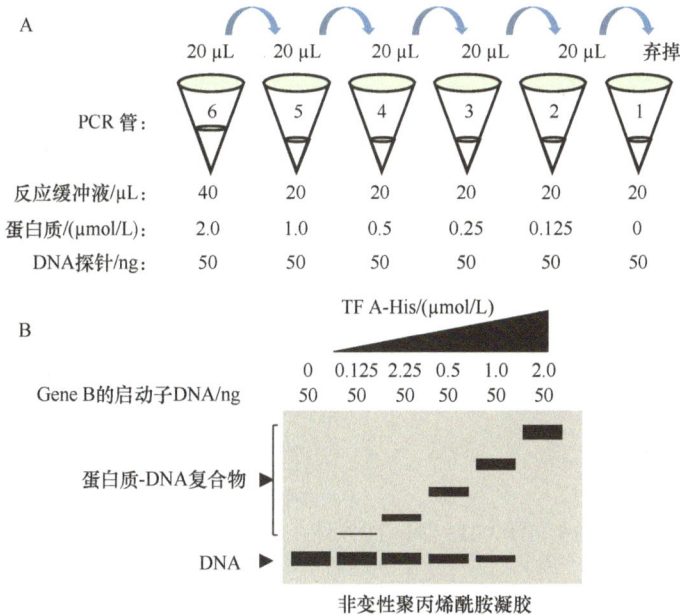

图 2-4-15 TF A 结合下游 Gene B 启动子 DNA

（2）制胶及结果检测。将预先制备好的 6%非变性聚丙烯酰胺蛋白胶[5×TBE 1 mL，丙烯酰胺/亚甲基双丙烯酰胺（37.5：1）2.7 mL，10% AP 50μL，TEMED 5 μL，ddH$_2$O 6.2 mL，总体积 10 mL]，90 V 电压，预跑 30 min 后，按图 2-4-15B 每个胶孔加入 15 μL 反应物后，继续按照 90 V 电压跑 1 h。结束后将蛋白胶取出置于含有 1 μL GelRed 核酸染料的蒸馏水中漂染 5 min，于凝胶成像系统紫外灯下观察结果并拍照保存。

（3）结果解读。如图 2-4-16B 所示，不加蛋白质的对照组没有观察到蛋白质-DNA 复合物的迁移带，只有探针 DNA 的条带；而其余 5 个泳道，随着蛋白质浓度梯度升高，迁移带逐渐梯度升高，此结果表明在 0.125～2.0 μmol/L 的蛋白浓度区间内，TF A 与探针 DNA 的亲和力强，说明 TF A 确实能够结合 Gene B 的启动子 DNA 区域。

（4）依据上述步骤选择 2.0 μmol/L 作为下一步检测 BT60013 抑制 TF A 结合 Gene B 启动子实验的蛋白浓度。固定 DNA 和 TF A 的浓度，按照 0.1～0.8 μmol/L 的浓度参考上述步骤及图 2-4-16 的体系加入预先纯化的 BT60013 蛋白。

（5）若结果如图 2-4-16 所示，则表明随着 BT60013 蛋白浓度的升高，TF A 结合 Gene B 启动子的能力逐渐减弱，最终成功验证了 BT60013 在病原菌中能够抑制 TF A 结合 Gene B 启动子这一推论。

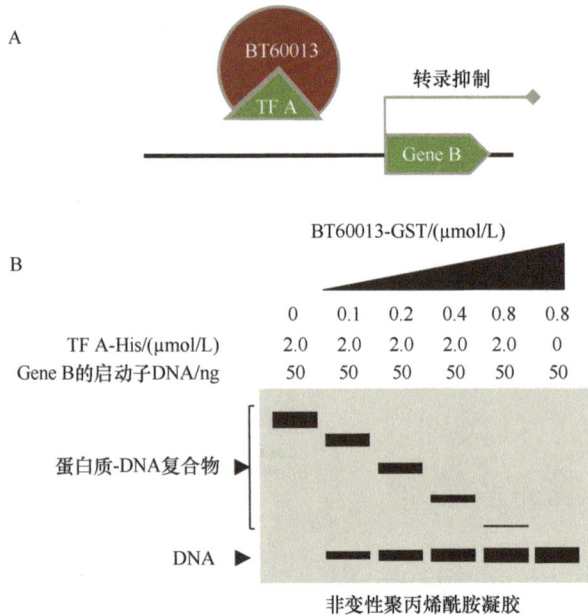

图 2-4-16　BT60013 抑制 TF A 结合下游 Gene B 启动子 DNA

### 9. 外泌效应蛋白检测

外泌效应蛋白检测是一种通过 Western blot 检测标签标记的外泌蛋白或者效应蛋白是否能够分泌到培养基中的常用方法。该部分将参考已有研究方法[44]，以前文预测的生防菌 T6SS 效应蛋白 BT60013 为例介绍外泌效应蛋白检测的具体方法。

1）技术要点

（1）不同菌株 T6SS 激活条件不同，应根据不同菌株选择合适的培养条件进行 T6SS 的激活。

（2）试验全程须在冰浴条件下操作，防止蛋白质降解。

2）实验步骤

（1）将携带 pBBR- BT60013-FLAG 质粒（GmR）的 BCA02 菌株接种于 2 mL 含有 Gm 抗生素的 LB 培养基中过夜培养。

（2）将过夜培养的菌液按照 1:100 的比例转接于 20 mL 利于 VI 型激活的培养基中，培养至 $OD_{600}=0.6$。

（3）4℃、6000 r/min 离心 30 min，将培养液与细胞分离。

（4）上清液通过 0.22 μm 孔径过滤器过滤，加入预冷的 10%（$V/V$）三氯乙酸（TCA）处理，并于 4 ℃条件下孵育过夜，使胞外蛋白沉淀过夜。

（5）4℃、14 000 r/min 离心 30 min，使蛋白质沉淀，并弃去上清。

（6）加入 1 mL 预冷的丙酮对蛋白质沉淀进行洗涤，4℃、14 000 r/min 离心 30 min，弃上清。重复 3 次。最后一次离心完后将离心管放在通风橱中，使残余丙酮彻底挥发。

（7）将所得沉淀物中加入 40 μL 的 4×SDS 上样缓冲液，使蛋白质变性。用已有的 GFP-FLAG 蛋白样品作为阳性对照。将步骤（3）中的细胞沉淀在 2×SDS 缓冲液中裂解，即可测定胞内蛋白含量。

（8）外泌蛋白与胞内蛋白的含量均通过 Western blot 检测后，根据结果进行定性分析。

（9）结果解读。若结果如图 2-4-17 所示，阳性对照和各检测样品均有相应目标条带，则证明 BT60013 在胞外和胞内均能检测到，是一个可外泌的 T6SS 效应蛋白。

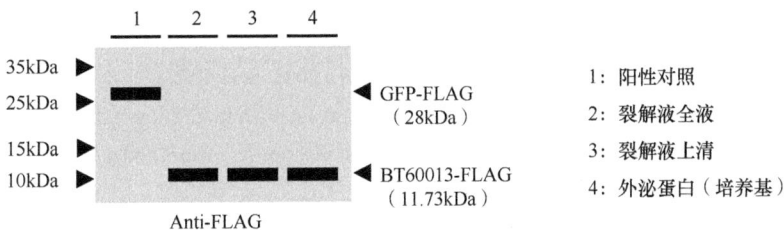

图 2-4-17　Western blot 检测 BT60013 蛋白在细胞内和细胞外的表达

# 参 考 文 献

[1] Loper J E, Hassan K A, Mavrodi D V, et al. Comparative genomics of plant-associated *Pseudomonas* spp.: Insights into diversity and inheritance of traits involved in multitrophic interactions. PLoS Genet, 2012, 8(7): e1002784.

[2] Thomashow L S, Weller D M. Role of a phenazine antibiotic from *Pseudomonas fluorescens* in biological control of *Gaeumannomyces graminis* var. *tritici*. J Bacteriol, 1988, 170(8): 3499-

3508.

[3] Raaijmakers J M, Vlami M, de Souza J T. Antibiotic production by bacterial biocontrol agents. Antonie Van Leeuwenhoek, 2002, 81(1-4): 537-547.

[4] Weller D M, Raaijmakers J M, Gardener B B, et al. Microbial populations responsible for specific soil suppressiveness to plant pathogens. Annu Rev Phytopatho, 2002, 40: 309-348.

[5] Palumbo J D, Yuen G Y, Jochum C C, et al. Mutagenesis of beta-1, 3-glucanase genes in lysobacter enzymogenes strain C3 results in reduced biological control activity toward bipolaris leaf spot of tall fescue and pythium damping-off of sugar beet. Phytopathology, 2005, 95(6): 701-707.

[6] Chen Z, Lewis K A, Shultzaberger R K, et al. Discovery of Fur binding site clusters in *Escherichia coli* by information theory models. Nucleic Acids Res, 2007, 35(20): 6762-6777.

[7] Li S, Du L, Yuen G, et al. Distinct ceramide synthases regulate polarized growth in the filamentous fungus *Aspergillus nidulans*. Mol Biol Cell, 2006, 17(3): 1218-1227.

[8] Qian G L, Hu B S, Jiang Y H, et al. Identification and characterization of *Lysobacter enzymogenes* as a biological control agent against some fungal pathogens. Agricultural Sciences in China, 2009, 8(1): 68-75.

[9] 姜英华. 一种新型生防菌菌株 OH11 的鉴定和生防效果研究. 南京: 南京农业大学硕士学位论文, 2006.

[10] Xu H, Chen H, Shen Y, et al. Direct regulation of extracellular chitinase production by the transcription factor LeClp in *Lysobacter enzymogenes* OH11. Phytopathology, 2016, 106(9): 971-977.

[11] Xu K, Lin L, Shen D, et al. Clp is a "busy" transcription factor in the bacterial warrior, *Lysobacter enzymogenes*. Comput Struct Biotechnol J, 2021, 19: 3564-3572.

[12] Chen D, Tian L, Po K H L, et al. Total synthesis and a systematic structure-activity relationship study of WAP-8294A2. Bioorg Med Chem, 2020, 28(18): 115677.

[13] Liu X, Jiang X, Sun H, et al. Evaluating the mode of antifungal action of heat-stable antifungal factor (HSAF)in *Neurospora crassa*. J Fungi (Basel), 2022, 8(3): 252.

[14] Su Z, Han S, Fu, Z Q, et al. Heat-stable antifungal factor (HSAF)biosynthesis in *Lysobacter enzymogenes* is controlled by the interplay of two transcription factors and a diffusible molecule. Appl Environ Microbiol, 2018, 84(3): e01754-17.

[15] Lin L, Xu K, Shen D, et al. Antifungal weapons of *Lysobacter*, a mighty biocontrol agent. Environ Microbiol, 2021, 23(10): 5704-5715.

[16] 张超群, 戴建荣. 放线菌的研究现况与展望. 中国病原生物学杂志, 2019, 14(01): 110-122.

[17] Bhatti A A, Haq S, Bhat R A. Actinomycetes benefaction role in soil and plant health. Microb Pathog, 2017, 111: 458-467.

[18] Jose P A, Maharshi A, Jha B. Actinobacteria in natural products research: Progress and prospects. Microbiol Res, 2021, 246: 126708.

[19] Hassan S S, Anjum K, Abbas S Q, et al. Emerging biopharmaceuticals from marine actinobacteria. Environ Toxicol Pharmacol, 2017, 49: 34-47.

[20] Pereira C, Costa P, Pinheiro L, et al. Kiwifruit bacterial canker: An integrative view focused on

biocontrol strategies. Planta, 2021, 253(2): 49.

[21] Jurenas D , Journet L. Activity, delivery, and diversity of type VI secretion effectors. Molecular Microbiology, 2021, 115(3): 383-394.

[22] Song L, Pan J, Yang Y, et al. Contact-independent killing mediated by a T6SS effector with intrinsic cell-entry properties. Nat Commun, 2021, 12(1): 423.

[23] Zhu L, Xu L, Wang C, et al. T6SS translocates a micropeptide to suppress STING-mediated innate immunity by sequestering manganese. Proc Natl Acad Sci U S A, 2021, 118(42): e2103526118.

[24] Bernal P, Llamas M A, Filloux A. Type VI secretion systems in plant-associated bacteria. Environ Microbiol, 2018, 20(1): 1-15.

[25] Bernal P, Allsopp L P, Filloux A, et al. The *Pseudomonas putida* T6SS is a plant warden against phytopathogens. ISME J, 2017, 11(4): 972-987.

[26] Souza D P, Oka G U, Alvarez-Martinez C E, et al. Bacterial killing via a type IV secretion system. Nat Commun, 2015, 6: 6453.

[27] Alegria M C, Souza D P, Andrade M O, et al. Identification of new protein-protein interactions involving the products of the chromosome- and plasmid-encoded type IV secretion loci of the phytopathogen *Xanthomonas axonopodis* pv. *citri*. Journal of bacteriology, 2005, 187(7): 2315-2325.

[28] Segal G, Feldman M , Zusman T. The Icm/Dot type-IV secretion systems of *Legionella pneumophila* and *Coxiella burnetii*. FEMS Microbiol Rev, 2005, 29(1): 65-81.

[29] Shen X, Wang B, Yang N, et al. *Lysobacter enzymogenes* antagonizes soilborne bacteria using the type IV secretion system. Environ Microbiol, 2021, 23(8), 4673-4688.

[30] Purtschert-Montenegro G, Cárcamo-Oyarce G, Pinto-Carbó M, et al. *Pseudomonas putida* mediates bacterial killing, biofilm invasion and biocontrol with a type IVB secretion system. Nat Microbiol, 2022, 7(10):1547-1557.

[31] Liao J, Li Z, Xiong D, et al. Quorum quenching by a type IVA secretion system effector. ISME J, 2023, 17(10): 1564-1577.

[32] 张志刚, 王开梅, 吴兆圆, 等. 微生物源生防杀菌剂的筛选方法研究. 湖北农业科学, 2022, 61(18): 78-83.

[33] 顾会战, 史洪涛, 何佶弦, 等. 一株生防菌的筛选及其抗菌活性研究. 现代农业科技, 2022, (18)18: 66-79.

[34] 韩长志. 植物病害生防菌的研究现状及发展趋势. 中国森林病虫, 2014, 34(1): 33-37+25.

[35] 母连军, 胡永松, 王忠彦. 放线菌分离方法的进展. 四川食品工业科技, 1996, (3): 4-6 .

[36] 卫拯友, 吴富强, 党永, 等. 土壤放线菌简捷分离方法研究. 陕西农业科学, 2012, 58(4): 11-12.

[37] Wang B, Li L, Lin Y, et al. Targeted isolation of biocontrol agents from plants through phytopathogen co-culture and pathogen enrichment. Phytopathol Res, 2022, 4(19): 1-14.

[38] Zhang D, Gao F, Jakovlić I, et al. PhyloSuite: An integrated and scalable desktop platform for streamlined molecular sequence data management and evolutionary phylogenetics studies. Mol Ecol Resour, 2020, 20(1): 348-355.

[39] Yao C, Shao X, Li J, et al. Optimized protocols for ChIP-seq and deletion mutant construction in *Pseudomonas syringae*. STAR Protoc, 2021, 2(3): 100776.

[40] Jiang F, Waterfield, N R, Yang J, et al. A *Pseudomonas aeruginosa* type VI secretion phospholipase D effector targets both prokaryotic and eukaryotic cells. Cell Host Microbe, 2014, 15(5):600-610.

[41] Triplett L R, Shidore T, Long J, et al. AvrRxo1 is a bifunctional type III secreted effector and toxin-antitoxin system component with homologs in diverse environmental contexts. PLoS One, 2016, 11(7): e0158856.

[42] Shao X, Zhang X, Zhang Y, et al. RpoN-dependent direct regulation of quorum sensing and the type VI secretion system in *Pseudomonas aeruginosa* PAO1. Journal of Bacteriology, 2018, 200(16): e00205-18.

[43] Shao X, Zhang W, Umar M I, et al. RNA G-quadruplex structures mediate gene regulation in bacteria. mBio, 2020, 11(1): e02926-19.

[44] Yang M, Ren S, Shen D, et al. An intrinsic mechanism for coordinated production of the contact-dependent and contact-independent weapon systems in a soil bacterium. PLoS Pathogens, 2020, 16(10): e1008967.

# 第三章　交叉领域中的微生物实验技术

## 第一节　光遗传技术调控工程细菌游泳运动
## 和裂解行为的方法

高艳梅，金　帆

中国科学院深圳先进技术研究院

**摘　要**：合成生物学的发展增加了工程细菌在各个领域的应用价值和潜力。精确调控工程菌行为是实现细菌有条不紊、按需执行特定功能的核心。与其他诱导剂相比，光具有超高时空分辨率、高度正交性和易调性等特点。细菌内光遗传学技术利用特定波长光作为诱导剂，实现了远程精确调控细菌行为。光敏蛋白BphS 在响应近红外光后会合成细菌内重要第二信使分子——环二鸟苷酸，为利用近红外光远程调控细菌行为奠定了基础。本章以含有光敏蛋白 BphS 的近红外光响应工程菌 S100 为研究对象，介绍表征近红外光调控的细菌游泳运动和裂解行为的方法。

**关键词**：光遗传学，近红外光，工程菌，光敏蛋白，c-di-GMP

## 一、背景

得益于合成生物学元件库和技术的快速发展，无处不在的细菌为研究者提供了丰富的素材，使他们能够根据实际需求进行理性设计和改造细菌[1]。目前，多种工程菌被证明在药物合成、疾病诊断和治疗、智能生物材料以及环境监测等领域具有巨大的发展潜力[2~4]。对于大多数工程菌株来说，精确调控细菌行为是发挥细菌特定功能的核心。

传统的化学诱导剂存在着对环境依赖、难以去除以及缺乏空间调控性等问题[5]，这严重限制了化学诱导剂在调控工程菌行为方面的实际应用潜力和价值。相比之下，光是一种非侵入型诱导剂，具体极高的时空分辨率和高度正交性[5~7]。细菌内光遗传学系统的发展推动了利用特定波长的光对活细菌内目标基因的表达进行精确调控[8~10]。其中，近红外光由于其较深的组织渗透性和较低的细胞毒性，成为研究者远程精确调控活哺乳动物体内细菌行为的理想工具之一[11]。2014 年，Mark Gomelsky 团队融合得到了近红外光响应的环二鸟苷酸（cyclic diguanosine monophosphate，c-di-GMP）合成酶 BphS，它在响应近红外光后可将细菌内两分子的 GTP 合成为 c-di-GMP[11]。c-di-GMP 是一种广泛存在于细菌内的重要第二信使分子，它通过与特定蛋白质或 RNA 分子中的结合域相互作用的方式参与调控细菌生物被膜、运动、黏附，以及其他重要的生理过程[12]。正因如此，这一光遗传学系统的开发推动了研究人员利用外部近红外光远程精确控制工程菌内 c-di-GMP 水平，进而精确调控细菌特定行为。

目前，已经有多位研究者分别在大肠杆菌、希瓦氏菌和铜绿假单胞菌内利用光敏蛋白 BphS 实现了近红外光对细菌行为的调控[11,13~15]。在本章中，我们将以近红外光响应的铜绿假单胞菌（*Pseudomonas aeruginosa*）工程菌株 S100 为研究对象，介绍利用光敏蛋白 BphS 搭建基因回路以实现近红外光响应、c-di-GMP 浓度介导的工程菌游泳运动和裂解行为的表征方法。

游泳运动在铜绿假单胞菌寻找适宜环境、群体分散和生物被膜形成、趋向性运动及宿主感染等方面具有重要的意义[16]。有研究表明，细菌胞内 c-di-GMP 浓度升高时会抑制铜绿假单胞菌鞭毛运动马达的切换和运动速度，进而降低其游泳运动速率和反转频率[16]。在 S100 菌株内，磷酸二酯酶 FscR 通过将胞内的 c-di-GMP 水解为 pGpG 的方式，维持黑暗条件下细菌胞内较低 c-di-GMP 水平，从而确保细菌能够正常进行游动；在近红外光照射下，c-di-GMP 合成酶 BphS 将被激活，开始将两分子 GTP 合成为 c-di-GMP。当细菌胞内 c-di-GMP 的合成速率超过其水解速率时，细菌胞内 c-di-GMP 的浓度逐渐增加，细菌游泳运动逐渐被限制。由于 BphS 蛋白对 c-di-GMP 的合成速率与近红外光强度呈正相关，因此，通过调整近红外光光照强度，可以远程精确调控工程菌游泳运动。

细菌常被改造用于批量生产不同类型和功能的化合物，裂解是较为通用的彻底且高效释放各类化合物的方式。在 S100 菌株中，通过使用可被高浓度 c-di-GMP 诱导的启动子 PcdrA[17]，实现了近红外光调控、c-di-GMP 介导的工程菌株 S100 裂解调控，当细菌响应近红外光后，胞内 c-di-GMP 浓度升高，达到阈值后可激活 PcdrA 启动子控制的抗终止蛋白 Q 的表达。进一步，Q 蛋白开启 pR′-tR′启动子[18] 的表达，进而开启裂解蛋白 LKD 的表达，最终导致细菌裂解。由于 PcdrA 启动子诱导强度与 c-di-GMP 浓度呈正相关，因此，通过调整近红外光强度和光照时间，均可远程精确调控工程菌裂解（图 3-1-1）。

总之，利用光敏蛋白 BphS 和第二信使 c-di-GMP 结合的蛋白质或者 RNA 可以在多种细菌内搭建各种调控回路，进而实现用近红外光远程精确调控细菌的各类行为。

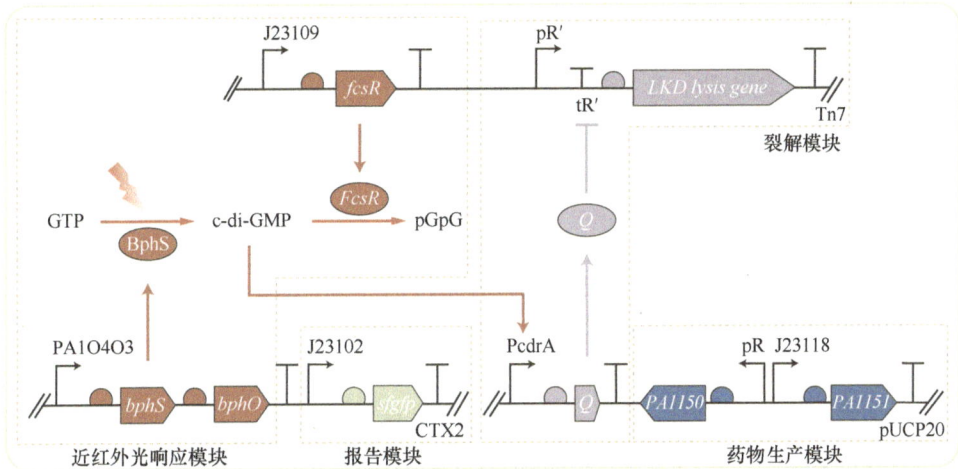

图 3-1-1 S100 菌株的基因回路设计图

工程菌株基因回路按功能可分为近红外光响应模块、报告模块、药物生产模块和裂解模块。Tn7 和 CTX2 分别表示细菌染色体上的 attTn7 和 φCTX 位点，pUCP20 是质粒载体名称

## 二、材料与试剂

### 1. 培养基

（1）FAB 培养基

①液体培养基：$(NH_4)_2SO_4$ 2 g/L、$Na_2HPO_4·12H_2O$ 12.02 g/L、$KH_2PO_4$ 3 g/L、NaCl 3 g/L、$MgCl_2$ 93 mg/L、$CaCl_2·2H_2O$ 14 mg/L、$CaSO_4·2H_2O$ 200 μg/L、$FeSO_4·7H_2O$ 200 μg/L、$MnSO_4·H_2O$ 20 μg/L、$CuSO_4·5H_2O$ 20 μg/L、$ZnSO_4·7H_2O$ 20 μg/L、$CoSO_4·7H_2O$ 10 μg/L、$Na_2MoO_4·H_2O$ 10 μg/L、$H_3BO_3$ 5 μg/L。

②0.25% FAB 固体培养基：在液体培养基中加入细菌学琼脂粉 2.5 g/L。

在使用 FAB 肉汤或琼脂培养基培养细菌时，还需要加入 1 mmol/L $FeCl_3$、30 mmol/L 谷氨酸、30 μg/mL 庆大霉素（与实验菌株抗性对应）；为了区分，后续将加入上述 3 种样品的培养基命名为 FAB$^{+++}$。

$FeCl_3$、谷氨酸、庆大霉素需要在培养基灭菌冷却至 65℃左右时加入，充分混匀后使用。

（2）LB 培养基（高盐）

①液体培养液：称取 10 g 胰蛋白胨、5 g 酵母提取物和 10 g NaCl，加蒸馏水溶解后定容至 1000 mL，调节 pH 至 7.0，分装后高压灭菌。

②固体培养基：称取 10 g 胰蛋白胨、5 g 酵母提取物、10 g NaCl 和 15 g 琼脂粉，加蒸馏水溶解后定容至 1000 mL，调节 pH 至 7.0，分装后高压灭菌。

**2. 试剂**

（1）抗生素母液：庆大霉素 30 mg/mL。

（2）试剂盒：①小型质粒试剂盒 I；②超级感受态细胞制备试剂盒；③凝胶提取试剂盒；④一步式克隆试剂盒；⑤超保真 DNA 聚合酶。

**3. 设备**

（1）超净台（ESCO，型号：SVE-4A1）

（2）离心机（Thermo Scientific，型号：PICO 21）

（3）高压灭菌锅（SANYO，型号：MDF-U538）

（4）光功率计（Newport，型号：PMKIT-15-01）

（5）微波炉（美的，型号：M1-L213B）

（6）紫外分光光度计（Thermo Scientific，型号：Genesys 10S）

（7）生化培养箱（上海丙林，型号：SPX 系列）

（8）摇床（SUSS MicroTec，型号：MJB4）

（9）超纯水仪（Millipore，型号：Merck Milli-Q Advantage A10）

（10）水浴锅（上海一恒，型号：DK-8D）

（11）电子天平（Sartorius，型号：BSA124S）

（12）625 nm LED 灯（Tthorlabs，型号：M625L2）

（13）PCR 仪（Analytik Jena，型号：Biometra TRIO combi）

（14）电穿孔仪（BIO-Rad 公司，型号：617BR109469）

（15）切胶仪（TGreen，型号：蓝光透射仪）

（16）封口膜（Parapfilm，型号：PM996）

（17）酶标仪（BioTek，型号：SynergyH1）

**4. 数据采集和分析软件**

（1）Image lab

（2）GraphPad Prism 8

（3）Excel 2013

（4）ImagJ

## 三、操作步骤

（一）菌株前期培养和保存

**1. 技术要点**

（1）实验中所用试剂和耗材均须经过无菌处理，在操作过程中注意超净台的规范使用，以避免污染样品、试剂或耗材。

（2）菌株的培养和实验前处理过程，应注意全程避光。

### 2. 实验方案

除非特别说明，S100 菌株在含有 30 μg/mL 庆大霉素的 LB 肉汤或琼脂培养基中 37℃培养。培养后的菌液与 70%（$V/V$）的甘油按体积比 1:1 充分混合后，写好菌株名称和保存日期，于-80℃冰箱保存。

## （二）工程菌游泳运动分析

半固体琼脂板分析法是一种简单、快速分析细菌游泳运动能力的方法，可用于评估铜绿假单胞菌的游泳运动能力。

### 1. 技术要点

（1）$FeCl_3$、谷氨酸和庆大霉素的母液不能灭菌，需使用 0.22 μm 滤膜进行过滤消毒，不使用时需保存于 4℃冰箱。

（2）使用 0.25% FAB 琼脂培养基前，先用微波炉将其融化并置于 65℃恒温水浴锅中保持温度。

（3）$FAB^{+++}$琼脂或液体培养基中 $FeCl_3$、谷氨酸和庆大霉素需要在培养基灭菌后温度低于 65℃时才能加入，加入动作要快以防止培养基凝固。

（4）将细菌刺入游泳运动分析板时，注意不要完全刺穿琼脂。

### 2. 实验步骤

（1）提前一天从-80℃冰箱保种管中取出 S100 菌株划于含庆大霉素抗性（30 μg/mL）的 LB 琼脂板，37℃，避光活化 12～16 h。

（2）从培养板中挑单克隆菌斑接种于 3 mL 含有庆大霉素抗性（30 μg/mL）的 LB 肉汤培养基，37℃、220 r/min 避光培养至后对数期（$OD_{600}=0.8～1.0$）。

（3）用紫外分光光度计测量 S100 菌株的浓度（$OD_{600}=0.8～1.0$）。

（4）用新鲜的 $FAB^{+++}$培养基将 S100 菌株浓度调整到 $OD_{600}=0.8$。

（5）取 750 μL S100 菌株菌液到 1.5 mL 离心管中，10 000 r/min 离心 2 min，弃上清。

（6）用 50 μL 新鲜 $FAB^{+++}$肉汤培养基重悬菌体沉淀。

（7）将灭菌后的 0.25% FAB 琼脂培养基提前放置在恒温水浴锅中，使其温度保持在 65℃。

（8）向 65℃、0.25% FAB 培养基中依次加入 $FeCl_3$（1 mmol/L）、谷氨酸（30 mmol/L）和庆大霉素（30 μg/mL），充分混匀后倒入直径为 9 cm 的细菌培

养皿中（25 mL/皿）。

（9）室温下在超净台中静置培养皿 25 min，制得游泳运动测试平板。

（10）用移液枪（10 μL 枪头）吸取 1.5 μL 步骤（6）中制备的 S100 菌株重悬液，并将其刺入游泳运动测试板中。

（11）将不同组样品分别置于不同光强度的近红外光下，30℃培养 18 h，然后用 Image lab 软件采集细菌游泳运动图片。

### 3. 数据分析

（1）打开 ImageJ 软件。

（2）将实验得到的游泳运动图片拖入 ImageJ 软件中。

（3）在图像面板中，调整所有图片的对比度和亮度，确保能清晰地看到样品游泳运动区域。

（4）在分析面板中，根据细菌培养皿的直径设定图片的比例尺。

（5）在分析面板中，测量每种测试菌株的游泳运动直径。

（6）将所有测试数据导出成 Excel 表格，保存。

（7）将 Excel 表格中数据复制到 GraphPad Prism 软件作图，并使用 One-way ANOVA 对不同近红外光强度和黑暗（0 μW/cm$^2$）下培养的细菌游泳运动直径之间的差异进行统计学分析（图 3-1-2）。

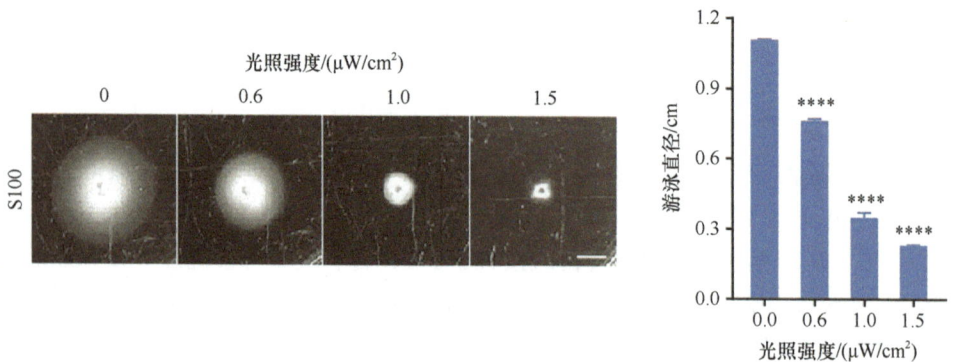

图 3-1-2　近红外光对 S100 菌株游泳运动的影响

游泳运动直径统计分析结果表明，S100 菌株的游泳运动会随着近红外光强度的增加而变小，因此可利用近红外光调控工程菌游泳运动。

### （三）工程菌裂解行为分析

细菌的 OD$_{600}$ 值是指菌液在 600 nm 波长处的吸光值，这一数值正比于溶液中细菌的浓度，可被用来评估细菌的生长情况。

**1. 技术要点**

（1）用酶标仪测试样品前，保证每孔样品无气泡。

（2）用封口膜从侧面密封 96 孔板，防止拿取 96 孔板时样品掉落。

（3）每次使用酶标仪测量结束后，需确保锡纸包裹样品处于严格避光环境。

**2. 实验步骤**

（1）活化 S100 菌株，并用新鲜的 FAB+++ 培养基将 S100 菌株浓度调整到 $OD_{600}$=0.8。

（2）将 S100 菌株分装到 96 孔板中（180 μL/孔）。

（3）将黑暗-光照和黑暗组样品分别用锡纸包裹使其处于黑暗环境中，其余样品分别置于不同近红外光强度下 30℃ 培养，用酶标仪间隔测量每组样品 $OD_{600}$ 值。

（4）380 min 后其余组样品培养环境不变，去除包裹 Dark-light 组样品的锡纸，在 50 μW/cm² 近红外光下继续培养，并用酶标仪间隔测量样品 $OD_{600}$ 值。

**3. 数据分析**

（1）将酶标仪所有测量数据导出为 Excel 表格（图 3-1-3 和图 3-1-4）。

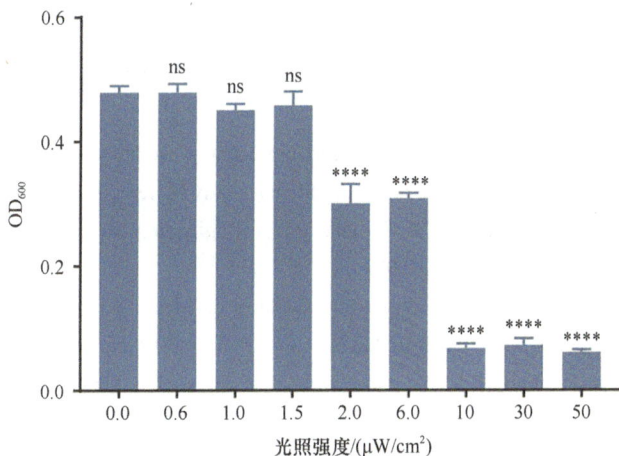

图 3-1-3　近红外光对 S100 菌株生长情况的影响

当光强度大于 1.5 μW/cm² 时，S100 菌株的 $OD_{600}$ 值表现出不同程度的下降，表明可通过调整近红外光光照强度来调控该菌株的裂解程度

（2）按时间和近红外光强度递增顺序汇总所有测量数据。

（3）复制在不同近红外光强度和黑暗（0 μW/cm²）条件下培养 13 h 时细菌的 $OD_{600}$ 值数据到 GraphPad Prism 软件作图，以柱状图形式展示不同近红外光光照强度对菌株 $OD_{600}$ 值影响，并使用 One-way ANOVA 分析进行统计学分析（图 3-1-3）。

（4）复制黑暗和黑暗-光照组的所有数据到 GraphPad Prism 软件作图，以折线图的形式展示 50 μW/cm$^2$ 近红外光对黑暗下正常生长的工程菌裂解行为的调控效果（图 3-1-4）。

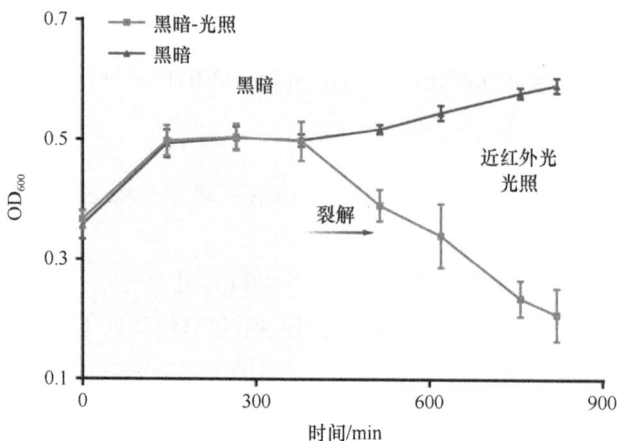

图 3-1-4　黑暗-光照和黑暗组 S100 菌株的生长曲线

S100 菌株在响应近红外光后 OD$_{600}$ 值开始下降，并且随着光照时间的增加 OD$_{600}$ 值逐渐降低，表明可通过调整近红外光光照时间来调控该菌株的裂解程度

# 参 考 文 献

[1] Meng F, Ellis T. The second decade of synthetic biology: 2010-2020 . Nat Commun, 2020, 11(1): 5174.

[2] Li Z, Wang Y, Liu J, et al. Chemically and biologically engineered bacteria-based delivery systems for emerging diagnosis and advanced therapy . Adv Mater, 2021, 33(38): e2102580.

[3] Pinero-Lambea C, Ruano-Gallego D, Fernandez L A. Engineered bacteria as therapeutic agents . Curr Opin Biotechnol, 2015, 35: 94-102.

[4] Shao J, Xue S, Yu G, et al. Smartphone-controlled optogenetically engineered cells enable semiautomatic glucose homeostasis in diabetic mice . Sci Transl Med, 2017, 9(387): eaal2298.

[5] Baumschlager A, Khammash M. Synthetic biological approaches for optogenetics and tools for transcriptional light-control in bacteria . Adv Biol, 2021, 5(5): e2000256.

[6] Mazraeh D, Di Ventura B. Synthetic microbiology applications powered by light . Curr Opin Microbiol, 2022, 68: 102158.

[7] Chia N, Lee S Y, Tong Y. Optogenetic tools for microbial synthetic biology . Biotechnol Adv, 2022, 59: 107953.

[8] Watanabe H, Sano H, Chiken S, et al. Forelimb movements evoked by optogenetic stimulation of the macaque motor cortex . Nat Commun, 2020, 11(1): 3253.

[9] Hong W, Jiang C, Qin M, et al. Self-adaptive cardiac optogenetics device based on negative stretching-resistive strain sensor . Sci Adv, 2021, 7(48): eabj4273.

[10] Lindner F, Diepold A. Optogenetics in bacteria - applications and opportunities . FEMS Microbiol Rev, 2022, 46(2): fuab055.

[11] Ryu M H, Gomelsky M. Near-infrared light responsive synthetic c-di-GMP module for optogenetic applications . ACS Synth Biol, 2014, 3(11): 802-810.

[12] Xu G, Han S, Huo C, et al. Signaling specificity in the c-di-GMP-dependent network regulating antibiotic synthesis in Lysobacter . Nucleic Acids Res, 2018, 46(18): 9276-9288.

[13] Hu Y, Wu Y, Mukherjee M, et al. A near-infrared light responsive c-di-GMP module-based AND logic gate in *Shewanella oneidensis* . Chem Commun, 2017, 53(10): 1646-1648.

[14] Huang Y, Xia A, Yang G, et al. Bioprinting living biofilms through optogenetic manipulation . ACS Synth Biol, 2018, 7(5): 1195-1200.

[15] Fu S, Zhang R, Gao Y, et al. Programming the lifestyles of engineered bacteria for cancer therapy . Natl Sci Rev, 2023, 10(5): nwad031.

[16] Xin L, Zeng Y, Sheng S, et al. Regulation of flagellar motor switching by c-di-GMP phosphodiesterases in *Pseudomonas aeruginosa*. J Biol Chem, 2019, 294(37): 13789-13799.

[17] Paiardini A, Mantoni F, Giardina G, et al. A novel bacterial l-arginine sensor controlling c-di-GMP levels in *Pseudomonas aeruginosa* . Proteins, 2018, 86(10): 1088-1096.

[18] Deighan P, Hochschild A. The bacteriophage lambda Q anti-terminator protein regulates late gene expression as a stable component of the transcription elongation complex . Mol Microbiol, 2007, 63(3): 911-920.

# 第二节　病毒体外感染及复制模型的构建及检测方法

王艺瑾，王春玲

南方科技大学医学院

**摘　要**：病毒感染是全球范围内严重威胁人类生命健康的公共卫生问题。开发有效的抗病毒药物，需要深入了解病毒的各个组分，以及关键宿主因子在感染及复制过程中的功能和机制，并在此基础上鉴定新的治疗靶点。在这方面，病毒体外细胞模型扮演着重要的角色，不仅是研究病毒生活史的重要工具，而且在治疗靶点的发现和候选药物功效的评估等研究工作中发挥关键作用。

目前病毒体外细胞模型主要包括病毒体外感染细胞模型（如原代细胞感染模型、肿瘤细胞感染模型和干细胞感染模型）和病毒体外复制细胞模型。病毒体外感染细胞模型能够支持病毒完整的生命周期，可以广泛地用于病毒感染及复制过程中各个关键环节的机制研究。而病毒体外复制细胞模型则具有分子生物学操作的便利性，可广泛用于病毒突变体及亚细胞定位的研究，同时也是筛选病毒靶向药物的重要工具之一。

本节以基因 3 型的戊型肝炎病毒（HEV）毒株 Kernow-C1（p6）体外模型为例，提供 HEV 体外感染及复制子模型的构建方案，并详细介绍了两种模型相应的检测和定量方法。该体外模型的构建方法特别适用于自然感染效率较低的 RNA 病毒。此外，还可通过对病毒 cDNA 分子进行体外改造，深入研究病毒分子机制、致病机理，以及病毒跨物种间的传播机制等。

　　**关键词：**戊型肝炎病毒，感染模型，复制子模型，体外转录

## 一、背景

　　研究病毒感染、复制、细胞毒性等发病机制及筛选抗病毒药物的重要环节之一，就是要建立方便有效的小动物感染模型和体外细胞感染模型[1]。相较于其他模型，病毒体外细胞模型具有成本较低、造模耗时短、节约资源、操作简单且结果直观等优点。特别是在药物筛选和致病机制的深层次分子研究中，细胞模型能更好地排除干扰因素，提供更准确的结果。病毒的感染模型是指包含病毒全基因组的细胞模型，能够持续产生具有感染性的病毒颗粒，可用于病毒生命周期及致病机制的研究。而病毒的复制模型是指剔除了病毒的结构蛋白基因，只包含支持病毒复制的一段病毒基因组序列，无法产生具有感染性病毒颗粒的细胞模型[2]。该模型可通过在病毒的基因组序列中引入萤光素酶报告基因或荧光蛋白报告基因，实现胞内病毒可量化和可视化，为抗病毒药物研究和高通量筛选提供一个快速、灵敏的体外测试平台。因此，病毒感染及复制模型对于研究病毒发病的分子机制、筛选病毒高效复制的细胞以及筛选抗病毒药物等都十分关键。

　　目前构建病毒体外模型的主要方法包括病毒颗粒感染法和病毒基因组转染法。病毒颗粒感染法是指从血液或者粪便中提取病毒颗粒感染肿瘤细胞株、原代细胞株或干细胞，用以构建病毒体外感染模型[3,4]。然而，这种培养体系存在一定局限性，病毒滴度要求较高且容易发生突变，而且细胞培养效果不佳，极大地限制了病毒学相关的研究。随着分子生物学的迅猛发展，病毒基因组转染法成为重要的体外培养模型构建方法[2]。该方法利用携带病毒基因组的质粒，通过转染的方式构建病毒感染性克隆。这种方法解决了病毒颗粒感染效率低和细胞培养效果不佳的问题，有效克服了病毒颗粒自然感染方法的限制，为病毒体外培养及研究病毒生命周期、病毒宿主互作等提供了更可靠的实验手段。而在 RNA 病毒的研究领域中，病毒基因组转染法则是利用含 RNA 聚合酶启动子的质粒构建含有整个病毒基因组或者复制子的 cDNA，通过体外转录得到病毒及其复制子的 RNA，并将获得的 RNA 转入易感细胞中，获得能够在细胞中稳定复制并具有感染性的病毒颗粒，从而成功构建病毒体外培养模型。本节以基因 3 型 HEV 毒株 Kernow-C1（p6）全基因组及其复制子 p6-luc 为例，详细介绍了构建 HEV 体外感染和复制模型的流程及其检测方法。

　　HEV 是单股正链的 RNA 病毒，属黄病毒科。HEV 主要分为 4 个基因型，其中基因 1 型和基因 2 型仅感染人类，而基因 3 型和基因 4 型为人畜共患[5]。HEV 基因组全长约 7.5 kb，具有 5′非编码区的“帽子”结构和 3′端的 Poly（A）尾结构，它们在保持病毒活力、感染性以及病毒复制的过程中发挥重要作用。因此，在构建

HEV 感染性克隆时，需要确保在 HEV 5′端存在完整的"帽子"结构，3′端的非编码区尾部至少含有 15 个腺嘌呤。HEV 的基因组序列包含 3 个开放阅读框，分别是 ORF1、ORF2 和 ORF3，其中 ORF2 和 ORF3 存在重叠[1]。ORF1 编码与病毒复制相关的聚合酶，ORF2 编码病毒的衣壳蛋白，而 ORF3 的缺失不会影响病毒的复制和感染[1]。HEV 的复制子模型（p6-luc）是通过用 Gaussia 萤光素酶报告基因替换病毒的 ORF3 序列而构建的，这导致病毒丧失包装成完整病毒颗粒的能力，但可以模拟病毒在细胞内的稳定复制过程。HEV 感染模型和复制子模型体外培养系统的构建为 HEV 跨物种传播机制以及致病机制相关研究提供了可靠的实验工具。

## 二、材料与试剂

### 1. 细胞株

Huh 7.5 细胞系

### 2. 试剂

（1）DMEM 培养基（Macgene）

（2）胎牛血清（BI）

（3）胰蛋白酶（Macgene）

（4）青霉素/链霉素双抗（Macgene）

（5）PBS（Yeasen）

（6）HEV Kernow-C1 p6 质粒

（7）HEV Kernow-C1 p6-luc 质粒

（8）限制性内切核酸酶 *Mlu*I（NEB）

（9）普通 DNA 产物纯化试剂盒（TIANGEN）

（10）mMESSAGE mMACHINE™ T7 ULTRA Kit（ThermoFisher）

（11）RNeasy mini kit（QIAGEN）

（12）Lipofectamine 3000（ThermoFisher）

（13）Opti-MEM 培养基（ThermoFisher）

（14）无氯仿 RNA 提取试剂盒（BioTeke）

（15）HiScript II Q RT SuperMix for qPCR（Vazyme）

（16）2×SYBR Green qPCR Mix（Yeasen）

（17）PMSF（Beyotime）

（18）MTT 细胞增殖检测试剂盒（Beyotime）

（19）Gaussia-Lumi™ 高斯萤光素酶报告基因检测试剂盒（Beyotime）

（20）10×TBST（普利莱，B1009）

（21）Skim Milk 脱脂乳粉（BD DIFCO）

（22）超敏 ECL 化学发光底物（Biosharp）

（23）4%的多聚甲醛（Solarbio）

（24）RIPA（Beyotime）

（25）5×SDS loading buffer（Beyotime）

（26）HEV ORF2 抗体（Millipore）

（27）DAPI（Beyotime）

（28）β-actin 抗体（CST）

（29）Goat anti-Mouse IgG （H+L）Highly Cross-Adsorbed Secondary Antibody，Alexa Fluor$^{TM}$ 555（ThermoFisher）

（30）鼠二抗（CST）

（31）10% AP（1 g 过硫酸铵溶解于 10 mL ddH$_2$O 中）

（32）10% SDS（1 g SDS 粉末溶解于 10 mL ddH$_2$O 中）

（33）封闭液（5 g 脱脂奶粉溶解于 100 mL TBST 溶液）

（34）10×转膜缓冲液（雅酶）

（35）10×TBST 缓冲液（Biosharp）

（36）Tris-HCl，1.5 mol/L（pH 8.8）；1 mol/L（pH 6.8）（GenStar）

（37）10×Tris-甘氨酸-SDS 电泳缓冲液（雅酶）

（38）TEMED（博士德生物）

（39）30%（29∶1）制胶液（北京阳光英锐）

## 3. 仪器

（1）酶标仪（Tecan）

（2）超速离心机（BECKMAN）

（3）离心机（Eppendorf）

（4）生物安全柜（ThermoFisher）

（5）荧光定量 PCR 仪（ABI）

（6）PCR 仪（BIO-RAD）

（7）电泳仪电源（BIO-RAD）

（8）蛋白质电泳及转膜装置（BIO-RAD）

（9）二氧化碳培养箱（YAMATO）

（10）水浴锅（上海精宏实验设备）

（11）Nanodrop 2000（ThermoFisher）

（12）共聚焦显微镜（蔡司）

（13）多自动化学发光仪（MiniChemi610 Plus）

**4. 分析软件**

（1）Oligo 7

（2）ImageJ

（3）Prism 9

（4）SPSS26.0

## 三、操作步骤

### （一）HEV 及 HEV-luc 质粒的体外转录

HEV 是一种单股正链 RNA 病毒，其 RNA 具有帽子结构和 poly（A）尾巴。p6 和 p6-luc 质粒含有全长的 p6 及 p6-luc RNA 对应的 cDNA 序列，以及 T7 启动子序列。为了获得完整的 HEV RNA，我们首先需要线性化 p6/p6-luc 质粒。然后，利用高效的 T7 RNA 聚合酶，以 4 种 rNTP 为底物，从 T7 启动子下游开始合成与 DNA 模板中反义链互补的 RNA。经过加帽、去除 DNA 模板等步骤，我们可以简单、快速、稳定地产生大量的 HEV RNA。这种方法具有高效性、安全性、制备简单、生产周期短等优点。图 3-2-1 展示了 p6/p6-luc RNA 的体外转录过程。

**1. HEV 及 HEV-luc 质粒的线性化**

1）线性化质粒

使用限制性内切核酸酶 *Mlu*I 对 5μg p6 及 p6-luc 载体进行单酶切，将其线性化。单酶切体系如表 3-2-1 所示。

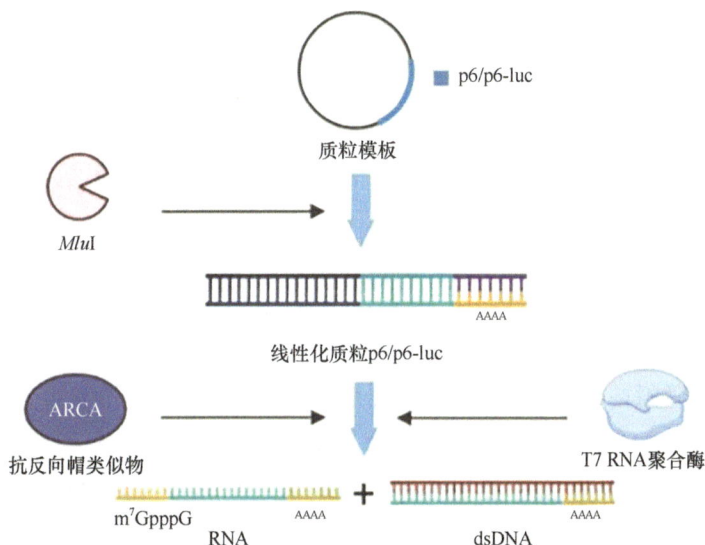

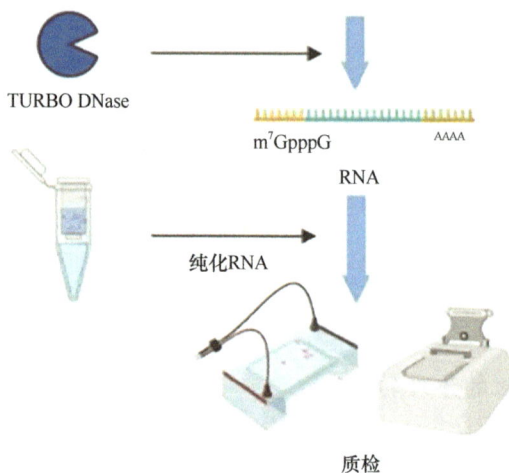

图 3-2-1　p6/p6-luc 的体外转录过程示意图

**表 3-2-1　p6 及 p6-luc 载体单酶切体系**

| 组分 | 用量 |
| --- | --- |
| 10× rCutSmart Buffer | 5 μL |
| *Mlu*I | 2.5 μL |
| p6/p6-luc | 5 μg |
| 无酶水 | 补足 20 μL |

按照上表配制上述酶切溶液，混匀后短暂离心，置于 37℃的水浴锅中孵育过夜。

2）线性化质粒回收

（1）向吸附柱中加入 500 μL 的平衡液，以 12 000 r/min 离心 1 min，倒掉废液。

（2）向上述酶切反应液中加入 5 倍体积的结合液，充分混匀。

（3）将上述混合液分批加入预先平衡的吸附柱中，室温放置 2 min，以 12 000 r/min 离心 1 min，倒掉废液。

（4）向吸附柱中加入 600 μL 的漂洗液，12 000 r/min 离心 1 min 倒掉废液，重复此步骤一次。

（5）以 12 000 r/min 离心吸附柱 2 min，尽量去除漂洗液。

（6）将吸附柱放入一个干净的离心管中，在室温下开盖静置数分钟，使其彻底晾干。

（7）向吸附膜中间位置滴加 30 μL 的洗脱缓冲液，室温放置 2 min，以 12 000 r/min 离心 2 min 收集线性化的载体。为了提高回收率，可将离心得到的溶液重新加回吸附柱中，再次离心并收集至收集管中。最后用 Nanodrop2000 测定线性化载体的浓度。

### 2. 线性化的 HEV 及 HEV-luc 质粒体外转录

1）体外转录及加帽

按照表 3-2-2 配制体外转录加帽的反应体系。

**表 3-2-2　T7 体外转录及加帽反应体系**

| 组分 | 用量 |
| --- | --- |
| T7 2× NTP/ARCA | 10 μL |
| 10× T7 Reaction Buffer | 2 μL |
| 线性化 p6/p6-luc | 0.1～1μg |
| T7 Enzyme Mix | 2 μL |
| 无酶水 | 补足 20μL |

用移液器轻轻吹打混匀反应体系，瞬时离心收集溶液到管底，置于 PCR 仪上 37℃孵育 1～2 h。

2）去除载体 DNA

向上述体外转录的反应液中加入 1 μL TURBO DNase，使用移液器混合均匀，瞬时离心后置于 PCR 仪上 37℃孵育 15 min，以彻底消除反应体系中的 DNA 模板。

3）RNA 纯化

（1）向上述溶液中加入 100 μL 的 Buffer RLT，并用移液器混匀。

（2）继续加入 250 μL 的无水乙醇并混匀，将混合液转移到 RNeasy mini spin column 吸附柱中，12 000 r/min 离心 15 s，弃掉废液。

（3）加入 500 μL Buffer PRE，以 12 000 r/min 离心 15 s，弃掉废液，重复该步骤一次。

（4）以 12 000 r/min 再次离心 2 min，尽可能去除漂洗液。

（5）将吸附柱转移到新的离心管中，开盖放置 5 min，加入 35 μL RNase-free $H_2O$，进行两次洗脱，收集纯化的 RNA。

### 3. 体外转录产物评价

可通过 Nanodrop2000 测定 RNA 的浓度和纯度。纯度可以用 $A_{260}/A_{280}$ 的比值来衡量，高纯度 RNA 的 $A_{260}/A_{280}$ 值的范围为 1.9～2.1。如果比值低于 1.8，表明可能存在蛋白质污染、乙醇残留或样品降解等情况，而比值高于 2.2 则说明 RNA 可能存在降解。为评估体外转录 RNA 的完整性和长度，通常会进行变性琼脂糖凝胶电泳检测。

### 4. 技术要点

（1）用于 T7 体外转录的 DNA 模板应具有 T7 启动子位点。

（2）在体外转录过程中，使用无 RNase 污染的试剂和耗材。

（3）实验过程中戴手套和口罩可避免源自人手及呼吸产生的 RNase 污染。

（4）RNA 聚合酶具有很高的持续合成能力，需彻底线性化环状质粒模板。

（5）根据所需 RNA 的长度和产量，在合适的时间内进行转录反应，过长或过短都会影响合成效果。

（6）体外转录试剂解冻后，应始终保持 T7 2× NTP/ARCA 试剂在冰上，10× T7 反应缓冲液置于室温。

（7）RNA 提纯过程应迅速进行，所有离心步骤须在 4℃下进行，避免乙醇残留。

（8）纯化 RNA 过程中需避免 RNase 污染，以免降解 RNA。

## （二）HEV 及 HEV-luc RNA 的细胞转染

细胞转染根据转染方法的不同可大致分为物理介导、化学介导和生物介导三类。对于外源的 p6/p6-luc RNA，可通过物理介导的电转法和化学介导的脂质体转染法进入目标细胞。本文将以化学介导的脂质体转染法，实现 p6/p6-luc RNA 的瞬时转染。图 3-2-2 展示了 p6/p6-luc RNA 脂质体转染过程。

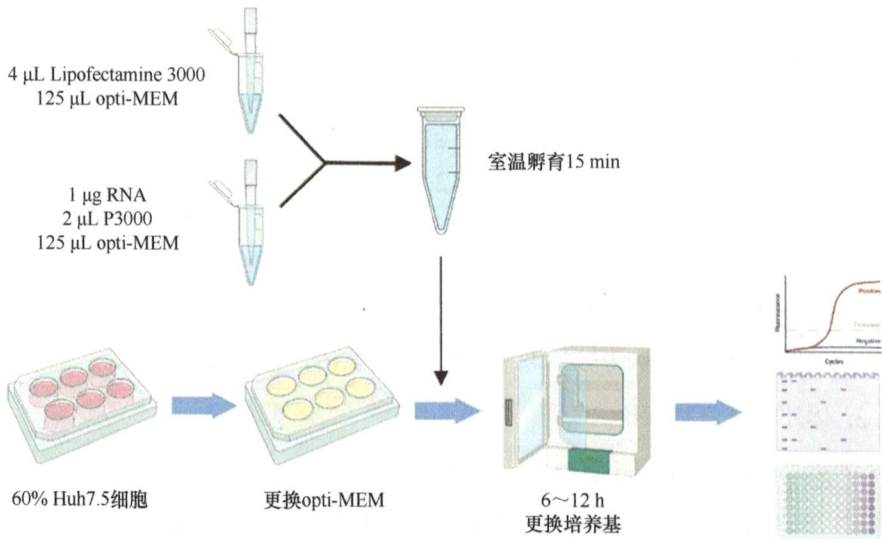

4 μL Lipofectamine 3000
125 μL opti-MEM

1 μg RNA
2 μL P3000
125 μL opti-MEM

室温孵育15 min

60% Huh7.5细胞　　　更换opti-MEM　　　6～12 h 更换培养基

图 3-2-2　p6/p6-luc RNA 脂质体转染过程示意图

### 1. 实验步骤

（1）将 $2×10^5$ Huh7.5 细胞预先接种到 6 孔板中，添加含有 10% FBS 和 1% 双

抗的完全培养基 DMEM，置于 37℃、5% $CO_2$ 的培养箱中，并培养至细胞密度达到 60%。

（2）转染体系的配制如下：取 4 μL Lipofectamine$^{TM}$ 3000，加入 125 μL opti-MEM 中混匀；另取一管 125 μL 的 opti-MEM，加入 1 μg 纯化后的体外转录 RNA 和 2 μL P3000，混匀；将混匀的 Lipofectamine 3000 稀释液加入到稀释的 RNA 溶液中，在室温孵育 15 min。

（3）将以上配制好的转染试剂（RNA-脂质体复合物）加入 6 孔板中，置于 37℃、5% $CO_2$ 的培养箱中培养 6～12 h 后，更换新的完全培养基并继续培养 7～20 天。每隔一周收集一次细胞，用于检测 HEV 感染是否成功。

**2. 技术要点**

（1）所有操作须严格执行无酶无菌的操作要求。

（2）确保所使用的 RNA 具有高纯度和完整性。

（3）根据实验要求和细胞类型，对转染条件进行优化，包括转染试剂与 RNA 的配比、转染时间等。

（4）确保目标细胞处于适当的生长状态。通常选择在细胞密度达到 60%～80%时进行转染，以确保细胞状态良好且易于转染。

（5）P3000 试剂通常是转染 DNA/RNA 的两倍，DNA 的量有所调整时，P3000 的用量也应该相应增减。

（三）检测方法

**1. 细胞及培养基中病毒拷贝数测定**

p6 和 p6-Luc 体外模型均可通过标准曲线法，基于 RT-qPCR 技术检测细胞中 HEV 病毒的拷贝数[5]。

以 p6 质粒为标准品，取 20 ng 的 p6 质粒（拷贝数为 $1.75×10^9$）进行 10 倍梯度稀释，得到以下浓度的标准品：$1.75×10^9$ copies/mL，$1.75×10^8$ copies/mL，$1.75×10^7$ copies/mL，$1.75×10^6$ copies/mL，$1.75×10^5$ copies/mL，$1.75×10^4$ copies/mL，$1.75×10^3$ copies/mL，$1.75×10^2$ copies/mL。

1）提取细胞中的 RNA

（1）收集对照组和 HEV 感染后的细胞及其培养基，每管内分别加入 1 mL 的 DLS 裂解液，移液枪轻轻吹打混匀，室温放置 10 min，使蛋白体完全分解。

（2）以 4℃、12 000 r/min 离心 2～5 min，小心取上清转入 RNase free 的过滤柱 RB 中。

（3）以 4℃、12 000 r/min 离心 2 min，收集滤液。

（4）加入与滤液等体积的 70%乙醇，混匀，分批转入吸附柱 RA 中。

（5）以 10 000 r/min 离心 1 min，弃掉废液。

（6）加入 500 μL 去蛋白液 RE，12 000 r/min 离心 2 min，弃掉废液。

（7）加入 500 μL 漂洗液 RW，12 000 r/min 离心 1 min，弃掉废液，重复该步骤一次。

（8）将吸附柱 RA 放回空收集管中，12 000 r/min 离心 2 min，尽量去除漂洗液。

（9）取出吸附柱 RA，放入新的 RNase free 离心管中，室温开盖放置 5 min，在吸附膜中间部位加 25 μL 无酶水，室温放置 2 min，12 000 r/min 离心 1 min；为了提高产率，可将洗脱的 RNA 重新进行一次上柱操作。最后用 Nanodrop2000 测定 RNA 的浓度和纯度。

2）cDNA 第一链的合成

按照表 3-2-3 配制逆转录混合体系。

表 3-2-3　逆转录混合体系

| 组分 | 用量 |
| --- | --- |
| RNA | 450 ng |
| 5×HiScript II qRT SuperMix | 2 μL |
| 无酶水 | 补足 10 μL |

混匀后离心，置于 PCR 仪 50℃，15 min；85℃，5 s。

反应结束后，每管加入 90 μL 无酶水，充分混匀待用。

3）引物设计

参照 GenBank 上 *HEV* 及 *GAPDH* 基因序列，利用 Oligo 7 软件设计荧光定量所需的引物，通过上海生工生物工程有限公司合成，引物序列见表 3-2-4。

表 3-2-4　荧光定量引物序列

| 基因名称 | 引物序列（5′→3′） |
| --- | --- |
| *HEV* | F：GACCGCTGAGCTTACTACCACA |
|  | R：ACCACCTAGAAGCGTATCAGCAA |
| *GAPDH* | F：GAAGGTGAAGGTCGGAGTC |
|  | R：GAAGATGGTGATGGGATTTC |

4）荧光定量

将逆转录的 cDNA 和稀释后的质粒标准品同时进行荧光定量 PCR 的检测，每个样品进行 3 个重复。

按照表 3-2-5 配制荧光定量反应体系。

表 3-2-5 荧光定量反应体系

| 组分 | 用量 |
| --- | --- |
| 2×SYBR Green qPCR Mix | 5 μL |
| 正向引物 | 0.5 μL |
| 反向引物 | 0.5 μL |
| cDNA | 2 μL |
| 无酶水 | 2 μL |

qPCR 反应程序：

（1）95℃ 2 min；

（2）95℃ 10 s；

（3）60℃ 30 s；其中步骤（2）和（3）进行 40 个循环。

溶解曲线为机器默认程序。

以标准品拷贝数的对数值为横坐标、CT 值为纵坐标，绘制标准曲线（图 3-2-3）。CT 值与 log（质粒拷贝数）呈线性关系，根据提取的 HEV 样品的 CT 值，即可在标准曲线中得到该样品的拷贝数（表 3-2-6）。

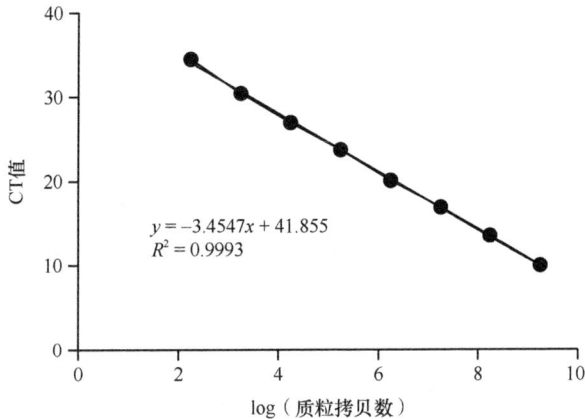

$$y = -3.4547x + 41.855$$
$$R^2 = 0.9993$$

图 3-2-3 HEV 的标准曲线

表 3-2-6 基因拷贝数计算样例

| | |
| --- | --- |
| 样品提取 RNA 体积 | 20 μL |
| 样品提取 RNA 浓度 | 566 ng/μL |
| 样品 CT1 | 21.56770859 |
| 样品 CT2 | 21.61055565 |
| 样品 CT3 | 21.78023508 |
| 平均 CT | 21.65283311 |
| log（HEV 拷贝数） | 5.848673485 |
| HEV 拷贝数/μL cDNA | 352893.3619 |

续表

| | |
|---|---|
| HEV 拷贝数/100 μL cDNA（原 10 μL cDNA +90 μL H₂O） | 35289336.19 |
| HEV 拷贝数/原 10 μL cDNA（450 ng RNA） | 35289336.19 |
| HEV 拷贝数/ng RNA | 78420.75 |
| 样品中总 HEV 拷贝数 | 887722890 |

计算公式如下：

HEV 拷贝数/RNA（V）= $\{10^{[1/3(CT1+CT2+CT3)-41.855]/(-3.4547)}/2\ \mu L\}*100\ \mu L/450\ ng*$ （566 ng/μL *20 μL）

### 2. Western blot 检测 HEV 蛋白表达

（1）样品制备：按照 RIPA∶PMSF=100∶1 的比例配制细胞裂解液，用于提取蛋白质。取 $5\times10^5$ 个细胞及 100 μL 的细胞上清，分别加入 100 μL 细胞裂解液，在冰上裂解 30 min，加入总体积 1/4 的 5× SDS Loading buffer，混匀后置于 95℃保持 10 min，可用于检测细胞及其培养基中是否存在 HEV 病毒颗粒。

（2）SDS-PAGE 电泳：使用去离子水清洗制胶玻璃板，晾干后装配制胶模具。按照表 3-2-7 的分离胶体系配制 10%分离胶溶液，混匀后加入至距离玻璃板 1～2 cm 处，并用无水乙醇密封液面。室温下静置，直至分离胶凝固。

表 3-2-7    10%分离胶配制体系

| 试剂名称 | 用量/mL |
|---|---|
| ddH₂O | 1.9 |
| 30%（29∶1）制胶液 | 1.7 |
| 1.5 mol/L Tris-HCl | 1.3 |
| 10%SDS | 0.05 |
| 10% APS | 0.05 |
| TEMED | 0.002 |

待分离胶凝固后，倒掉无水乙醇并用滤纸吸干残留乙醇。根据表 3-2-8 配制浓缩胶溶液，并将其倒在分离胶上方后插入梳子。

表 3-2-8    5%浓缩胶配制体系

| 试剂名称 | 用量/mL |
|---|---|
| ddH₂O | 1.36 |
| 30%（29∶1）制胶液 | 0.34 |
| 1 mol/L Tris-HCl | 0.26 |
| 10%SDS | 0.02 |
| 10% APS | 0.02 |
| TEMED | 0.002 |

等待胶凝固后，取出梳子，每孔上 10 μL 样品。使用 80 V 电压进行 20 min 的预电泳，待样品跑出浓缩胶后，切换到 120 V 的恒压电泳条件继续运行 80 min 左右，直至溴酚蓝快到达凝胶底部时停止电泳。

（3）转膜：将转膜液预冷至 4℃后，使用无水甲醇激活 PVDF 膜 30 s，然后将其放入转膜液中。按照阴极板、滤网、三层滤纸、分离胶、PVDF 膜、三层滤纸、滤网、阳极板的顺序放置，确保每层之间无气泡。将夹好的板子放入固定槽中，倒入转膜液，在 4℃冰箱中以 90V 恒压转膜 1 h。

（4）封闭：转膜结束后，拆下装置，取出 PVDF 膜，TBST 清洗 3 次，每次 5 min，随后用 5%的脱脂奶粉封闭 1 h。

（5）抗体孵育：去除封闭液，用 TBST 缓冲液洗膜 3 次，每次 5 min。加入稀释好的一抗，在 4℃冰箱中 60 r/min 摇床过夜；然后回收一抗，用 TBST 缓冲液洗 3 次，每次 5 min。加入二抗，室温孵育 1 h，TBST 缓冲液洗 3 次，每次 5 min，最后再加入 TBST 缓冲液，

（6）凝胶成像仪成像：将显影 A 液和 B 液按照 1:1 比例配制，加到 PVDF 膜上，在化学发光成像分析系统上显影（图 3-2-4）；蛋白表达量用 ImageJ 软件进行分析定量。

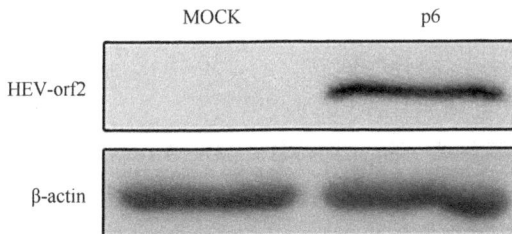

图 3-2-4　WB 检测细胞中 HEV ORF2 的表达

### 3. 萤光素酶报告系统检测 HEV 复制子模型

（1）将 Huh7.5 对照细胞和含有 p6-luc 的 Huh7.5 细胞分别接种到 96 孔细胞培养板中，每孔添加 100 μL 培养基。

（2）按 1:100 比例混合 Gaussia-Lumi™ 高斯萤光素酶检测底物（100×）和 Gaussia-Lumi™ 高斯萤光素酶检测缓冲液，配制成高斯萤光素酶检测工作液。

（3）将细胞培养板在室温平衡 10 min，直接向每孔加入 100 μL 的高斯萤光素酶检测工作液并混匀。在室温下孵育 5～10 min，使用多功能酶标仪进行化学发光检测（表 3-2-9）。

表 3-2-9　萤光素酶检测结果

| 组别 | 检测值 | 标准化 |
| --- | --- | --- |
| Huh 7.5 | 257 | 0.89 |
| | 259 | 0.90 |

续表

| 组别 | 检测值 | 标准化 |
|---|---|---|
| Huh 7.5 | 333 | 1.15 |
| | 308 | 1.06 |
| p6-luc | 328020 | 1134.04 |
| | 286695 | 991.17 |
| | 438216 | 1515.01 |
| | 388360 | 1342.64 |

### 4. 免疫荧光检测 HEV 的表达（图 3-2-5）

（1）铺板：将无菌的细胞爬片放入 24 孔细胞培养板中，接种对数生长的 p6 细胞，每孔 500 μL 细胞悬液，细胞密度约为 $5×10^4$ 个。在 37℃、5% $CO_2$ 培养箱中培养 24 h。

（2）固定：PBS 清洗一遍细胞，每孔加入 250 μL 预冷的 4%的多聚甲醛，固定细胞 15 min。

（3）通透：用 PBS 清洗细胞爬片 3 次，每次 5 min。加入 0.5% Triton™ X-100，室温通透 10 min。

（4）封闭：去除 Triton™ X-100，加入 5%的山羊血清封闭 1 h。

（5）一抗孵育：去除封闭液，加入 1:250 稀释的一抗 HEV-ORF2，每孔加入 150 μL，均匀覆盖住细胞爬片，4℃过夜孵育。

（6）二抗孵育：回收一抗，用 PBS 漂洗 3 次，每次 5 min，避光条件下加入 1:500 稀释荧光标记的二抗，每孔加入 200 μL，室温下避光孵育标本 1 h。

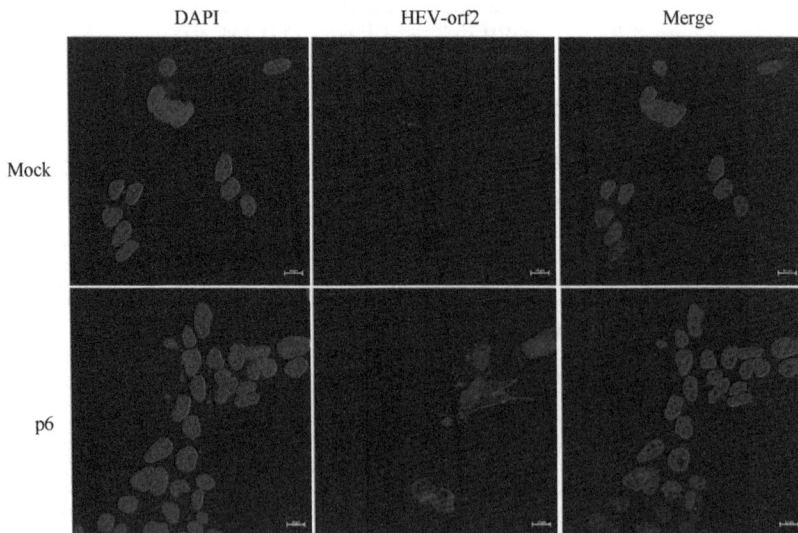

图 3-2-5　HEV ORF2 蛋白的亚细胞定位

（7）染核：回收荧光标记的二抗，用 PBS 漂洗 3 次，每次 5 min。加入 5 μg/mL DAPI，每孔加入 200 μL，避光孵育 20 min，随后去除 DAPI，PBS 洗 3 次，每次 5 min。

（8）封片：使用含抗荧光淬灭剂的封片液封片，并用指甲油密封盖玻片。

（9）拍照：将细胞爬片放置在荧光共聚焦显微镜下观察并进行拍照。

### 5. HEV 细胞毒性的评价

（1）Huh 7.5 和 p6 细胞分别用 PBS 洗涤两次后，用 0.25%的胰蛋白酶消化并离心收集细胞，然后使用 DMEM 完全培养基重新悬浮细胞，制成密度为 $5×10^4$/mL 的细胞悬液。接种至 96 孔板中，每孔加入 100 μL。将细胞培养板置于 37℃、5% $CO_2$ 培养箱培养 24 h。

（2）将 25 mg 的 MTT 溶解于 5 mL MTT 溶剂中，配制成浓度为 5 mg/mL 的 MTT 溶液；每孔加入 10 μL 至 96 孔板中，继续培养 4 h。

（3）每孔加入 100 μL Formazan 溶解液，混匀后继续在细胞培养箱内培养，直至紫色结晶全部溶解，通常需要 3～4 h。

（4）用酶标仪在 570 nm 处测定吸光度；根据测得的吸光度值（OD 值）来判断活细胞数量，OD 值越大，细胞活性越强。

### 6. 建立急性体外感染模型

1）收集病毒液

使用 T75 培养瓶培养上述成功建立的 HEV 病毒慢性感染细胞系 p6，待细胞生长至满瓶后，去除细胞培养基。将细胞用胰酶消化并收集在离心管中，以 1500 r/min 离心 10 min，去除上清液。将细胞用 10 mL 新鲜细胞培养基重悬，并在–80℃低温冰箱中冷冻约 30 min，使细胞完全冻结，随后在室温下解冻细胞，重复此步骤 3 次，并立即置于 4℃保存。接下来，在 4℃条件下 5000 r/min 离心 30 min，收集上清液，使用 0.22 μm 滤膜过滤病毒悬液。在超速离心机上，以 4℃、40 000 r/min 离心 3 h，收集沉淀。加入 3 mL 新鲜培养基重悬沉淀，得到浓缩的 HEV 病毒液。最后，将病毒液分装并在–80℃保存，以备后续使用。

2）病毒液感染细胞

将 Huh7.5 细胞接种于 12 孔板，并按 1:10（$V/V$）的比例向含有 Huh7.5 细胞的 DMEM 完全培养基中加入 HEV 病毒液，分别进行 24 h 和 48 h 的培养。随后，收集细胞，分别用 RT-qPCR 和 WB 检测感染细胞系中 HEV 在基因和蛋白质水平上的表达（图 3-2-6，图 3-2-7）。基因的相对表达量用 $2^{-\Delta\Delta Ct}$ 进行计算，蛋白表达量用 ImageJ 软件进行分析定量。

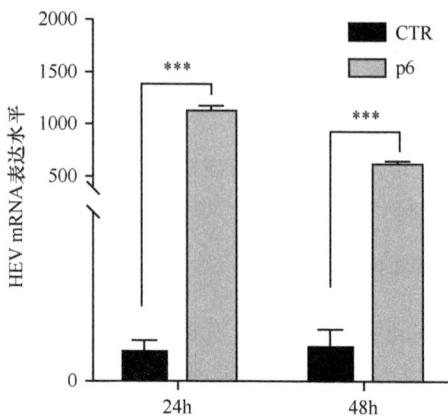

图 3-2-6　不同时间点细胞中 HEV mRNA 的相对表达水平

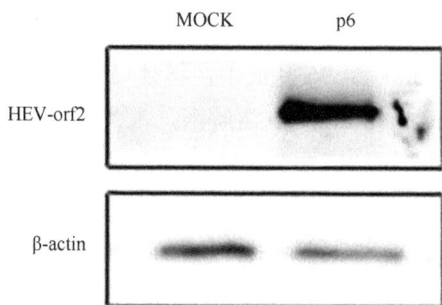

图 3-2-7　WB 检测细胞中 HEV ORF2 的表达水平

## 7. 技术要点

（1）2×SYBR Green qPCR Mix 需要避光保存和使用，否则会影响实验结果的准确性。

（2）荧光定量的引物应具有高特异性，避免非特异性扩增，引物扩增片段控制在 80～150 bp。

（3）WB 中的过硫酸铵溶液不稳定，4℃保存 2 周左右。

（4）一抗和二抗溶液使用后回收，可反复使用多次。

（5）WB 显影 A 液和 B 液需避光低温保存，以免显影液失效而影响实验结果。

（6）萤光素酶测定时，每个孔的检测时间一般为 0.25～1 s 或更长时间，具体需根据仪器的检测灵敏度进行适当调整。

（7）化学发光检测时，需要使用孔和孔之间不透光的 96 孔白板或黑板，避免相邻孔之间的干扰。

（8）MTT 检测时，96 孔板接种时细胞要反复混匀，确保各孔之间的细胞密度相同。

（9）MTT 检测时，应尽量保证无菌操作。

（10）MTT 溶液在 4℃、冰浴等较低温度情况下会凝固，可以 20～25℃水浴温育片刻至全部融化后使用。

（11）MTT 配制成溶液后为黄色，需避光保存，长时间光照会导致失效，颜色变成灰绿色。

（12）Formazan 溶解液结冻或产生沉淀时，可在室温或 37℃水浴孵育以促进溶解，并且必须在全部溶解并混匀后使用，但须注意避免产生泡沫。

# 参 考 文 献

[1] Nimgaonkar I, Ding Q, Schwartz R, et al. Hepatitis E virus: Advances and challenges. Nat Rev Gastroenterol Hepatol, 2018, 15(2): 96-110.

[2] Debing Y, Emerson S U, Wang Y, et al. Ribavirin inhibits *in vitro* Hepatitis E virus replication through depletion of cellular Gtp pools and is moderately synergistic with alpha interferon. Antimicrob Agents Chemother, 2014, 58(1): 267-273.

[3] Jothikumar N, Cromeans T L, Robertson B H, et al. A broadly reactive one-step real-time rt-pcr assay for rapid and sensitive detection of Hepatitis E virus. J Virol Methods, 2006, 131(1): 65-71.

[4] Shukla P, Nguyen H T, Faulk K, et al. Adaptation of a genotype 3 Hepatitis E virus to efficient growth in cell culture depends on an inserted human gene segment acquired by recombination. J Virol, 2012, 86(10): 5697-5707.

[5] van de Garde M D, Pas S D, van der Net G, et al. Hepatitis E virus (Hev)genotype 3 infection of human liver chimeric mice as a model for chronic Hev infection. J Virol, 2016, 90(9): 4394-4401.

## 第三节　类器官模型在病原感染机制研究中的应用

廖舒敏，李星星，李　亮

南方科技大学医学院

**摘　要：**微生物与宿主的相互作用是微生物研究领域的重要方向，在医药健康、生物安全、生产生活等方面具有广泛的理论和实际应用意义。长期以来，在微生物-宿主互作的研究中，尤其是对于病原感染机制的研究中，如何提供能够反映宿主体内实际情况的模型，是相关研究与应用转化的一个主要难点。类器官是一类高度还原、代表体内器官结构和功能的三维"微器官"系统，具有高度类似于体内相应器官的细胞种类、形态分布与相应功能。类器官不仅可以提供高度接近于体内相应器官的易感性、宿主反应、生理功能、多细胞联动的微环境等，还具有操作简便、通量较高、没有物种差异、可实时监测、检测方法多样等优点，因此在感染与免疫机制研究、生物医药转化应用研发等方面备受瞩目，也吸引了越来越多的研究者和医药产业研发工作者在多个方向上对其进行研究及应用。本节介绍了应用类器官模型进行病原感染机制的研究，为类器官细菌、病毒感染模型构建、基于类器官感染模型的病原机制研究、药物筛选与药效检测等提供了实用方法解析与应用方向示范，从而更好地还原与探索现实场景下的病原感染模式，助力病原感染的机制研究与应用转化。

关键词：类器官模型，感染与免疫，药物筛选，药物研发

## 一、背景

细菌等微生物与宿主的相互作用是微生物研究领域的重要方向，微生物与人体宿主细胞之间的相互作用构成了人体生理环境的重要组成部分。宿主细胞的状态对于微生物暴露/接触的结果起着关键作用，例如，是否诱导细菌毒力因子合成程序和宿主的防御或耐受机制。此外，附着在人体黏膜表面或上皮层特异受体上的定植菌也必须调整其生长和代谢特性，从而适应定植部位的微环境。与此同时，人体的免疫系统也持续监控、分辨益生菌和致病菌。由于宿主的细胞组成、细胞间交互、空间分布梯度、免疫微环境变化、应激状态（营养获取、酸碱平衡、氧张力）等具有高度复杂性，因此，病原微生物感染的结果不仅取决于微生物的毒力特性，还取决于微生物与宿主细胞在何时、何地、如何相互作用[1]。以结核分枝杆菌为例，在病情活动期的开放液化腔中可找到大量结核分枝杆菌，在肉芽肿病灶的巨噬细胞、巨细胞、中性粒细胞及干酪样坏死物中也能找到潜伏的结核分枝杆菌。然而，在不同病变类型或在同一坏死性肉芽肿病灶内的不同区域，结核分枝杆菌的基因表达谱和代谢特征等均存在差异[2]。由于微生物在宿主中可侵染不同的细胞类型、宿主组织内的不同微环境有多样的应激反应，并且针对不同的宿主微环境，微生物可能出现特异性的反应，因此，长期以来在微生物-宿主互作的研究中，尤其是对于病原感染机制的研究中，难以提供能够反映宿主体内实际情况的模型是制约相关研究与应用转化的一个主要因素。

传统细胞系感染模型仅含有单一细胞类型的单层贴壁细胞或悬浮细胞，这些细胞系多由癌细胞衍生而来，无法模拟复杂的体内环境[3]。动物模型可提供体内精密调控环境，但其与人体的物种差异、伦理要求、实验规模与成本等都限制着其研究的深入，以及向临床医药应用的转化。类器官是一类高度还原、代表体内器官结构和功能的三维"微器官"系统，具有高度类似于体内相应器官的细胞种类、分布与功能。以小肠类器官为例，位于小肠隐窝底部的 Lgr5+ 干细胞在基质胶中可分化为肠隐窝-微绒毛样的 3D 结构，包含肠上皮细胞、杯状细胞和潘氏细胞等多种小肠上皮细胞，具有顶端-基底极性的空间组织特征，也具备黏液分泌等生理功能[4]。相较于细胞系模型和小鼠等动物模型，人源干细胞来源的类器官不仅可以提供高度接近于体内相应器官的病原易感性、宿主反应、生理功能、多细胞联动的微环境等，还

具有操作简便、通量较高、没有物种差异、可实时监测、检测方法多样等优点，因此在感染与免疫机制研究、生物医药转化应用研发等方面备受瞩目，也吸引了越来越多的研究者和医药产业研发工作者对其进行研究与应用。

对类器官的分类，按源头干细胞的功能特性可分为专能干细胞来源的类器官与多能干细胞来源的类器官，前者多来源于组织/器官中的专能干/祖细胞，后者多来源于胚胎干细胞或诱导多能干细胞；按培养介质的材料类型可分为基于微孔小室的气液界面培养、基质胶包埋培养与球状体悬浮培养等。本节介绍的类器官模型包括气液界面培养、基质胶包埋培养与悬浮培养（图3-3-1）。3D类器官经常由于顶端朝向腔面的极性，在模拟微生物感染时往往需要借助操作难度较高的显微注射，以重现微生物由上皮层顶端表面附着感染的自然过程。也可通过机械剪切类器官使其成为上皮片段简化操作，此类方法感染时的界面往往同时包括顶端与基底面。不同于3D类器官，气液界面培养的类器官天然具备开放的游离面，在微生物-宿主共培养/感染模型的研究中操作更简便，方便模拟体内感染途径，使用较为广泛。本节将对类器官的病毒和细菌等病原微生物的感染方法、样本收集与机制分析方法、相应药物的筛选与效果检测等提供实用方法解析与应用方向示范，以期为读者进行相关方向的研究有所帮助。

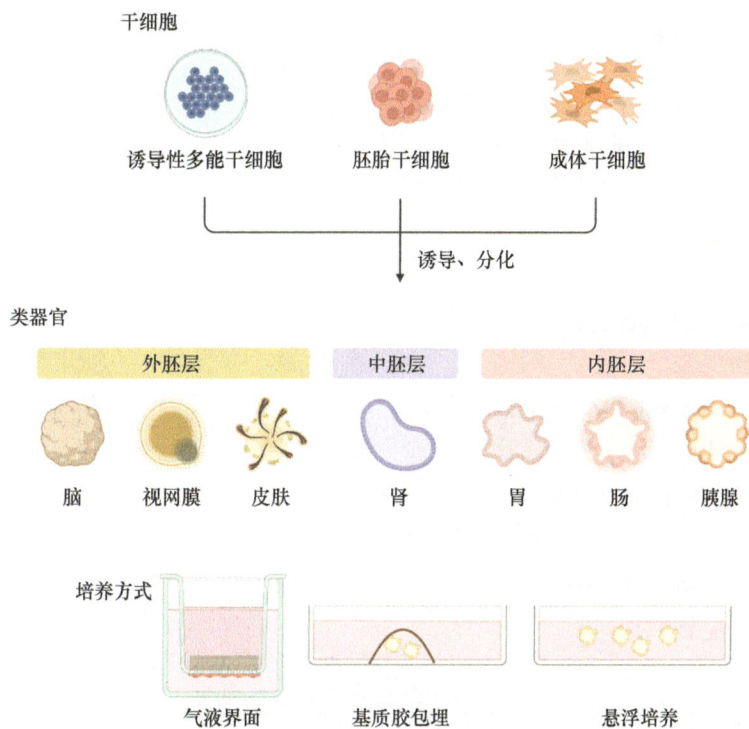

图3-3-1　类器官的培养和构建示意图[3]

## 二、材料与试剂

### 1. 培养基

（1）LB 培养基（高盐）

①液体培养液：称取 10 g 胰蛋白胨、5 g 酵母提取物和 10 g NaCl，加蒸馏水溶解后定容至 1000 mL，调节 pH 至 7.0，分装后高压灭菌。

②固体培养基：称取 10 g 胰蛋白胨、5 g 酵母提取物、10 g NaCl 和 15 g 琼脂粉，加蒸馏水溶解后定容至 1000 mL，调节 pH 至 7.0，分装后高压灭菌。

（2）TSA（tryptic soy agar）培养基：TSA 400 g，蒸馏水定容至 1000 mL。

（3）类器官扩增培养基：以添加 GlutaMAX 和 HEPES 的 Advanced DMEM/F12 为基础培养基，再添加 Wnt3a 和 Noggin 等重组蛋白和生长因子。由于本节涉及的类器官种类、培养方法和应用方向示例较多，各实例的相应培养基配方详见章节内容及引用文献。

（4）类器官分化培养基：在基础培养基中加入 BMP4、BMP7、地塞米松等组分。由于本节涉及的类器官的种类、培养方法和应用方向示例较多，各实例的相应培养基配方详见章节内容及引用文献。

### 2. 试剂与耗材

（1）试剂盒

①快速质粒小提试剂盒；

②细菌基因组 DNA 提取试剂盒；

③琼脂糖凝胶回收试剂盒；

④HiPure PCR pure minikit 试剂盒；

⑤Gibson 组装试剂盒。

（2）酶

分散酶，TrypLETM Express 消化液。

（3）基质胶。

（4）70/100 μm 细胞筛。

（5）24/12/6 孔板、培养皿、培养瓶。

（6）0.4 μm 微孔小室。

（7）细胞计数板。

### 3. 设备

（1）生物安全柜（ESCO，型号 ULPA）

（2）恒温培养箱（Panasonic，型号 MIR-154-PC）

（3）恒温摇床（太仓，型号 THZ-C-1）

（4）荧光定量 PCR 仪（CFX Connect Real-time System，BIO-RAD）

（5）PCR 仪（ESCO）

（6）金属浴（奥盛，型号 Thermo-Shaker MS-100）

（7）分光光度计（Thermo Fisher Scientific，型号 Spectronic 200）

（8）全波长多功能微孔板检测仪（Tecan，型号 Pro NanoQuant）

（9）倒置显微镜（ZEISS，型号 Axio Observer A1）

（10）显微镜相机（ZEISS，型号 AxioCam 503，彩色 CCD 相机的 Zeiss Axio Observer A1）

（11）细胞破碎仪（聚能，型号 JN-mini）

（12）超声波破碎仪（新芝，型号 JY88-IIN）

（13）核酸电泳仪（BIO-RAD，美国）

（14）凝胶成像系统（天能，型号 Tanon-2500）

（15）蓝光切胶仪（誉为，型号 MRESTROGEN）

## 三、操作步骤

### （一）类器官模型构建与细菌感染

#### 1. 细菌培养与靶点基因突变株的构建

1）技术要点

（1）在实验过程中保持严格的无菌操作，避免外源细菌或真菌的污染对实验结果产生影响。

（2）确保培养温度、培养时间、培养基成分等实验条件的准确控制，以保证细菌的生长和突变株的构建成功。

（3）提前准备好所需的培养基、试剂盒、PCR 引物、内切酶等实验材料，并确保其质量符合实验要求。在实验过程中，注意化学品和生物制品的安全使用，避免对实验人员和环境造成伤害。

2）实验步骤

（1）细菌复苏：以铜绿假单胞菌为例，从–80℃冰箱中取出冷冻保存的菌种，在冰上解冻，用接种环蘸取少量菌液划线接种于固体培养基平板上，于37℃培养箱倒置培养过夜。

（2）细菌活化：从固体平板上挑取一个菌落，放入 3 mL 的 LB 或 TSA 等液体培养基中，37℃、200 r/min 过夜培养活化细菌。取少量过夜菌液传代培养再活化 1 次，活化 2 次的菌液即可用于实验。

（3）靶点基因突变株构建：以开放阅读框中的碱基缺失突变法构建铜绿假单胞菌突变株为例，提取铜绿假单胞菌基因组，通过 Q5 高保真聚合酶，PCR 法扩增靶基因的上游和下游 DNA 片段，使用 HiPure PCR pure minikit 试剂盒纯化两种 PCR 产物，借助 *Hind*III 和 *Eco*RI 两个限制酶线性化 PK18 自杀质粒，通过 Gibson 组装技术构建含铜绿假单胞菌基因组的重组自杀质粒。重组自杀质粒 PK18 在辅助质粒 pRK600 作用下，从供体菌株 *E.coli* TOP10 菌株向受体菌株 *P. aeruginosa* PAO1 发生接合转移，利用庆大霉素抗性和含 20%蔗糖的 LB 平板筛选同源重组菌株，最后通过 PCR 和 Sanger 测序验证缺失突变体。

**2. 类器官培养与细菌感染**

1）技术要点

（1）使用手术刀剪碎呼吸道上皮组织，组织大小以能顺利通过巴氏吸管为准，注意分散酶消化上皮组织的时间，肉眼观察组织呈絮状时，即可终止消化。

（2）呼吸道类器官气液界面培养时，分化时间为 2 周左右，注意每 2～3 天更换下室培养基。

（3）基质胶在 4℃处于液体状态、在 37℃处于凝胶状态，从−80℃取出的基质胶，冰上解冻 30 min 以上，处于液体状态后包埋重悬细胞。

（4）将基质胶和细胞的悬浮混合物以 20～30 μL 接种于提前在培养箱预热的 24 孔板上，然后将其置于 37℃培养箱 30 min 以上，再加入 37℃预热的扩增培养基。

（5）注意：细菌感染呼吸道类器官时，全程使用无抗生素的培养基。

2）实验步骤

（1）基于呼吸道类器官的气液界面培养：将手术切除的呼吸道上皮组织剪碎，并用分散酶消化解离上皮组织，通过 70 μm 或 100 μm 细胞筛，收集单细胞悬液于 15 mL 离心管中，随后离心，收集上皮细胞，并用扩增培养基重悬上皮细胞接种于培养皿中，扩增呼吸道上皮干细胞，待细胞汇合度长到 80%左右，将呼吸道上皮干细胞接种于微孔直径为 0.4 μm 的小室上，并加入扩增培养基，于 37℃、5% $CO_2$ 培养箱中培养 3～5 天后，将扩增培养基换为分化培养基，继续培养 2～3 周，直至细胞分化为假复层纤毛黏膜上皮组织（图 3-3-2）。

（2）基于呼吸道器官的基质胶包埋培养：组织与细胞处理方法同"细菌培养与靶点基因突变株的构建"中的步骤（1），取适量基质胶于冰上解冻，用解冻的基质胶重悬离心沉淀的细胞，将基质胶和细胞混合物种植于 24 孔细胞培养板，放入 37℃、5% $CO_2$ 的培养箱中培养 30 min，随后每孔加入适量扩增培养基，于 37℃、5% $CO_2$ 的培养箱中培养过夜，第二天在显微镜下观察到有 3D 类器官的形成。待类器官扩增至足够数量后，将扩增培养基更换为分化培养基，继续培养直至细胞分化到可见的成熟纤毛柱状上皮组织。

（3）基于呼吸道类器官的悬浮培养：将基质胶包埋培养的类器官扩增至足够数量时，用 1 mL 枪头将基质胶与类器官上下混匀重悬，收集于 15 mL 离心管中，4℃离心收集细胞，随后用 Tryple Express 将 3D 类器官消化为单个细胞并重悬至合适的密度，种植于细胞培养板中，直至细胞分化到可见成熟纤毛柱状上皮组织。

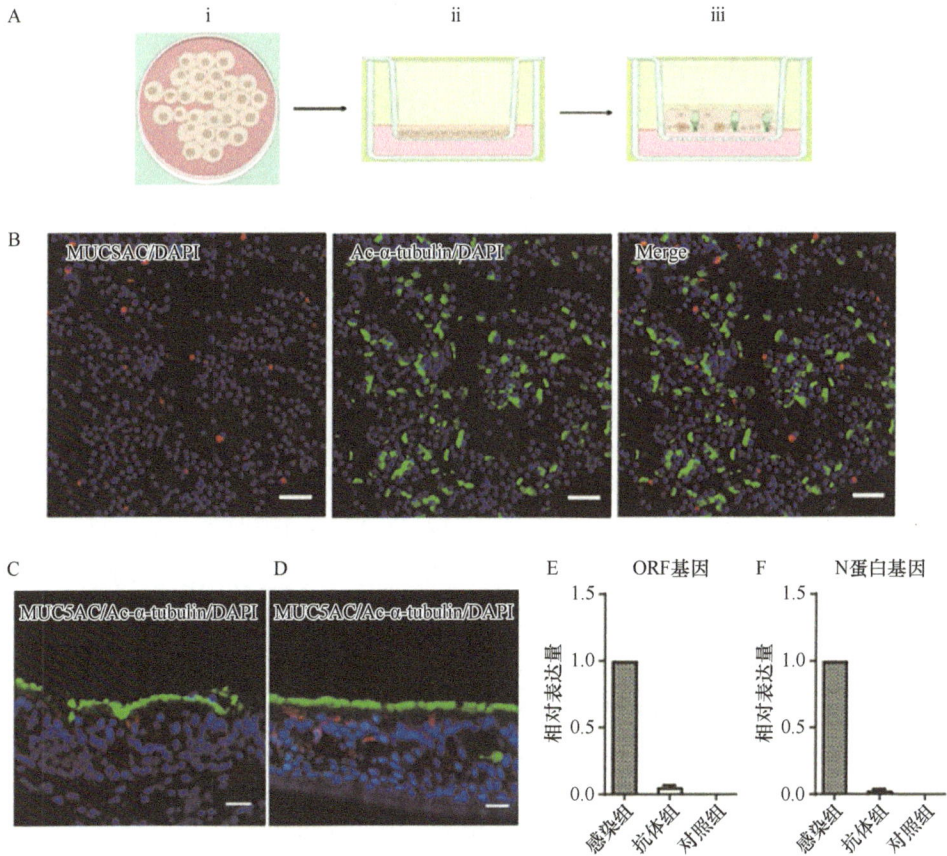

图 3-3-2　呼吸道类器官气液界面培养流程示意图与感染建模[5]

A. 气液界面培养和分化示意图。B. 分化的人支气管上皮类器官的细胞型免疫荧光图，纤毛细胞中染 Ac-α-tubulin（绿色），杯状细胞中染 MUC5AC（红色），4′,6-二脒基-2-苯基吲哚（DAPI）染细胞核（蓝色）。标尺=50 μm。C, D. 支气管活检组织的免疫荧光染色和培养的人支气管上皮类器官，纤毛细胞中染 Ac-α-tubulin（绿色），杯状细胞中染 MUC5AC（红色）。标尺=20 μm。E, F. RT-qPCR 法等量检测在支气管上皮类器官表面分泌物中，新冠病毒（SARS-CoV-2）的 ORF（E）和 N 蛋白基因组（F）的相对表达量。

（4）基于呼吸道类器官的细菌感染

①确定感染复数（MOI）（图 3-3-3）：在类器官数量、密度、状态稳定后，取少量类器官消化成单细胞后计数类器官细胞。准备 $OD_{600}$ 值为 0.4～0.6 的菌液进行梯度稀释并涂布计数确定活菌个数，由此确定合适的感染复数。

②基于气液界面的呼吸道类器官感染：确保感染时，使用无抗生素的培养基，接种 50 μL 适宜浓度的菌液于小室上，即类器官的表面，于 37℃培养箱中孵育 2 h，洗去残留菌液，继续培养类器官至设定实验终点（图 3-3-4）。

③基于基质胶培养的 3D 类器官感染：确保感染时，使用无抗生素的培养基，感染前弃去原培养基，将基质胶与类器官混匀重悬，转移至离心管中离心后弃上清，用含特定菌量细菌培养基重悬类器官，于 37℃培养箱孵育 2 h，之后收集类器官与细菌的混合物于 15 mL 离心管，离心洗涤 3 次，用基质胶重新包埋类器官，继续培养类器官至设定实验终点。

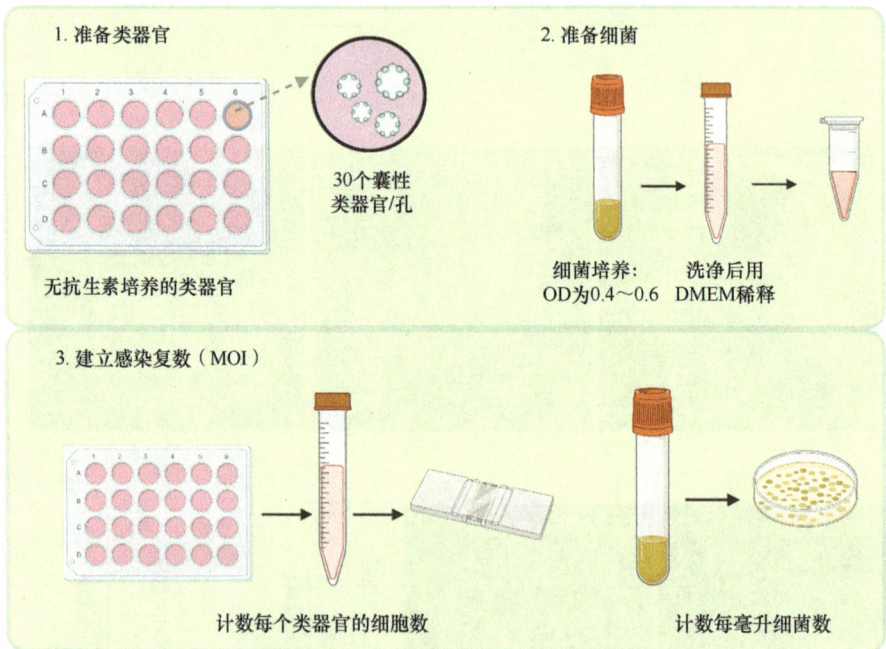

图 3-3-3　细菌感染类器官 MOI 确立流程示意图[6]

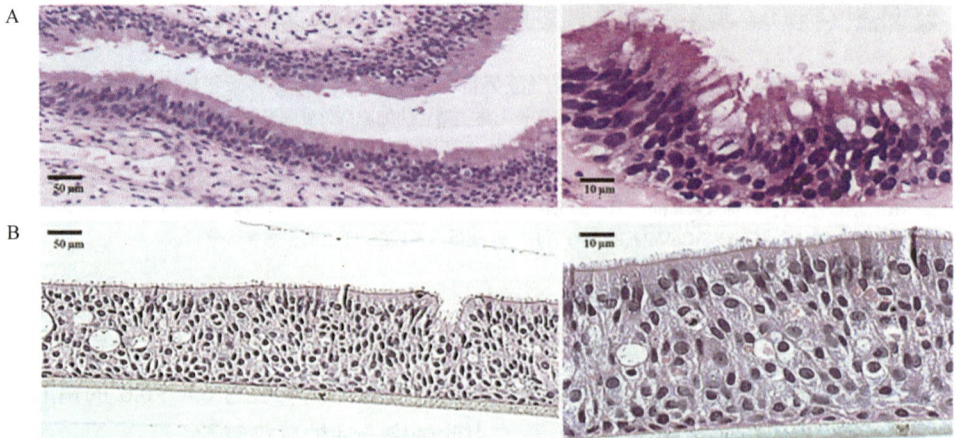

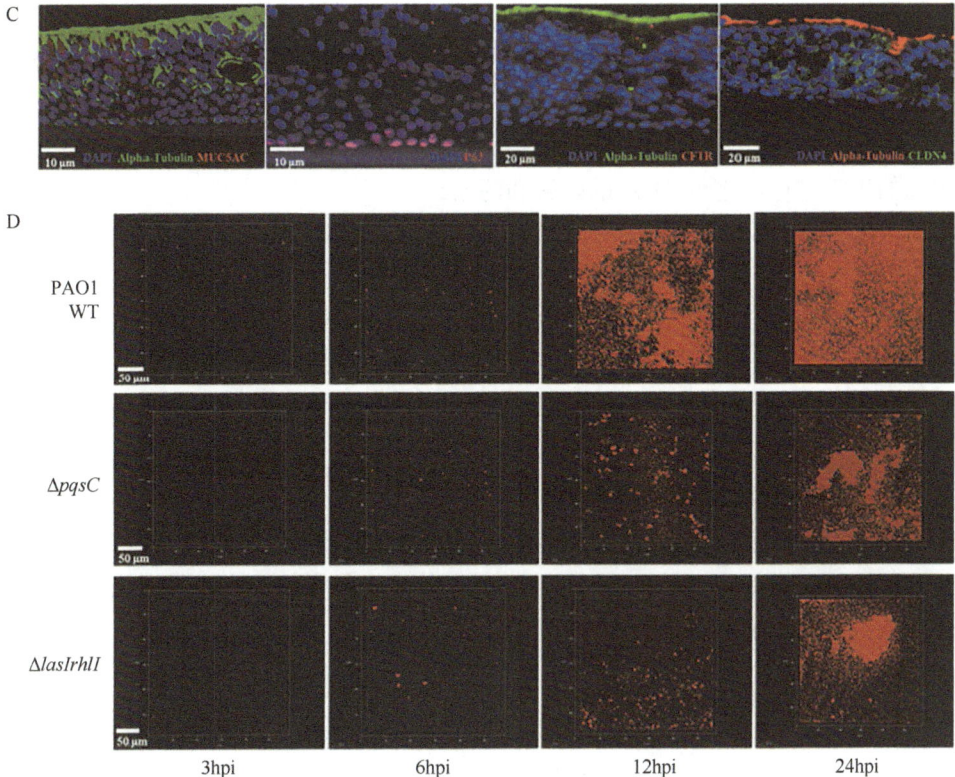

图 3-3-4　基于人呼吸道类器官的铜绿假单胞菌感染模型建立[7]

H&E 染色观察健康人气道上皮（A）及气液界面（ALI）人呼吸道类器官的组织学形态，标尺为 10 μm（B）。C. 免疫荧光法检测人呼吸道类器官中 acetyl-α-tubulin，MUC5AC，p63，CFTR 和 CLDN4 的表达，DAPI 染细胞核，标尺分别为 10 μm、20 μm。D. 使用荧光显微镜检测铜绿假单胞菌在 3 h、6 h、12 h 和 24 h 的扩增情况。红色的铜绿假单胞菌菌株标记了 lac::mCherry 质粒融合，标尺=50 μm

④基于悬浮培养的类器官感染：确保感染时，使用无抗生素的培养基，向类器官培养体系中加入特定 MOI 的细菌，于 37℃培养箱孵育 2 h，之后收集类器官与细菌的混合物于 15 mL 离心管中，PBS 洗涤 3 次，用无菌的培养基重悬类器官，继续培养至设定实验终点。

### 3. 类器官生物被膜建立与分析

1）技术要点

（1）将表达 mCherry 或 GFP 等荧光蛋白的荧光菌接种到类器官表面，注意要共孵育 2 h 以上，再用 PBS 轻轻洗去表面游离的未感染细菌。

（2）用针头背面轻轻刮取类器官的小室膜，并平整地转移到载玻片上，轻轻加上载玻片，全程注意不要触碰主要细胞区。

（3）激光共聚焦显微镜观察并表征生物膜的形态，调整好每个样品的曝光时间和曝光强度，防止样品过曝。在去除细胞外细菌之前，先用 PBS 缓冲液轻轻洗涤类器官，避免细胞表面附着的游离细菌对后续实验结果的影响。

（4）使用 0.5% Triton X-100 等有效的裂解液裂解细胞，确保细胞膜完全破裂释放内化的细菌。

（5）在提取总 RNA 时，注意使用高质量的 RNA 提取试剂，并按照厂家说明书的步骤进行，避免 RNA 的降解和污染。

（6）逆转录反应中，确保使用高效的逆转录酶和适当稀释的模板 RNA，避免引入偏差。

（7）在进行 RNA-seq 前，对 RNA 样本进行质量检测和浓度测定，确保样本质量符合测序要求。

（8）在数据分析过程中，选择合适的数据处理方法和统计学分析，准确识别差异表达基因。

（9）在进行 TEER 测定时，确保电极与培养细胞接触良好，避免影响测定结果的准确性。

（10）在进行病理学分析时，严格按照染色、显微镜观察和数据记录的标准操作流程进行，确保结果可靠并具有可比性。

2）实验步骤

（1）将表达 mCherry 或 GFP 荧光蛋白的细菌菌株（简称荧光菌）接种到气液界面培养的器官表面，并共培养至特定时间后，轻轻地洗去类器官表面游离的细菌，将载有类器官的小室膜平整地转移至载玻片上，在生物被膜侧上面加盖玻片，用激光共聚焦显微镜观察类器官表面的生物膜形态及表征（图 3-3-5）。

（2）定量生物被膜的形成总量：接种菌液到类器官上，共培养至特定时间后，轻轻地洗去类器官表面游离的细菌，随后加入 0.1% 结晶紫染液，室温下孵育 15 min，弃去染液并重复清洗去除残留染液，用 30% 乙酸溶液溶解收集类器官上的结晶紫染料并通过测量结晶紫显色反应的吸光光度值 $OD_{550}$ 进行相对定量。

（3）类器官细菌感染后的细菌、宿主样本收集与分析

①定量类器官细胞内的菌载量：洗涤类器官细胞 2 次或以上，以去除细胞外的细菌，随后用含抗生素的分化培养基于 37℃、5% $CO_2$ 的培养箱中孵育 1 h 以杀灭细胞外附着的活菌，在洗去含抗生素的培养基后，用 0.5% 的 Triton X-100 室温裂解类器官细胞以释放内化的细菌，收集含菌细胞裂解液进行梯度平板涂布计数。

②qPCR 法检测宿主基因表达变化：用 Trizol 裂解提取类器官细胞中总 RNA 量，用 PrimeScript RT Master Mix kit 试剂盒将 RNA 逆转录合成 cDNA，用 Thunderbird SYBR Green qPCR Mix 进行 qPCR 定量宿主靶基因的表达情况。

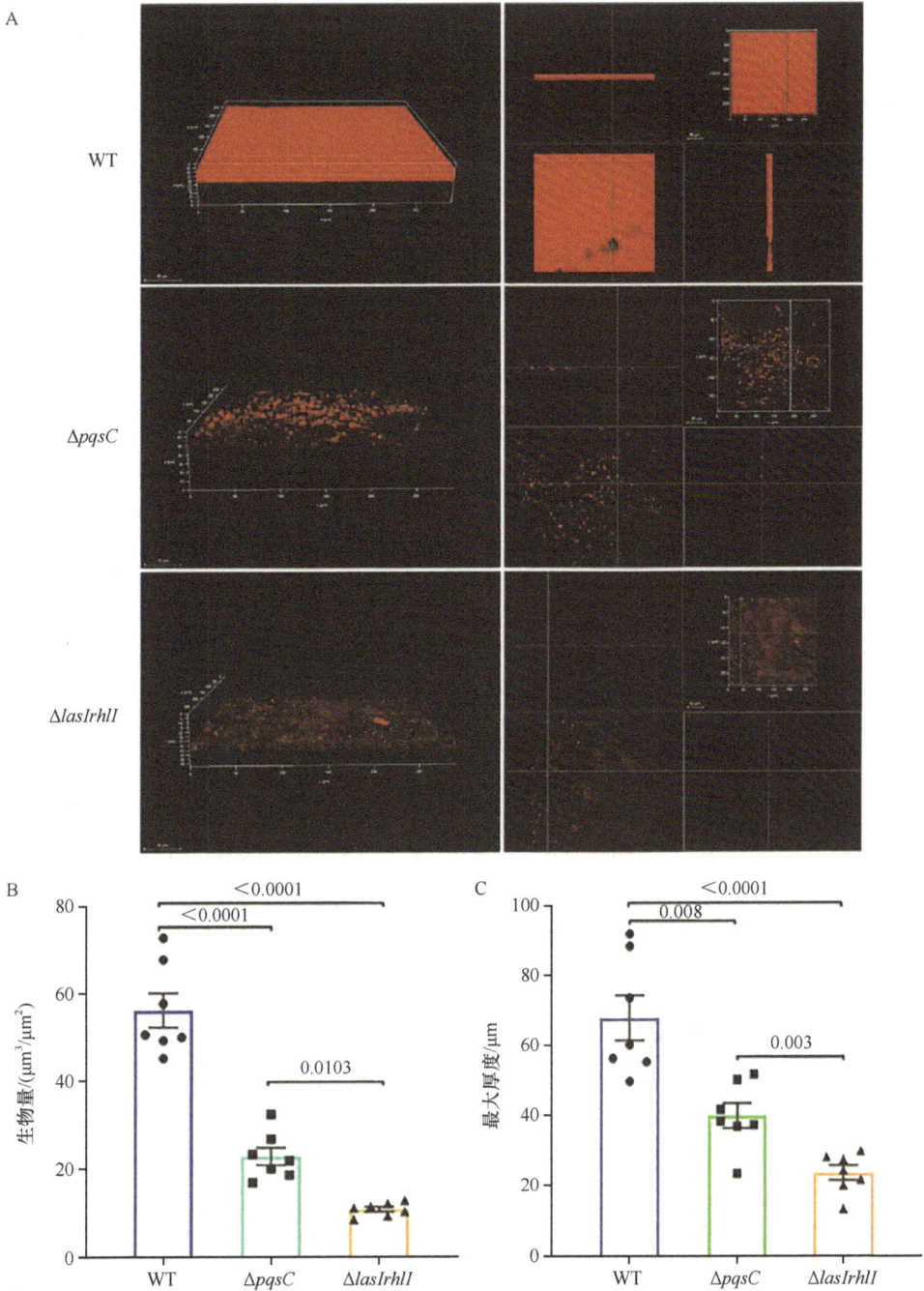

图 3-3-5　类器官表面铜绿假单胞菌生物被膜的形成与定量分析[7]

A. 铜绿假单胞菌生物被膜代表性图像的容积投影，标尺=50 μm。B、C. 利用 Comstat 程序测定铜绿假单胞菌在人呼吸道类器官培养 24 h 后，其生物被膜的生物量（B）和最大厚度（C）。数据以平均值±标准误表示（$n$=3）。$P$ 值通过单因素方差分析（ANOVA）结合 Tukey's 多重比较检验计算得出

③单一物种的 RNA-seq 与跨物种（细菌与宿主）双重 RNA-seq 的标准流程包括总 RNA 提取、去除基因组 DNA 和 rRNA 来纯化 mRNA、构建 cDNA 文库、高通量测序、与参考基因组比对获取特定物种基因表达量数据。双重 RNA-seq 可同时进行原核生物与真核生物的平行测序，对于研究微生物-宿主的相互作用，尤其是对于胞内菌与宿主细胞相互调控机制的研究，具有突出的应用价值（图 3-3-6）。

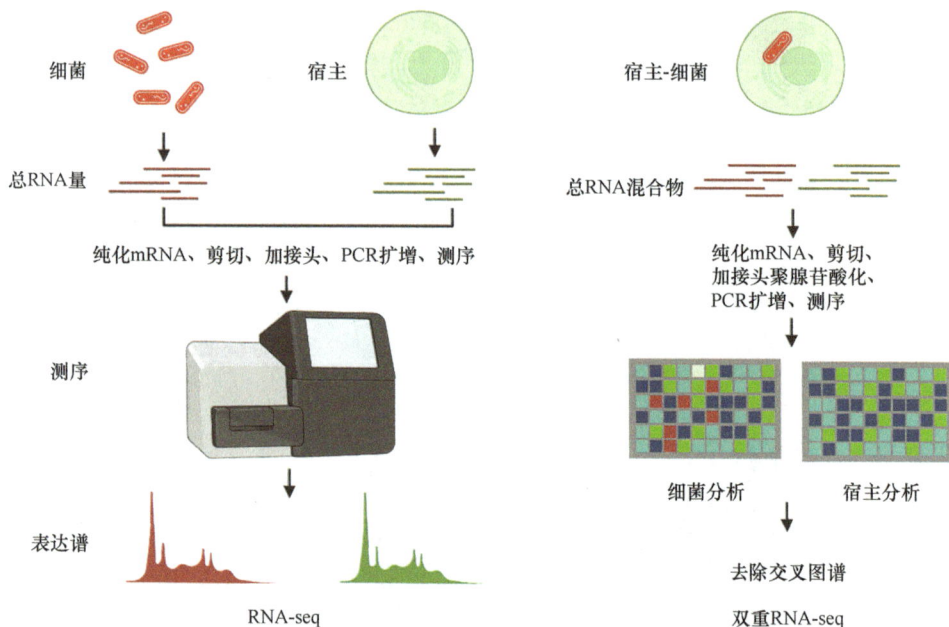

图 3-3-6　单一物种的 RNA-seq 与跨物种双重 RNA-seq 流程图[1]

（4）类器官感染后的屏障完整性分析与病理学分析

对于感染前后的气液界面培养的类器官，其屏障完整性功能可通过配备 STX2 电极的 EVOM2 电阻仪进行检测，通过以下公式，标准化跨上皮电阻来评估类器官屏障的完整性：TEER（$\Omega\,cm^2$）=（R 样品−R 空白）×有效膜面积（$cm^2$）

（5）病理学分析：感染前后的器官通过 4% PFA（多聚甲醛）固定、梯度脱水、石蜡包埋后制备石蜡切片，可用于 H&E、PAS 等病理染色，并可通过免疫荧光染色技术评估类器官的形态结构和病理学特征的改变、代表性靶标的表达量等（图 3-3-7）。

## （二）类器官病毒感染模型构建

### 1. 病毒培养与假病毒构建

1）技术要点

（1）病毒接种时，确保鸡胚的无菌操作，避免外界污染。接种时要轻柔，避免损伤鸡胚。严格控制孵育温度和时间，避免过长或过短的孵育时间影响病毒产

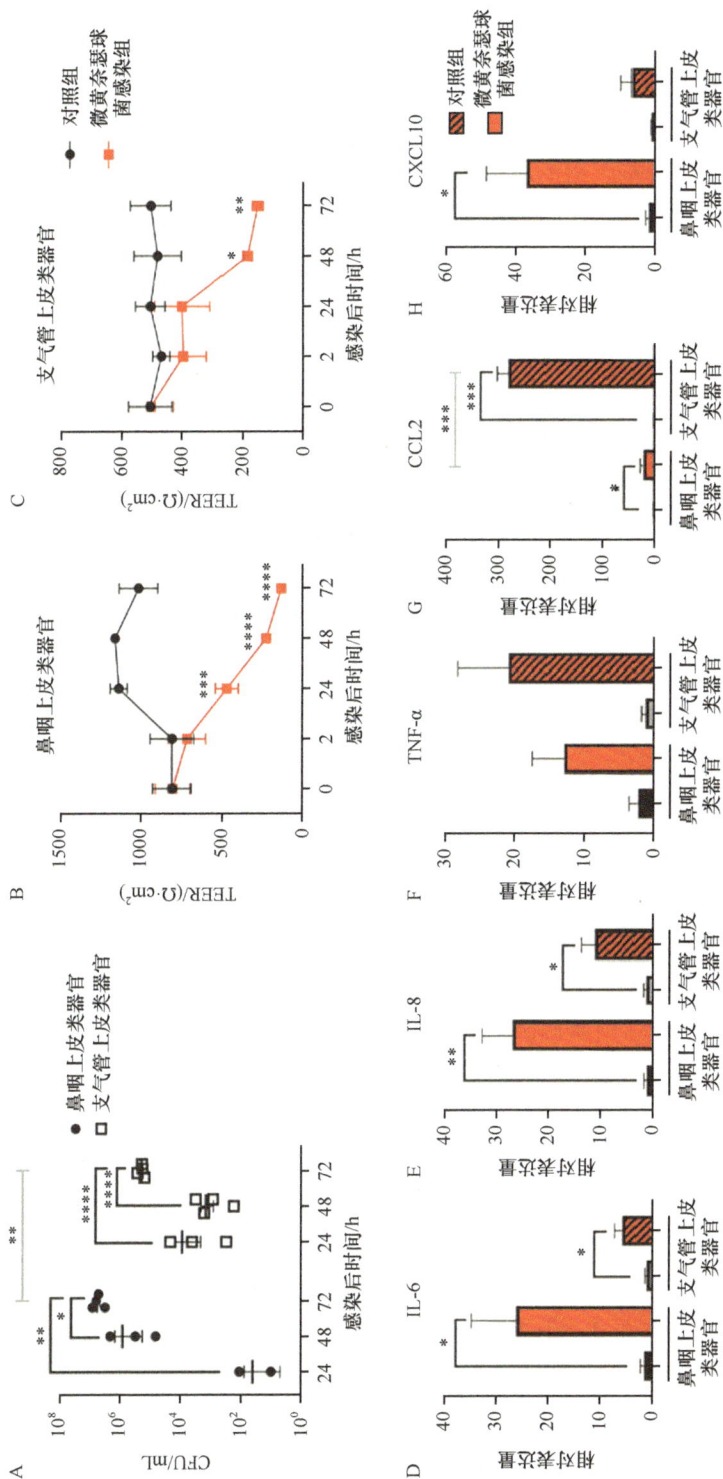

图 3-3-7 微黄奈瑟球菌感染人源分化气道上皮的屏障完整性评估与炎症相关基因表达检测[8]

微黄奈瑟菌感染人源原代分化的鼻咽上皮类器官和支气管上皮类器官后，对感染后 24 h、48 h 和 72 h 的菌落数进行定量（A）。跨上皮电阻法评估微黄奈瑟菌感染鼻咽上皮类器官和支气管上皮类器官 0、2 h、24 h、48 h 和 72 h 后上皮屏障的完整性（B～C）。收集微黄奈瑟球菌感染鼻咽上皮类器官和支气管上皮类器官 24 h 后的 RNA 样品，qRT-PCR 法评估样品中促炎基因白细胞介素-6（IL-6，D）、白细胞介素-8（IL-8，E）、肿瘤坏死因子-α（TNF-α，F）、趋化因子 2（CCL2，G）、CXC 基序趋化因子配体 10（CXCL10，H）的相对表达量。*P＜0.05；**P＜0.01；***P＜0.001；****P＜0.0001。误差条表示示标准差。CFU，集落形成单位；TEER，跨上皮电阻。

量。在低温（4℃）条件下进行收毒，以确保病毒的活性。收集尿囊液时避免混入血液等杂质。

（2）新冠病毒的培养在 BSL-3 实验室内进行，确保实验人员的安全；使用无菌操作，避免交叉污染。

（3）对含 HEV 病毒基因组的质粒体外转录时，要严格按照试剂盒说明进行，确保 RNA 的质量和产量。电转 Huh7 细胞时选择最优参数，确保细胞的高存活率和转染效率。使用定量 PCR 检测病毒滴度时，要确保引物和探针的特异性，避免非特异性扩增。

（4）在新冠假病毒株包装中，确保 293T 细胞的健康状态和高转染效率。使用新鲜的培养基和高质量的转染试剂，确保 S 蛋白的高效表达和病毒颗粒的正确组装。

（5）RT-qPCR 实验中，要确保 RNA 的质量和纯度。使用高效的逆转录试剂盒和特异性的引物。严格按照操作步骤进行，避免污染。进行跨上皮电阻检测时，确保电极的清洁和正确放置，避免气泡干扰测量。FITC-Dextran 相对渗透性分析时，确保 FITC-Dextran 的准确稀释和均匀分布，避免样品污染和光漂白。使用 SAVA 系统检测纤毛摆动频率时，要确保样品的正确放置和系统的校准，避免样品干扰和环境振动。

2）实验步骤

A. 病毒培养

（1）流感病毒的培养：从 ATCC 细胞库购买的甲型流感 H1N1 A/PR8/34 毒株，选取 10～11 日龄的 SPF 鸡胚，采取尿囊腔接种法，向鸡胚尿囊腔内注射病毒液，温箱孵育 48～72 h。收集病毒前将鸡胚放在 4℃冰箱内使血管收缩、鸡胚死亡。剪开壳膜与绒毛尿囊膜，收集含病毒的尿囊液，富集浓缩病毒，并分装于 –80℃冰箱内储存。病毒滴度可通过 MDCK 细胞噬斑形成实验等量化方法测定。

（2）新冠病毒的培养：由新冠感染患者的咽拭子分离获取 SARS-CoV-2 毒株，用 Vero-E6 细胞培养扩增病毒，收取含病毒培养上清，富集浓缩病毒并分装冻存备用。新冠病毒滴度可通过 Vero-E6 细胞噬斑形成实验等量化方法测定。

（3）戊型肝炎病毒 HEV 的培养：构建带有 HEV Kernow-C1 p6 毒株（GenBank2 accession number JQ679013）全长基因组的质粒，用体外转录试剂盒 mMessage mMachine T7 RNA kits 转录全长基因组 RNA，通过电转染将 HEV p6 基因组 RNA 转入 Huh7 细胞，收集细胞培养上清获取有感染活性的 HEV 病毒，富集浓缩病毒并分装冻存备用。由于感染后几乎无细胞病变，病毒量可通过 qPCR 等核酸定量方法测定。

B. 假病毒构建

（1）在真病毒获取困难或实验条件要求难以达到时，可以使用假病毒进行部分替代性实验。以基于水疱性口炎病毒载体 VSV 的复制缺陷型重组新冠假病毒构建为例：构建用萤火虫萤光素酶（Fluc）报告基因代替 VSV-G 基因的 VSV 病毒载体 G*ΔG-VSV，G*ΔG-VSV 感染 293T 细胞的同时转染 pcDNA3.1.VSVG（表达 G 蛋白，使 G*ΔG-VSV 能完成胞内复制），以实现 G*ΔG-VSV 假病毒的扩增。

（2）构建带有 SARS-CoV-2 S 基因全长的质粒 pcDNA3.1.S2，将 SARS- CoV-2 S 蛋白表达质粒 pcDNA3.1.S2 转染到 293T 细胞中，胞内产生大量 S 蛋白并转移、锚定在细胞膜上。同时使用 G*ΔG-VSV 假病毒感染 293T 细胞，目的是提供缺陷型 VSV 基因组，即表达 G 蛋白以外的结构蛋白和 VSV 基因组复制必需的蛋白酶。最后组装成没有包膜的病毒衣壳，其中，定位在细胞膜上大量的 S 蛋白成为假病毒颗粒的包膜蛋白，以出芽的方式释放出来，最终实现了衣壳为 SARS-CoV-2 S 蛋白、基因组中含有 Fluc 报告基因的复制缺陷型重组新冠假病毒的包装（图 3-3-8）。

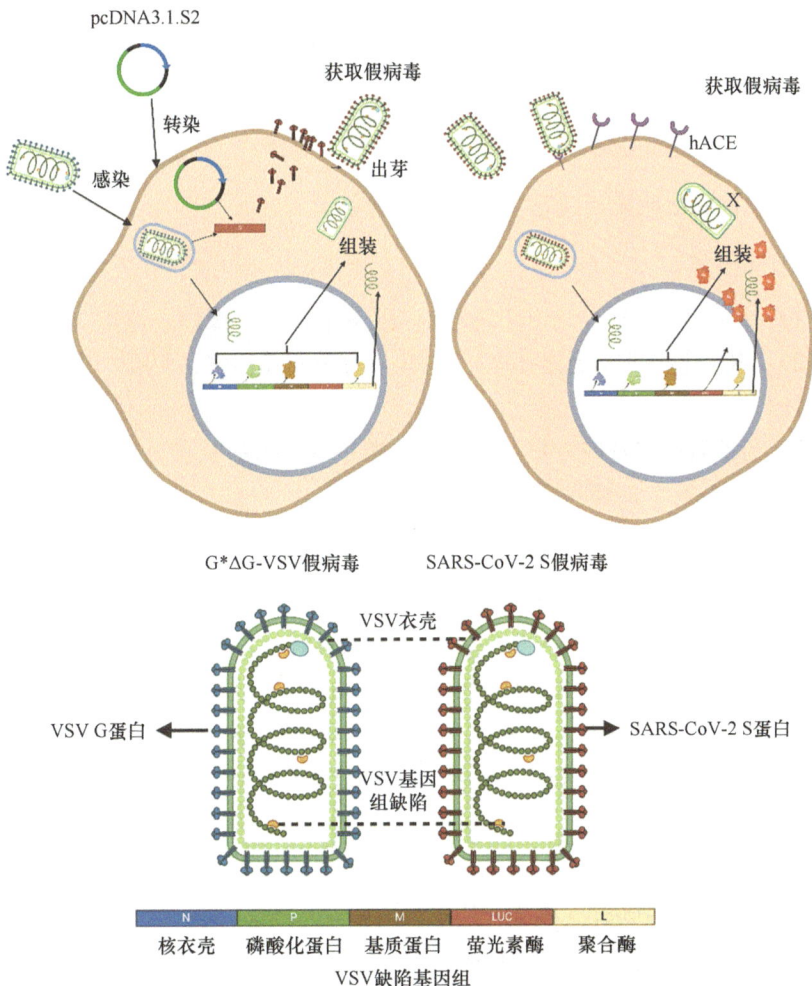

图 3-3-8  SARS-CoV-2 假病毒构建示例[9]

**2. 类器官培养与病毒感染**

1）技术要点

从–80℃冰箱中取出流感病毒或新冠病毒液解冻。

感染过程中注意无菌操作，避免细胞污染。

2）实验步骤

（1）病毒准备与类器官感染：以气液界面培养呼吸道类器官并使用流感病毒或新冠病毒感染为例（图 3-3-9），解冻并稀释流感病毒或新冠病毒原液至适宜 MOI，接种病毒液于类器官表面，在培养箱中孵育 2 h 后清洗 3 次或以上，继续培养类器官至设定实验终点。

（2）3D 培养肝类器官与戊肝病毒感染：对培养成熟的 3D 培养肝类器官进行机械吹打至碎片化后，用含特定量戊肝病毒的培养基重悬类器官，于 37℃培养箱中孵育 6 h，孵育期间每 0.5 h 进行重悬混匀。进行病毒孵育后，对孵育体系在 4℃下进行 300 g 离心 5 min，弃去含病毒的上清并洗涤 3 次或以上，随后用基质胶重新包埋类器官，并继续培养类器官至设定实验终点。

**3. 类器官病毒感染后的宿主免疫响应分析**

1）技术要点

（1）针对 Trizol 样品的 RNA 提取，注意全程冰上操作，避免交叉污染。

（2）qPCR 检测时，选择合适的内参，每个样品需多个复孔，选取特异性较好的引物。

（3）制备石蜡切片时，要保证类器官样品充分固定脱水浸蜡，切片时要保证样品平铺在载玻片上，烤片完全，防止组织脱落。

2）实验步骤

（1）qPCR 检测宿主炎症相关基因的表达变化：用 Trizol 试剂裂解类器官细胞提取总 RNA 样品，用 PrimeScript RT Master Mix kit 试剂盒将 RNA 逆转录成 cDNA，用 Thunderbird SYBR Green qPCR Mix 进行 qPCR 定量宿主相关基因如 IL-6、IL-8、TNF-α、CCL2、CXCL10 等炎症因子、趋化因子的表达变化。

（2）病理学分析：感染前后的类器官通过 4% PFA（多聚甲醛）固定、梯度脱水、石蜡包埋后制备石蜡切片，可用于 H&E、PAS 等病理染色，并可通过免疫荧光染色技术评估类器官的形态结构和病理学特征的改变、代表性靶标如肝脏类器官白蛋白的表达情况等（图 3-3-10）。

（3）酶联免疫吸附试验（ELISA）收集病毒感染前后的类器官培养上清、类器官细胞裂解液，用 ELISA 试剂盒检测类器官培养上清中的免疫因子如 IL-1β、

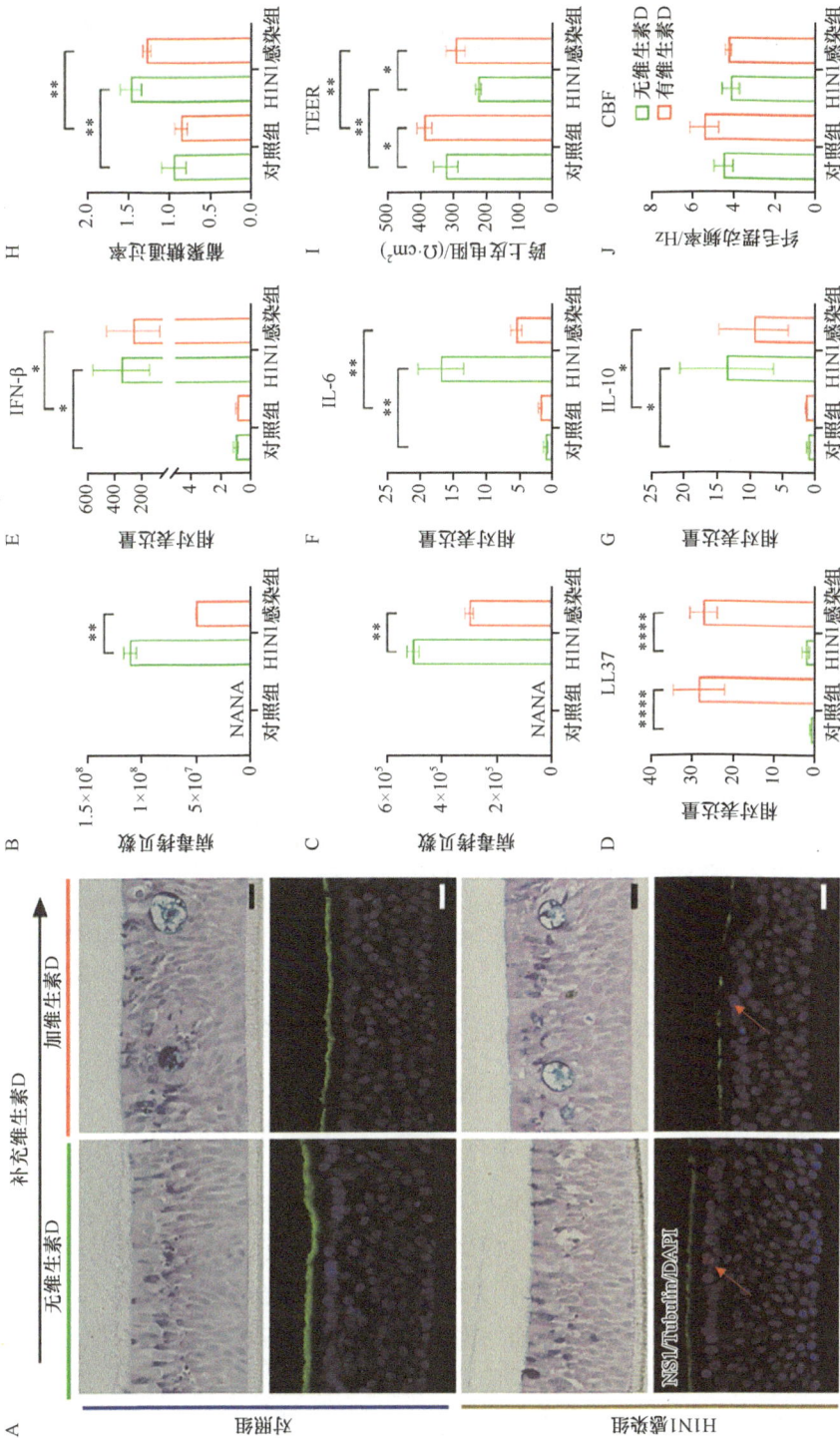

图 3-3-9　1,25(OH)₂D₃ 调控 H1N1 感染呼吸道类器官的宿主反应[10]

A. AB-PAS 染色和免疫荧光染色检测 H1N1 感染模型胞内结构蛋白 NS1；B~F. RT-qPCR 检测 mRNA 的相对表达；G. 跨上皮电阻检测上皮完整性；H. FITC-Dextran 相对渗透性检测；I. 跨上皮电阻检测；J. SAVA 系统纤毛摆动频率 CBF 检测。统计分析方法为 Two-way ANOVA。* $P<0.05$，** $P<0.01$，*** $P<0.001$，**** $P<0.0001$

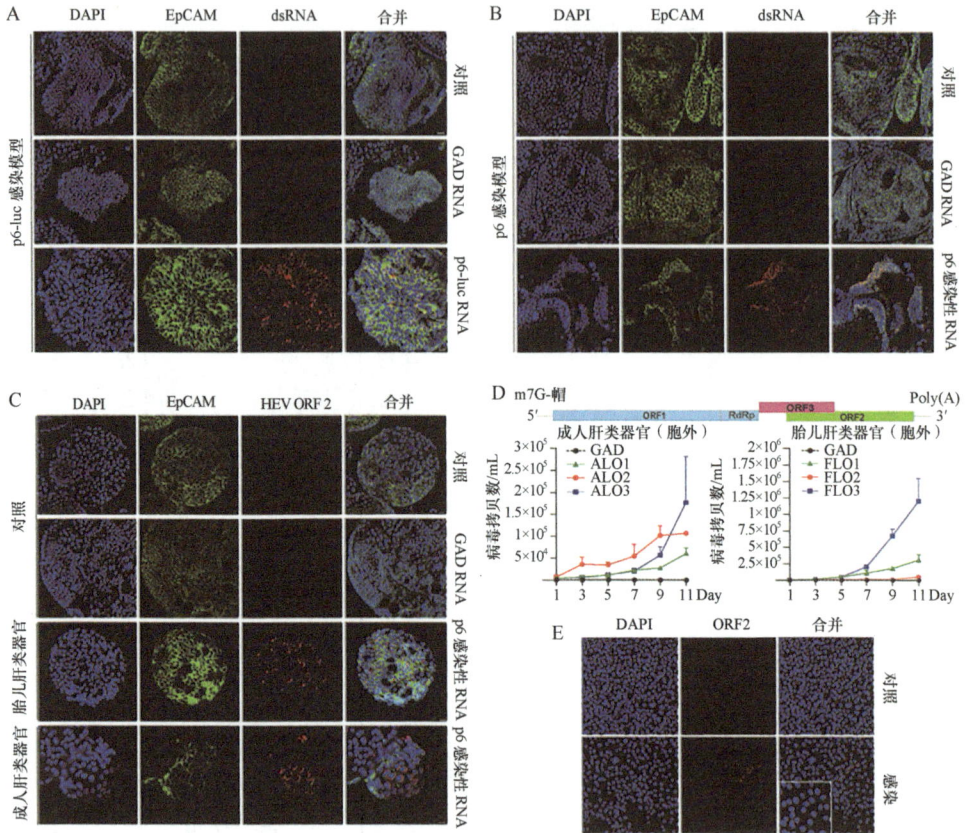

图 3-3-10　戊肝病毒感染肝类器官示例图[11]

A、B. 免疫荧光法染色肝类器官中病毒 dsRNA、EpCAM（上皮细胞表面标志物）和 DAPI（细胞核）。C. 免疫荧光法染色类器官中 HEV ORF2 蛋白表达。D. 电穿孔后第 1 天至第 11 天，成人和胎儿的肝内胆管细胞类器官中 HEV 病毒生产（细胞外）的动力学。E. 免疫荧光法染色 Huh7 细胞中 HEV ORF 蛋白 2 表达。以 GAD 突变（病毒复制缺陷）的 HEV 基因组 RNA 作为阴性对照。数据以平均值±标准差表示

IL-6、IL-8 等的分泌量或类器官细胞裂解液中胞内组分的合成量。

### 4. 类器官病毒感染后的组织损伤检测

1）技术要点

（1）CCK-8 法检测类器官活性时，确保类器官内细胞密度适当，过高或过低都会影响结果。加入 CCK-8 工作液时要轻轻摇晃培养板，使试剂均匀分布。

（2）CCK-8 试剂对光敏感，操作过程中尽量避免强光照射。

（3）设立空白对照（无细胞但有培养基和 CCK-8 试剂）和阴性对照（有细胞但无处理物质），以便校正背景吸光度和评估实验结果。

（4）CellTiter-Glo 发光法检测细胞活力时，注意要点同 CCK-8 法。

2）实验步骤

（1）CCK-8 法检测细胞活性：以气液界面培养类器官为例，弃去原培养基，将 CCK-8 试剂以 1∶10 的比例稀释到细胞培养基中（例如，每孔加入 10 μL CCK-8 试剂到 90 μL 培养基中）。将稀释好的 CCK-8 工作液加入到类器官中，在 37℃、5% $CO_2$ 的培养箱中孵育 1～2 h，收集 CCK-8 检测液，用全波长多功能微孔板检测仪测量吸光度值 $OD_{450}$，检测感染后的类器官细胞活性。

（2）CellTiter-Glo 发光法检测细胞活性：取出待测的类器官培养板，于室温下静置 30 min 使温度稳定于室温，按 CellTiter-Glo 试剂盒说明书准备试剂，向类器官培养板中加入与培养基等体积的 CellTiter-Glo 试剂，震荡混合 2 min 以裂解细胞，随后室温孵育 10 min，用全波长多功能微孔板检测仪记录发光信号，检测 ATP 存在量以评估类器官中活细胞数量。

**5. 类器官感染后的病毒复制与释放检测**

1）技术要点

（1）收集胞内复制的病毒时注意要反复冻融以释放胞内病毒，再进行病毒提取。

（2）病毒噬斑实验中，控制 MDCK 细胞的铺板密度，保证细胞为单层，细胞汇合度一般为 90% 左右，细胞状态不佳会影响病毒吸附和增殖。

（3）稀释过程要准确，避免交叉污染；使用新的移液器吸头进行每次稀释。

（4）吸附时间要准确，过长或过短都会影响结果；轻轻摇晃培养板以确保病毒均匀吸附；覆盖层要均匀，避免气泡；气泡会影响病毒扩散和噬斑形成。

（5）固定和染色时间要准确，过长或过短都会影响噬斑的可见性。染色后要彻底洗涤，避免背景染色过重。计数时要选择适当的稀释度，确保噬斑数目在可计数范围内（通常为 10～100 个噬斑），过多或过少的噬斑都会影响结果的准确性。

2）实验步骤

（1）胞内病毒复制检测：收集感染后类器官细胞，反复冻融释放胞内病毒，用 MiniBEST Viral RNA/DNA Extraction Kit 试剂盒提取病毒 RNA 或 DNA，通过 qPCR 法定量检测病毒复制。

（2）胞外病毒释放检测：收集感染后类器官培养上清，用 MiniBEST Viral RNA/DNA Extraction Kit 试剂盒提取上清中病毒 RNA 或 DNA，通过 qPCR 等方法定量检测病毒释放量。

（3）病毒噬斑试验：对于感染后可引起细胞病变的病毒，如流感病毒等，收集感染后的类器官细胞，反复冻融释放胞内病毒，或收集感染后类器官培养上清，用于重新感染 MDCK 细胞等易感细胞系,统计空斑形成单位以量化病毒。

（三）类器官感染模型平台上的药物筛选与药效检测

1）类器官的药物处理

（1）长疗程药物处理:对于起效慢的药物,可延长药物处理间隔与总时长。例如,可从类器官的扩增阶段、类器官分化早期、类器官分化后期和类器官感染建模前进行给药处理[10]。

（2）短疗程药物处理:对于病原体靶向的类器官药物,如中和血清、小分子药物等,可在感染前或感染建模时给药,直接靶向中和/阻断病原体感染[12,13]。

2）基于类器官的药效检测

（1）CellTiter-Glo 发光法细胞活力检测:取出待测类器官培养板,于室温下静置 30 min 使温度稳定于室温。按 CellTiter-Glo 试剂盒说明书准备试剂,向类器官培养板中加入与培养基等体积的 CellTiter-Glo 试剂,震荡混合 2 min 以裂解细胞,随后室温孵育 10 min,用全波长多功能微孔板检测仪记录发光信号,检测 ATP 存在量以评估类器官中活细胞数量。

（2）qPCR 检测药物代谢及药物效果相关的靶基因表达:例如维生素 D 处理类器官后,通过 qPCR 法检测维生素 D 下游的抗菌肽 LL37 的表达水平,检测与维生素 D 代谢相关的酶 CYP24A1、CYP27B1 等的基因表达水平。

（3）抗感染效率检测:对于直接抗感染类的药物,可通过对比感染后进行和不进行药物处理的类器官的胞内病原菌载量、胞内病毒载量及病原体释放量等指标,评估药物抗感染的效率。

（4）类器官屏障完整性检测:通过跨上皮电阻测定、类器官病理学分析等,评价给药与否对类器官屏障完整性的影响,从而评价药物的宿主屏障防御调节作用。

3）类器官药物筛选要点

（1）类器官细胞来源供体的个体差异性控制:严格遵守伦理学要求,控制临床标本采集的纳入、排除标准,确保标本供者的性别、年龄、地域、基础健康状态、疾病分型、病灶类型、取样标准、术前用药情况等具有可比性。

（2）类器官批次效应可控性:严格控制用于药物筛选的每个复孔内的类器官数量、类器官细胞活性、类器官传代代次等在同一基线水平。

（3）类器官培养模式选择:对于大分子药物,需考虑药物-基质胶穿透效率,优先选择非基质胶培养的类器官进行给药;对于药物靶点在细胞分布上不均匀的药物,需考虑类器官的空间组织特点进行给药。

# 参 考 文 献

[1] Westermann A J, Vogel J. Cross-species RNA-seq for deciphering host-microbe interactions. Nat Rev Genet, 2021, 22(6): 361-378.

[2] Bumann D. Heterogeneous host-pathogen encounters: act locally, think globally. Cell Host & Microbe, 2015, 17(1): 13-19.

[3] Puschhof J, Pleguezuelos-Manzano C, Clevers H. Organoids and organs-on-chips: Insights into human gut-microbe interactions. Cell Host & Microbe, 2021, 29(6): 867-878.

[4] Sato T, Vries R G, Snippert H J, et al. Single Lgr5 stem cells build crypt-villus structures *in vitro* without a mesenchymal niche. Nature, 2009, 459(7244): 262-265.

[5] He Y, Qu J, Wei L, et al. Generation and effect testing of a SARS-CoV-2 RBD-targeted polyclonal therapeutic antibody based on a 2-D airway organoid screening system. Frontiers In Immunology, 2021, 12: 689065.

[6] Puschhof J, Pleguezuelos-Manzano C, Martinez-Silgado A, et al. Intestinal organoid cocultures with microbes. Nature Protocols. 2021, 16(10): 4633-4649.

[7] Tang M, Liao S, Qu J, et al. Evaluating bacterial pathogenesis using a model of human airway organoids infected with *Pseudomonas aeruginosa* biofilms.Microbiol Spectr, 2022, 10(6): e0240822.

[8] Li L, Mac Aogáin M, Xu T, et al. Neisseria species as pathobionts in bronchiectasis. Cell Host & Microbe, 2022, 30(9): 1311-1327.e8

[9] Nie J, Li Q, Wu J, et al. Quantification of SARS-CoV-2 neutralizing antibody by a pseudotyped virus-based assay. Nature Protocols, 2020, 15(11): 3699-3715.

[10] Liao S, Huang Y, Zhang J, et al. Vitamin D promotes epithelial tissue repair and host defense responses against influenza H1N1 virus and *Staphylococcus aureus* infections. Respiratory Research, 2023, 24(1): 175.

[11] Li P, Li Y, Wang Y, et al. Recapitulating hepatitis E virus-host interactions and facilitating antiviral drug discovery in human liver-derived organoids. Sci Adv, 2022, 8(3): eabj5908.

[12] Tong L, Xiao X, Li M, et al. A glucose-like metabolite deficient in diabetes inhibits cellular entry of SARS-CoV-2. Nature Metabolism, 2022, 4(5): 547-558.

[13] Tong L, Wang L, Liao S, et al. A retinol derivative inhibits SARS-CoV-2 infection by interrupting spike-mediated cellular entry. mBio, 2022, 13(4): e0148522.

## 第四节　抗病毒单克隆抗体的快速筛选和功能表征

瞿林林，沈晨光

南方医科大学公共卫生学院

摘　要：单克隆抗体（mAb）是指同一种抗原决定簇的细胞克隆所产生的均

一性抗体。抗病毒单克隆抗体的作用机制是 mAb 迅速靶向病毒或感染细胞，从而清除或减弱病毒感染。mAb 减少病毒传播的效果，一是取决于 mAb 与抗原结合的活性，二是取决于 mAb Fc 片段所携带的效应功能。大多数抗病毒 mAb 通过识别病毒表面功能性抗原进而中和病毒，同时抗病毒 mAb 也可以通过与免疫系统不同组分相互作用，从而诱导受感染个体的内源性免疫系统以激活持久的抗病毒免疫。在各种潜在的治疗干预措施中，mAb 是最有前途的分子类别之一，因为它们在使用过程中具有长期的安全性记录，对病毒的特异性强，从而最大限度地降低了脱靶效应的风险，以及增强它们在对抗感染时协调免疫防御的能力。全人源单克隆抗体指的是抗体基因及蛋白质序列完全来源于人类的 mAb，该类 mAb 不含其他种属成分，在人体内基本不发生免疫反应，不产生抗药抗体等毒副作用，有最佳的药代动力学特性。目前制备抗病毒全人源单克隆抗体的快速筛选技术主要有噬菌体展示技术和 B 细胞抗体基因扩增技术。本节以制备抗新型冠状病毒中和单抗为例，提供了基于单细胞分选的 B 细胞培养单克隆抗体快速筛选技术流程，以及得到单克隆抗体后的抗体结合效价检测、亲和力检测、中和活性检测、体内抗病毒活性鉴定、表位鉴定和抗病毒机制的抗体功能表征实验流程，此流程将提供抗病毒功能性单克隆抗体的研发方法和可靠的体外评价模型。

**关键词：**抗病毒单克隆抗体，B 细胞培养技术，中和抗体体内外评价，中和抗体机制

# 一、背景

病毒感染引发的传染病持续危害人类健康，如新型冠状病毒、人类免疫缺陷病毒、流感病毒、呼吸道合胞病毒等。由于病毒易变异、种类多、部分病毒宿主类型多样、全球人口流动大、人与动物接触频繁等因素的存在，给人类病毒感染的预防、治疗和诊断造成巨大挑战[1]。高效的治疗性药物、科学的临床治疗和预防是人类对抗传染病的"重要武器"。目前，抗病毒药物是人类对抗病毒感染的最重要手段之一，抗病毒特效药的使用可大大减少病毒感染人类导致的重症率和死亡率[2]。然而，每年全球因感染病毒而导致的重症和死亡人数仍居高不下，说明当前相关抗病毒药物效果仍不理想，因此，研发抗病毒疗效更好的抗病毒新型药物，是当今重要的科学研究方向。

抗病毒特效药和疫苗是人类对抗传染病的两类最有效方法，抗体类药物由于其靶向性强、副作用小、抗病毒活性好的特点，在多种人类病毒性疾病的防治中发挥重要作用[3]。目前的抗体类药物，按照宿主来源区分，主要包含鼠源性抗体、兔源性抗体、人源化抗体和全人源抗体。相对其他种属来源的抗体，全人源单克隆抗体由于其基因序列完全来源于人，具备免疫原性低和副作用小的优势，全人

源单克隆抗体成为未来单克隆抗体的主要发展方向。目前，快速制备全人源单克隆抗体的技术主要有噬菌体展示技术、单个 B 细胞 PCR 技术、记忆 B 细胞体外培养技术[4]。其中，记忆 B 细胞体外培养技术相对于噬菌体展示技术和单个浆细胞 PCR 技术，具有保留抗体重链可变区和轻链可变区天然配对的优点，可以快速筛选中和既定目标的人源抗体，具有研发周期短、基因多样性优、成本低、成功率高等优点，是筛选中和病毒人源抗体的理想方法。

本节将以 B 细胞体外培养技术为基础，对中和抗体的快速筛选、中和抗体的体外评价、中和抗体的体内评价、抗原表位鉴定和抗病毒机制鉴定流程进行详细描述。

## 二、材料与试剂

### 1. 细胞培养试剂

（1）IMDM 培养基（Gibco）。

（2）胎牛血清（Sigma-Aldrich）。

（3）高糖 DMEM（Gibco）。

（4）青霉素链霉素（Quality Biological）。

（5）白细胞介素 2，10 000 U /mL（Roche）。

（6）白细胞介素 21，10 000 U /mL（Roche）。

（7）1×PBS，pH 7.4。

（8）细胞培养冷冻液（Gibco）。

（9）细胞一次性用具：15 cm 细胞培养皿、5 mL 带细胞过滤器盖的聚苯乙烯圆底管、15 mL 管、50 mL 管、血细胞计数板。

### 2. 流式分选试剂

（1）CD19-PE-Cy7（BD Biosciences）。

（2）IgA-APC（Jackson ImmunoResearch Laboratories）。

（3）IgD-FITC（异硫氰酸荧光素）（BD Pharmingen）。

（4）羊抗人 IgG，Fc specific （Sigma-Aldrich）。

（5）人 IgG（Sigma-Aldrich）。

（6）一次性滤膜（Biosharp）。

（7）2 mL 带滤盖的流式管（Falcon）。

（8）96 Well ELISA plate（Corning$^{TM}$ Costar$^{TM}$ 9018，3590）。

（9）DEPC 水（Quality Biological）；96 孔 PCR 板：BIO-RAD，MLP9601。SepMate$^{TM}$ 密度梯度离心管（#86415）；淋巴细胞分离液（GE，6×100mL，Cat

17-1440-02）。

### 3. 分子克隆试剂

（1）逆转录试剂盒：SuperScript$^{TM}$ III First-Strand Synthesis Syste（Introvigen）。

（2）PCR 试剂盒：HotStar HiFidelity Polymerase Kit（1000）（QIAGEN，202605）
Pyrobest$^{TM}$ DNA Polymerase （Takara，R005B）。

### 4. 设备

（1）细胞培养箱（Thermo Fisher Scientific Heraeus BB 150 $CO_2$ 培养箱）。

（2）倒置显微镜（Zeiss ID 02）。

（3）流式细胞仪（BD FACS-Aria III）。

（4）X 射线生物辐照仪 （MultiRad）。

（5）离心机 （Eppendorf，型号 5418R）。

（6）生物安全柜 （MSC-Advantage$^{TM}$ II，ThermoFisher，美国）。

（7）超纯水器（Milli-Q academic system）。

（8）酶联免疫吸附测定阅读器（多功能微孔板检测仪）。

（9）PCR 仪（BIO-RAD）。

（10）PallForteBio Octet$^®$ RED96 相互作用分析仪。

## 三、操作步骤

### （一）单 B 细胞分选

目前，单细胞的分离和分选（isolation and sorting of single cell）仍然是一项具有挑战性的技术，主要的挑战是产量和质量（即细胞的完整性和纯度）能否达标，以及单细胞分离方法的通量和灵敏度是否能符合技术要求。当前已成功开发了一些用于单细胞分离和分选的技术，可根据科学目标加以应用。

在各种类型的流式细胞仪中，荧光激活细胞分选（fluorescence-activated cell sorting，FACS）系统提供了分离单个细胞的能力。FACS 系统采用激光激发并提供各种分析选项，可以根据分选细胞的相对大小和粒度，分别提取为前向散射（FSC）和侧向散射（SSC）荧光强度；此外，细胞的一些功能特性可以通过荧光染色进行测量。在 FACS 系统中，细胞悬液通过流动池压力驱动，并利用流体动力聚焦效应的鞘流液体进行逐个排列（图 3-4-1）。在这种设置下，细胞流快速通过激光束以提供光激发，然后在下游使用光检测器来捕获细胞特异性信号。信号取决于细胞各自的物理、化学或光学特性——通常通过荧光染料等合成标记增强。FACS 系统除了大小分析和计数外，还可以对绕过的细胞进行分类，分析后，细胞悬浮在一个封闭的小通道系统中，细胞流被迫通过一个小喷嘴（通常为 60～100 μm 的孔口直径），从而形成液体射流。通过有针对性的振动驱动（如超声波），这种射流分裂成连续的自由飞行液滴流，其中一些携带细胞，使用带电板偏转含有感兴趣细胞的液滴，这些液滴可以被引导到收集器容器（通常是管或微孔板）。

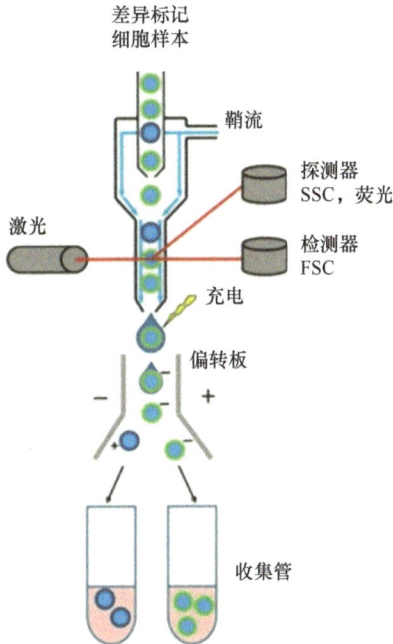

图 3-4-1　FACS 分离示意图[5]

目前主流的流式细胞分选系统如 FACS-Aria^TMIII（Becton，Dickinson and Company，Franklin Lakes，NJ，USA），可提供多达 6 种不同颜色的激发激光器和读出多达 18 种颜色通道的同步荧光，该系统每秒能够生成多达 100 000 个液滴并分析多达 70 000 个事件。通常，FACS 系统提供不同的分类模式，专门针对高通量细胞进行富集或提纯，根据应用、细胞类型和选择的分类模式，分类细胞的实际速率可能在每秒数百到数千个细胞之间，不同参数下的细胞分选速率可存在较大差异。

由于已知通过有限稀释方法进行细胞克隆对细胞的活性等存在潜在危害，FACS 已成为细胞群分析和分选的公认全球标准。FACS 技术的主要研究和应用领域包括 DNA 含量分析、免疫表型分析、可溶性分子的定量、细胞周期分析、造血干细胞分析、细胞凋亡分析、亚群定量、微生物分析和癌症诊断；样品范围几乎涵盖了所有细胞类型，从血液、骨髓、肿瘤、植物、原生质体、酵母到细菌甚至病毒。

**1. 技术要点**

（1）所有操作须严格遵守无菌操作流程，在操作过程中须注意使用灭菌器具并用 75%乙醇消毒操作台及所使用的器具，避免交叉污染。

（2）分选的细胞样本需要制成单细胞悬液，制备时尽量轻柔，其细胞密度建议为 $1\times10^6\sim1\times10^7$ cells/mL，上样前使用 70 μm 的滤膜进行过滤。

（3）分选时建议高细胞浓度、低上样速度，以保证细胞活率。

（4）推荐使用重悬液：DPBS/HBSS+HEPES（10～25 mmol/L）+ 2%BSA/FBS。

（5）重悬液中可适当添加 EDTA（1～5 mmol/L）和/或 DNase（20～200 μg/mL）以防止聚集成团。

（6）使用细胞死活核酸染料（PI、7-AAD 等）实时检测分选细胞的死活状态。

（7）尽量降低分选时间：大量细胞分选时，可制备一批、分选一批，及时处理分选后的细胞。

**2. 实验步骤**

首先使用梯度离心法对新型冠状病毒康复期患者外周血进行外周血单个核细胞（peripheral blood mononuclear cell，PBMC）分离，将分离后的细胞进行抗原孵育和荧光染色，染色结束后进行洗涤、过滤并制成单细胞悬液；然后通过流式细胞仪进行上机操作，再通过细胞表面标志物荧光抗体染色区分抗原特异性记忆 B 细胞、未经分化的 B 细胞和 T 细胞，将特异性 B 细胞通过细胞分选进行培养。具体实验步骤如下。

1）分离 PBMC

（1）采血：新鲜采集的抗凝外周静脉血 5 mL。

（2）稀释：室温下加入等体积的 1×PBS（5 mL），轻轻摇匀，或用移液器缓慢吹打。

（3）加样：取 15 mL 离心管，加入 3 mL 淋巴细胞分离液 （使用前摇匀，可用针头吸取），管倾斜 45°，将稀释后的血液在淋巴细胞分离液液面上方约 1 cm 处沿管壁缓慢加至淋巴细胞分离液上面。

（4）离心：18～20℃，400 g 离心 30～40 min（降速调至 1），离心后从管底至液面分 4 层，依次为红细胞和粒细胞层、分离液层、单核细胞层、血浆层。

（5）回收：先用移液管轻轻吸去上层的血浆，再小心吸出云雾层，放入新的离心管（血浆层也要回收，可保留用作后续实验）。

（6）洗涤：加入至少 3 倍体积的 1×PBS 至 PBMC，用移液器轻柔吹打混匀，在 18～20℃，400～500 g 离心 10～15 min，1×PBS 洗涤两次。

（7）冻存：上述分离后的 PBMC 可直接进行染色用于单 B 细胞分选；或使

用细胞冻存液进行冻存，后续可复苏使用。

2）复苏 PBMC

（1）37℃预热一个装有 7.5 mL IMDM 培养基和含 15 μL 核酸酶的 15 mL 离心管。

（2）在37℃水浴锅中快速解冻含 $1×10^5$～$1×10^6$ 个细胞的、来自患者的 PBMC，直到浮冰是可见的。向冻存管中加入 1 mL 预加热的 IMDM/核酸酶培养基，让冻存管静置 15 s，之后移动到上述预热的 15 mL 锥形管中。

（3）4℃、335 $g$ 离心 10 min。

（4）用 1 mL 1×PBS-1%（$m/V$）BSA 重悬 PBMC，并转移至 1.5 mL 离心管中标记（Tube1），分出 50 μL 细胞到 5 个新的 1.5 mL 离心管，标记为 Tube2～6。

（5）4℃，335 $g$，离心 10 min，用 100 μL 1×PBS-1%（$m/V$）BSA 缓冲液重悬细胞。

3）细胞染色

（1）用 75%乙醇彻底清洁超净工作台和移液枪。

（2）在 1.5 mL 离心管中准备抗体染色混合物（50 μL 的染色混合物可染 $5× 10^7$ 细胞）。

Tube1：混合管的加样信息如下所示：

| 标记抗体名称 | 抗体加入体积/μL |
|---|---|
| CD19-PE-Cy7 | 0.5 |
| IgM-PE | 1.0 |
| IgA-APC | 2.5 |
| IgD-FITC | 2.5 |
| 1%BSA 的 PBS | 43.5 |

Tube 2～6：加 50 μL PBS-1%（$m/V$）BSA 至光补偿管 Tube 2～6，将单个抗体分别加到 Tube 2～5 中，Tube 6 作为无染色对照。加样信息如下所示：

| 管号 | 抗体名称 | 抗体加入体积/μL | 1%胎牛血清的 PBS 体积/μL |
|---|---|---|---|
| 1 | Master mix | 50 | 0 |
| 2 | CD19-PE-Cy7 | 0.5 | 50 |
| 3 | IgM-PE | 1.0 | 50 |
| 4 | IgA-APC | 2.5 | 50 |
| 5 | IgD-FITC | 2.5 | 50 |
| 6 | — | — | 50 |

（3）用准备好的染色抗体混合物轻轻重悬对应管的细胞。

（4）用锡箔纸覆盖染色的 6 个管，4℃孵育 30 min。

（5）用 1 mL 的 PBS-1%（$m/V$）BSA 重悬细胞，充分混合悬浮液，再加入 2 mL 的 PBS-1%（$m/V$）BSA，洗涤细胞。

（6）以上细胞管，4℃，335 $g$，离心 10 min，在超净台内打开一袋带滤帽的流式管，并在管上标上管号。

（7）用 500 μL PBS-1%（$m/V$）BSA 重悬细胞并转移悬浮液通过过滤器到带滤帽的流式管中，4℃避光保存。

4）细胞分选

（1）在分选 30 min 前打开细胞分选仪，让激光预热。加入 250 μL IMDM 至 2 mL 无菌微型离心管中，轻轻涡旋润湿管壁。

（2）将流式管接入细胞分选仪，给 CD19$^+$ IgM$^-$IgA$^-$IgD$^-$ 记忆 B 细胞圈门，如图 3-4-2A 所示，运行补偿。

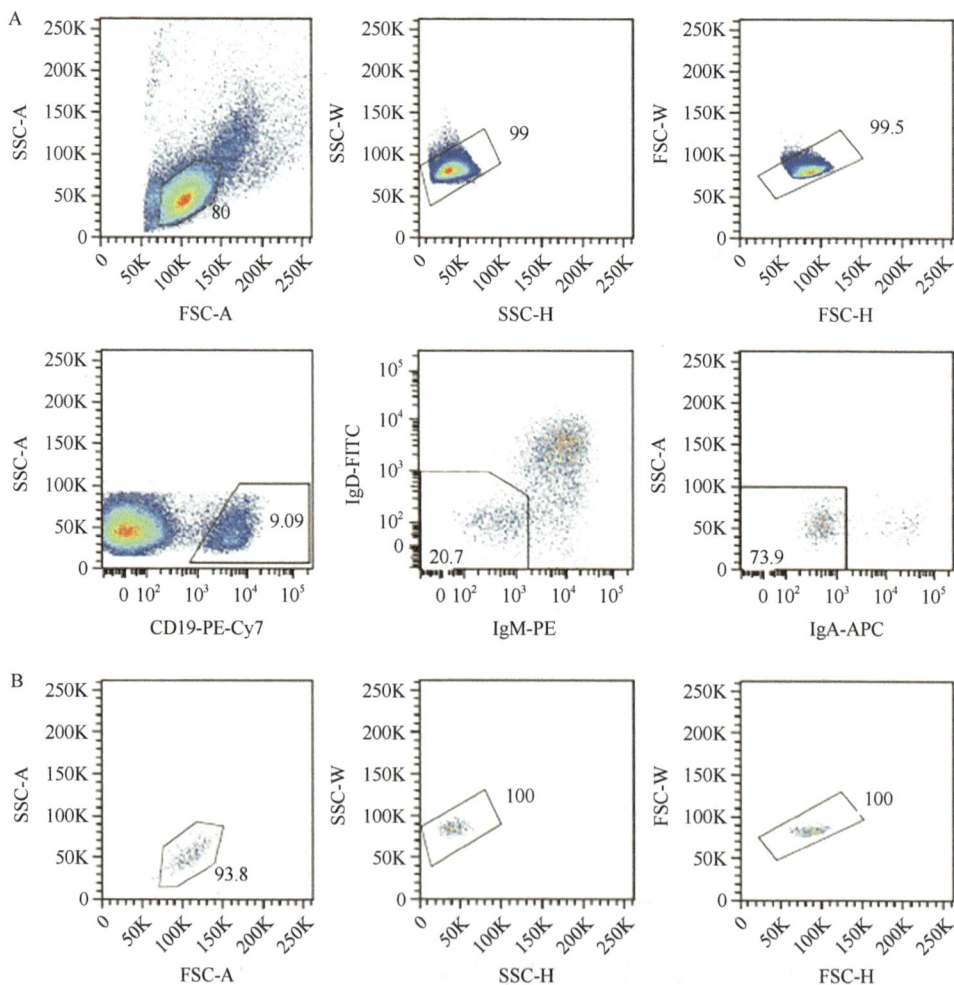

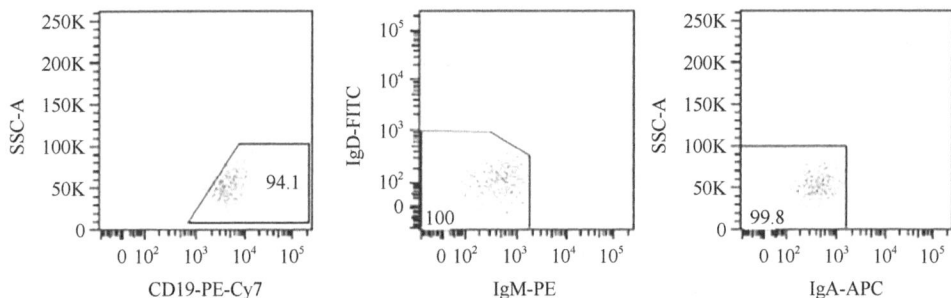

图 3-4-2　特异性 B 细胞流式分选门控策略[6]

A. 从一名感染患者收集的外周血单个核细胞样本中检测 CD19⁺IgM⁻IgA⁻IgD⁻记忆 B 细胞的门控；B. 分选后 CD19⁺ IgM⁻IgA⁻IgD⁻细胞的纯度

（3）调整流速，使流速尽可能接近每秒 13 000 个细胞，但不要更高，监控分选过程中的流量。

（4）将步骤（1）制备的 2 mL 无菌微离心管装入分选块。

（5）开始分选和收集 B 细胞，记录分选数据。

（6）卸载来自患者的 PBMC 样本，并将剩余的样本放在冰上，从分选块上取下分选管，然后用吸管吸取管道内的介质轻轻清洗其管壁。

（7）清洗细胞分选机，检查分选后的纯度，将进样管冲洗 1～2 min，然后加载一管新的 PBS-1%（$m/V$）BSA，以第 8 档的流速冲洗进样管 2 min，清除管路中残留的细胞。

（8）从分选后样本取约 10 μL 的细胞，并将它添加到含 100 μL PBS-1%（$m/V$）BSA 的流式管中，然后对其进行流式细胞试验，记录分选后纯度。

（9）根据流经 CD19⁺IgM⁻IgA⁻IgD⁻门的已分选群体的复合百分比确定细胞纯度：如果细胞纯度超过 90%，进行下一步；如果细胞纯度低于 90%，重复细胞分选过程。纯度分析如图 3-4-2B 所示。

（10）计算细胞数量。

## （二）B 细胞培养

分选出特定的 B 细胞后，在特定的培养基中对 B 细胞进行刺激分化培养（B cell stimulation and differentiation culture），使其分化为可以分泌抗体的浆细胞，之后检测培养上清中的抗体，选择阳性孔进行抗体的基因钓取。培养基中加入了饲养细胞，其分泌的 CD40L 可以与 B 细胞表面的 CD40 分子结合，促进记忆 B 细胞向浆细胞分化。除此之外，培养基中的细胞因子如 IL-21、IL-2 等均被证实能够作为共刺激因子促进记忆 B 细胞的分化。饲养细胞在 B 细胞的培养过程中分泌的 CD40L 主要起到刺激 B 细胞分化的作用，但是饲养细胞中的 mRNA 会对后续的抗体基因的扩增造成干扰，因此在培养前需要将饲养细胞进行亚致死剂量的辐照，确保其在培养终点无法正常存活。同时饲养细胞的数量对 B 细胞的体外培养至关重要，如饲养细胞过多，培养初期其将与 B 细胞形成竞争，饲养细胞过少，则会造成刺激效果不佳。流式分选会对细胞造成一定的损伤，进而可能导致体外培养的失败，过多的细胞数量也会对后期抗体的轻重链配对造成困扰，因此，要在保证培养成功率的情况下尽量降低每孔分选的细胞数。在 B 细胞成功培养后，进行 B 细胞抗体可变区基因钓取，并与人抗体恒定区连接，进行抗体表达载体构建。基于单细胞分选的细胞培养法快速筛选人单克隆抗体的具体流程如图 3-4-3 所示。

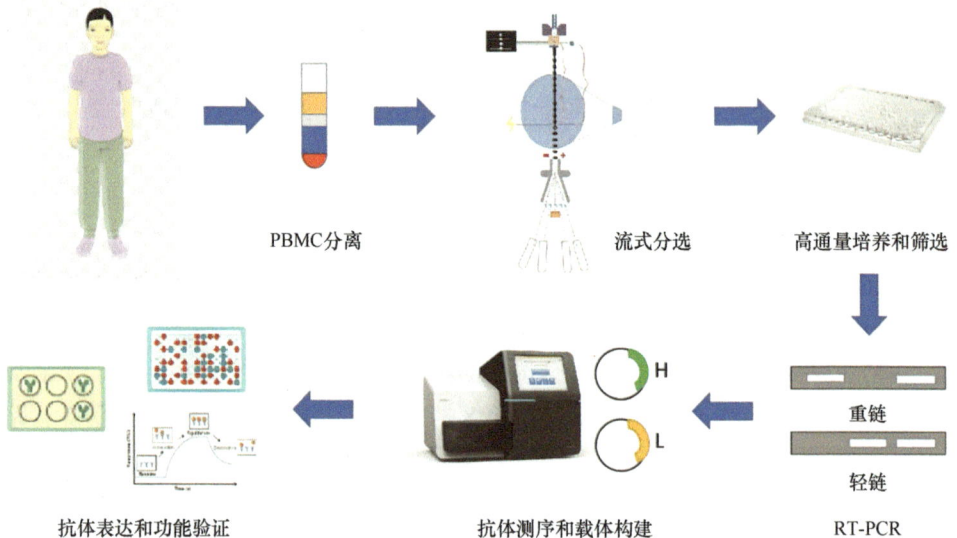

图 3-4-3　基于单细胞分选的细胞培养法筛选人单克隆抗体流程

## 1. 技术要点

（1）饲养细胞辐照后需做铺板验证，在 24 孔细胞板中培养 7 天后无增殖，即为辐照成功。

（2）B 细胞体积小且脆弱，操作时需要轻柔温和。

（3）B 细胞培养基加入的细胞因子易失效，需要现配现用，配制好的培养基在 4℃冰箱可保存 5 天。

## 2. 实验步骤

首先，培养 3T3-CD40L 滋养细胞至一定数量，使用 X 射线辐照仪进行细胞辐照，辐照后进行细胞冻存。其次，将辐照后的细胞和分选后的记忆 B 细胞进行一定数量的混匀后铺板，使记忆 B 细胞在有 CD40L 蛋白、IL-2 和 IL-21 的条件下生长并进行分化。

1）培养并辐照 3T3-CD40L 细胞

（1）配制 3T3-CD40L 细胞培养基：将 50 mL FBS（56℃、40 min 灭活）、5 mL 的 L-谷氨酰胺、500 μL 的庆大霉素加入到 450 mL 的高糖 DMEM，过滤。4℃，保存 2 周。冻存液：90% FBS，10% DMSO。

（2）将 $3×10^6$ 3T3-CD40L 细胞置于含有 30 mL 3T3-CD40L 细胞培养基的 15 cm 细胞培养皿中，直到细胞长到 80%～90%。

（3）当培养皿中细胞达到 80%～90%，弃去培养基，用 10 mL 1×PBS 洗细胞。添加 4 mL 的 1×胰蛋白酶，在 37℃细胞培养箱放置 10 min 消化细胞，加入 5 mL 3T3-msCD40L 细胞培养基停止消化，收集细胞到 50 mL 离心管。

（4）4℃，335 $g$ 离心 10 min。

（5）用 10 mL 3T3-msCD40L 细胞培养基重悬细胞，并使用血细胞计数板计数，然后用 3T3-CD40L 细胞培养基重悬细胞至密度为 $1×10^7$ 个细胞/mL。

（6）将装有细胞的 50 mL 锥形管置于 X 射线生物辐射仪中，50Gy 室温照射细胞。

（7）辐照细胞后，4℃，335 $g$ 离心 10 min。

（8）按 $3.15×10^6$ 个细胞/冻存管，用适量细胞冷冻液重悬细胞并分装 1 mL 至每个冻存管，把冻存管放入加了异丙醇的冻存盒中，将它们存储在-80℃过夜，第二天转移至液态氮冷冻长期储存。

2）B 细胞铺板及培养

（1）铺板准备：计划每孔铺 2.5～4 个分选的 B 细胞、5×7500 个饲养细胞；对于 96 孔细胞板，每板所铺细胞数量和试剂用量计算如下。

①B 细胞数量：

2.5 个细胞/孔×60 孔/板×8 板=1200 个 B 细胞

4 个细胞/孔×60 孔/板×8 板=1920 个 B 细胞

②饲养细胞数量：

7500 个细胞/孔×60 孔/板=$4.5×10^5$ 个饲养细胞

5×7500 个细胞/孔×60 孔/板=$2.25×10^6$ 个饲养细胞

③体积：250 μL/孔×60 孔/板=18 mL

④试剂用量：对于一个 96 孔培养皿，总混合液体积为 18 mL（留出 3.5 mL 混合液作为"no-B 细胞"（非抗体）对照，混合液的组成如下所示：

| 成分 | 体积 |
| --- | --- |
| IMDM 完全培养基 | 16.8 mL（或 12.8 mL） |
| IL-2（10 000 U/mL） | 170 μL |
| IL-21（100 μg/mL） | 8.5 μL |
| 3T3-CD40L | 1 mL（或 5 mL） |

（2）解冻一管细胞总量为 $3.15×10^6$ 的辐照后 3T3-CD40L 细胞，并用 7.5 mL 的 37℃ 预热的、包含 15 μL 核酸酶的 IMDM 培养基重悬细胞。

（3）4℃，335 g 离心 10 min，用 6 mL IMDM 完全培养基重悬细胞。

（4）将步骤（1）～（3）的灭菌材料无菌转移到同一个超净工作台中。

（5）配制细胞培养混合物如上表。

（6）铺板如下表，no-B 细胞铺在空白孔中。

|  | 1 | 2 | 3 | 4 | 5 | 6 | 7 | 8 | 9 | 10 | 11 | 12 |
|---|---|---|---|---|---|---|---|---|---|---|---|---|
| A |  |  |  |  |  |  |  |  |  |  |  |  |
| B |  |  |  |  |  |  |  |  |  |  |  |  |
| C |  |  |  |  |  |  |  |  |  |  |  |  |
| D |  |  |  |  |  |  |  |  |  |  |  |  |
| E |  |  |  |  |  |  |  |  |  |  |  |  |
| F |  |  |  |  |  |  |  |  |  |  |  |  |
| G |  |  |  |  |  |  |  |  |  |  |  |  |
| H |  |  |  |  |  |  |  |  |  |  |  |  |

（7）加 250 μL 无菌水到 96 孔板的最边缘孔中，每板需无菌水约 10.2 mL。

（8）将之前留出来作为阴性对照的饲养细胞混合物按 250 μL/孔加到第 C 行，根据计算，在剩余的饲养细胞混合物中加入适量的 B 细胞，并轻轻混匀。

（9）将细胞混合物转移到无菌皿，轻轻混匀细胞，保持 B 细胞均匀悬浮。向 96 孔板内部 60 孔加入 250 μL 细胞混合物（C 行除外）。

（10）将 96 孔细胞培养皿放入 37℃ 细胞培养箱，静置 13～14 天。

（11）第 7 天：在显微镜下观察细胞培养皿，生长的 B 细胞会小而圆且有折射，所有的孔都将含有饲养细胞的碎片，饲养细胞在第 3 天开始死亡，B 细胞增殖如图 3-4-4 所示。

3）收集细胞上清液并冻存细胞

（1）配制细胞裂解液。将 1 mL 1 mol/L 的 Tris-HCl（pH 8.0）、0.85 mL 的 RNA 酶抑制剂加入到 66 mL 的 DEPC-treated $H_2O$，混合。现配现用，4℃ 使用供 8 个 96 孔板用。第 12 天：ELISA 法测定上清液中 IgG 浓度；第 13 天：收集上清和 B 细胞裂解。

（2）用 75% 乙醇擦拭超净工作台和移液器，然后用 RNase 去除 RNA。

（3）计算第 13 天收集 B 细胞培养上清所需的 96 孔板数量。

（4）取出细胞培养皿，4℃，335 g 离心 10 min。

（5）使用 12 道移液枪将 220 μL 上清液从旧的 96 孔板转移到相应的新 96 孔板，其上清液将用于 ELISA IgG 浓度检测和抗原抗体特异性结合实验。

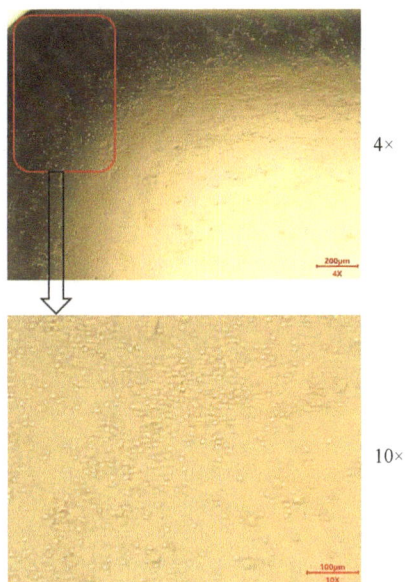

图 3-4-4　4 倍镜和 10 倍镜下观察 B 细胞增殖状态

（6）用铝箔封口的板盖盖上上清液，存储在-80℃。

（7）向含 B 细胞的 96 孔板加入 50 μL 裂解缓冲液。用铝箔封口，盖上盖子。立即存储在-80℃。可以存储 2 年。

4）抗原阳性 B 细胞人抗体可变区基因钓取

方法：不提 RNA，直接吸取 96 孔板中 5 μL 细胞裂解液。

逆转录引物如下：

| 引物名称 | 5′→3′序列 |
| --- | --- |
| IgG-RT | AGGTGTGCACGCCGCTGGTC |
| Cκ-new RT | GCAGGCACACAACAGAGGCA |
| Cλ-new-Ext | AGGCCACTGTCACAGCT |

此过程把以上引物均混合一起，开展逆转录 PCR。逆转录 PCR 过程需避免污染。

反应体系如下：

| | |
| --- | --- |
| RNA | 5 μL |
| IgG-RT | 0.1 μL |
| Cκ-new RT | 0.1 μL |
| Cλ-new-Ext | 0.1 μL |
| RNase Free H$_2$O | 3.7 μL |

| 10 mmol/L dNTP | 1 μL |
|---|---|
| 总体积 | 10 μL |

（1）根据实验阳性细胞孔的结果，先配制以上 PCR 反应除 RNA 外的总体系，再分装至 96 孔 PCR 板的各孔中，最后加入 RNA 并做好标记。

反应条件为 65℃，5 min；反应完立刻置于冰上，时间＞1 min。

（2）在以上 96 孔 PCR 板中继续添加以下试剂：

| 10×RT Buffer | 1 μL |
|---|---|
| 25mmol/L MgCl$_2$ | 4 μL |
| 0.1 mol/L DTT | 1 μL |
| RNase Free（40 U/mL） | 1 μL |
| SuperScript III RT（200 U/mL） | 0.5 μL |
| DEPC | 1.5 μL |
| 总体积 | 10 μL |

反应条件：55℃，反应 60 min；离心后，冻存在-80℃。

（3）巢式 PCR

①PCRa

以上 RT-PCR 产物进行巢式 PCR，首先进行第一轮 PCR（PCRa），PCRa 引物分为以下几种：抗体重链上游引物，抗体重链下游引物；κ 链上游引物，κ 链下游引物；λ 链上游引物，λ 链下游引物。

扩增体系：

| 上游引物 | 0.1 μL |
|---|---|
| 下游引物 | 0.1 μL |
| dNTP（10 mmol/L） | 1 μL |
| Hotstar *Taq* | 0.4μL |
| Q（5×） | 4 μL |
| Buffer（10×） | 2 μL |
| cDNA | 2 μL |
| 25 mmol/L MgCl$_2$ | 1.2 μL |
| 加 H$_2$O 至 | 20 μL |

PCRa 的反应条件如下：

| 95℃ | 5 min |
|---|---|

| 95℃ | 30 s | |
|---|---|---|
| 55℃（H/K 链）或 50℃（λ 链） | 60 s | |
| 72℃ | 90 s | 35 个循环 |
| 72℃ | 7 min | |
| 16℃ | 保温 | |

②PCRb

以上 PCRa 产物为模板，进行 PCRb，应用 Pyrobest 体系。

扩增体系如下

| 上游引物 | 0.1 μL |
|---|---|
| 下游引物 | 0.1 μL |
| dNTP（10mmol/L） | 1 μL |
| Pyrobest | 0.2 μL |
| Buffer（10×） | 2 μL |
| PCRa 产物 | 2 μL |
| 加水 $H_2O$ 至 | 20 μL |

PCRb 的反应条件如下：

| 95℃ | 5 min | |
|---|---|---|
| 95℃ | 30 s | |
| 58℃（H 链）或 60℃（κ 链）或 64℃（λ 链） | 60 s | |
| 72℃ | 90 s | 35 个循环 |
| 72℃ | 7 min | |
| 16℃ | 保温 | |

③阳性抗体基因的测序：PCRb 产物进行琼脂糖电泳，切胶，利用普通琼脂糖凝胶 DNA 回收试剂盒（天根，DP209）回收 PCRb 轻重链阳性片段，测序并在 NCBI 的 IgG-Blast 上比对抗体的轻重链可变区基因，分析抗体的基因谱系和突变率。

④表达抗体的质粒克隆的构建：表达抗体所用的载体为氨苄抗性的 pCAGGS 载体，为氨苄抗性载体，对于已通过 PCR 得出的抗体轻重链可变区序列，鉴定测序结果，序列比对正确后，进行重叠 PCR 实验，即把抗体的可变区同恒定区通过重叠 PCR 的原理连接起来；利用已有的抗体恒定区为模板，以引物扩增出抗体轻重链恒定区，并回收纯化其产物。

反应体系如下：

| 模板（V 区+C 区，摩尔比 1∶1）＜500 ng | 10 μL |
| dNTP Mixture （各 2.5 mmol/L） | 4 μL |
| Pyrobest DNA Polymerase（5 U/μL） | 0.5 μL |
| 10×Pyrobest Buffer II | 5 μL |
| 加 H$_2$O | 49 μL |

反应条件如下：

| 98℃ | 2 min | |
| 98℃ | 30 s | |
| 60℃ | 30 s | 5 个循环 |
| 72℃ | 60 s | |
| 72℃ | 10 min | |
| 16℃ | 保温 | |

加入 100 μmol/L 浓度的上下游引物各 0.5 μL。

反应条件如下：

| 98℃ | 2 min | |
| 98℃ | 30 s | |
| 65℃ | 30 s | 25 个循环 |
| 72℃ | 90 s | |
| 72℃ | 10 min | |
| 16℃ | 保温 | |

PCR 完毕后，回收纯化 Overlap 产物。

（4）带有抗体轻重链基因的质粒构建：分别用限制性内切核酸酶 *Xho* I 和 *Eco*R I（或 *Sac* I）酶切重叠 PCR 后的纯化产物和 pCAGGS 载体，并再次进行胶回收纯化，酶切后的产物通过 T4 DNA 连接酶构建成携带抗体轻重链基因的完整质粒，质粒转化大肠杆菌感受态细胞，扩增纯化质粒，测质粒浓度并测序。此步骤抗体可变区和恒定区均需测序，并再次比对抗体基因序列。

（5）抗体的小量表达鉴定。实验前一天，293T 细胞铺 6 孔细胞板，待第二天细胞长满时，每孔细胞通过 PEI 转染带有抗体轻重链基因的载体质粒，轻重链 6 孔板每孔各转染 2 μg 质粒，转染 3 天后收集一次细胞上清，7 天后收集一次细胞上清，通过 ELISA 试验测定细胞上清对抗原的特异性结合活性，初步筛选出具抗原特异结合活性的抗体。对于有结合活性的抗体，通过 Protein A 亲和层析柱进行纯化，纯化出的抗体进行后续的抗体中和、抗体抑制病毒机制、抗体体内抗病毒活性鉴定及抗原抗体复合物解析等相关研究。

（三）ELISA 检测抗体结合活性

酶联免疫吸附分析（enzyme-linked immunosorbent assay，ELISA）是目前商业应用最为成熟的免疫分析方法之一，在医学实验、临床诊断、生物制药方面的运用也极为广泛。目前，常见的 ELISA 类型有 4 种：双抗夹心法、直接法、间接法和竞争法。其实验原理是：以双抗夹心法为例，将定量的包被抗体以物理吸附的方法固定于微孔板表面，加入待检测样品，酶标记第二抗体后用 TMB 底物显色，微孔板中颜色的深浅与待测物的浓度呈正相关。

### 1. 技术要点

（1）除待测样品外，应设置阳性及阴性对照孔。

（2）显色液应避光保存，显色时也应该严格遵守避光原则。

（3）洗板后注意拍干残余水分，减小实验误差。

### 2. 实验步骤

1）IgG 浓度检测

（1）配制 ELISA 检测试剂：

包被缓冲液：1×PBS；

实验缓冲液 A：20×PBS（含 1% Tween-20 和 10% BSA）；

封闭缓冲液：1×稀释的实验缓冲液 A；

洗涤缓冲液：1×PBS，0.05% Tween-20；

终止液：1 mol/L $H_2SO_4$ 或 2 mol/L HCl。

（2）包被 Corning$^{TM}$ Costar$^{TM}$ 9018 ELISA 板：每孔加入 100 μL、1μg/mL goat anti-human IgG/ Coating，封闭板于 4℃孵育过夜。

（3）封闭 Elisa 板：准备封闭缓冲液；用每孔 400 μL 的洗涤缓冲液清洗 Elisa 两次，每次洗涤过程中留出浸泡时间（约 1 min），可提高洗涤效果。在吸水纸上倒扣清除残留的缓冲液；用 250 μL 封闭缓冲液，室温放置 2 h（或 4℃过夜）。

（4）制备标准样品；重复步骤（3）洗涤 Elisa 板过程，重复 2 次；用缓冲液 A（1×）对标准品进行 2 倍连续稀释，制成标准曲线。加 100 μL 的分析缓冲液 A（1×）到 A1-H1、B2-H2 中。加 100 μL 重组标准到 A1 和 A2。通过重复吹吸混合孔 A1 和 A2 的溶液（人类免疫球蛋白浓度标准 50 ng/μL）并分别转移 100 μL 到 B1 和 B2。小心不要刮伤孔的表面。重复吹吸过程 5 次，然后加入 100 μL 的缓冲液 A（1×）到空白孔；加 100 μL 每孔的预先用缓冲液 A（1×）1∶10 稀释的 B 细胞培养上清到合适的孔中；加 90 μL 缓冲液 A（1×）到样品孔；加 10 μL 上清到对应的孔并混匀；盖上或密封板，在室温下孵育 1 h，在 400 r/min 的微板摇床上。

（5）显色：重复第三步洗涤 Elisa 板过程，重复 4 次；每孔加入 100 μL，预先用缓冲液 A（1×）1 : 10 000 稀释的 HRP- conjugated anti-human IgG（所有孔）；盖上或密封板，在室温下孵育 1 h，在 400 r/min 的微板摇床上。

（6）终止显色：重复第三步洗涤 Elisa 板过程，重复步骤（3），重复 4 次；每孔加入 100 μL 的 TMB（所有孔），室温孵育 15 min；每孔加入 100 μL 终止液；在 450 nm 下读板。

2）抗体结合实验分析

（1）包被 96 孔 ELISA 板（康宁 3590）：向固定液中加入新型冠状病毒 RBD 蛋白抗原，使其浓度为 200 ng/孔，每孔加 100 μL，4℃过夜。

（2）封闭：5%脱脂牛奶的/PBST，100 μL/孔，室温孵育 1 h，1×PBST 洗 3 遍，300 μL/孔（500 r/min，3 min/次）。

（3）一抗：细胞上清 100 μL/孔，37℃，1 h，1×PBST 洗 4 遍，300 μL/孔（500 r/min，3 min/次）；设置好阴、阳性对照。

（4）二抗：HRP 标记的羊抗人 IgG 二抗用 1×PBS 稀释（1:2000），100 μL/孔，37℃，1 h。1×PBST 洗 5～6 遍，300 μL/孔（500 r/min，3 min/次）。

（5）显色：加 TMB 显色液，50 μL/孔，室温放置 15 min 显色，每孔加 50 μL 2 mol/L 盐酸终止反应，450 nm 检测 OD 值。

（6）统计分析：根据实验数值，可应用 Excel 等软件进行统计分析，计算出各实验抗体的半最大效应浓度值（$EC_{50}$ 值）。

（四）抗体亲和力检测——生物膜干涉技术

抗体与抗原表位或抗原决定簇之间的结合力称为抗体亲和力，其本质是一种非共价作用力，包括氨基酸之间的吸引力、氢键作用力、疏水作用力等。抗体亲和力体现了一个抗体分子与一个半抗原分子或抗原分子的决定簇起反应的能力，其强弱取决于抗体互补位（paratope）与所用抗原表位（epitope）之间的配合程度，包括接触面积的大小、吻合的密切程度，以及带电基团与疏水基团的分布等。抗体亲和力大小可以用亲和力常数（$k_D$）表示，亲和力常数 $k_D$ 越高，则抗体结合半抗原的能力越强。生物膜干涉技术（bio-layer interferometry，BLI）是基于光干涉信号实现对生物分子快速检测的非标记分析检测技术，生物分子结合到光纤材质的生物传感器末端会形成一层生物膜，当传感器末端的生物分子与待检测物结合时，会引起传感器末端分子量的改变，从而导致生物膜厚度的改变，光通过传感器的生物膜层后发生透射和反射形成涉光波，生物膜厚度的变化导致干涉光波发生相对位移，生物分子结合前后的干涉光波被光谱仪检测到，形成干涉光谱，通过结合前后光谱位移的变化对待检测分子进行分析。BLI 技术能对亲和力进行实时、无标记的分析，且这种检测技术结果准确、灵敏度高。几种常见的 BLI 检测仪器如图 3-4-5 所示。

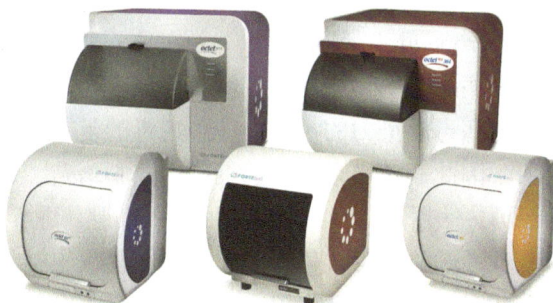

图 3-4-5　Fortebio Octet®检测仪器[7]

## 1. 技术要点

1）传感器选择

BLI 应用于动力学常数测定实验时，常用的生物传感器主要包括 SA、SSA、AR2G、APS、AHC 和 AMC 等，每种生物传感器适用不同的生物样品，不同生物传感器使用要求也不同。例如，SSA 仅适用于检测小分子样品；SA 用于固化生物素化的蛋白质、抗体、化合物和核酸等以检测与之相互作用的大分子样品；AHC 则可以直接固化人抗后，检测与之相互作用的分子。

2）稳态拟合注意事项

稳态拟合的前提条件是每个浓度点都要达到平衡，并且需要做尽可能多的浓度，至少需要 4 个浓度点进行拟合，且这些浓度信号比较好。此外，稳态拟合曲线需要为抛物线形状，计算获得的 $k_D$ 值才准确。

## 2. 实验步骤

（1）先将生物传感器浸入缓冲液中进行平衡，再将其浸入已知浓度的固化溶液中，溶液中生物素化的抗原结合到生物传感器表面，使其表面膜层厚度增加。

（2）将固化完已知浓度抗原的生物传感器浸入缓冲液中进行基线采集。

（3）将固化完已知浓度抗原的生物传感器浸入含有待测抗体的样品溶液中，抗原-抗体间特异性结合导致膜层厚度增加。

（4）将已结合待测抗体的生物传感器浸入缓冲液中进行解离，待测抗体从生物传感器表面脱落，会导致膜层厚度的减少。

（5）通过对实验过程中生物传感器生物膜层厚度的实时监控，可以得到待测样品的动力学常数，即结合常数（$k_a$ 或 $k_{on}$）、解离常数（$k_D$ 或 $k_{off}$）及起始结合速率，并通过拟合计算分析得到亲和力（$k_D$）和浓度信息。

（五）微量中和实验

微量中和试验（microneutralization assay）是在体外适当条件下孵育病毒与特异性抗体的混合物，使病毒与抗体相互反应，再将混合物接种到敏感的体外细胞系中，然后测定残存的病毒感染力的一种方法。病毒的复制需要宿主细胞供应原料、能量和复制场所，因此病毒必须在活的细胞内复制增殖。病毒进入机体后，吸附于敏感细胞的表面，然后通过穿入、脱壳、侵入细胞，进行病毒复制和装配，并引起机体感染。特异性的抗病毒抗体（中和抗体）与病毒结合之后，可抑制病毒生命周期中的某个或多个步骤，从而阻止了病毒在宿主细胞内的复制和病毒感染机体的过程。进行中和试验时，首先将病毒与抗体在适当的条件下混合、孵育后，接种给敏感宿主细胞，然后观察病毒感染敏感宿主细胞的情况，即观察残存的病毒对宿主的感染力。

**1. 技术要点**

1）病毒悬液

病毒应低温保存，融化后只可使用一次，避免反复冻融，这样会降低病毒的毒力；多次进行同一试验时，应使用同一批冻存的病毒，以减小误差。

2）孵育的温度和时间

病毒与抗体在0℃时不发生反应，5℃以上才发生中和反应。通常采用37℃孵育1 h，一般的病毒即可与抗体充分反应；一些特殊的病毒在此反应条件下不能充分反应，试验时应根据不同的病毒改变孵育的时间和温度。

**2. 实验步骤**

1）微量中和实验（CPE法）

（1）抗体从12.5 μg/mL开始进行2倍梯度稀释，共6个稀释度。

（2）将SARS-CoV-2病毒、SARS-COV-2突变株病毒稀释至2000 $TCID_{50}$/mL。

（3）取50 μL病毒加入到已稀释好的等体积梯度稀释抗体中，37℃孵育2 h；同时设置病毒回滴孔。

（4）将现消化的细胞按照 $2×10^4$ 个细胞/孔的密度接种，按100 μL/孔加入病毒-血清复合物中，37℃、5% $CO_2$ 培养箱培养。

（5）96 h后，观察细胞病变情况（CPE），记录细胞完全保护的样本最高稀释度；或者，可通过实时荧光定量PCR实验检测各实验孔的病毒载量。

（6）统计分析：根据实验数值，可应用Excel等软件进行统计分析，计算出各实验抗体的半最大中和浓度值（$IC_{50}$值）。

2）假病毒中和实验

（1）提前从 4℃取出 DMEM 完全培养基置 37℃水浴锅预热，并打开紫外消毒细胞台：从液氮罐中取出 293T-ACE2 细胞，套上一次性 PE 手套，然后立即置 37℃水浴锅中摇晃振荡至完全融化，表面喷 75%乙醇消毒后放入生物安全柜，吸取细胞至提前盛好 2～3 mL DMEM 完全培养基的离心管中，再用适量完全培养基涮洗冻存管，洗液也转入离心管，1000 r/min 离心 3 min，吸去上清加入完全培养基吹打重悬细胞沉淀，铺至提前盛好 10 mL 完全培养基的 10 cm 细胞培养平板中，置于 37℃恒温 $CO_2$ 培养箱中培养 2～3 天。

（2）当 293T-ACE2 细胞的生长密度达到 80%～90%时，消化重悬细胞后按照 $2×10^4$ 个/孔将细胞铺至 96 孔板中，当细胞密度达到 80%左右时准备进行假病毒中和实验。

（3）使用 DMEM 培养基进行抗体稀释，取 100 μL 抗体和 SARS-CoV-2 假病毒上清进行等量混匀，在 37℃温箱中孵育 1 h。

（4）将 96 孔板中的 293T-ACE2 细胞上清吸出，将单克隆抗体和假病毒的混合液沿着孔壁缓缓地加入，置于显微镜下观察细胞是否被吹起。孵育 12 h 后，小心吸出假病毒混合物，加入 200 μL 预热至 37℃的 DMEM 培养基后，将孔板置培养箱中继续培养。

（5）细胞培养 48 h 后，使用萤光素酶报告系统检测试剂盒，在酶标仪上检测萤光素酶活性，判定抗体中和效率。

（6）计算中和抑制率：

$$抑制率 = \frac{1-(样品组的发光强度均值-空白对照CC均值)}{阴性组的发光强度VC均值-空白对照值CC均值} ×100\%$$

利用计算机软件 GraphPad Prism version 8 分析样品的 $IC_{50}$。

（六）动物体内保护实验

动物体内保护实验主要是测试纯化的病毒中和抗体在病毒敏感的动物体内对病毒感染动物的预防和治疗效果。病毒感染特定动物后，动物会因病毒感染而出现一系列的症状，如体重下降、竖毛弓背、死亡等，并可在体内检测到病毒的存在，通过对比抗体治疗药物组与阴性对照组动物的症状和体内病毒的区别，可判断中和抗体是否能在体内起到抑制病毒进而保护感染宿主的效果。常见的实验动物有小鼠、猴子、兔子等，抗体给药剂量和给药时间可根据实验需求设定，正常为 20 mg/kg 以下，给药时间通常为感染病毒前 1 天（预防性实验）或感染病毒后 1 天（治疗性实验）；如需探索抗体的晚期治疗效果，可以根据实验需求延后抗体的给药时间。以下通过最常用的小鼠评估模型，举例说明新型冠状病毒中和抗体的动物体内保护评估实验。

**1. 技术要点**

1）模型小鼠和给药/感染病毒方式

由于新型冠状病毒的主要感染受体为 ACE2，因此感染动物模型为 ACE2 转基因小鼠。给药和感染动物时，应用异氟烷气体麻醉剂麻醉小鼠，让小鼠从鼻腔吸入抗体或病毒（黏膜给药）；也可通过尾静脉或腹腔注射抗体给药。

2）病毒感染剂量

病毒感染剂量需先经预实验摸索，所使用剂量应能够使小鼠发病并表现出症状，且症状和体内病毒载量能持续一段时间。

**2. 实验步骤**

以抗体治疗性实验为例进行介绍。

（1）实验小鼠分组：分为新型冠状病毒中和抗体治疗组和阴性抗体治疗组。抗体治疗组可根据实验需求设置不同的给药剂量组，如 10 mg/kg、5 mg/kg、1 mg/kg 等。实验小鼠需至少提前 7 天适应实验环境，实验当天称取体重，观察小鼠状态。

（2）用异氟烷麻醉小鼠后，通过鼻腔感染一定剂量的 SARS-CoV-2（需提前通过预实验摸索好感染剂量），一般感染体积为 20～50 μL。

（3）感染病毒 24 h 后，通过鼻腔或静脉注射或腹腔注射给予抗体治疗。

（4）每天登记小鼠体重变化和生存率（5～8 只），部分小鼠（3～4 只）在感染 3 天后安乐死，取肺。

（5）以上肺的一半做病理组织分析，另一半匀浆检测病毒滴度。

（6）分析实验结果。

（七）特异性抗体表位鉴定

抗原是刺激免疫系统产生抗体的分子，抗原表位是抗原上可被抗体识别的区域，通常每个抗原有多种表位，而单克隆抗体只识别一种抗原表位。构象表位由 5～15 个一级结构不连续的氨基酸构成，通过蛋白质折叠组合在一起。抗体的功能取决于其与抗原结合的表位。抗体因结合表位不同而发挥特定的功能，如激活或抑制活性，了解抗体识别表位有助于评价抗原检测的精准度。特异性抗体表位鉴定（specific antibody epitope identification）有多种方法，如使用竞争 ELISA、流式细胞术、Western blot、冷冻电镜、抗原-抗体复合物结晶等技术可鉴定特异性抗体结合的抗原表位。

**1. 技术要点**

1）竞争 ELISA

实验温度会影响微观分子运动的速率及活化分子比率，随温度升高，微观分子运动增加，分子碰撞次数增加，活化分子比率增加；同样，对于酶参与的催化反应，过高或过低的温度都会影响酶的活性，从而影响反应效率。

2）Western blot

要根据样品类型和下游的定量条件选择合适的裂解液。常用的裂解成分大多包含 Triton X-100、NP-40、十二烷基硫酸钠等，这些成分具有较强的表面活性作用和还原作用，可将细胞膜或核膜裂解，释放其中的物质。

3）冷冻电镜和抗原-抗体复合物

需要获得高纯度的抗体、抗原（或纯化的病毒颗粒）。

**2. 实验步骤**

1）竞争 ELISA

（1）用辣根过氧化物酶（HRP）标记人源单克隆抗体，以此为检测抗体。

（2）按照每孔 100 μL 的量，加入用浓度为 1 μg/mL 的 0.1 mol/L NaHCO$_3$（pH 9.6）包被液稀释的纯化 SARS-CoV-2 抗原蛋白，在 4℃ 的环境中过夜孵育。

（3）第 2 天，用 PBST 洗涤液清洗酶标板 3 次，充分干燥，然后加入 100 μL 5% 脱脂奶（封闭液），在 37℃ 孵箱中封闭 1 h。

（4）弃去封闭液，充分干燥，加入 50 μL 2 倍稀释的纯化 IgG 抗体，随后按照 1∶2000 的浓度加入 HRP 标记的 IgG 抗体，在 37℃ 孵箱孵育 1 h。

（5）随后用 PBST 洗涤液清洗 ELISA 板 6 次，充分干燥，加入显色液 A、B 各 50 μL，混匀后，在室温条件下显色 10 min，然后加入终止液（2 mol/L H$_2$SO$_4$）终止反应，用酶标仪在 450 nm 处读取吸光度值。

2）流式细胞术

（1）使用 Lipofectamine 3000（Invitrogen）将 h-ACE-2 蛋白表达质粒转染到 HEK293T 细胞中

（2）转染后 24 h，用胰酶消化细胞以制备悬浮细胞，PBS 洗涤 2 次，用 PBS 重悬细胞并将细胞密度调整为 $5×10^5$ 个/mL。

（3）将 RBD 区域-mFC 蛋白按照 2 μg/mL 浓度与单克隆抗体或同型 IgG 摩尔比 1∶10 混合，4℃ 孵育 1 h。

（4）加入准备好的悬浮细胞，4℃ 孵育 1 h。

（5）使用 PBS 洗涤 3 次。

（6）将抗鼠 IgGTaxes-red 抗体和抗人 IgG-FITC 抗体（Sigma）按照 1∶2000 加入，室温染色 30 min。

（7）用 FACS-AriaII（BD，美国）进行分析，使用 FlowJo 进行数据处理。

3）Western blot （WB）

（1）纯化的 SARS-CoV-2 RBD 蛋白按照 1∶1 的比例加入 2×Loading buffer，95℃环境下加热 5 min，使蛋白质变性。

（2）按照 90V 恒压进行 SDS-PAGE 电泳。

（3）使用半干法，将聚丙烯酰胺凝胶中的蛋白质转移到 PVDF 膜上。

（4）用 5%脱脂奶室温封闭 PVDF 膜 1 h。

（5）向膜上加入 1∶2000 稀释的纯化单克隆抗体，并置于 4℃环境中过夜孵育。

（6）用 PBST 洗涤 PVDF 膜 3 次，每次 5 min。

（7）加入 HPR 标记的抗人 Fc 抗体（Sigma，1∶2000）室温孵育 2 h。

（8）用 PBST 洗涤 PVDF 膜 3 次，每次 5 min。

（9）将 PVDF 膜放入化学发光显色液中，并在仪器上显色。

4）冷冻电镜和抗原抗体复合物结晶

选择代表性的 SARS-CoV-2 中和单抗，用木瓜蛋白酶酶解和离子交换层析纯化分别制备出单抗 Fab 蛋白，将抗体 Fab 片段与纯化的 SARS-CoV-2 S 蛋白制备成复合物后，进行冷冻电镜单颗粒分析，或培养成抗原-抗体复合物晶体（长出晶体后，需通过 X 射线衍射实验分析晶体结构），解析抗体识别表位氨基酸组成，通过抗原抗体相互作用分析鉴定关键表位氨基酸，通过氨基酸序列比对分析表位的保守程度。

（八）抗病毒机制鉴定

抗体是病原体感染或接种疫苗后由浆细胞或受刺激的记忆 B 细胞产生的天然生物分子，为 Y 形异二聚体，由两条 25 kDa 的轻链和两条至少 50 kDa 的重链组成，重链和轻链之间通过多个二硫键和非共价相互作用连接（图 3-4-6A）。抗体也可分为抗原结合结构域（Fab）和可结晶片段结构域（Fc）（图 3-4-6B），两个 Fab 结合并中和病原体，通过铰链与 Fc 相连，Fab 相对 Fc 具有较大的构象灵活性，能与抗原产生强烈相互作用。糖基化的 Fc 结构域与其他蛋白质结合，可以介导抗体依赖性细胞毒性（ADCC）、补体依赖性细胞毒性（CDC）和抗体依赖性等细胞吞噬作用（图 3-4-6C）。Fc 结构域还可以与新生儿 Fc 受体（FcRn）相互作用，影响抗体药代动力学，不同抗体亚型的序列变异决定了它们对 FcRn、FcγR 和补体蛋白 C1q 的亲和力和特异性。其中，IgG1 启动 ADCC 和 CDC（图 3-4-6C）。IgG2 和 IgG4 是较差的 CDC 激活剂，而 IgG3 可有效激活 CDC，大多数临床使用或针对感染性疾病开发的治疗性 mAb 是 IgG1 亚型[8]。

抗体可以通过多种机制对抗病毒感染，抗病毒机制的鉴定（identification of antiviral mechanism）有利于深入探究病毒的感染机制、开发新的抗病毒策略，并为治疗病毒感染提供新的理论与实验依据。首先，抗体可以防止包膜病毒的病毒糖蛋白或无包膜病毒的蛋白壳与靶宿主细胞结合，这些病毒蛋白在病毒生命周期中具有两个主要功能，即与细胞受体结合，介导病毒和细胞膜融合（在包膜病毒的情况下）或渗透到细胞质中（在无包膜病毒的情况下）[9]。例如，SARS-CoV-2 进入宿主细胞是由病毒刺突（S）糖蛋白与宿主细胞表面的血管紧张素转换酶 2（ACE2）受体之间相互作用介导的。ACE2 在呼吸系统、胃肠道和内皮细胞上表达（图 3-4-6B）。病毒刺突与 ACE2 的相互作用可以被靶向刺突受体结合域（RBD）的抗体阻断，抑制病毒感染。与白细胞上的补体蛋白 C1q 或 FcγR 结合的抗体也可以对抗病毒感染（图 3-4-6C），导致病毒和（或）受感染宿主细胞直接裂解；抗体还可以促进或诱导吞噬作用，或导致有毒化学物质的释放，如细胞因子或活性氧[10]。极少数情况下，抗体与病毒粒子的次优结合可通过抗体依赖性增强（ADE）过程

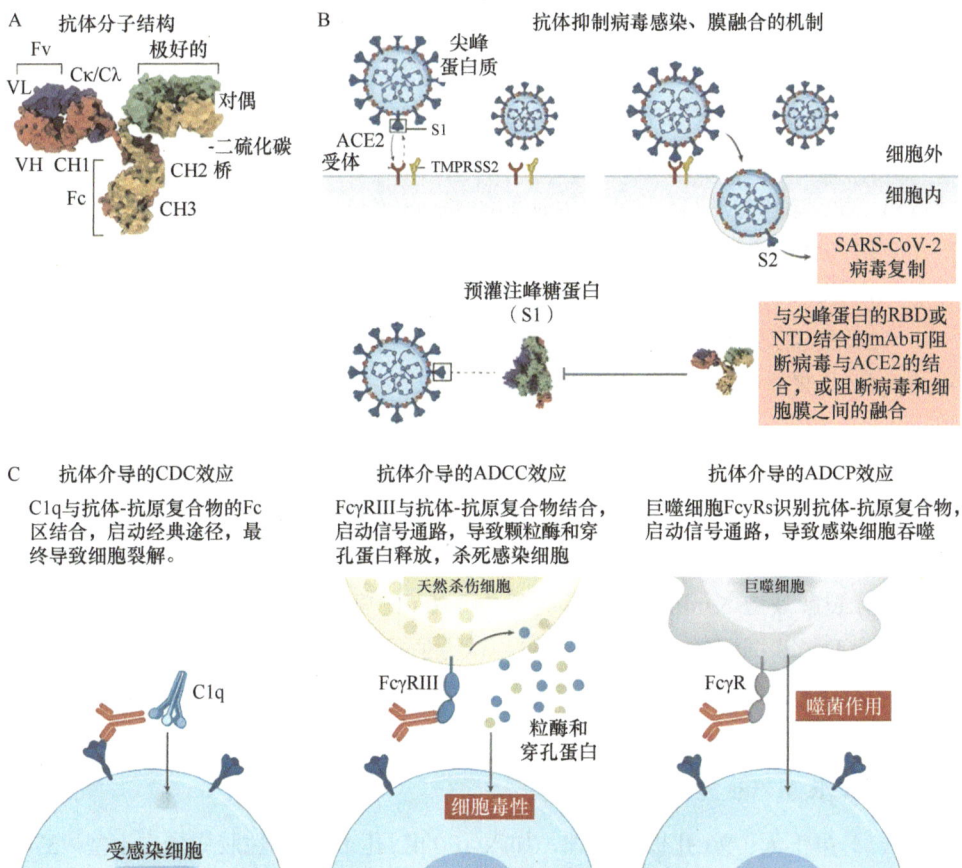

图 3-4-6　病毒感染期间单克隆抗体的作用机制[12]

促进病毒发病，其中 FcγR 识别病毒-抗体复合物，从而有利于病毒进入宿主免疫细胞。

因此，可通过噬菌斑减少中和试验评估抗体中和病毒的能力，通过检测细胞内萤光素酶的表达反映假病毒感染情况，以此分析抗体是否介导相应毒株产生 ADE 效应。通过使用 anti-CD32 抗体阻断 Daudi 细胞表面 FcγRII 以验证 ADE 效应的发生依赖于 IG Fc 段与靶细胞表面 FcγRII 的相互作用[11]。

**1. 实验步骤**

1）噬菌斑减少中和试验

（1）将系列稀释的单克隆抗体与等体积的 SARS-CoV-2 病毒（WIVO4，GenBank：MN996528.1）混合，37℃孵育 1 h。

（2）将抗体病毒混合液加入铺有 VERO E6 细胞的 24 孔板中，37℃孵育 1 h。

（3）在 VERO E6 细胞上的抗体病毒混合液中加入含 2.5%胎牛血清和 0.8%甲基纤维素的 DMEM。

（4）在 24 孔板中加入 8%多聚甲醛固定。4 天后加入 0.5%结晶紫染色。

（5）通过斑块减少 50%的抗体稀释度来确定抗体的中和效价。

2）ADE 分析实验

（1）第 1 天：6 孔板预处理，加入 100 μL/孔 1×I 型胶原蛋白，37℃孵育 10 min 后吸出。接种细胞：取处于对数生长期的 Daudi 细胞，经细胞计数后，重悬制备得到密度为 $2 \times 10^5$ 个/mL 的细胞悬液，接种到 96 孔板中，每孔 100 μL，每孔细胞 $2 \times 10^4$ 个。

（2）第 3 天：感染细胞。48 h 后进行抗体/血浆进行梯度稀释。15 μL 梯度稀释的抗体/血浆稀释液与 60 μL 的新型冠状病毒假病毒液在 96 孔板中共孵育，37℃孵育 1 h。

（3）第 4 天：补液。每孔加入 100 μL 培养液，继续在 37℃、5% $CO_2$ 条件下培养 24 h。

（4）第 6 天：检测。重悬孔板中细胞，每孔加入 80 μL 萤光素酶，混匀使细胞充分裂解反应 5 min 后，转移孔板中 150 μL 混合液到 96 孔化学发光检测板中，测定 Daudi 细胞的萤光素酶活性。以无假病毒和抗体的细胞作为空白对照、以无抗体的细胞作为阴性对照，用 Varioskan LU× 微板分光光度计测定化学发光吸光度值。

3）FcγR 阻断试验分析 ADE 效应

（1）第 1 天：96 孔板预处理，加入 100 μL/孔 1×可溶性胶原蛋白 I 型，37℃孵育 10 min 后吸出。接种细胞：取处于对数生长期的 Daudi 细胞，经细胞计数后，

制备得到密度为 $2 \times 10^5$ 个/mL 的细胞悬液，接种到 96 孔板中，每孔 100 μL，每孔细胞 $2 \times 10^4$ 个。37℃、5%$CO_2$，培养箱培养 48 h。

（2）第 3 天：梯度稀释抗体。

（3）病毒+抗体混合物加入前 1 h，在接种了 Daudi 细胞的培养板中每孔加入 4 μg anti-CD32 抗体。

（4）抗体/血浆稀释液和假病毒液共孵育：15 μL 梯度稀释的抗体/血浆稀释液与 60 μL 的新型冠状病毒假病毒液在 96 孔板中共孵育，37℃孵箱中孵育 1 h。

（5）孵育完成后按 50 μL/孔加入抗体-假病毒复合物和 50 μL/孔细胞培养液，并加入终浓度为 5 μg/mL 的聚凝胺，在 37℃、5%$CO_2$ 条件下培养 12 h。

（6）第 4 天：每孔加入 100 μL 培养液继续在 37℃、5%$CO_2$ 条件下培养 24 h。

（7）第 6 天：重悬孔板中细胞，每孔加入 80 μL Bright-Luciferase Reporter Assay System，混匀使细胞充分裂解反应 5 min 后转移 150 μL 孔板中混合液到 96 孔化学发光检测板中，测定 Daudi 细胞的萤光素酶活性。以无假病毒和抗体的细胞作为空白对照、以无抗体的细胞作为阴性对照，用 Varioskan LU×微板分光光度计测定化学发光吸光度值。

4）其他实验的简单介绍

（1）可通过抗体竞争 RBD 蛋白试验与 ACE2 结合试验来鉴定抗体是否能抑制病毒结合细胞受体，具体操作步骤可见"竞争 ELISA 试验""亲和力测定试验"或"流式细胞试验"。

（2）可使用膜融合抑制试验来鉴定抗体是否能抑制病毒膜和细胞膜的融合，进而抑制病毒基因组的释放。

# 参 考 文 献

[1] Zhu X, Turner H L, Lang S, et al. Structural basis of protection against H7N9 influenza virus by human anti-N9 neuraminidase antibodies.Cell Host Microbe, 2019, 26(6): 729-738.

[2] Piccoli L, Park Y J, Tortorici M A, et al. Mapping neutralizing and immunodominant sites on the SARS-CoV-2 spike receptor-binding domain bystructure-guided high-resolution serology. Cell, 2020, 183(4): 1024-1042 e21.

[3] Xiang Y, Nambulli S, Xiao Z, et al. Versatile, multivalent nanobody cocktails efficiently neutralize SARS-CoV-2. [Preprint]. bioRxiv. 2020 Aug 25. 2020.08.24.264333.

[4] Dejnirattisai W, Jumnainsong A, Onsirisakul N, et al. Cross-reacting anti bodies enhance dengue virus infection in humans.Science, 2010, 328: 745-748.

[5] Gross A, Schoendube J, Zimmermann S, et al. Technologies for single-cell isolation.Int J Mol Sci, 2015, 16(8): 16897-16919.

[6] Huang J, Doria-Rose N A, Longo N S, et al. Isolation of human monoclonal antibodies from

peripheral blood B cells.Nat Protoc, 2013, 8(10): 1907-1915.

[7] Kalra S, Arora S, Kapoor N. The ominous octet of obesity: A framework for obesity pathophysiology. J Pak Med Assoc, 2021, 71(10): 2475-2476.

[8] Greaney A J, Loes A N, Crawford K H D, et al. Comprehensive mapping ofmutations in the SARS-CoV-2 receptor-binding domain that affect recognition by polyclonalhuman plasma antibodies. Cell Host & Microbe, 2021, 29(3): 463-476e6.

[9] Starr T N, Greaney A J, Hilton S K, et al. Deep mutational scanning of SARS-CoV-2 receptor binding domain reveals constraints on folding and ACE2 binding. Cell, 2020, 182: 1295.

[10] Li T, Han X, Gu C, et al. Potent SARS-CoV-2 neutralizing antibodies with protective efficacy against newly emerged mutational variants. Nat Commun, 2021, 12(1): 6304.

[11] Li D, Edwards RJ, Manne K, et al. The functions of SARS-CoV-2 neutralizing and infection-enhancing antibodies *in vitro* and in mice and nonhuman primates. [Preprint]. 2021 Feb 18. bioRxiv. 2020.12.31.424729.

[12] Pantaleo G, Correia B, Fenwick C, et al. Antibodies to combat viral infections: Development strategies and progress. Nat Rev Drug Discov, 2022, 21(9): 676-696.

# 第四章 基因编辑技术与高通量技术在微生物研究中的应用

## 第一节 CRISPR 基因编辑技术在细菌功能基因组中的应用

章 宇，刘 雪

深圳大学

**摘 要**：细菌功能基因组学是在全基因组水平对细菌的基因功能进行系统性研究，其对于理解细菌特有的致病、代谢、耐药等机制具有重要意义。传统的细菌功能基因组学研究多采用基于转座子突变体文库的方法，然而该方法无法用于研究必需基因。近年，随着 CRISPR 系统的发现和对其详尽功能的研究，一系列基于 CRISPR 的基因编辑技术被应用于细菌基因功能阐释。其中，基于 CRISPR 的基因干扰技术（CRISPR interference，CRISPRi），极大地促进了细菌功能基因组学的相关研究。本节以重要人类机会致病菌肺炎链球菌（*Streptococcus pneumoniae*）D39V 为例，详细描述了细菌的全基因组 CRISPRi 文库的构建方法，以及利用结合 CRISPRi 文库和二代测序技术开发的 CRISPRi-seq 进行细菌功能基因组学研究的一般流程。此标准化的流程可以广泛应用于多种细菌的研究，从而实现全基因组水平、靶向性的细菌基因功能组学研究。

**关键词**：肺炎链球菌，CRISPR 干扰，二代测序，功能基因组学

## 一、背景

成簇规律间隔短回文重复（clustered regularly interspaced short palindromic repeat，CRISPR）最早在大肠杆菌中被发现，随后被证明为细菌的适应性免疫系统，是细菌抵御噬菌体侵染的重要武器。CRISPR 系统根据其效应蛋白的特点可以分为两类：第一类系统的 crRNA（CRISPR RNA）效应器为多亚基的蛋白复合物；第二类系统的 crRNA 效应器为单个蛋白质。由于第二类 CRISPR 系统的简约性，其工作机制率先被阐释，在此基础上科学家进一步开发了高效的基因编辑平台，实现了对生命密码的精准编辑，给生命科学研究带来了变革性的发展。在第二类 CRISPR 系统中，应用最广泛的是来源于化脓链球菌（*Streptococcus pyogenes*）

的 Cas9 蛋白，简称为 SpCas9。该蛋白质特异性识别的原间隔序列邻近基序（protospacer adjacent motif，PAM）为 NGG，且其 crRNA 序列和结构清楚，科学家基于其结构开发了 sgRNA（single guide RNA），通过表达一个小 RNA，实现了 CRISPR 系统的精准靶向。

细菌的功能基因组学研究是在全基因组水平对细菌所有的基因进行功能挖掘和阐释，其对于理解细菌的致病机制、代谢机制、耐药机制、抗逆机制等均发挥着重要作用，对于开发细菌感染的治疗策略具有重要指导意义。传统的细菌功能基因组学研究主要采用基于转座子突变结合高通量测序的方式，如 Tn-seq、traDIS、HITS、INSeq 等。然而这些方法仅适用于非必需基因的研究，因为必需基因的插入缺失会造成突变体死亡，因而无法获得相应的突变体。

本节我们描述了一种基于 CRISPRi 技术的筛选方案，用于高效地在基因组水平评估基因的适应性，该方案简称 CRISPRi-seq[1]。CRISPRi 是一种抑制目标基因表达的方法：sgRNA 将无 DNA 剪切活性的 Cas9（dCas9）蛋白引向基因组上的一个位点，该位点的序列与其 PAM 序列旁的间隔序列互补。当 dCas9 与目标基因结合时，它将成为 RNA 聚合酶的"路障"，从而阻断目标基因的转录延伸。针对 dCas9 蛋白，用 sgRNA 靶向靠近转录起始位点基因的非模板链，通常能最有效地抑制转录[2,3]。可以设计 sgRNA 来靶向任何感兴趣的开放阅读框，而且可以使用诱导型 dCas9 启动子来控制基因敲低的时间和强度。因此，通过适当设计的 sgRNA 文库可以研究特定基因组的几乎所有基因。

具体方案包括：构建宿主菌株和 sgRNA 筛选（第一部分），构建 sgRNA 质粒池和构建 CRISPRi 文库（第二部分），基因适应性测试样品准备和 Illumina 测序（第三部分），计数 sgRNA（第四部分），基因适应性数据分析（第五部分）（图 4-1-1）。

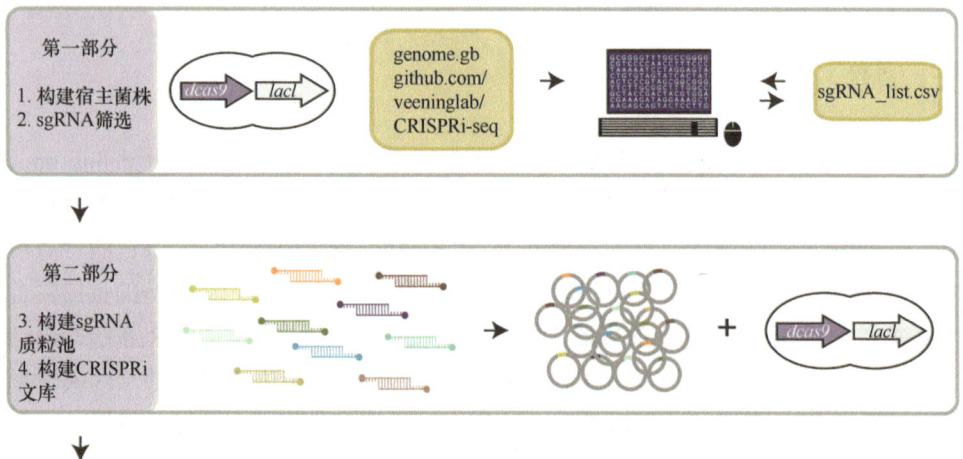

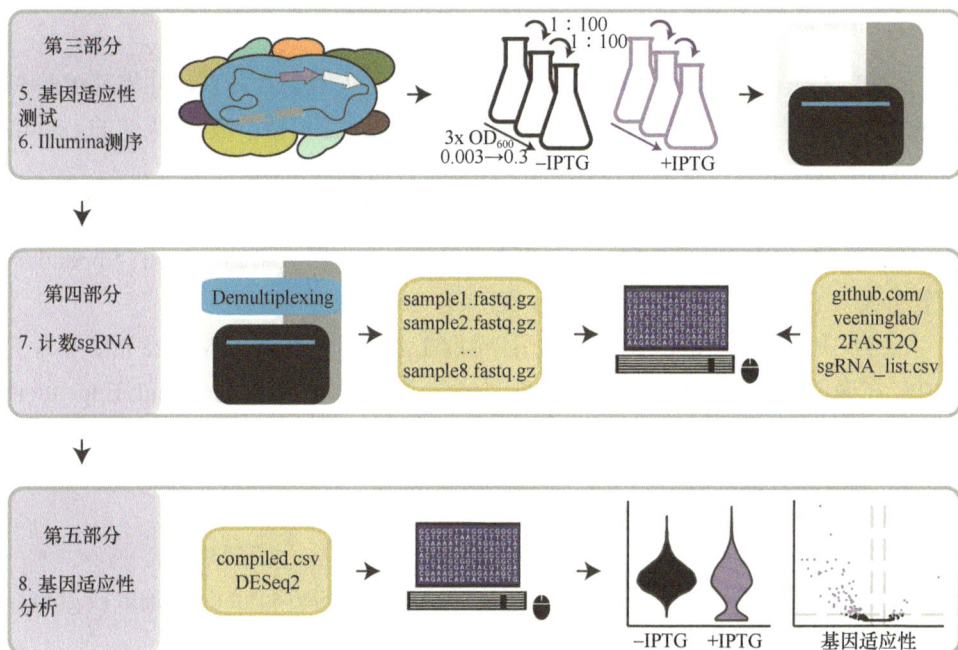

图 4-1-1　CRISPRi-seq 进行全基因基因适应性检测的一般流程

## 二、材料与试剂

### 1. 培养基

（1）LB 培养基（高盐）

①液体培养液：称取 10 g 胰蛋白胨、5 g 酵母提取物和 10 g NaCl，加蒸馏水溶解后定容至 1000 mL，调节 pH 至 7.0，分装后高压灭菌。

②固体培养基：称取 10 g 胰蛋白胨、5 g 酵母提取物、10 g NaCl 和 15 g 琼脂粉，加蒸馏水溶解后定容至 1000 mL，调节 pH 至 7.0，分装后高压灭菌。

（2）C+Y 培养基：这是一种半合成培养基，使用说明见参考文献 PMID：34997243。

（3）哥伦比亚血琼脂平板：按照制造商的说明将哥伦比亚琼脂粉末溶于去离子水，在 121℃下高压灭菌 20 min。冷却至约 50℃，加入 5%（V/V）羊血，必要时加入抗生素，混合均匀后倒入培养皿中。对于方形培养皿（120 mm×120 mm），即本方案中的哥伦比亚血琼脂平板，每个平板倒入 30 mL 培养基；对于圆形培养皿（92 mm×16 mm），即本方案中的小哥伦比亚血琼脂平板，每个平板倒入 15 mL 培养基。倒入培养基时避免产生气泡，以使琼脂平板表面光滑。琼脂平板可在 4℃下保存 1 个月。

### 2. 抗生素配制

（1）大观霉素原液（100 mg/mL）：称取 1 g 大观霉素粉末，并将其溶解在 10 mL 去离子水中。在通风橱中用 0.2 μmol/L 过滤器过滤消毒溶液。用灭菌的 1.5 mL Eppendorf 试管分装。将储存液保存在–20℃下，可保存 1 年。

（2）四环素原液（5 mg/mL）：称取 0.1 g 四环素粉末，溶于 20mL 去离子水中。在通风橱中用 0.2 μmol/L 过滤器过滤消毒溶液。用灭菌的 1.5 mL Eppendorf 试管分装。将储存液保存在–20℃下，可保存 1 年。

（3）庆大霉素原液（40 mg/mL）：称取 1 g 四环素粉末，溶于 25 mL 去离子水中。在通风橱中用 0.2 μmol/L 过滤器过滤消毒溶液。用灭菌的 1.5 mL Eppendorf 试管分装。将储存液保存在–20℃下，可保存 1 年。

### 3. 菌株和质粒

（1）大肠杆菌感受态 Stbl3（Invitrogen™，订货号：C737303）。

（2）肺炎链球菌（*Streptococcus pneumoniae*）D39V（Public Health England，NCTC14078），需要在生物安全二级实验室培养。

（3）以下质粒均可从 Addgene 订购：

①pPEPZ-sgRNAclone（Addgene plasmid 订货号：141090）；

②pPEPY-PF6-lacI（Addgene plasmid 订货号：85589）；

③质粒 pJWV102-PL-dCas9（Addgene plasmid 订货号：85588）；

④质粒 sgRNA plasmid pool（Addgene 订货号：170432）。

### 4. 试剂

（1）分子克隆相关试剂

①DNA 聚合酶: 2×Phanta max master mix（Vazyme，订货号：P515）；

②限制性内切核酸酶：*Esp*3I（New England BioLabs，订货号：R0734L）；

③连接酶：T4 DNA Ligase（New England BioLabs，订货号：M0202S）；

④DNA 染料：GelRed® Nucleic Acid Strain（Biotium，订货号：41003）；

⑤DNA 定量试剂盒：Qubit dsDNA HS Assay Kit（Thermo Fisher Scientific，订货号：Q32851）；

⑥GeneRuler 1 kb DNA Ladder（Thermo Scientific，订货号：SM0311）；

⑦100 bp DNA Ladder（Invitrogen，订货号：15628019）；

⑧DNA 琼脂糖（Eurobio Scientific，订货号：GEPAGA07-65）；

⑨CSP-1（17 个氨基酸的多肽，其序列为 EMRLSKFFRDFILQRKK；由 GenSript 合成），该试剂为诱导肺炎链球菌 D39V 的自然转化所必需；

⑩sgRNA 池的引物：设计后定制合成；

⑪建库 PCR 的引物：引物公司合成；

⑫PCR 产物纯化试剂盒：（Macherey-Nagel，适用于小片段产物回收，订货号：T1030L）；

⑬质粒微量制备试剂盒（Promega，订货号：A1222）；

⑭基因组提取试剂盒（Vazyme，订货号：DC103-1）。

（2）细菌培养相关试剂

①LB 肉汤（BD Difco$^{TM}$ LB 肉汤，订货号：244620）；

②LB 琼脂（BD Difco$^{TM}$ LB 琼脂，订货号：244520）；

③去纤维羊血（Oxoid Deutschland，订货号：SR0051E）；

④哥伦比亚血液琼脂基质（OXOID，订货号：CM0331）；

⑤IPTG（异丙基 β-D-硫代半乳糖苷，Applichem，订货号：APA1008.0025）；

⑥大观霉素（Applichem，订货号：APA3834.0010）；

⑦四环素（Applichem，订货号：APA2228.0025）；

⑧十二烷基硫酸钠（SDS）（Sigma-Aldrich，订货号：L3771-25G）；

⑨脱氧胆酸钠（DOC）（Sigma-Aldrich，订货号：D6750-10G）；

⑩无水乙醇（BDH Chemistry，订货号：20821.321）；

⑪异丙醇（Fisher Chemical$^{TM}$，商品编号：A416-500）。

（3）Illumina 测序相关试剂：适用于在实验室内通过 MiniSeq 测序仪进行测序；若采用其他测序仪，请相应调整所需试剂。建议使用 Illumina 测序平台服务公司进行测序分析，此种情况下则不需要准备本部分的试剂。

①MiniSeq Mid 输出试剂盒（300 个循环）（Illumina，订货号：FC-420-1004）；MiniSeq High 高输出试剂盒（150 个循环）（Illumina，订货号：FC-420-1002）；PhiX 对照试剂盒 v3（Illumina，订货号：FC-110-3001）；

②NaOH（Sigma-Aldrich，订货号：S8045-500G）；

③乙二胺四乙酸二钠盐（Sigma-Aldrich，订货号：324503-1KG）；

④甘油（Sigma-Aldrich，订货号：G5516-1L）；

⑤Qubit dsDNA HS 检测试剂盒（Thermo Scientific，订货号：Q32851）；

⑥Tween-20（Sigma-Aldrich，订货号：P9416-100ML）。

## 5. 设备

（1）QubitTM 4 荧光仪（Invitrogen，订货号：Q33226）

（2）MiniSeq 测序系统（Illumina，订货号：SY-420-1001）

（3）NanoDrop 分光光度计（Thermo Scientific，NanoDrop One）

（4）pH 计（梅特勒-托利多 FiveGo$^{TM}$，订货号：MT30266882-1EA）

（5）微孔板阅读器（Tecan，Spark 多模微孔板阅读器）

所有信息分析都可以在普通个人计算机上进行。建议至少配备 6 GB 内存和 8 个或更多逻辑处理器，这将大大加快 sgRNA 设计和评估脚本的速度。

**6. 分析软件**

（1）MiniSeq 本地运行管理器（2.4.2 版）（https://support.illumina.com/downloads/local-run-manager-for-miniseq-software-guide.html）

（2）2FAST2Q（https://veeninglab.com/2fast2q）

（3）R554.0.2 或更高版本（https://www.r-project.org/）

（4）Python 3.7 或更高版本（https://www.python.org/downloads/）

（5）RStudio 1.3.1073 或更高版本（https://rstudio.com/）

（6）sgRNA 设计与评估 R 脚本（https://github.com/veeninglab/CRISPRi-seq）

（7）R 软件包 DESeq250（https://doi.org/doi:10.18129/B9.bioc.DESeq2）

（8）R 软件包 CRISPRseek38（https://doi.org/doi:10.18129/B9.bioc.CRISPR seek）

（9）R 软件包 biomartr39（https://cran.r-project.org/package=biomartr）

（10）R 软件包 genbankr40（https://doi.org/doi:10.18129/B9.bioc.genbankr）

## 三、操作步骤

### （一）构建宿主菌株

**1. 技术要点**

功能性 CRISPR 干扰系统需要两个关键元件：dCas9 蛋白和 sgRNA。在我们的设计中，dCas9 的表达由 IPTG 诱导系统控制，而 sgRNA 则是组成型表达。我们首先构建了具有可诱导 dCas9 的肺炎双球菌 D39V 作为宿主菌株，用于随后的 CRISPRi 文库构建。对于 IPTG 诱导文库，亲本菌株首先转化了整合在 *prs1* 基因座上的组成型表达的 lacI，然后转化了整合在 *bgaA* 基因座上的 $P_{lac}$-dCas9，随后用克隆在整合载体上的 sgRNA 质粒池转化宿主菌株，构建 CRISPRi 文库。

**2. 实验步骤**

（1）为使 IPTG 诱导的启动子 $P_{lac}$ 起作用，需要将 lacI-gmR 片段整合到肺炎双球菌 D39V 的染色体上。lacI-gmR 片段可使用引物 F-prs1/R-prs1 从质粒 pPEPY-PF6-lacI 扩增获得 lacI-gmR 片段，引物序列如下：

| 引物名称 | 引物序列（5′→3′） |
| --- | --- |
| F-prs1 | GTGAAGTTATGAACATCATCGGTAAG |
| R-prs1 | GGTTCGCAAGCCATGGTTG |

（2）在 1%的琼脂糖凝胶上检测 3 μL PCR 产物和 1 kb 标记，进行电泳分析。扩增片段的预期大小为 2760 bp。

（3）按照制造商的说明，使用 Macherey-Nagel 试剂盒进行 PCR 产物纯化，并使用 Nano Drop 对产物进行定量。

（4）将扩增片段转化到肺炎双球菌 D39V 中，并用含 40 μg/mL 庆大霉素的哥伦比亚血平板筛选转化子。这种转化产生了带有 lacI 的肺炎双球菌 D39V 菌株（D39V，prs1::lacI）。肺炎链球菌 D39V 的转化方法详见参考文献[4]。

（5）将质粒 pJWV102-PL-dCas9 转化到该菌株（D39V，prs1::lacI）中。用含 0.5 μg/mL 四环素的哥伦比亚血平板筛选转化子。此步骤构建的肺炎双球菌 D39V 菌株在染色体上整合了 IPTG 诱导的 dCas9。

（6）转化子在 C+Y 培养基中培养到 $OD_{600}=0.4$，加入终浓度为 16%的甘油，该菌株可在–80℃下保存数年。

## （二）sgRNA 筛选

### 1. 技术要点

由于 CRISPRi 的极性效应（polar effect）已得到充分证明[2,3]，因此 sgRNA 应尽可能在操纵子水平上进行设计。针对有操纵子信息的细菌基因组，应该从初级操纵子转录起始位点开始选择 sgRNA 靶向序列，优先选择特异性高且靠近转录起始位点的非模板链为靶向序列，因为靶向位点离转录起始位点越近，阻断转录本延伸的抑制活性越高；对于无操纵子信息的细菌基因组，每个基因按相同原则进行 sgRNA 靶向序列筛选。

### 2. 实验步骤

针对具有完整注释的细菌基因组，设计全新 sgRNA 文库的步骤如下。

（1）在 Github 下载相关文件（https://github.com/veeninglab/CRISPRi-seq）。

（2）对于 within-R 版本，打开文件 sgRNA_library_design.R，根据需要调整第一个代码部分（"1.Settings"）的输入设置，其他代码部分无需更改。对于命令行版本，输入参数可直接在终端中指定：

运行 Rscript sgRNA_library_design_cmd.R --help 即可查看输入选项。

无论是哪种方法，至少都要设置 input_genome、outdir 和 TINDRidir 这三个变量。有关脚本使用、输入和输出的详细说明，请参阅 GitHub 页面。请注意，默认参数是为重现肺炎链球菌 D39V sgRNA 文库而优化的，针对其他菌需尝试并调整最优参数。

（3）对于 within-R 版本，设置好所有输入参数后，在 R（Studio）中运行整个脚本。对于命令行版本，请使用 Rscript 命令运行脚本；如果需要，还可以添加其他选项。最简单的脚本格式如下：

Rscript sgRNA_library_design_cmd.R-gmy_genome.gb-o/my/outdir/path/-t/my/TINDRidir/path/

其中，sgRNA 将使用本地 GenBank 格式基因组 my_genome.gb 的默认参数进行设计，输出文件将出现在-o 指定的目录中，TINDRi.py 文件保存在-t 标志指定的文件夹目录中。

这一步可能需要 10 min（肺炎链球菌）至 3 h（大肠杆菌）不等，运行时间取决于基因组的大小、注释特征的数量、区域和 max_mismatch_cum 参数的设定值，以及所使用计算机的性能。另外要注意的是，由于软件包安装等原因，第一次调用该程序可能需要较长的时间。默认情况下，程序将以并行处理方式运行。请注意，要求额外的输出 output_all_candidates，尤其是 output_full_list 和 detect_offtarget_genes_full，可能会给程序运行增加大量计算时间，如非必要不建议输出以上文件。

（4）（可选项）如果操纵子结构已知，每个操纵子选择一个 sgRNA。在这种情况下，为每个操纵子选择针对操纵子中第一个遗传元件的 sgRNA。如果无操纵子结构信息，建议针对每个基因选择一个 sgRNA。较小的 sgRNA 文库建库难度更小且更经济，也有利于规避潜在的瓶颈效应带来的限制。

（5）在输出文件的 sgRNAs_optimal.csv 中，即可获得 sgRNA spacer 区域的信息，根据此信息可以在 spacer 两端添加酶切位点，以及 PCR 扩增所需序列，最终形成订购引物池的序列。在本示例中，我们采用了基于 Esp3I 限制性内切核酸酶的 Golden Gate Assembly 克隆策略，我们设计的 sgRNA 引物池的序列（5′→3′）如下：

<u>TATGAGGACGAATCTCCCGCTTATA</u>cgtctcg|tata|(N)$_{20}$|gttt|tgagacg<u>GGTCTTGACAAACGTGTGCTTGTAC</u>

下划线部分为扩增引物结合区；浅色序列为 Esp3I 酶切位点序列（含 1 bp 间隔序列）；加框序列为酶切后与载体互补的序列，该部分序列应根据选用的 sgRNA 克隆载体做出调整；（N）$_{20}$ 为 sgRNA 的间隔序列。

## （三）构建 sgRNA 质粒文库池

### 1. 技术要点

准备好 sgRNA 引物库序列后，可以在引物合成公司进行 sgRNA 引物池的合成，可提供引物池合成服务的公司包括金斯瑞和 Twist Bioscience 等。获得引物池后，按照图 4-1-2 的流程进行 sgRNA 间隔序列的克隆，再按照图 4-1-3 的流程最终获得 sgRNA 质粒池。

**2. 实验步骤:**

(1) 引物池扩增:取 100 ng 引物池为模板,合成 sgRNA-F 和 sgRNA-R 引物,并进行 PCR 反应扩增获得 sgRNA 池的 DNA 片段。

| 引物名称 | 引物序列(5'→3') |
|---|---|
| sgRNA-F | TATGAGGACGAATCTCCCG |
| sgRNA-R | GTACAAGCACACGTTTGTCAA |

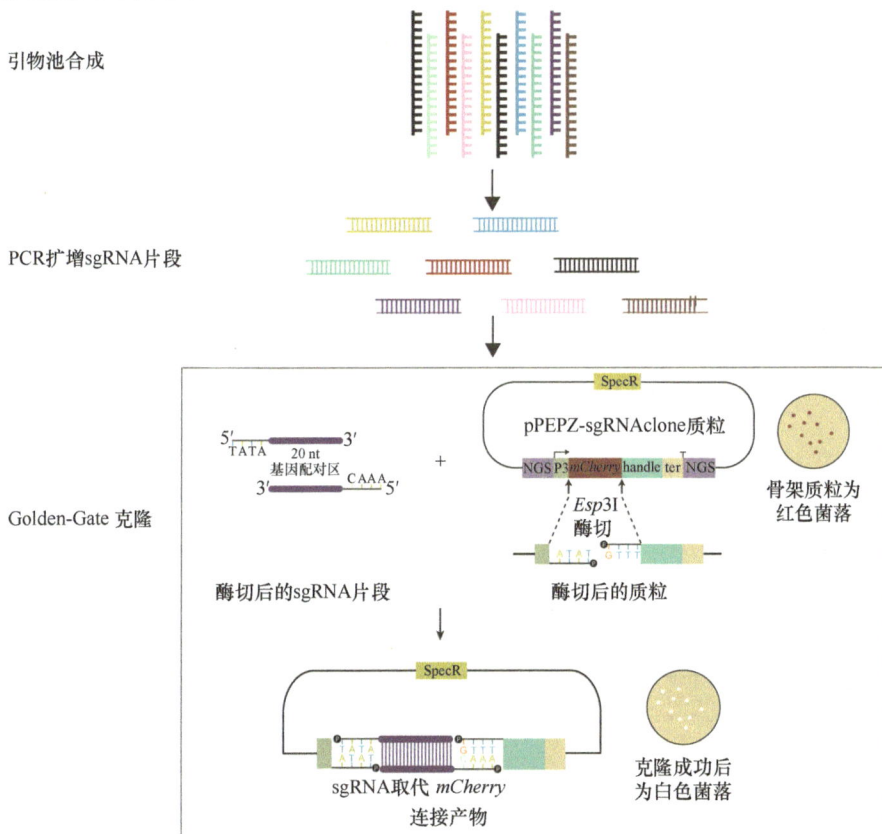

图 4-1-2 将 sgRNA 间隔序列克隆到载体的流程

反应体系如下:

| 组分 | 体积 |
|---|---|
| 2×Phanta max master mix | 50 μL |
| sgRNA 引物池 | 1~5 μl(100 ng) |
| sgRNA-F(10 μmol/L) | 4 μL |
| sgRNA-R(10 μmol/L) | 4 μL |
| 去离子水 | 补足至 100 μL |

PCR 反应程序如下：

| 循环数 | 变性 | 退火 | 延伸 |
|---|---|---|---|
| 1 | 95℃，30 s | | |
| 2～20 | 95℃，15 s | 55℃，15 s | 72℃，30 s |
| 12 | | | 72℃，5min |

PCR 产物用 2% DNA 琼脂糖凝胶进行检测，目标片段的长度为 92 bp。

（2）PCR 产物纯化：按照生产商的说明，用适用于小片段产物纯化的 Macherey-Nagel PCR 产物纯化试剂盒进行纯化，最终用 30 μL 去离子水洗脱产物，产物浓度应在 200～400 ng/μL 范围内。

（3）扩增携带质粒 pPEPZ-sgRNAclone （Addgene plasmid，订货号：141090）的大肠杆菌，并提取质粒，需要 5～10 μg 质粒进行后续反应。

（4）采用 Golden-Gate Assembly 策略进行 sgRNA 文库克隆。

反应体系如下：

| 组分 | 量 |
|---|---|
| 质粒 pPEPZ-sgRNAclone | 5 μg |
| 扩增的 sgRNA PCR 产物 | 3 μg |
| *Esp*3I | 2 μL |
| T4 ligase | 2 μL |
| T4 buffer | 6 μL |
| 去离子水 | 加至 60 μL |

反应条件：

| 步骤 | 温度 | 时间 |
|---|---|---|
| 1 | 37℃ | 1.5 min |
| 2 | 16℃ | 3 min |
| | 1～2 步循环 70～100 次 | |
| 3 | 37℃ | 5 min |
| 4 | 80℃ | 10 min |

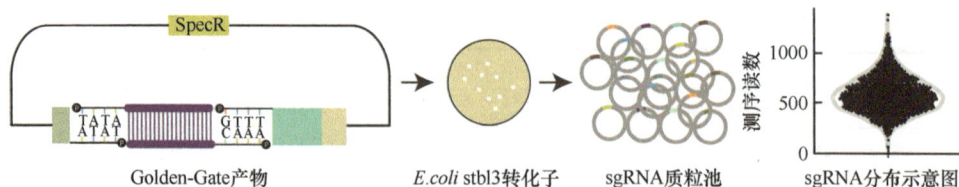

图 4-1-3　获取 sgRNA 质粒池的流程

（5）按照生产商的说明将反应产物转化到大肠杆菌 stbl3 感受态中，10 μL 产物转化到 100 μL 感受态中。转化子应在 37℃孵育，并在含 100 μg/mL 壮观霉素的 LB 琼脂糖平板上进行筛选。携带有转化子的大肠杆菌在 37℃孵育（约 20 h）后会出现白色菌落。

此处我们建议使用大肠杆菌 Stbl3 为宿主菌，因为 stbl3 菌株可以更稳定地维持载体，而且质粒产量高。在其他大肠杆菌菌株（如 DH5α）中，载体易发生突变，产量较低。商品化大肠杆菌 Stbl3 化学感受态的转化效率超过 $10^8$ CFU/μg 质粒。

（6）对转化子复苏液进行稀释并涂板计数，以计算转化效率。在 990 μL LB 培养基中加入 10 μL 细胞，稀释 100 倍；然后在 900 μL LB 培养基中加入 100 μL 稀释过的细胞，最终稀释 1000 倍。将 100 μL 的 1000 倍稀释和 100 倍稀释液平铺在预热的、含 100 μg/mL 壮观霉素的 LB 琼脂糖平板上。

（7）为获取转化子文库,可将 100 μL 未稀释的转化子复苏液平铺到含 100 μg/mL 壮观霉素的 LB 琼脂糖平板，均匀涂布平板。

（8）待平板表面无液体流动时，将平板倒置放入 37℃培养箱中培养过夜（14～18 h）。

（9）检查平板上菌落的颜色（我们预计 99% 以上的菌落是白色的）。

（10）估算 sgRNA 转化的菌落数。计数为计算连接产物转化效率而制备的平板上的菌落数，以此计算所有平板上的菌落总数，同时考虑稀释倍数（100 倍或 1000 倍）和集中转化细胞的体积。我们建议平均每个 sgRNA 至少有 50 个菌落覆盖。注意,获得足够数量的菌落对于确保 sgRNA 文库中覆盖足够数量的 sgRNA 是至关重要的。

（11）收集 LB 平板上的菌落。用移液管移取 3 mL 含 100 μg/mL 壮观霉素的 LB 培养基到平板上。用涂布棒刮下菌落，然后将液体转移到 50 mL 的无菌管中。

（12）重复步骤（11），进行第二次清洗，收集剩余的细菌。

（13）合并所有收集的细菌，涡旋混合，确保所有细菌颗粒都充分分散。测量 $OD_{600}$，将细菌重悬液稀释至 $OD_{600}=1$。

（14）在 $OD_{600}=1$ 的细菌重悬液中加入 0.25 倍灭菌的 80%（$V/V$）甘油。例如，10 mL 重悬液加入 2.5 mL 80%甘油。混合均匀后，用冷冻管分取 1 mL 等分，并保存在–80℃低温冰箱中。

（15）将以上大肠杆菌 Stbl3 文库菌进行扩增，并从中提取质粒池。注意，请确保从解冻储存液中转接的接种液中含有足够数量的细菌，以保证足够的 sgRNA 文库覆盖率，后续实验需要 1～2 μg 质粒库。

## （四）构建 CRISPRi 文库

### 1. 技术要点

前面我们已经成功将 sgRNA 引物池构建到 pPEPZ-sgRNAclone 的质粒骨架

上，获得了携带 sgRNA 文库的质粒池。接下来我们将质粒池转化进入肺炎链球菌。需要注意的是，pPEPZ-sgRNAclone 骨架不携带可在肺炎链球菌中复制的起始位点，但携带能整合进该菌的同源臂序列，是肺炎链球菌中常用的整合载体。转化获得的转化子为 sgRNA 成功整合进入细菌染色体的突变体库。

### 2. 实验步骤

（1）用前面获得的 sgRNA 质粒库转化已构建的 IPTG 诱导型 CRISPRi 宿主菌株。按照标准方案制作肺炎双球菌宿主菌株的感受态细胞（Tc 细胞）[4]。完成此步骤后，按照图 4-1-4 所述步骤进行操作，并根据实际转化效率和所需转化子数量调整反应规模。

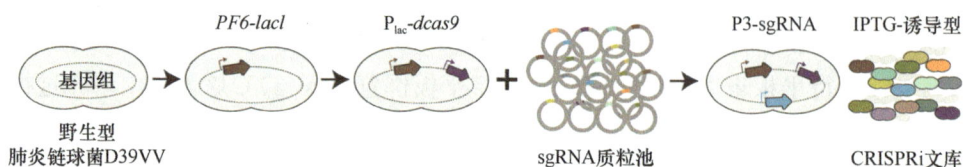

图 4-1-4　将 sgRNA 质粒池转入宿主菌构建 CRISPRi 文库

（2）解冻一管 Tc（100 μL）细菌储存液，可以进行 10 次转化实验。

（3）加入 900 μL C+Y 培养基和 1 μL CSP-1（100 μg/mL）。轻轻倒置，充分混合。请注意，我们在这里转化的是肺炎链球菌 D39V，它需要 CSP-1 诱导自然转化系统。不同菌株可能需要不同类型的 CSP，例如，肺炎链球菌 TIGR4 使用 CSP-2。肺炎双球菌中有 6 种不同的 CSP，大多数菌株使用 CSP-1 或 CSP-2。

（4）在 37℃水浴中培养 12 min，以诱导自然转化系统表达。

（5）准备两个 2 mL 的 Eppendorf 管。管 1 中加入 200 ng sgRNA 质粒池 DNA；管 2 为不加供体 DNA 的对照。

（6）将 200 μL 活化的 Tc 细胞分装到每个 2 mL 的 Eppendorf 试管中。轻轻倒置，将细胞与 DNA 充分混合。

（7）将试管在 30℃水浴中培养 20 min。

（8）在每个试管中加入 800 μL 新鲜 C+Y 培养基，轻轻倒置，充分混合，然后在 37℃水浴中培养 1.5 h。

（9）准备稀释液以计算转化效率。在 990 μL C+Y 培养基中加入 10 μL 转化培养物，混匀后进行 100 倍稀释。然后将 100 倍稀释液中的 100 μL 加入装有 900 μL C+Y 培养基的试管中，混匀后得到 1000 倍稀释液。

（10）用无菌玻璃珠将 300 μL 的 1000 倍稀释液平铺到装有 100 μg/mL 壮观霉素的哥伦比亚血平板（方形培养皿，120 mm×120 mm）上。该平板用于计数菌落，以估算转化效率。

（11）用无菌玻璃珠将步骤（9）中获得的 2 mL 原始转化培养液涂在另外 6

个大的哥伦比亚血平板上，每个平板 300 μL，加入 100 μg/mL 的壮观霉素，待平板充分干燥后，放入 37℃、5% $CO_2$ 培养箱中倒置培养过夜（14～16 h）。

注意，在每个平板上接种等体积的转化培养物非常重要，以避免不同平板上的菌落出现生长差异。尽可能将转化子均匀地铺在平板上，以避免菌落间竞争。

（12）估计转化子的数量。计算步骤（10）中得到的 1000 倍稀释平板上的菌落数 C。计算从所有 6 个平板上获得的转化子总数 T，即 $T=6×1000×C$。

注意，获得足够数量的转化子以达到可接受的 sgRNA 文库覆盖率至关重要。在大肠杆菌转化步骤中，我们的目标是池中每个 sgRNA 的理论覆盖率至少达到 50 倍。为防止随机丢失 sgRNA，我们建议平均每个 sgRNA 获得超过 100 个肺炎球菌转化子。对于转化效率较高或较低的肺炎球菌菌株，可在转化前相应调整 Tc 细胞的使用量。

（13）收集转化子。在每个大的哥伦比亚血平板上用移液管移取 3mL 含 100 μg/mL 壮观霉素的 C+Y 培养基。用涂布棒刮下菌落，将含菌培养液转移到 50 mL 无菌管中。

（14）重复步骤（13）进行第二次清洗，收集剩余的细菌。

（15）合并所有液体，离心（4℃，8000 g，5 min）收集细菌菌体。用含有 100 μg/mL 壮观霉素的新鲜 C+Y 培养基重悬细菌至 $OD_{600}=0.3～0.6$。将重悬的培养液与 80% 的甘油按 4：1（V/V）的比例混合，作为-80℃长期保存的储备液，此即为 CRISPRi 文库。

（16）为了获得具有良好生长活性的文库，需对 CRISPRi 文库进行预培养。将 100 μL 冻存液接种到 4 mL 含有 100 μg/mL 壮观霉素的新鲜 C+Y 培养基中，在 37℃、5% $CO_2$ 条件下培养。当 $OD_{600}$ 达到 0.3 时，将培养液进行冰浴，使其生长停止。将细菌与 80% 的甘油按 4：1（V/V）的比例混合，制成预培养液。

注意，CRISPRi 文库的接种量应含有足够多的细菌，以达到适当的文库覆盖率，我们建议每个 sgRNA 至少覆盖 100 倍。预培养液可在-80℃下保存至少 1 年。

（五）基因适应性测试

**1. 技术要点**

此处我们以肺炎链球菌在实验室培养基 C+Y 中的基因适应性为例，详细描述实验过程，该部分的大体流程请参照图 4-1-5。在 C+Y 培养基中进行的筛选大约需要细菌进行 21 代繁殖。筛选分为两组，即对照组和实验组，每组至少有 4 个生物重复。对照组不添加诱导剂，因而 CRISPRi 系统关闭，而实验组添加了 1 mmol/L IPTG 诱导 CRISPRi 系统的开启。本例实验的目的是尽可能多地鉴定肺炎链球菌的必需基因，因此，我们使用了长达 21 代的诱导时间以检测出对细菌生长影响微弱

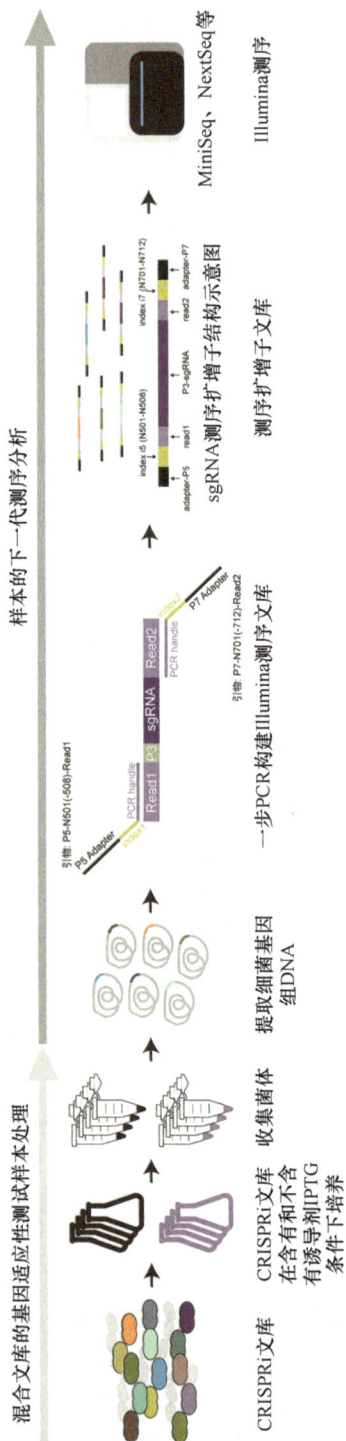

图 4-1-5　混合文库的基因适应性测试样本处理和测序分析流程

的基因。如果要获得更高分辨率的基因适应性变化，可以进行不同诱导代数的多时间点取样。

### 2. 实验步骤

（1）将 40 μL 冻存的 CRISPRi 文库预培养液接种到 4 mL 新鲜的 C+Y 培养基中，加入诱导剂（实验组）或不加诱导剂（对照组），每组 4 个重复，共 8 个生长培养基。实验组加入 1 mmol/L IPTG 作为诱导剂。为确保诱导和竞争的代数大于 20 代，培养物在新鲜培养基中以 1：100 稀释 3 次。此步骤是第一次稀释。将培养物置于 37℃、5% $CO_2$ 条件下培养。

（2）当 $OD_{600}$ 达到 0.3 时，视情况将 40 μL 培养液转移到 4 mL 含或不含诱导剂的新鲜 C+Y 培养基中，这是第二次 1：100 稀释。将试管置于 37℃、5% $CO_2$ 条件下培养。

（3）当 $OD_{600}$ 再次达到 0.3 时，将 100 μL 培养液分别稀释到 10 mL 含或不含诱导剂的新鲜 C+Y 培养基中，这是第三次 1：100 稀释。使用 10 mL 而不是 4 mL 新鲜 C+Y 培养基，以便收集足够的细菌用于基因组 DNA 分离。将试管置于 37℃、5% $CO_2$ 条件下培养。

（4）当 $OD_{600}$ 达到 0.3 时，离心（8000 $g$，5 min，4℃）收集细菌，小心去除上清液，细菌菌体用于基因组提取，可置于–80℃保存。

（5）提取细菌基因组 DNA（gDNA）。用细菌基因组 DNA 提取剂盒提取 8 个样本的 gDNA，并用 NanoDrop 分光光度计对产物进行定量。我们建议将 gDNA 溶解在不含 DNase 的水中，该 gDNA 可在–20℃下保存数月。

（6）通过一步 PCR 准备 Illumina 测序文库。根据 Illumina 网站上提供的关于 MiniSeq 测序平台的文件，这里的 8 个样本可以采用多种 Barcode 策略。例如，选择 N701/N702/N703/N704 作为 i7 barcode，选择 N501/N502 作为 i5 barcode。

PCR 所需要的引物序列如下表所示：

| 引物名称 | 引物序列（5'→3'） |
| --- | --- |
| P5-**N501**-read1 | AATGATACGGCGACCACCGAGATCTACAC**TAGATCGC**TCGTCGGCAGCGTCAGATGTGTATA |
| P5-**N502**-read1 | AATGATACGGCGACCACCGAGATCTACAC**CTCTCTAT**TCGTCGGCAGCGTCAGATGTGTATA |
| P5-**N503**-read1 | AATGATACGGCGACCACCGAGATCTACAC**TATCCTCT**TCGTCGGCAGCGTCAGATGTGTATA |
| P5-**N504**-read1 | AATGATACGGCGACCACCGAGATCTACAC**AGAGTAGA**TCGTCGGCAGCGTCAGATGTGTATA |
| P5-**N505**-read1 | AATGATACGGCGACCACCGAGATCTACAC**GTAAGGAG**TCGTCGGCAGCGTCAGATGTGTATA |
| P5-**N506**-read1 | AATGATACGGCGACCACCGAGATCTACAC**ACTGCATA**TCGTCGGCAGCGTCAGATGTGTATA |
| P5-**N507**-read1 | AATGATACGGCGACCACCGAGATCTACAC**AAGGAGTA**TCGTCGGCAGCGTCAGATGTGTATA |
| P5-**N508**-read1 | AATGATACGGCGACCACCGAGATCTACAC**CTAAGCCT**TCGTCGGCAGCGTCAGATGTGTATA |
| P7-**N701**-read2 | CAAGCAGAAGACGGCATACGAGAT**TCGCCTTA**GTCTCGTGGGCTCGGAGATGTGTAT |

续表

| 引物名称 | 引物序列（5'→3'） |
|---|---|
| P7-N702-read2 | CAAGCAGAAGACGGCATACGAGAT**CTAGTACG**GTCTCGTGGGCTCGGAGATGTGTAT |
| P7-N703-read2 | CAAGCAGAAGACGGCATACGAGAT**TTCTGCCT**GTCTCGTGGGCTCGGAGATGTGTAT |
| P7-N704-read2 | CAAGCAGAAGACGGCATACGAGAT**GCTCAGGA**GTCTCGTGGGCTCGGAGATGTGTAT |
| P7-N705-read2 | CAAGCAGAAGACGGCATACGAGAT**AGGAGTCC**GTCTCGTGGGCTCGGAGATGTGTAT |
| P7-N706-read2 | CAAGCAGAAGACGGCATACGAGAT**CATGCCTA**GTCTCGTGGGCTCGGAGATGTGTAT |
| P7-N707-read2 | CAAGCAGAAGACGGCATACGAGAT**GTAGAGAG**GTCTCGTGGGCTCGGAGATGTGTAT |
| P7-N708-read2 | CAAGCAGAAGACGGCATACGAGAT**CCTCTCTG**GTCTCGTGGGCTCGGAGATGTGTAT |
| P7-N709-read2 | CAAGCAGAAGACGGCATACGAGAT**AGCGTAGC**GTCTCGTGGGCTCGGAGATGTGTAT |
| P7-N710-read2 | CAAGCAGAAGACGGCATACGAGAT**CAGCCTCG**GTCTCGTGGGCTCGGAGATGTGTAT |
| P7-N711-read2 | CAAGCAGAAGACGGCATACGAGAT**TGCCTCTT**GTCTCGTGGGCTCGGAGATGTGTAT |
| P7-N712-read2 | CAAGCAGAAGACGGCATACGAGAT**TCCTCTAC**GTCTCGTGGGCTCGGAGATGTGTAT |

　　引物说明：浅色序列为 Illumina flow cell 上的 P5（正向引物）或 P7（反向引物）的适配序列；粗体序列为 barcode 序列，正向引物为 N501～N508，反向引物为 N701～N712。通过使用双 barcode，可提供 8×12=96 个组合，从而可以在一次测序中混合 96 个不同的样本。

　　PCR 反应体系：

| 组分 | 量 |
|---|---|
| 2×Phanta Max Master Mix | 25 μL |
| 正向引物 （P5-N5XX-read1）10 μmol/L | 2 μL |
| 反向引物（P7-N7XX-read2）10 μmol/L | 2 μL |
| 基因组 DNA | 0.5～4 μg |
| 去离子水 | 加至 50 μL |

　　此处使用 gDNA 作为模板。为了减少 PCR 循环次数，我们建议每 50 μL PCR 混合物最多使用 4 μg gDNA，这样只需 9～10 个循环就能产生足够的扩增子。如果 gDNA 较少，则需要更多的 PCR 循环。我们比较了用相同的 gDNA 进行 10 个循环、20 个循环和 30 个循环的 PCR 所产生的扩增子文库，测序结果没有明显的差异。

　　PCR 反应条件：

| 循环数 | 变性 | 退火 | 延伸 |
|---|---|---|---|
| 1 | 95℃，30 s | | |
| 2～11 | 95℃，15 s | 55℃，15 s | 72℃，30 s |
| 12 | | | 72℃，5 min |

（7）纯化并量化扩增的 NGS 文库。

（8）为测序准备文库。使用 Qubit 检测法对纯化的扩增子进行精确定量，单位为 ng/μL。用以下公式将其单位转换为 nmol/L：

$$\frac{浓度(ng/\mu L)}{660\,g/mol \times 扩增子长度(bp)(此处为303)} \times 10^6$$

## （六）Illumina 测序

### 1. 技术要点

我们以 Illumina MiniSeq 平台为例详述具体实验步骤，但也可使用其他 Illumina 测序平台，或准备好测序扩增子文库后交给测序服务公司进行测序分析。

### 2. 实验步骤

（1）根据 Illumina 标准协议 "miniseq-denature-dilute-guide-1000000002697"，按照"协议 A：标准归一化方法"对文库进行稀释和变性。我们建议使用 20% PhiX 对照。准备测序盒时，将可上载的文库放在冰上。

（2）选择 MiniSeq 测序试剂盒。对于本例中构建的针对肺炎链球菌的小型 CRISPRi 文库的测序，我们建议使用 MiniSeq mid output 或 MiniSeq high output 试剂盒，具体取决于样本数量和目标测序深度。对于单端测序，中输出试剂盒可产生 700～800 万个读数，高输出试剂盒可产生 2200～2500 万个读数。根据经验和模拟实验，我们建议每个 sgRNA、每个样本的平均测序深度至少为 250 个读数。

（3）根据 Illumina 手册 "miniseq-system-guide-1000000002695" 在 Illumina MiniSeq 上对文库进行测序。以单机模式运行机器，为规避扩增子文库序列多样性低带来的测序困难，我们使用了自定义测序方案，该方案中运行的前 54 个循环用于对扩增子的常见序列进行测序，因此被设置为暗循环（即化学反应仍在进行，但不成像）。接下来的 20 个循环用于对 sgRNA 的多样化碱基配对区进行测序。用户可以根据这个测序方案请求 Illumina 技术人员修改测序程序。

设置 MiniSeq 的关键参数如下：

| 选项 | 参数 |
| --- | --- |
| Custom recipe（客户定制方案） | Mid-54dk（for Mid Output Kit）或 High-54dk（for High Output Kit） |
| System configuration（系统设置） | 独立模式 |
| Index 1（标签 1） | 8 bp |
| Index 2（标签 2） | 8 bp |
| Read length（读长） | 97 bp |
| Single or Paired end（单端或双端） | Single-end（单端） |

## （七）计数 sgRNA

### 1. 技术要点

测序结束后，获得针对每个样品的 fastq 文件，以 fastq 文件和 sgRNA 的间隔序列文件为输入，用 2FAST2Q[5]进行样本中 sgRNA 的计数。

### 2. 实验步骤

（1）获取 2FAST2Q：https://github.com/afombravo/2FAST2Q

（2）如果使用 MS Windows 或 macOS 可执行 crispery 程序，请下载相应的软件版本（可从 GitHub：https://github.com/veeninglab/Crispery 获取），具体操作步骤见程序说明文件。

（3）在安装了 Python 3 和 pip 的系统上，在命令窗口中键入以下代码，安装 Python 3 软件包 2FAST2Q：pip install 2FAST2Q

（4）配置输入：

A. 要使用图形界面方法打开 2FAST2Q，请键入

python -m 2FAST2Q

B. 要在命令窗口模式下打开 2FAST2Q，请键入

python-m 2FAST2Q -c--s " c/path/seqfiledir " –g " c/path/sgrna.csv " --o "c/path/outputfolder" —se ".fastq.gz"

（5）运行 2FAST2Q。对于 MS Windows 和 macOS 版本，双击 2FAST2Q 图标，然后按照屏幕上的配置提示操作。程序将自动运行，无须用户进一步输入。当出现"分析成功完成"信息，会自动退出程序。

## （八）基因的适应性分析

### 1. 技术要点

利用现有工具，如这里使用的 R 软件包 DESeq2[6]，可以测试诱导样本与非诱导样本中 sgRNA 的显著差异富集。如果课题中为每个基因设计了多个 sgRNA，最好使用 MAGeCK 而不是 DESeq2[7]。

### 2. 实验步骤

（1）请遵循 https://doi.org/doi:10.18129/B9.bioc.DESeq2 上的 DESeq2 vignette 说明。

（2）对于某一条件下的适应度值，对比该条件下的 CRISPRi 诱导效应（即主效应）。对于两个条件之间的差异适应度值，则采用交互效应（即两个条件之间 CRISPRi 诱导效应的差异）。图 4-1-6 提供了分析示例。

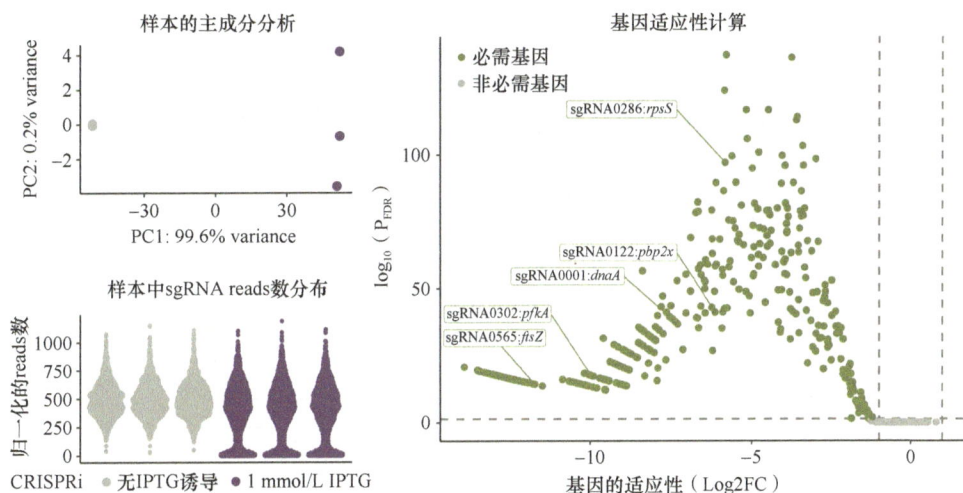

图 4-1-6　基因的适应性分析示例图

# 参 考 文 献

[1] Liu X, Kimmey J M, Matarazzo L, et al. Exploration of bacterial bottlenecks and *Streptococcus pneumoniae* pathogenesis by CRISPRi-Seq. Cell Host & Microbe, 2021, 29(1): 107-120.e6.

[2] Qi L S, Larson M H, Gilbert L A, et al. Repurposing CRISPR as an RNA-guided platform for sequence-specific control of gene expression. Cell, 2013, 152(5): 1173-1183.

[3] Bikard D, Jiang W, Samai P, et al. Programmable repression and activation of bacterial gene expression using an engineered CRISPR-Cas system. Nucleic Acids Research, 2013, 41(15): 7429-7437.

[4] De Bakker V, Liu X, Bravo A M, et al. CRISPRi-seq for genome-wide fitness quantification in bacteria. Nature Protocols, 2022, 17(2): 252-281.

[5] Bravo A M, Typas A, Veening J W. 2FAST2Q: A general-purpose sequence search and counting program for FASTQ files. Peer J, 2022, 10: e14041.

[6] Love M I, Huber W, Anders S. Moderated estimation of fold change and dispersion for RNA-seq data with DESeq2. Genome Biology, 2014, 15(12): 550.

[7] Li W, Xu H, Xiao T, et al. MAGeCK enables robust identification of essential genes from genome-scale CRISPR/Cas9 knockout screens. Genome Biology, 2014, 15(12): 554.

# 第二节　细菌新型防御系统结构与功能研究方法

崔　宁，贾　宁

南方科技大学医学院

**摘　要：**噬菌体是宿主为细菌的病毒，是自然界中含量最丰富的生物体。细菌在与噬菌体的长期博弈过程中，进化出一系列抵抗噬菌体的防御系统，如目前研究较多的限制性修饰系统、CRISPR-Cas 系统等。然而，细菌的防御体系比预期要丰富得多，近年来有越来越多的细菌新型防御系统被鉴定，其中不乏与真核细胞免疫系统相类似的系统，暗示原核生物与真核生物在抗病毒机制方面存在进化关系。因此，鉴定细菌新型防御系统并对其结构和功能进行研究十分重要。本节以大肠杆菌 MG1655 及大肠杆菌噬菌体 T4 为例，介绍细菌新型防御系统的鉴定及其结构与功能研究方法。通过这些方法可以深入探索并研究细菌潜在的新型防御系统，阐明相关免疫机制，扩大对细菌免疫系统乃至真核生物免疫系统的认识。

　　**关键词**：细菌防御系统，噬菌体，X 射线晶体学，冷冻电镜

## 一、背景

　　噬菌体（bacteriophage，phage）是一种感染细菌和古细菌的病毒。在与噬菌体的长期博弈过程中，细菌和古细菌进化出了一系列抗噬菌体防御系统，这些系统被称为原核生物的"免疫系统"[1]。下面以细菌的防御系统为例进行介绍。对细菌防御系统的研究主要集中在限制性修饰（restriction-modification）、CRISPR（clustered regularly interspaced short palindromic repeat）-Cas （CRISPR-associated gene）和流产感染系统（abortive infection system）[2,3]。然而，最近的研究表明，由原核基因组编码的防御系统比最初预期的要丰富得多[4,5]。这些防御系统在细菌基因组中并非随机出现，而是具有共同定位的趋势，形成细菌的"防御岛"。随着生物信息学的发展，科学家通过对数万个微生物基因组中防御岛的系统分析以及这些细菌基因组中抗噬菌体热点的分析，鉴定发现了几十个运用不同防御机制的新型防御系统[6]。在目前已鉴定的细菌防御系统中，有一部分与动物先天免疫系统参与抗病毒过程中的蛋白质具有同源性[6]，也有研究显示，最初在动物体内发现的免疫机制与细菌免疫系统有相似之处，暗示真核生物免疫机制可能起源于细菌[7]。对这些系统进行研究有助于阐明原核生物与真核生物在抗病毒机制间的进化联系，从而加深对于动物免疫系统的理解。

　　尽管在绘制细菌"防御武器库"方面取得了重大进展，但据估仍有大量防御系统尚未被发现。因此，鉴定细菌新型防御系统并对其进行结构与功能研究十分重要。本节以大肠杆菌 MG1655 及大肠杆菌噬菌体 T4 为例，从噬菌体的培养、细菌防御系统的鉴定与分析、目的蛋白的表达与纯化、蛋白质结晶、X 射线晶体学数据收集与结构解析、冷冻电镜样品制备、数据收集及结构解析等方面，介绍细菌新型防御系统功能鉴定及其结构与功能研究的一般方法。对细菌免疫系统对抗噬菌体作用机制的解析，将扩大对于细菌免疫系统乃至真核生物免疫系统的认识。

## 二、材料与试剂

### 1. 培养基

LB 培养基（高盐）

①液体培养液：称取 10 g 胰蛋白胨、5 g 酵母提取物和 10 g NaCl，加蒸馏水溶解后定容至 1 000 mL，调节 pH 至 7.0，分装后高压灭菌。

②固体培养基：称取 10 g 胰蛋白胨、5 g 酵母提取物、10 g NaCl 和 15g 琼脂粉，加蒸馏水溶解后定容至 1 000 mL，调节 pH 至 7.0，分装后高压灭菌。

### 2. 试剂

（1）抗生素母液：①氨苄青霉素，100 mg/mL；②卡那霉素，50 mg/mL。

（2）1 mol/L IPTG：IPTG 11.9 g，蒸馏水定容至 50 mL。

（3）1 mol/L $MgCl_2$ 溶液：$MgCl_2$ 4.76 g，蒸馏水定容至 50 mL。

（4）1 mol/L $MnCl_2$ 溶液：$MnCl_2$ 6.29 g，蒸馏水定容至 50 mL。

（5）1 mol/L $CaCl_2$ 溶液：$CaCl_2$ 5.55 g，蒸馏水定容至 50 mL。

（6）10%（$m/V$）过硫酸铵溶液：过硫酸铵 5 g，蒸馏水定容至 50 mL。

（7）2%（$m/V$）乙酸铀溶液：乙酸铀 0.1 g，蒸馏水 5 mL。

（8）20%（$m/V$）L-阿拉伯糖溶液：L-阿拉伯糖 10 g，蒸馏水定容至 50 mL。

（9）10%（$m/V$）葡萄糖溶液：葡萄糖 20 g，蒸馏水定容至 200 mL。

（10）氯仿（国药集团）；Bradford 溶液（生工）。

（11）去垢剂（Anatrace）。

### 3. 缓冲液

（1）PBS 缓冲液：NaCl 8 g、KCl 0.2 g、$Na_2HPO_4$ 1.42 g、$KH_2PO_4$ 0.27 g，用浓 HCl 将 pH 调至 7.4，蒸馏水定容至 1 L。

（2）破碎缓冲液：NaCl 17.55 g、Tris-base 24.22 g、咪唑 1.36 g，用浓 HCl 将 pH 调至 8.5，蒸馏水定容至 1 L。

（3）低盐缓冲液：NaCl 5.85 g、Tris-base 24.22 g，用浓 HCl 将 pH 调至 8.5，蒸馏水定容至 1 L。

（4）高盐缓冲液：NaCl 58.5 g、Tris-base 24.22 g，用浓 HCl 将 pH 调至 8.5，蒸馏水定容至 1 L。

（5）分子筛缓冲液：NaCl 8.78 g、Tris-base 24.22 g，用浓 HCl 将 pH 调至 8.5，蒸馏水定容至 1 L。

（6）5 mol/L 咪唑溶液：咪唑 340.4 g，用浓 HCl 将 pH 调至 8.5，蒸馏水定容至 1 L。

**4. 试剂盒**

（1）快速质粒小提试剂盒

（2）PCR 产物回收试剂盒

（3）PAGE 凝胶快速制备试剂盒

**5. 材料**

（1）离心管（耐思，15 mL、50 mL）

（2）细菌培养管（生工，12 mL）

（3）培养皿（Biosharp，10 cm 圆形，13 cm 方形）

（4）EP 管（生工，1.5 mL）

（5）过滤器（Millipore，0.22 μm）

（6）Ni-NTA beads（金斯瑞，High Affinity Ni-Charged Resin FF）

（7）重力柱套管（生工）

（8）浓缩管（Millipore，30 kDa，50 kDa）

（9）脱盐柱（Cytiva，desalting column）

（10）离子交换柱（Cytiva，QFF column）

（11）分子筛层析（Cytiva，Superdex 200 Increase 10/300 GL）

（12）硅化盖玻片（Hampton，HR3-217）

（13）96 孔板（Corning，CrystalEX）

（14）24 孔板（Hampton，HR3-172）

（15）载网（Quantifoil，负染用、冷冻电镜用）

（16）Parafilm 封口膜

（17）低温载网盒（Merck，TEM-71166-10）

（18）镊子：直尖头自锁镊子、电镜样品制备镊、夹载网专用直头镊子、长柄镊（中镜科仪）

（19）冷冻电镜低温制样泡沫盒、金属釜、样品盒支架、导热杆（中镜科仪）

（20）滤纸（Whatman，圆形，400 mm）

（21）打孔器

（22）载网板

（23）冷冻剂：液氮、乙烷

**6. 菌株**

（1）大肠杆菌 MG1655 菌株

（2）感受态细胞：Top10、BL21（DE3）

（3）大肠杆菌噬菌体 T4

**7. 设备**

（1）生物安全柜（ESCO，型号 ULPA）

（2）超净工作台（Airtech，型号 SW-CJ-1FD）

（3）恒温培养箱（一恒，型号 DHP-9052）

（4）恒温摇床（知楚，型号 ZQZY-B8E）

（5）超声破碎仪（新芝，型号 JY9211DN）

（6）小型台式高速离心机 （Eppendorf，型号 5425）

（7）小型台式高速冷冻离心机（Eppendorf，型号 5425R）

（8）台式低温离心机（Thermo Fisher Scientific，型号 Sorvall ST1R Plus）

（9）落地式高速离心机（Thermo Fisher Scientific，型号 Sorvall Lynx 6000）

（10）分光光度计（Thermo Fisher Scientific，型号 Spectronic 200）

（11）金属浴（奥盛，型号 Thermo-Shaker MS-100）

（12）PCR 仪（applied biosystems，型号 ProFlex Base）

（13）恒温水浴锅（一恒，型号 DK-8D）

（14）蛋白电泳仪（天能，型号 VE-180）

（15）核酸电泳仪（天能，型号 HE-120）

（16）匀浆机（IKA，型号 T18）

（17）蛋白纯化仪（Cytiva，型号 AKTA Pure）

（18）蛋白质晶体筛选机器人（SPT Labtech，型号 Mosquito Xtal3）

（19）光学显微镜（奥林巴斯，型号 SZX16）

（20）低温培养箱（Thermo Fisher Scientific，型号 IMP400）

（21）冷冻透射电镜样品制备仪（Thermo Fisher Scientific，型号 Vitrobot）

（22）辉光放电仪（TED PELLA，型号 PELCO easiGlow）

（23）冷冻电镜（Thermo Fisher Scientific，型号 Titan Krios G3）探测器（Gatan，型号 K3）

（24）上海同步辐射光源与蛋白质数据收集有关线站；Eiger2 S 9M 探测器

**8. 软件**

（1）GraphPad Prism（Version 9.4.1）

（2）Mosquito

（3）EPU（EPU Imaging Software）

（4）SerialEM（Serial Electron Microscopy）

（5）RELION（REgularised LIkelihood OptimisatioN）

（6）HKL2000

（7）XDS（X-ray Detector Software）

（8）CCP4（Version 8.0）

（9）Coot（Version 0.9.4.1）

（10）Phenix（Version 1.19.2）

## 三、操作步骤

### （一）噬菌体培养与纯化

噬菌体感染宿主细胞时，将其遗传物质（DNA 或 RNA）注入宿主细胞并利用宿主细胞进行复制、转录和相关蛋白质的表达，最终装配成新的、完整的噬菌体颗粒，最后使宿主细胞裂解，从中释放出新的噬菌体颗粒。因此，在液体培养基中可使宿主裂解，导致浑浊的菌悬液变得较为清亮。利用噬菌体的这种特性，在液体培养的特定宿主菌液中加入噬菌体样品，噬菌体便可以大量增殖、裂解而释放，从而可分离获得特定宿主的噬菌体。同样，在含有宿主细菌生长的软琼脂平板上，噬菌体也可以裂解宿主细菌或限制被侵染宿主细菌的生长，形成半透明的斑点，亦称噬菌斑。每个噬菌体都可以产生一个对应的噬菌斑，利用这种特点可将分离获得的噬菌体进行纯化。

#### 1. 技术要点

（1）所有操作须严格遵守无菌操作流程，在操作过程中注意使用灭菌器具并用 75%乙醇消毒操作台，避免交叉污染。

（2）使用针管与针头吸取菌液后，针头不可朝向操作人，不可盖回针头盖子，以免误伤操作人员。

（3）将使用过的针管与针头丢弃入医用尖锐物处理容器统一处理，避免误伤操作人员。

（4）双层琼脂培养时，注意琼脂的浓度。

（5）氯仿是易燃品，应远离火焰。

（6）用于噬菌体裂解的宿主菌为新鲜培养的菌液时，噬菌体裂解较好，裂解噬菌体收获量则较大。

（7）液体培养裂解过程中，如到培养时间时尚未发生裂解，可适当加大摇震速度或提高培养温度。

#### 2. 实验步骤

1）噬菌体的液体培养

（1）从–80℃冰箱中挑取大肠杆菌，划线于固体 LB 培养平板中，37℃倒置培养过夜。

（2）第二天在超净工作台中挑取平板上的大肠杆菌单菌落接种于液体 LB 培养基中，37℃、250 r/min 振荡培养过夜。

（3）取过夜培养大肠杆菌 1∶100 转接至新鲜的 3 mL 液体 LB 培养基中，37℃、250 r/min 振荡培养约 3 h，使大肠杆菌生长至对数期（$OD_{600}$=0.4～0.6）。

（4）向以上步骤获得的大肠杆菌培养液中加入 0.1 mL 噬菌体裂解液，继续振荡培养 4～6 h。

（5）若观察到大肠杆菌培养液逐渐变得澄清，即为噬菌体裂解宿主大肠杆菌所致。

（6）收集大肠杆菌裂解液，6000 $g$ 离心 10 min 去除细胞碎片。

（7）收集裂解液上清，使用 0.22 μm 滤器过滤去除未裂解宿主细胞，可重复过滤两次以彻底去除宿主细胞。

（8）所得裂解液即为噬菌体原液，可 4℃ 保存备用。

2）噬菌体的固体培养

（1）从–80℃冰箱中挑取大肠杆菌，于固体 LB 平板上划线，37℃倒置培养过夜。

（2）第二天在超净工作台中挑取平板上的大肠杆菌单菌落接种于液体 LB 培养基中，37℃、250 r/min 振荡培养过夜。

（3）取过夜培养大肠杆菌 1:100 转接至新鲜的 3 mL 液体 LB 培养基中，37 ℃、250 r/min 振荡培养 4～5 h，使大肠杆菌生长至对数后期（$OD_{600}$=1）。

（4）取 0.1 mL 各梯度稀释的噬菌体稀释液到无菌微量离心管中，加 0.2 mL 上述新鲜培养的宿主菌，37℃温育 20 min，使噬菌体颗粒吸附于细菌。

（5）噬菌体固体培养使用双层平板，先准备下层培养基，即 1.5%（$m/V$）琼脂 LB 固体培养基，厚度约 0.3 cm。

（6）另准备融化的 0.5%（$m/V$）琼脂 LB 固体培养基（可高温融化后置于 40～45℃水浴锅中）。取噬菌体细菌混合液加入到 5 mL 的 0.5%（$m/V$）琼脂 LB 半固体培养基混匀。

（7）立即倒入步骤（5）中已凝固的 1.5%（$m/V$）琼脂 LB 固体培养基的平板内，轻轻晃动平板使均匀分布。

（8）37℃静置培养 16～20 h 后，观察噬菌斑的形成；可根据稀释梯度及噬菌斑形成的数目，计算噬菌体原液的噬菌体滴度。

（9）如需对噬菌体进行进一步纯化，可挑取单个噬菌斑于 0.5 mL 无菌 PBS 溶液中，37℃温育 10 min。

（10）重复步骤（1）～（9）获得单个噬菌斑。

（二）细菌抗噬菌体防御系统鉴定与分析

为了鉴定和评估新型抗噬菌体免疫系统，需要使用正确、合理的评估手段来证明该防御系统的有效性。根据生物信息学分析，选择可能的细菌抗噬菌体防御系统基因，再验证该系统是否参与细菌防御噬菌体功能。首先需构建能够表达该系统相关基因的大肠杆菌，通常将相关基因构建在适用于大肠杆菌的表达质粒或者插入到大肠杆菌染色体 DNA 中，在 MG1655 中表达相关蛋白，然后用噬菌体侵染上述大肠杆菌，通过统计产生噬菌斑的数量来评估不同防御系统对噬菌体的抵御能力。

### 1. 技术要点

（1）所有操作须严格遵守无菌操作流程，在操作过程中注意使用灭菌器具并用 75%乙醇消毒操作台，避免交叉污染。

（2）使用针管与针头吸取菌液后，针头不可朝向操作人，不可盖回针头盖子，以免误伤操作人员。

（3）将使用过的针管与针头丢弃入医用尖锐物处理容器统一处理，避免误伤操作人员。

（4）双层琼脂培养时，注意琼脂的浓度。

（5）倒平板时需要添加合适的抗生素及诱导剂。

### 2. 实验步骤

（1）从–80℃冰箱中挑取表达特定防御系统的大肠杆菌（MG1655 与含防御系统的质粒）及对照组（MG1655 与空载质粒），平板划线于含有相应抗生素的固体 LB 平板中，37℃倒置培养过夜。

（2）第二天在超净工作台中挑取平板上的大肠杆菌单菌落于含有相应抗生素的液体 LB 培养基中，37℃、250 r/min 振荡培养过夜。

（3）取过夜培养大肠杆菌 1:100 转接至新鲜的 3 mL 液体 LB 培养基中，并加入抗生素，37℃、250 r/min 振荡培养 4～5h，使大肠杆菌生长至对数后期（$OD_{600}=1$）。

（4）取融化（45～50℃，可融化后置于水浴锅中）的 1.5%（$m/V$）琼脂 LB 固体培养基，加入合适浓度的抗生素充分混匀，然后倾倒于 13 cm×13 cm 的方形无菌培养皿中，待其凝固备用（按需加入诱导蛋白表达的诱导剂）。

（5）取融化（45～50℃，可融化后置于水浴锅中）的 0.5%（$m/V$）琼脂 LB 固体培养基，加入合适浓度的抗生素充分混匀，向 10 mL 培养基中加入 0.2 mL 新鲜培养至对数后期的大肠杆菌充分混匀，并快速倾倒于 1.5%（$m/V$）琼脂 LB 固体培养基平板内，轻轻晃动平板使均匀分布，待平板凝固备用。

（6）将待检测噬菌体使用无菌 PBS 进行 10 倍梯度稀释，取各稀释倍数的噬菌体 10 μL 滴于含有细菌的半固体平板表面，晾干。

（7）将平板置于 37℃下孵育过夜，第二天对噬菌斑进行计数分析。

### 3. 数据分析

（1）根据噬菌斑数量来评价不同菌株抗噬菌体防御的能力，可以通过作图来进行直观地比较。

如图 4-2-1 所示，表达某防御系统的大肠杆菌在 T4 噬菌体侵染时形成较少的噬菌斑，表明该防御系统具有抵抗 T4 噬菌体侵染的能力。

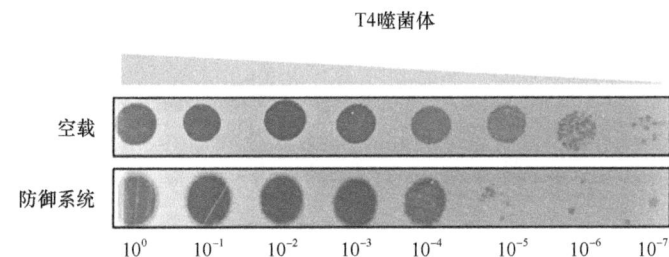

图 4-2-1 表达噬菌体防御系统的大肠杆菌防御 T4 噬菌体的侵染

（2）根据形成的噬菌斑的数量进行分析比较。

①分别表达三种不同防御系统的大肠杆菌受到 T4 噬菌体侵染后噬菌斑形成情况如表 4-2-1 所示。

表 4-2-1 表达不同防御系统菌株形成噬菌斑的数量

| 重复 | 空载 | 防御系统 1（$10^{-5}$） | 防御系统 2（$10^{-3}$） | 防御系统 3（$10^{-7}$） |
|---|---|---|---|---|
| 1 | 10 | 6 | 4 | 5 |
| 2 | 12 | 8 | 6 | 9 |
| 3 | 8 | 1 | 7 | 12 |

②计算噬菌斑形成单位（plaque forming unit，PFU），例如，空载质粒在 $10^{-7}$ 浓度下滴 10 μL 产生噬菌斑 10 个，则原始浓度噬菌体总计能形成噬菌斑的个数为 $10 \times 100 \times 10^7 = 10^{10}$/mL。同理，可以计算得到每个重复样品噬菌斑形成效率（表 4-2-2）。

表 4-2-2 表达不同防御系统菌株的噬菌斑形成效率

| 重复 | 空载 | 防御系统 1（$10^{-5}$） | 防御系统 2（$10^{-3}$） | 防御系统 3（$10^{-7}$） |
|---|---|---|---|---|
| 1 | $1.0 \times 10^{10}$/mL | $6 \times 10^7$/mL | $4 \times 10^5$/mL | $5 \times 10^9$/mL |
| 2 | $1.2 \times 10^{10}$/mL | $8 \times 10^7$/mL | $6 \times 10^5$/mL | $9 \times 10^9$/mL |
| 3 | $8 \times 10^9$/mL | $1 \times 10^8$/mL | $7 \times 10^5$/mL | $1.2 \times 10^{10}$/mL |

③绘制结果图，把统计结果输入到软件 GraphPad Prism 中并计算其显著性关系。如图 4-2-2 所示，显著性分析结果表明防御系统 1 和 2 具有防御噬菌体 T4 侵染的能力，而防御系统 3 不具备防御 T4 侵染的能力。

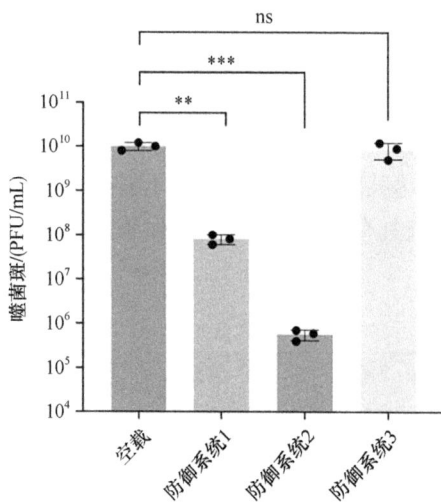

图 4-2-2　表达不同防御系统菌株的噬菌斑形成效率

## （三）细菌抗噬菌体防御系统在大肠杆菌中的功能展现

目前已发现的新型抗噬菌体防御系统来自不同的菌属，但侵染这些菌属的噬菌体不一定能轻易获取，因此可以尝试在大肠杆菌中表达这些防御系统，通过大肠杆菌的噬菌体侵染模拟该物种相应噬菌体入侵时的场景，从而体现该防御系统发挥的作用。通常采用的方法是，在大肠杆菌中同时表达待研究的防御系统和该防御系统可能识别的噬菌体组分。通过观察大肠杆菌在平板上的生长情况差异，可以判断该防御系统是否发挥功能。

### 1. 技术要点

（1）所有操作须严格遵守无菌操作流程。

（2）使用 pBAD 表达载体，过夜培养时需加入 1%（$m/V$）的葡萄糖抑制本底表达。

（3）倒平板时需添加抗生素和诱导剂。

（4）梯度稀释时，每个梯度充分混匀，每个样品每次需至少做 3 次技术重复。

### 2. 实验步骤

（1）将含细菌防御系统和该系统识别的噬菌体组分构建至 pBAD 载体上，将该质粒（对照组为 pBAD 空载）转化至大肠杆菌 Top10，孵育，转移到含有 1%（$m/V$）葡萄糖、50 μg/mL 氨苄青霉素的 LB 培养基中过夜培养。

（2）取过夜培养大肠杆菌1:100转接至新鲜的3 mL液体LB培养基中，并加入抗生素，37℃振荡培养至$OD_{600}$=0.3～0.4。

（3）以10倍的梯度稀释菌液，用混匀仪混匀，稀释到$10^{-6}$，然后取各梯度菌液5 μL滴在含有0.2%（$m/V$）L-阿拉伯糖和50 μg/mL氨苄青霉素的LB平板上。

（4）37℃培养箱培养过夜，第二天观察菌斑的生长情况。

### 3. 结果分析

细菌抗噬菌体防御系统是否发挥功能，可通过比较菌斑中菌落的数目或者生长状态来判断。如图4-2-3所示，A行显示的是pBAD空载转入Top10的生长情况，B行显示的是pBAD只搭载防御系统组分时的Top10生长状态，C行显示的是pBAD搭载防御系统以及可能识别的噬菌体组分时转入Top10的生长状态。

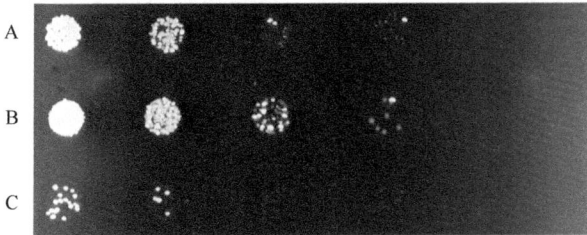

图4-2-3　大肠杆菌搭载防御系统及噬菌体组分的生长情况

可以明显看出，C行的生长状态明显不如A行和B行，这说明该防御系统在识别噬菌体相应组分后，发挥抵御噬菌体的功能。

同样，可以用上述计算方法计算菌落形成单位（colony forming unit，CFU），在此不再赘述。

### （四）目的蛋白的表达与纯化

通过细菌-噬菌体实验鉴定出细菌新型防御系统后，可对其进行进一步研究，包括结构解析、功能验证等。首先需表达目的蛋白，因为本节介绍的目的蛋白来源于细菌，选择原核表达体系即可，一般为大肠杆菌表达系统；另外也可选取本源细菌或枯草芽孢杆菌等进行表达。

大肠杆菌表达系统常使用pET系列载体，将目的基因及亲和标签一起构建到载体上，通过使用终浓度0.1～0.5 mmol/L的半乳糖类似物异丙基硫代-β-D-半乳糖苷（isopropyl-β-D-thiogalactoside，IPTG）诱导蛋白表达，利用亲和标签及其他纯化手段获得纯度较高的目的蛋白。另外也可选择使用L-阿拉伯糖[终浓度0.2%（$m/V$）]诱导的pBAD载体进行蛋白质表达。下面以在大肠杆菌中表达由pET28质粒为载体、带有His-tag的蛋白质为例，对目的蛋白的表达与纯化进行阐述。

### 1. 技术要点

（1）为提高表达量，可以对基因进行大肠杆菌密码子优化，以保证基因在大肠杆菌中顺利翻译；此外，还可筛选表达质粒及表达菌株。

（2）诱导剂的种类可根据表达载体的种类来选定，可改变诱导剂浓度、诱导温度及诱导时间等条件，增加蛋白表达量。

（3）根据目的蛋白的等电点来决定纯化时使用的缓冲液的种类和 pH，缓冲液的 pH 要偏离 pI 值 1～2，防止蛋白质发生沉淀。

（4）纯化缓冲液中可根据实验需要添加其他添加剂，如还原剂（1 mmol/L DTT 或者 7～14 mmol/L β-巯基乙醇）、甘油（5%～10%）、金属离子（$Mg^{2+}$、$Mn^{2+}$、$Zn^{2+}$ 等）、底物或产物或其类似物等，增加蛋白质的稳定性。

（5）当蛋白质从菌体释放出来后，后续过程需低温操作，防止蛋白质发生降解或沉淀。

（6）膜蛋白纯化中，进行溶膜步骤后，后续操作使用的缓冲液中需添加去垢剂，防止蛋白质聚集沉淀。

### 2. 实验步骤

1）可溶蛋白的表达纯化

（1）将目的基因及 His-tag 亲和标签构建到 pET28 载体的多克隆位点区，将构建好的质粒转化到表达菌株 BL21（DE3）或其他表达菌株中，孵育后的菌液接入含有 50 μg/mL 卡那霉素的 100 mL LB 液体培养基，37℃过夜振荡培养。

（2）扩增培养：在每个含 1L LB 的大瓶中接入 1%～3%的过夜菌液和相应抗生素，37℃振荡培养，直至 $OD_{600}$ 达到 0.6（对数生长期）左右。

（3）向培养基中加入终浓度 0.2 mmol/L IPTG，诱导蛋白质表达，调整诱导温度（如 16℃或不变）继续振荡培养。

（4）收集菌体，4000 $g$ 离心 10 min 后弃上清，使用破碎缓冲液对菌体重悬（可暂时冻存于–20℃或者–80℃冰箱）。

（5）对重悬后的菌液用超声破碎仪或压力破碎仪进行破碎。

（6）高速离心破碎后的菌液，16 000 r/min 离心 30 min，将上清液与 Ni-NTA 重力柱的镍胶低温孵育 1 h。

（7）孵育后，使液体从柱子中流出，然后用破碎缓冲液冲洗镍胶。

（8）用缓冲液配制的 300 mmol/L 咪唑洗脱。

（9）之前每步留有的蛋白样跑 SDS-PAGE 胶，初步判断表达情况。

（10）将镍柱洗脱液上载到离子交换柱（如使用的缓冲液 pH 高于蛋白 pI，可使用阴离子交换柱；反之，则使用阳离子交换柱），后使用蛋白纯化仪 AKTA

洗脱目的蛋白。

（11）根据纯化仪显示的峰图及相应峰管的 SDS-PAGE 图，选择蛋白质纯度较高的峰管，浓缩并调整蛋白液的盐浓度，使其与凝胶过滤层析柱中的缓冲液保持一致。

（12）根据目的蛋白大小选择适用的凝胶过滤层析柱。预先用缓冲液平衡层析柱后，将步骤（11）中的蛋白浓缩液 12 000 r/min 离心 10 min，取上清，上载到 AKTA 上样环，通过预先设置的 AKTA 程序，对不同状态的蛋白质进行分选。

2）膜蛋白的表达与纯化

膜蛋白通过跨膜螺旋或 β 桶等膜整合结构域定位在细胞膜或者其他细胞器膜上，存在大量的疏水区，在溶液状态下极易聚集形成沉淀，因此需要使用去垢剂将疏水区保护起来。去垢剂（detergent）又称表面活性剂，包含亲水基团和疏水基团两种性质不同的基团，可以降低液体表面张力。去垢剂的疏水尾用于结合膜蛋白的疏水面，而亲水头暴露在水溶液中，使得膜蛋白可以在正常水相溶液中避免聚集。临界胶束浓度（critical micelle concentration，CMC）是表面活性剂分子在溶剂中从单分子状态转变成胶束状态的最低浓度，是去垢剂选用浓度的重要参数。当溶液中去垢剂浓度过低时，形成的胶束无法溶解膜组分。一般使用 100 倍 CMC 浓度的去垢剂溶解膜组分；当溶解结束后，后续缓冲液中的去垢剂保持 2～4 倍的 CMC 浓度。初次尝试时，可使用去垢剂 DDM。

（1）将重组质粒转化入表达菌株中，过夜培养，第二天扩大培养，生长到 $OD_{600}$=0.4～0.8 后，进行诱导表达。

（2）收集菌体后，使用破碎缓冲液对菌液进行重悬。

（3）使用超声破碎、压力破碎或者冻融研磨的方法对细菌进行裂解。

（4）高速离心（16 000 $g$，15～20 min），将上清与细菌碎片分离开来；然后将高速离心后的上清液进行超速离心（200 000 $g$，1 h），沉淀物即为膜组分。

（5）收集膜组分，用 1% DDM 进行溶解。溶膜后，再次超速离心（200 000 $g$，30 min），分离上清液和没有溶解的膜组分。

（6）取上清液过镍柱，与可溶蛋白纯化步骤一样，将最后得到的目的蛋白洗脱液进行浓缩，浓缩至 1 mL。

（7）利用凝胶色谱柱将浓缩后的蛋白液进一步纯化。

3）膜蛋白去垢剂筛选评估

对于膜蛋白来讲，去垢剂种类的筛选尤为关键。定位在膜的膜蛋白内部一般存在大量的疏水区，如果直接暴露在水溶液中或者使用不合适的去垢剂，非常容易聚集沉淀，无法进行后续的实验。而蛋白质因其本身固有属性，对不同种类的去垢剂有着不同偏好性，在不同去垢剂下状态差别很大，因此改善膜蛋白状态的过程就是寻找适合靶标去垢剂的过程。可通过沉淀试验和热稳定试验两种方法进行评估，筛选合适的去垢剂。

a. 沉淀试验

（1）将经过亲和层析柱的洗脱液等分成几份，通过脱盐柱，更换到含有不同去垢剂的缓冲液中。

（2）更换去垢剂后的样品，记录下初始浓度，放入 16℃的环境中静置 3 天，每天都留取等量的样品。

（3）将样品高速冷冻离心（16 000 $g$，10 min），测上清液的蛋白浓度并制备蛋白样，进行 SDS-PAGE。

适合的去垢剂可以保持蛋白质稳定，使上清液的浓度下降较缓慢。该方法可快速筛选去除不合适的去垢剂。

b. 热稳定试验

蛋白质的熔解温度（melting temperature，$T_m$）是评估蛋白质稳定性的重要参数，表示 50%蛋白质去折叠时的温度。在合适的去垢剂中，蛋白质稳定性较高，相应的 $T_m$ 值也会较高。下面以采用荧光染料 CPM（马来酰亚胺衍生物）测定蛋白质 $T_m$ 值为例，介绍热稳定实验的操作步骤。CPM 是一种应用广泛的蓝色荧光巯基反应染料，本身无荧光，与巯基反应后产生荧光，因此 CPM 结合蛋白质中的半胱氨酸后会产生荧光。当膜蛋白处于正常状态下，半胱氨酸位于内部，CPM 无法与之结合，但当膜蛋白经加热变性后，膜蛋白疏水内部打开，半胱氨酸被暴露从而被 CPM 结合，发出荧光。具体操作步骤如下。

（1）将蛋白质经过脱盐柱更换到含有不同去垢剂的缓冲液，然后浓缩至 1～2 mg/mL。

（2）在不同去垢剂条件下的膜蛋白中添加等量 CPM，放置于荧光 PCR 仪检测。

（3）利用荧光 PCR 仪进行检测，设置起始温度 37℃，温度每分钟上升 1℃，直至 95℃，记录荧光强度变化。

（4）加热完毕后，得到荧光变化的曲线，按 Boltzmann 曲线进行拟合，即可测定 $T_m$ 值。

这一方法的缺点是膜蛋白结构内部必须要有半胱氨酸，而且蛋白质中半胱氨酸的数目不宜过少，否则检测示数变化较小，导致误差增大。所以，可以通过预测结构，将不重要的氨基酸突变成半胱氨酸，从而改善实验结果。

目前，已经有仪器可以高通量地测定蛋白质加热过程中的稳定性，如 Unit 高通量蛋白稳定性分析仪、Uncle 高通量多参数蛋白稳定性分析仪等。除了稳定性，这些仪器还可以测定加热过程中蛋白质粒径大小、聚集程度、黏度等参数，了解蛋白质的生化性质。

c. 分子筛凝胶色谱

经过以上的实验筛选，可初步选定一些去垢剂，将蛋白质与去垢剂过分子筛凝胶色谱，通过观察蛋白峰图，进一步判断蛋白质的状态。

## （五）蛋白质结晶

X 射线晶体学、核磁共振和冷冻电镜技术是目前解析生物大分子三维结构的三种重要方法，它们各有优缺点，适用于不同的研究目标和多样的蛋白质样品。对于分子质量较小的蛋白质或者对分辨率要求高的蛋白质结构，首选利用 X 射线晶体学进行结构解析。利用 X 射线晶体学进行结构解析的前提是获得衍射良好的蛋白质单晶，而这也是最为困难的一步。结晶是蛋白质分子有序化的过程，受热动力学和动力学因素支配，在此过程中，蛋白质分子在溶液中由随机状态转换为规则排列状态，形成一个重复的三维网状结构，即晶体。

目前常用的结晶方法有以下几种：微批实验（microbatch experiment）、蒸汽扩散（vapor diffusion）、透析（dialysis）、自由界面扩散（free interface diffusion）、微流控（microfluidics）等，其中蒸气扩散是最广泛使用的结晶法，又可进一步分为悬滴法和坐滴法，如图 4-2-4 所示[8]。蛋白质溶液与含有结晶剂的储存液不断交换，随着平衡的进行，液滴内的条件也在不断变化。结晶实验可分为两个步骤，即晶体初筛和晶体优化。结晶是一个反复试验的过程，需要不断的尝试及优化。

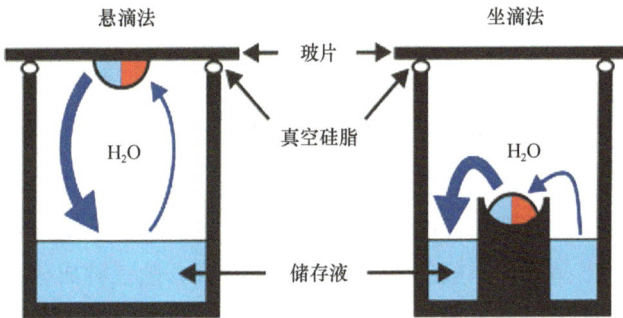

图 4-2-4　悬滴与坐滴[8]

## 1. 技术要点

（1）选择合适的缓冲液对蛋白质进行纯化。

（2）蛋白质纯度及均一性对于结晶过程极为重要；如果不够纯或不够均一，需进一步纯化。

（3）可在蛋白质结晶前预测二级结构，将柔性较大的冗余部分去除。

（4）晶体培养过程应避免大的震动及剧烈的温度变化，防止形成的晶核溶解。

（5）晶体培养过程需定期观察并及时捞出，防止晶体溶解。

### 2. 实验步骤

1）晶体初筛

TTP LabTech 公司的 Mosquito 是目前使用较为广泛的自动化蛋白晶体筛选仪器，与人工相比，机筛液滴更小，平衡速度更快，出晶更早，效率更高。Mosquito 既可进行悬滴法晶体筛选，也可进行坐滴法晶体筛选，可根据需要选择相应的耗材并对机器进行设置。下面以机筛坐滴法为例介绍晶体初筛过程。

（1）目的蛋白准备：纯化后的蛋白质用浓缩管浓缩至一定浓度（通常为 5～15 mg/mL），12 000 $g$ 离心 10 min，去除沉淀。

（2）选择经典的结晶条件（如 Hampton Research 公司的 Crystal Screen 及 Crystal Screen 2 试剂盒），每个条件取 40 μL 加入 96 孔板的储存液孔内，该规格 96 孔板每孔含有 3 个液滴孔，可同时筛选 3 种不同的蛋白质，或同一蛋白质的不同浓度。

（3）设定 Mosquito 程序，初筛体系为 0.15 μL 蛋白液加 0.15 μL 储存液（体系可根据实验情况进行调整）。

（4）根据要筛选结晶的蛋白质数量或种类，将蛋白质依次加入到蛋白胶条孔内。

（5）根据机器设定在相应位置放置蛋白胶条及已加入结晶条件的 96 孔板，放置完毕后运行程序。

（6）观察程序运行是否正常；程序结束后，用胶带覆盖整个晶体板，使每个结晶池都维持封闭状态，防止液体蒸发至空气。

（7）将晶体板小心移入低温培养箱，并定期取出在显微镜下观察出晶情况。

2）晶体优化

初筛获得的晶体可能未达到最佳衍射条件，一般还需优化。晶体优化一般采用手筛，当手筛无法获得更好的晶体时，也可采取机筛的方法。获得晶体后，先记录出晶条件，出晶条件一般包含沉淀剂、缓冲液、盐三种成分，其中沉淀剂是必需的。晶体优化有很多手段，包括：设置沉淀剂浓度梯度、设置盐浓度梯度、优化缓冲液、调整蛋白浓度、改变液滴体积、筛选 Additive 试剂盒、接晶种、晶体脱水、改造目的蛋白等。可根据实际情况选择一种或几种方法共同尝试以获得衍射良好的单晶。

（1）设置沉淀剂的浓度梯度：以出晶条件中的沉淀剂浓度为中心，分别向下及向上设置浓度梯度，其他成分不变。如沉淀剂为 PEG 类，则分别向上及向下设置 5%梯度；如沉淀剂为盐类，则以初筛浓度为中间浓度，设置 0.5～1 mol/L 梯度。

（2）设置盐浓度梯度：以出晶条件中的盐的浓度为中心，分别向下（最低可至 0）及向上（可至 2 倍初筛浓度）设置浓度梯度，其他成分不变。

（3）优化缓冲液：缓冲液具有维持 pH 相对恒定的作用，优化晶体时可筛选相近 pH 的其他成分缓冲液，如出晶条件为 0.1 mol/L　HEPES（pH 7.0），则可尝试 pH 相近的 Tris-HCl、MES、MOPS 等其他条件；也可筛选同一成分的不同 pH，设置 pH 梯度。

（4）调整蛋白质浓度：观察初筛晶体板各个孔中是否形成沉淀，统计沉淀率，沉淀率过高时降低蛋白质浓度，沉淀率过低时则提高蛋白质浓度。

（5）改变液滴体积：初筛时，蛋白质溶液与下槽液的比例是 1:1；在晶体优化时，比例可调整，既可增加蛋白质溶液的比例，也可增加下槽液的比例，或比例不变而增大液滴体积。

（6）筛选 Additive 试剂盒：当蛋白结晶状况一直不理想时，可利用 Hampton 公司的 Additive 试剂盒筛选，其中包含了金属离子、小分子沉淀剂等多种额外成分，有助于结晶。

（7）接晶种：当尝试多种方法后，晶体仍然很小或为孪晶时，可优先考虑接晶种（seeding）。将形成小晶体的液滴吸到 EP 管中，涡旋振荡，将晶体打碎，反复几次后，进行梯度稀释，根据原始晶体的量稀释 7～10 倍后，即可作为晶种，与蛋白质溶液充分混合后再进行晶体筛选，可提高出晶率并有助于晶体长大。

（8）晶体脱水：当晶体衍射较差时，可考虑晶体脱水。确认出晶条件中的盐成分，准备高浓度的该成分，捞出晶体后随即在高浓度盐的液滴中浸泡；可设置时间梯度，时间过长易造成晶体裂开，不利于衍射。

（9）改造目的蛋白：晶体的形成是蛋白质分子有序化的过程，如果目的蛋白柔性较大，则不利于形成晶体，可通过序列比对结果将目的蛋白中柔性较大、无二级结构的冗余部分去除，从而提高出晶的概率。如果目的蛋白有相互作用蛋白或底物、配体等，可尝试共结晶，可有效固定结合位点，更有利于结晶。

## （六）X 射线晶体学数据收集与结构解析

蛋白质晶体结构解析是基于 X 射线衍射原理，当 X 射线通过蛋白质晶体时，晶体中的电子在电磁场作用下发生受迫振动，从而发出次级电磁波，被探测器接收就形成衍射数据。根据这些衍射数据，可以推导出晶体的空间排列规律和晶胞中的电子密度图，进一步通过模型搭建与结构修正，可以得到蛋白质的三维结构。X 射线晶体学解析蛋白结构的优点是可以获得更高分辨率的结构，且应用广泛；缺点是必须要获得高纯度、高质量的蛋白质晶体，且不能解析非晶态和柔性的蛋白质结构。接下来对 X 射线晶体学解析蛋白结构的数据收集和结构解析流程进行简要介绍。

### 1. X 射线晶体学数据收集

X 射线晶体学的数据收集可以使用小型数据收集衍射仪，但更多的是使用我国已建成的上海同步辐射光源（Shanghai synchrotron radiation facility，SSRF）进行数据收集。上海同步辐射光源是世界范围内最先进的第三代同步辐射光源之一，投入使用以来，已经产出了大量生物大分子晶体衍射数据，为我国结构生物学研究奠定了坚实的基础。蛋白质晶体数据收集使用上海同步辐射光源特定的几个线站，包括蛋白质微晶体结构线站（BL18U1）和蛋白质复合物晶体结构线站（BL19U1）等。目前，上海同步辐射光源应用于生物大分子晶体衍射的线站所采用的数据收集方法均为单波长小角旋转法，比较常用的探测器为 Eiger2 S 9M 和 Pilatus3 6M。

X 射线晶体学数据收集的过程就是将蛋白质晶体置于 X 射线束下，通过旋转晶体收集一系列不同角度下的衍射图像。这些图像反映了蛋白质晶体结构在衍射倒易空间的信息。数据收集过程中要根据晶体的特性和实验要求对实验参数进行调整，这些参数包括 X 射线的波长、晶体到探测器之间的距离以及曝光时间等。

**2. X 射线晶体学数据处理**

X 射线晶体学数据处理包括几个基本步骤，主要是指标化（indexing）、预测（calculating）、积分（integration）和比例因子的校正（scaling）[9]。指标化是指确定晶体衍射图像中各个衍射点的衍射指标的过程，相关算法是基于晶体及倒易点阵具有周期分布的基本假设，通过分析晶体衍射点位置信息，确定晶胞参数及其空间取向，并给出衍射点的衍射指标。预测是根据已经确定的晶胞参数及其空间取向，推测出晶体衍射图像中所有（包括未观测到的）衍射点坐标。积分是指将晶体衍射图像中的衍射点强度信息转化为每个衍射点强度的具体数值及其不确定度的过程，具体原理是通过基于晶体学衍射原理的积分算法，将晶体衍射图像中的像素点与预测的衍射点进行匹配，将强度信息积分到对应的衍射点上。比例因子的校正是指基于统计学原理，通过对同一独立衍射点在不同图像之间的测量强度差异进行校正，消除测量误差和系统偏差，以提高数据的准确性和可比性，并推断晶体最合理的空间群及其对称性。

HKL2000[10]和 XDS[11]是两种常用的蛋白质晶体数据处理软件。HKL2000 是由多个基本程序组合而成的综合程序包，每个程序分别对应数据处理的各个基本过程。XDS 同样由多个功能模块组成，但是与 HKL2000 不同的是，在指标化和积分等步骤中采取了不同的方案。与 HKL2000 相比，XDS 是一款自动化程度更高的综合软件包，适用于大规模数据处理。

上海同步辐射光源提供了一些比较成熟的自动化数据处理程序，对于大多数实验数据可以取得很好的效果，如 xia2、autoPROC 以及由中国科学技术大学牛立文教授团队开发的 autoPX[9]。

**3. X 射线晶体学衍射数据相位确定**

当处理好 X 射线衍射数据后，还需要确定数据对应的相位。相位是指在晶体衍射过程中无法直接测量得到 X 射线的相位信息，只能测量得到 X 射线的强度或振幅。相位问题对于确定晶体的电子密度分布和结构参数至关重要。常用的相位问题解决方法包括分子置换（molecular replacement，MR）和单波长反常散射（single-wavelength anomalous dispersion，SAD）。

分子置换法利用目的蛋白的同源结构或者部分已知结构的分子模型来解决未知结构的相位问题。这种方法假设目的蛋白的结构与已知蛋白质结构相似，并且在晶胞中具有相似的空间排布方式。根据这些假设，分子置换法利用已知结构作为搜索模板，在晶胞中通过旋转和平移等操作，搜索合适的位置和方向并找到最佳的匹配，从而确定目的蛋白的晶体衍射数据的相位信息。Phenix 软件中的 Phaser-MR 常被用于进行分子置换操作，分子置换完成后 Phaser-MR 会给出几个参数指标帮助判断分子置换是否成功，这些指标包括最终的 TFZ（translation function Z score）和 LLG（log-likelihood gain）等。只有这些指标都符合要求，并且通过人工判断结构模型和电子云匹配得很好，才算成功进行了分子置换。

对于缺少同源结构或者无法通过分子置换获得相位信息的晶体，需要用到单波长反常散射来解决。单波长反常散射法需要在目的蛋白中引入合适的重原子，最常使用的重原子为硒（Se），通过将蛋白质中的甲硫氨酸替代为含有硒原子的硒代甲硫氨酸来实现。硒原子具有较高的散射能力和特殊的散射行为，当晶体受到单一波长的 X 射线照射时，硒原子会表现出反常散射现象，接下来就是利用收集到的反常散射数据，解析出衍射数据中的相位信息。

有了蛋白质晶体的相位信息，就能计算出蛋白质相应的电子密度图并搭建蛋白质的初步模型，这一模型也需要进行进一步的修正和优化，这一部分可以参照下文冷冻电镜蛋白质模型优化与修正的部分。

### 4. 蛋白质结构模型分析

得到蛋白质结构模型后，需对其进一步分析，包括与同源结构进行对比、分析蛋白质的整体折叠模式、蛋白质和蛋白质之间的相互作用界面，以及重要催化位点的空间位置等，以此来回答具体的生物学问题。

总的来说，蛋白质结构解析和模型搭建是一个复杂的过程，尤其是对于分子质量巨大的蛋白复合物及蛋白质-核酸复合物，可能需要结合多种实验技术和计算方法来进行解析。具体的数据计算和模型搭建的流程也会根据实验数据及研究问题的不同而有所差异，需要根据具体情况进行调整和优化。

### （七）透射电镜样品制备

随着冷冻电子显微技术（cryo-electron microscopy，Cryo-EM）不断突破，采用样品冷冻-低剂量透射成像-三维重构的方式对生物大分子进行结构解析已成为结构生物学领域的首要技术手段，其解析的结构分辨率可达到原子级别。

生物大分子常用单颗粒分析（single particle analysis，SPA）技术进行结构解析，该技术利用电子显微镜的成像性质，将含有生物大分子的样品快速投入到冷冻剂中，得到冰层厚度合适的冷冻样品，随后对冰层中的生物大分子颗粒进行成像，通过对生物大分子众多不同取向的二维投影（图像）进行三维重构。利用单颗粒技术获得高分辨率结构的前提是制备高质量的电镜样品，理想的状态是高浓度的完整取向颗粒数据集，这些颗粒以单层、均匀且紧密的方式分布于稀薄的冰层中，无污染。因此，冷冻电镜的样品制备是极为关键的步骤。

本章简要介绍透射电镜常用的负染及冷冻样品制备的一般过程，可根据蛋白质的种类及特性加以改进，获得良好的电镜样品。

**1. 技术要点**

（1）载网易弯，整个制备过程需小心操作，防止变形。

（2）电镜样品制备使用的镊子极为锋利，使用时需小心，同时防止其尖端损坏。

（3）清洁后的载网需尽快使用，避免长时间暴露在空气中造成污染。

（4）液态乙烷气化为吸热反应，若飞溅易造成冻伤，需戴护目镜，小心操作。

（5）冷冻电镜样品制备过程全程温度极低，需小心操作，防止冻伤。

（6）冷冻电镜样品制备过程中，液氮会挥发，需及时补充，防止样品冰层去玻璃化。

（7）冷冻电镜样品需放置在液氮中保存，防止冰层去玻璃化。

**2. 实验步骤**

1）负染样品制备

在制备生物大分子冷冻电镜样品前，常需要通过负染样品评估蛋白质的状态。负染又称阴性反差染色，利用高密度且在透射电镜下能够显示结构的重金属盐（如乙酸铀、磷钨酸等）将生物样品包裹，在黑暗的背景下显示出呈现阴极反差样品的细微结构。负染图像中，样品为透明浅色，背景呈灰色或黑色。可通过观察负染样品对蛋白质的均一性及聚集状态进行初步判断。负染样品的制备较为简单，图 4-2-5 展示了负染样品制备的过程，可按如下步骤进行。

（1）准备目的蛋白。蛋白质需经纯化并浓缩，负染所需蛋白质浓度较低，0.1～0.5 mg/mL 即可，也可设置不同的浓度梯度逐一观察。

（2）载网处理。负染一般使用碳膜载网，首先需要将载网进行亲水化处理，小心夹取负染载网至载网板，用辉光放电仪进行处理；设置电流 15 mA，处理 60 s。

（3）分别吸取 10 μL 水及 10 μL 2%（$m/V$）乙酸铀溶液，平分两滴于 Parafilm 封口膜上。

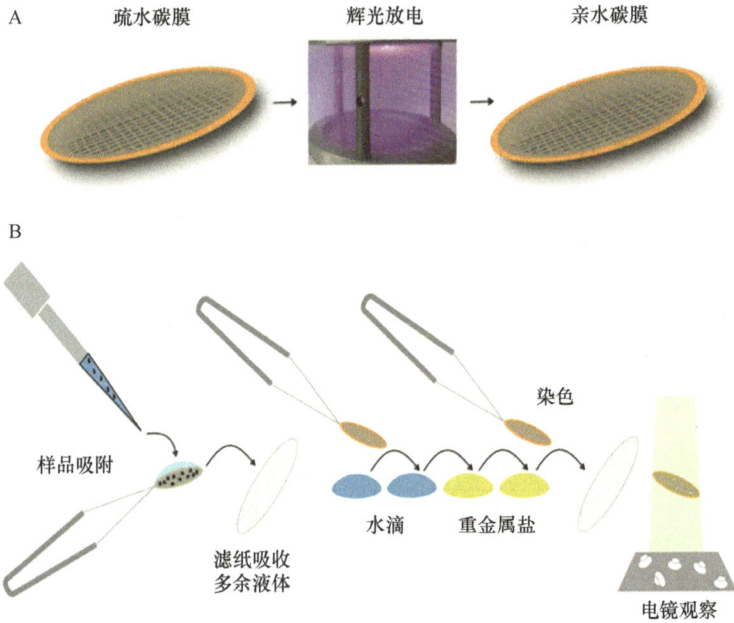

图 4-2-5　负染样品制备过程[12]

（4）用自锁尖镊子夹取载网，吸取 5 μL 蛋白样品滴在载网上，静置 1 min，随后用滤纸从边缘吸走多余的蛋白质溶液。

（5）拿起镊子和载网，蘸取水，将样品缓冲液洗掉，并用滤纸吸附多余液体。随后蘸取乙酸铀溶液，静置 1 min 后再用滤纸吸附载网上多余的液滴。

（6）室温晾干载网后，样品制备完成，可直接用于电镜观察；或将载网放入载网盒中保存，后续再观察。

2）冷冻电镜样品制备

Vitrobot 是由 Thermo Fisher Scientific 公司基于印迹法开发的半自动化冷冻电镜样品制备机器人，图 4-2-6 展示了投入式冷冻电镜样品制备的流程，接下来介绍使用 Vitrobot 制备样品的步骤。

（1）目的蛋白准备，蛋白质需经纯化，一般需要样品的分子质量在 100 kDa以上，蛋白缓冲液中应尽量不含有 DMSO、甘油等物质，会降低样品的纯度，难以获得高分辨率的三维结构。纯化后的蛋白质需浓缩至一定浓度（根据蛋白质类型不同差异很大），开始时可设置蛋白质浓度梯度。

（2）打开 Vitrobot 设备，设定温度及湿度，取 2 张滤纸，用打孔器在中心打孔，更换制样室内的滤纸。由于加样体积较小，液滴易蒸发，增加环境湿度并在低温下操作可避免蒸发，制备蛋白样品一般设置为温度 6℃、相对湿度 100%。

（3）设置程序中的制样条件，包括印迹力度（blot force）、印迹时间（blot time）、等待时间（wait time）等，可根据文献或前期试验摸索进行调整。

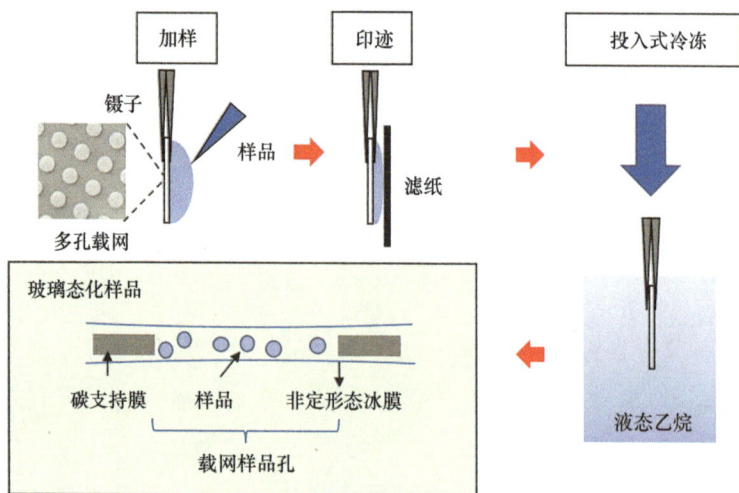

图 4-2-6　投入式冷冻电镜样品制备流程[13]

（4）选择合适的载网，小心夹取载网至载网板上，使用辉光放电仪对载网进行清洁并带有负电；一般使用的是空气，也可根据实验需要选择其他气体。根据需要设置辉光放电仪放电时间及电流，常用的条件为电流 15 mA、放电 60 s。

（5）组装冷冻电镜低温制样泡沫盒、金属釜、导热杆及样品盒支架，用液氮预冷整个制样泡沫盒及金属釜，待金属釜中液氮挥发完毕，通过导气管将气态乙烷小心地加入到金属釜内，由于导热杆的存在，金属釜内一直保持低温，气态乙烷会被液化，当液体接近金属釜上边缘时，关闭乙烷气体阀门并移除导气管，当金属釜底部出现白色固态乙烷时移除导热杆。

（6）将样品盒做好标记，拧松顶部螺丝，放到样品盒支架上。

（7）用样品镊固定亲水化的载网，并安装到 Vitrobot 的卡槽上，运行预设程序，样品镊会上升至制样室，随后将液氮泡沫盒放入载台上。

（8）液氮泡沫盒上升至指定位置后，继续运行设定的程序，样品镊略下降，打开制样室侧面的隔板，用移液器将 3～5 μL 蛋白液滴加到载网上。

（9）继续运行程序，机器将根据设定的夹取力度及时间用滤纸吸掉载网上多余的液体，留下薄薄的样品层。

（10）样品镊及载网随后会被迅速投入到液态乙烷中进行冷冻，并且载台及液氮泡沫盒开始下降，降至最低处时，小心将样品镊从 Vitrobot 的卡槽上取下，此时载网仍需浸润在液态乙烷中。

（11）将样品镊及载网迅速转移至液氮液面以下，并小心转移至液氮预冷的样品盒中。

（12）取镊子和螺丝刀放入液氮中预冷，拧紧样品盒顶部的螺丝，用长镊将样品盒小心转移至液氮罐中保存。

## （八）冷冻电镜单颗粒成像数据收集与结构解析

冷冻电镜单颗粒成像技术是一种用于解析生物分子三维结构的技术，如蛋白质复合物或者膜蛋白等。当已经制备好电镜样品后，载有蛋白质样品颗粒的载网被装载到电镜中，然后使用电子束进行照射。电子束与样品相互作用并被散射，产生一系列的二维投影图像。这些图像通常用电子感应器或类似的探测器进行捕捉并被记录下来。

### 1. 冷冻电镜数据收集

对于单颗粒成像，需要收集大量的图像，其中每张图像都包含多个取向随机位置不同的生物分子。这是通过在载网上的不同区域或不同厚度冰层上进行图像采集来实现的。这样的图像通常需要采集几千张。

冷冻电镜单颗粒数据收集通常采用由 Thermo Fisher Scientific 公司开发的 EPU（EPU Imaging Software）软件或者 SerialEM（Serial Electron Microscopy）软件[14]进行。这两种软件都与电镜硬件和控制系统紧密相连，通过设置电镜参数、人工定位数据收集区域、自动调整焦平面等功能，控制曝光时间和电子束强度，以获得适当的图像对比度和信号/信噪比，实现对样品的连续自动化收集。

### 2. 冷冻电镜数据处理

数据收集完成后，还需要对收集到的冷冻电镜数据进行计算。目前冷冻电镜单颗粒计算最常用的软件是 RELION（REgularised LIkelihood OptimisatioN）[15]。RELION 是一个集成的软件包，主要步骤如下。

（1）对于收集到的数据进行预处理，预处理过程包括通过运动校正（motion correction）来提升图像的清晰度、通过电子计量加权（dose weighting）来降低图像的高频噪声等。RELION 软件使用傅里叶变换来去除图像中的高频部分以尽量去除噪声。因为收集到的照片是多帧的集合，不同帧之间存在电子束照射导致的位移，对于这些位移需要进行图像的对齐和校正，从而获得更清晰的图像。由于生物大分子的不稳定性，容易产生电子照射损伤。低剂量的帧保留有较多的高频率信息，而高剂量的帧则含有较多的噪声。因此，对每一帧的不同频率信号进行加权，可进一步提升图像的衬度。

（2）对于每一张照片，还需要进一步评估它的衬度传递函数（contrast transfer function，CTF）。CTF 是描述电子束透射过程中衬度损失和相位偏移的函数，由透镜缺陷、倾斜角度、焦距等参数组成，这些参数会影响图像的对比度和分辨率。CTF 建立的原理是通过对电镜图像进行频率分析，拟合 CTF 模型来估计这些参数，并对图像进行 CTF 评估。

（3）当完成图像的预处理并去除达不到标准的图像之后，就可以进行颗粒挑选。RELION 可以自动识别和提取图像中的颗粒，在自动挑选效果不好的情况下，也支持手动挑选颗粒。挑选过程包括更改 box 的尺寸、挑选的阈值等，以获得最佳的挑选效果。

（4）颗粒挑选完成后，下一步就是通过二维分类（2D classification）来将挑取的颗粒分类。尽管我们在之前的步骤中已经尽可能选取了我们需要的颗粒，但还是需要使用二维分类来剔除许多不好的颗粒。首先，RELION 会将待分类的颗粒与初始模板进行对比，计算它们之间的相似度，然后根据相似度，将颗粒分配到不同的初始类别中。紧接着，RELION 会进行多轮迭代，在每轮迭代后，根据已有的分类结果，重新评估每个类别的模板。随后，将待分类的颗粒与迭代后的模板进行对比，重新分配颗粒到相应的类别。这个过程会迭代多次，直到收敛。

（5）通过人工对分类结果进行分析和评估，选出最有可能代表目的蛋白二维投影的类别。接着用归属于这些类别的图像生成一个初始的三维初始模型（3D initial model）。RELION 使用随机梯度下降（stochastic gradient descent，SGD）算法，从二维分类的每个类别中选取一些具有代表性的图像，将这些二维投影合并为一个初始模型，并通过多轮迭代优化，不断调整模型参数来逐步改善初始模型的质量。

（6）进一步对选取到的颗粒进行三维分类（3D classification）来得到不同类别图像相对应的三维电子密度。与二维分类类似，RELION 也是先将待分类的颗粒与上一步生成的初始模型进行对比，计算它们之间的相似度，之后将颗粒分配到不同的初始类别中，并迭代多次直至收敛。

（7）一旦三维分类中有一类具有足够相似性的类别被选取，就能够使用三维优化（3D refinement）的程序来获得这一类别的高分辨率结构。Refine 的原理是通过优化算法，不断调整模型的参数，使得模型与实际观察数据更加吻合。在冷冻电镜图像处理中，Refine 用于优化不同颗粒之间，与对齐有关的参数（如旋转角度、平移向量等）或优化颗粒的三维密度图，以获得更准确的重建结果。这一程序使用了从两组独立的类别中计算傅里叶壳层相关（Fourier shell correlation，FSC）曲线的金标准来建立模型的分辨率，这样可以避免自身的过度拟合。Refine 会通过评估分配角度的正确性来自动达到收敛，从而最终得到一个高分辨率的三维结构。

（8）在得到了高分辨率三维结构后，还需要使用 RELION 进行一些后加工（postprocess），从而改善得到的三维结构的质量、减少噪声并提高重建的可靠性和精度。由于在溶剂区域的噪声会降低数据的 FSC 值，所以需要先生成一个匹配蛋白形状的 Mask 来定义蛋白质和溶剂的边缘，并使用这个 Mask 来锐化最终生成的三维结构。同时，RELION 还提供了一些其他工具用于进一步提高三维重构的分辨率，包括 CTF 和相差修正（CTF and aberration refinement）以及贝叶斯修正

（Bayesian polishing）等。

### 3. 冷冻电镜蛋白质模型搭建

得到蛋白质的高分辨率三维重构后，需要根据电子密度来搭建目的蛋白的原子模型，这一步被称为模型搭建（model building）。蛋白质结构修正和模型建立需要使用到 Coot（crystallographic object-oriented toolkit）软件[16]。Coot 的核心原理是通过电子密度修正来优化蛋白质的结构模型。它结合了实验数据和模型的物理约束，通过交互式可视化的界面，让用户对模型进行调整和优化。模型搭建一般需要利用与目的蛋白相似的同源结构，随着 AlphaFold[17]等蛋白质三级结构预测工具的发展，也可以使用这些工具来预测目的蛋白的三级结构从而辅助模型搭建。模型搭建需要结合蛋白质的二级结构、一些大侧链的氨基酸（如色氨酸、酪氨酸、苯丙氨酸等），以及蛋白质的聚集状态等综合判断。当得到一个初步的蛋白质模型后，就需要进一步对这个模型进行优化和修正。

### 4. 冷冻电镜蛋白质模型优化与修正

蛋白质结构模型的优化和修正，可以使用 Phenix 软件（python-based hierarchical environment for integrated xtallography）[18]来进行。这些优化主要包括对原子之间的键长、键角及二面角等参数进行调整。对于大部分的模型，使用 Phenix 默认的参数即可达到比较理想的修正效果，但是 Phenix 还提供了多种不同的优化策略可供选择。经过 Phenix 优化和修正的结构模型，还需要回到 Coot 软件结合实际情况进行手动调整，这一过程往往需要经过多轮迭代，才能使得最终得到的结构模型相关参数更加准确和可信。

### 5. 冷冻电镜蛋白质模型评估

完成结构优化后，需要评估模型的质量和准确性。可供使用的结构验证工具包括 Procheck[19]、MolProbity[20]等，这些工具主要对模型的几何参数、蛋白质折叠状态、原子间距离等指标进行评估。如果结构验证工具计算出的参数超出了允许值，还要继续对模型进行修正使得各个参数都符合标准。

## 参 考 文 献

[1] Bernheim A, Sorek R. The pan-immune system of bacteria: antiviral defence as a community resource. Nat Rev Microbiol, 2020, 18(2): 113-119.

[2] Hampton H G, Watson B N J, Fineran P C. The arms race between bacteria and their phage foes. Nature, 2020, 577(7790): 327-336.

[3] Ofir G, Sorek R. 2018. Contemporary phage biology: From classic models to new insights. Cell, 2020, 172(6): 1260-1270.

[4] Doron S, Melamed S, Ofir G, et al. Systematic discovery of antiphage defense systems in the microbial pangenome. Science, 2018, 359(6379): eaar4120.

[5] Gao L, Altae-Tran H, Böhning F, et al. Diverse enzymatic activities mediate antiviral immunity in prokaryotes. Science, 2020, 369(6507): 1077-1084.

[6] Millman A, Melamed S, Leavitt A, et al. An expanded arsenal of immune systems that protect bacteria from phages. Cell Host Microbe, 2022, 30(11): 1556-1569.e1555.

[7] Wein T, Sorek R. Bacterial origins of human cell-autonomous innate immune mechanisms. Nat Rev Immunol, 2022, 22(10): 629-638.

[8] Bijelic A, Rompel A. Polyoxometalates: More than a phasing tool in protein crystallography. Chemtexts, 2018, 4(3): 10.

[9] Wang L, Yun Y, Zhu Z, et al. AutoPX: A new software package to process X-ray diffraction data from biomacromolecular crystals. Acta Crystallogr D, 2022, 78(Pt 7): 890-902.

[10] Otwinowski Z, Minor W. Processing of X-ray diffraction data collected in oscillation mode. Methods Enzymol, 1997, 276: 307-326.

[11] Kabsch W. Xds. Acta Crystallogr D, 2010, 66(Pt 2): 125-132.

[12] Brillault L, Landsberg M J. Preparation of proteins and macromolecular assemblies for cryo-electron Microscopy. //Gerrard J A, Domigan L J. Protein nanotechnology: Protocols, instrumentation, and applications. New York: Springer US, 2020: 221-246.

[13] Murata K, Wolf M. Cryo-electron microscopy for structural analysis of dynamic biological macromolecules. Biochimica Biophy Acta Gen Subj, 2018, 1862(2): 324-334.

[14] Mastronarde D N. Automated electron microscope tomography using robust prediction of specimen movements. J Struct Biol, 2005, 152(1): 36-51.

[15] Scheres S H. RELION: Implementation of a Bayesian approach to cryo-EM structure determination. J Struct Biol, 2012, 180(3): 519-530.

[16] Emsley P, Cowtan K. Coot: Model-building tools for molecular graphics. Acta Crystallogr D, 2004, 60(Pt 12 Pt 1): 2126-2132.

[17] Varadi M, Anyango S, Deshpande M, et al. AlphaFold protein structure database: Massively expanding the structural coverage of protein-sequence space with high-accuracy models. Nucleic Acids Res, 2022, 50(D1): D439-D444.

[18] Adams P D, Afonine P V, Bunkoczi G, et al. PHENIX: A comprehensive python-based system for macromolecular structure solution. Acta Crystallogr D, 2010, 66(Pt 2): 213-221.

[19] Laskowski R A, Macarthur M W, Moss D S, et al. Procheck - a program to check the stereochemical quality of protein structures. J Appl Crystallogr, 1993, 26: 283-291.

[20] Davis I W, Leaver-Fay A, Chen V B, et al. MolProbity: All-atom contacts and structure validation for proteins and nucleic acids. Nucleic Acids Res, 2007, 35(Web Server issue): W375-383.

# 第三节　转座子高通量测序技术在
# 细菌生物被膜研究中的应用

刘　茜，马旅雁

中国科学院微生物研究所

**摘　要：**微生物主要以群体——生物被膜（biofilm）的方式存在于自然界中。与单细胞浮游状态的细菌不同的是，生物被膜中的细菌细胞具有更强的外界环境适应能力，如抵抗巨噬细胞吞噬、抗生素耐药性增强等。据统计，大约有65%的细菌感染、80%的慢性感染与细菌生物被膜有关。而生物被膜引起的感染一旦形成，便很难治愈甚至容易复发。因此，了解细菌生物被膜的形成机制是预防和解决由生物被膜引起的各种问题的基础。将高通量二代测序技术引入转座子插入测序（transposon insertion sequencing，Tn-seq）是近十几年新兴的功能基因组学研究方法，与传统的转座子插入突变研究方法相比，Tn-seq可以快速、高效地鉴定基因功能，并对复杂代谢调控网络的调控因子进行大规模筛选，为完善代谢调控网络提供重要信息。目前Tn-seq已被广泛应用于探究特定生存环境中的必需基因、基因互作以及微生物的复杂耐药性等领域，并取得了较大进展。本节将以铜绿假单胞菌（*Pseudomonas aeruginosa*）为例，提供一套可以将转座子高通量测序技术应用于细菌生物被膜形成机制的研究方案。

**关键词：**转座子插入突变，生物被膜，铜绿假单胞菌

## 一、背景

微生物主要以群体——生物被膜（biofilm，亦被称为生物膜）的形式存在于自然界中。细菌生物被膜是指细菌依附于载体表面或者悬浮聚集而形成的、由胞外聚合物（extracellular polymeric substance，EPS）包被的、高度组织化和系统化的膜性聚合物[1]。与单细胞浮游状态的细菌不同的是，生物被膜中的细菌细胞具有更强的外界环境适应能力（如抵抗巨噬细胞吞噬、抗生素耐药性增强等），细菌生物被膜是导致微生物产生抗药性及感染性疾病难以治疗的重要原因之一[2]。

据美国国立卫生研究院（National Institutes of Health，NIH）统计，大约有65%的细菌感染、80%的慢性感染与生物被膜有关。与细菌生物被膜有关的感染可以分为由设备引起的细菌感染及非设备引起的细菌感染。由设备引起的感染通常由隆胸假体、髋关节假体、心脏机械瓣膜、心脏起搏器、心脏除颤器及心室相关设备等引起；由非设备引起的感染主要包括尿路感染、导管感染、骨髓炎、牙菌斑

及牙周炎等常见的细菌感染疾病[2]。生物被膜引起的感染一旦形成，便很难治愈甚至容易反复复发。因此，了解细菌生物被膜的形成机制是预防和解决由生物被膜引起的各种问题的基础。

转座子插入突变是一种研究正向遗传学（从表型变化研究基因变化）的高效方法，它可以鉴定基因的功能，并为完善代谢/调控网络提供重要信息。鉴定转座子插入位点的传统方法为 PCR 或 Southern 杂交，但这类方法烦琐且耗时长，因此转座子插入突变技术并未得到广泛应用。随着高通量二代测序技术效率的不断提高，自2009 年起，高通量测序技术也被应用于鉴定转座子插入位点的研究，并整合演变为转座子插入测序技术，即 Tn-seq（transposon insertion sequencing）技术[3]。与传统的研究方法相比，Tn-seq 可以快速、高效地鉴定基因功能，并对复杂调控网络的调控因子进行大规模筛选，因此 Tn-seq 近十几年已被广泛应用于探究特定生存环境中的必需基因、基因互作以及微生物的复杂耐药性等领域，并取得了较大进展[4,5]。

本节以铜绿假单胞菌为实验对象，选用携带有 Mariner 转座子的质粒 pBT20，首先介绍该菌转座子突变文库的构建方法，然后介绍 Tn-seq 技术挖掘铜绿假单胞菌生物被膜形成机制中必需基因的应用。

## 二、材料与试剂

### 1. 培养基

（1）LB 培养基（高盐）

①液体培养液：称取 10 g 胰蛋白胨、5 g 酵母提取物和 10 g NaCl，加蒸馏水溶解后定容至 1000 mL，调节 pH 至 7.0，分装后高压灭菌。

②固体培养基：称取 10 g 胰蛋白胨、5 g 酵母提取物、10 g NaCl 和 15 g 琼脂粉，加蒸馏水溶解后定容至 1000 mL，调节 pH 至 7.0，分装后高压灭菌。

（2）10% LB 液体培养基（高盐）：称取 1 g 胰蛋白胨、0.5 g 酵母提取物和 1 g NaCl，加蒸馏水溶解后定容至 1000 mL，调节 pH 至 7.0，分装后高压灭菌。

### 2. 试剂

（1）生理盐水：NaCl 9 g，蒸馏水定容至 1000 mL。高压蒸汽灭菌：121℃，30 min。

（2）琼脂糖凝胶电泳缓冲液 50× TAE buffer：称取 Tris 242 g、$Na_2EDTA \cdot 2H_2O$ 37.2 g、冰乙酸 57.1 mL，蒸馏水定容至 1000 mL。

（3）抗生素母液

①氨苄青霉素：100 mg/mL，蒸馏水溶解，过滤器（过滤孔 0.22 μm）除菌；

②庆大霉素：30 mg/mL，蒸馏水溶解，过滤器（过滤孔 0.22 μm）除菌；

③三氯生：25 mg/mL，无水乙醇溶解。

（4）试剂盒：

①细菌基因组 DNA 提取试剂盒（天根，型号 DP315-F）；

②TIANSeq 快速 DNA 片段化/末端修复/dA 添加模块（天根，型号 NG301）；

③TIANSeq 快速连接模块（天根，型号 NG303）。

（5）酶：

①Q5 High-Fidelity 2× Master Mix（NEB）；

②Phusion 热启动 II 高保真 PCR 聚合酶（ThermoFisher，型号 F565L）。

## 3. 设备

（1）离心机（Eppendorf，型号 5418R）

（2）分光光度计（Eppendorf，型号 BioPhotometer Plus）

（3）生物安全柜（北京东联，型号 Class II Type A2）

（4）立式高压灭菌器（上海申安，型号 LDZF-75L-I）

（5）恒温振荡培养箱（知楚仪器，型号 ZQZY-78BV）

（6）生化培养箱（Bluepard，型号 LRH-250F）

（7）PCR 仪（Eppendorf，型号 Mastercycler nexus gradient）

（8）核酸电泳仪（北京六一，型号 DYCP-31DN）

（9）NanoDrop（Thermofisher，型号 Nanodrop One）

（10）Qubit 4.0 荧光定量仪（Thermofisher，型号 Q33240）

（11）蠕动泵（Watson Marlow，型号 205U）

（12）凝胶成像仪（BIO-RAD，型号 ChemiDoc XRS+）

## 三、操作步骤

### （一）菌株及培养条件

一般情况下，铜绿假单胞菌用 LB 培养基放置于 37℃恒温摇床/培养箱中即可培养；若需培养铜绿假单胞菌生物被膜，则可使用 1/10 LB 培养基放置于 30℃恒温培养箱中静置培养。涉及的抗生素及其工作浓度分别为：氨苄青霉素 100 μg/mL、庆大霉素 30 μg/mL 和三氯生 25 μg/mL。铜绿假单胞菌需储存于 10%脱脂牛奶/40%甘油管中，放置于–80℃冰箱保存。

### （二）转座子突变文库的构建

#### 1. 技术要点

（1）所有操作需要在生物安全柜或超净工作台中进行，操作前需用 75%乙醇消毒操作台面及移液枪等。

（2）枪头、培养管、培养皿、细胞刮铲和离心管均需确保无菌后才能使用。

（3）使用过的枪头、培养管、培养皿、细胞刮铲和离心管均需放置于黄色医疗垃圾袋中。

（4）活化携带 pBT20 质粒的大肠杆菌时，为避免活化出的大肠杆菌不含 pBT20 质粒，在培养基中需加入氨苄青霉素；而后续筛选转座子突变菌株时，需在培养基中加入庆大霉素。

（5）为了提高结合效率，铜绿假单胞菌需放置于 42℃恒温摇床中过夜培养，若携带转座子质粒的大肠杆菌为 SM10，则亲本结合时，铜绿假单胞菌与大肠杆菌的 $OD_{600}$ 比值需为 1:2；若不确定，可使用 DH5α/pRK600 进行三亲本杂交。

（6）使用离心机离心时，样品需进行配平处理。

（7）使用分光光度计检测菌液 $OD_{600}$ 时，需用相应的液体培养基进行归零处理。

（8）为保证转座子在基因组 DNA 中的插入覆盖率，铜绿假单胞菌转座子突变文库的菌落数至少需 10 万个。

## 2. 实验步骤

（1）将铜绿假单胞菌和带有 pBT20 的大肠杆菌从–80℃取出，分别划线于 LB 及 LB + Amp100 的平板，放置于 37℃恒温培养箱过夜培养。

（2a）挑取铜绿假单胞菌平板上的单菌落，接种于 10 mL 的 LB 液体培养基中，放置于 42℃、220 r/min 的恒温摇床中过夜培养。

（2b）挑取大肠杆菌平板上的单菌落，接种于 10 mL 的 LB + Amp100 的液体培养基中，放置于 37℃、220 r/min 的恒温摇床中过夜培养。

（3）用分光光度计检测过夜培养菌液的 $OD_{600}$，分别取 $OD_{600}=20$ 的铜绿假单胞菌菌液及 $OD_{600}=40$ 的大肠杆菌菌液。

（4）将以上菌液 8000 r/min 离心 5 min，弃上清，分别重悬于 1 mL 的 LB 液体培养基中。

（5）重复步骤（4）两次。

（6）将铜绿假单胞菌及大肠杆菌 1:1（V:V）混匀，取 50 μL 混匀后的菌液滴于 LB 平板（每个平板滴 6 滴，共需 5 个平板），待菌液干涸后，将平板放置于 37℃恒温培养箱中培养 2 h。

（7）用竹签将步骤（6）中的菌泥全部刮至 22 mL 无菌生理盐水中，用涡旋振荡器混匀。

（8）取 400 μL 菌悬液滴在 LB + Gm30 + Irg25 的双抗平板上，用涂布棒将菌悬液涂布均匀，待菌液干涸后，将平板放置于 37℃恒温培养箱中过夜培养。

（9）待平板上长出单菌落后，将平板取出，用无菌的细胞刮铲将平板上的菌刮至 40 mL 的 LB 培养液中，并用涡旋振荡器混匀。

（10）调整菌悬液浓度至 $OD_{600}=2$，并将其保存于含有 40% 甘油的冻存管中，混匀后放置于 $-80℃$ 冰箱。

## （三）随机引物 PCR 检测转座子在细菌基因组中的插入情况

### 1. 技术要点

（1）第一轮 PCR 需使用 Touch-down PCR，可提高与转座子相关 PCR 产物的扩增特异性。

（2）第一轮 PCR 中一条引物需设计为可以与细菌基因组 DNA 若干位点进行结合的随机序列引物，另一条引物需设计为可以与质粒的转座子序列结合的固定序列引物 TnM1。

（3）第一轮 PCR 产物无须进行回收处理，直接将其作为第二轮 PCR 的模板即可。

（4）第二轮 PCR 中一条引物需设计为第一轮随机序列引物中随机序列前的固定序列，另一条引物需设计为可以与第一轮转座子序列的上游区段结合的序列 TnM2（图 4-3-1）。详细案例见下面的引物信息。

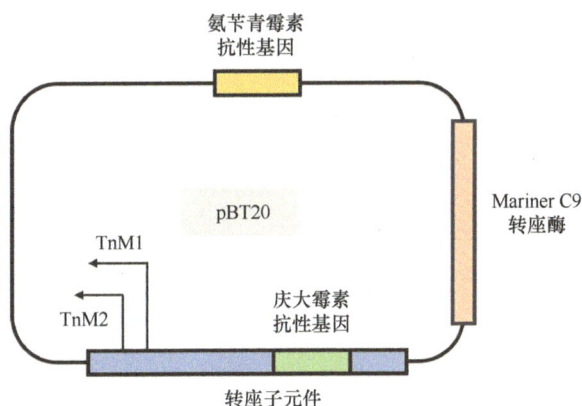

图 4-3-1　随机引物 PCR 中与 pBT20 转座子序列结合的引物设计位点示意图

### 2. 反应体系及程序

1）引物信息

| 轮次 | 引物名称 | 引物序列 |
|------|---------|---------|
| 第一轮 | TnM1 | TATAATGTGTGGAATTGTGAGCGG |
| | ARB1 | GGCCACGCGTCGACTAGTACNNNNNNNNNNNACGCC |
| 第二轮 | TnM2 | ACAGGAAACAGGACTCTAGAGG |
| | ARB2 | GGCCACGCGTCGACTAGTAC |

2）第一轮 PCR

（1）反应体系

| 试剂名称 | 体积 |
| --- | --- |
| TnM1 | 2 μL |
| ARB1 | 5 μL |
| Q5 High-Fidelity 2× Master Mix | 25 μL |
| 基因组 DNA | <1μg |
| ddH$_2$O | 待定 |
| 总体系 | 50 μL |

（2）反应程序

| 反应温度 | 反应时间 | 反应轮数 |
| --- | --- | --- |
| 98℃ | 5 min | 1 cycle |
| 98℃ | 10 s | |
| 49℃（每个循环减 1℃） | 30 s | 15 cycles |
| 72℃ | 90 s | |
| 98℃ | 10 s | |
| 60℃ | 30 s | 20 cycles |
| 72℃ | 90 s | |
| 72℃ | 2 min | 1 cycle |
| 10℃ | ∞ | 1 cycle |

3）第二轮 PCR

（1）反应体系

| 试剂名称 | 体积 |
| --- | --- |
| TnM2 | 2.5 μL |
| ARB2 | 2.5 μL |
| Q5 High-Fidelity 2× Master Mix | 25 μL |
| 基因组 DNA | 2 μL 第一轮 PCR 产物 |
| ddH2O | 18 μL |
| 总体系 | 50 μL |

（2）反应程序

| 反应温度 | 反应时间 | 反应轮数 |
| --- | --- | --- |
| 98℃ | 5 min | 1 cycle |
| 98℃ | 10 s | |
| 49℃（每个循环减 1℃） | 30 s | 30 cycles |
| 72℃ | 1 min | |

| 反应温度 | 反应时间 | 反应轮数 |
| --- | --- | --- |
| 72℃ | 2 min | 1 cycle |
| 10℃ | ∞ | 1 cycle |

## （四）琼脂糖凝胶电泳检测

由于第一轮 PCR 使用随机引物对基因组 DNA 进行扩增，因此其 PCR 产物的琼脂糖凝胶电泳图可能是由不同长度的 DNA 组成的梯形条带或弥散条带或唯一一条带。第二轮 PCR 产物的条带会小于第一轮 PCR 产物，例如，图 4-3-2B 中，条带主要位于 1000 bp 以下，呈弥散状。

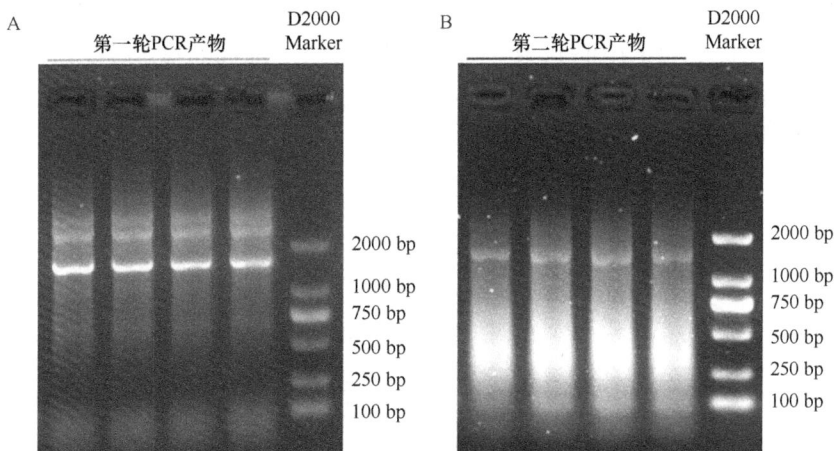

图 4-3-2　随机引物 PCR 产物的琼脂糖凝胶电泳图例

## （五）二代测序检测转座子在细菌基因组中的插入覆盖率

### 1. 技术要点

（1）基因组 DNA 的浓度需大于 30 ng/μL，$A_{260}/_{280}$＞1.7，且经琼脂糖凝胶电泳检测无严重降解，才可继续下一步实验。

（2）第一轮 PCR 需设计一条可以与转座子序列结合的引物。

（3）第二轮 PCR 引物需使用 Illumina 的通用引物——P5 通用引物及 P7 index 引物。

### 2. 实验步骤

（1）使用细菌基因组 DNA 提取试剂盒提取样本的基因组 DNA。

（2）使用 NanoDrop 检测基因组 DNA 的纯度、Qubit 检测 DNA 浓度，同时用琼脂糖凝胶电泳检测基因组是否降解。

（3）使用 TIANSeq 快速 DNA 片段化/末端修复/dA 添加模块将基因组 DNA 快速片段化，并对片段化 DNA 进行末端修复及添加 dA 尾。

（4）使用 TIANSeq 快速连接模块将带有 dA 尾的片段化 DNA 与 Illumina 通用接头连接。

（5）将步骤（4）中的产物作为 PCR 模板，使用 Phusion 热启动 II 高保真 PCR 聚合酶对含有转座子序列的 DNA 片段进行特异性扩增。

（6）取 2 μL 步骤（5）中的 PCR 产物进行琼脂糖凝胶电泳检测，剩余部分纯化后溶于无菌 ddH₂O 中。

（7）使用 Illumina 的通用引物——P5 通用引物及 P7 index 引物，Phusion 热启动 II 高保真 PCR 聚合酶对步骤（6）中的 PCR 纯化产物进行扩增。

（8）将步骤（7）中的 PCR 产物进行纯化，并用 Qubit 检测纯化后的文库浓度，用琼脂糖凝胶电泳检测片段大小，检测合格后的文库将进行 Illumina 测序（图 4-3-3）[6]。

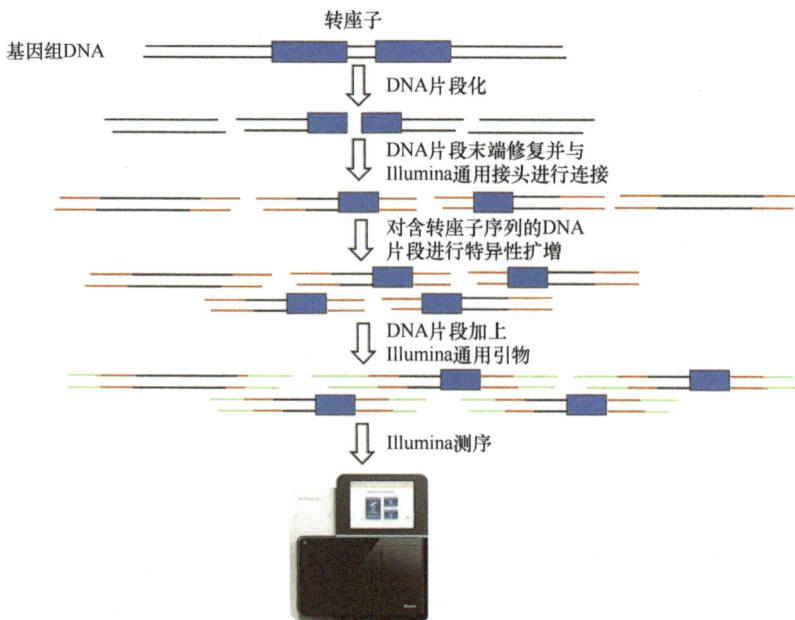

图 4-3-3　Tn-seq 测序建库流程图

### 3. 数据分析

（1）使用 Seqkit 软件对测序数据进行初步统计，并通过 fastqc 软件检测测序数据质量。

（2）使用 TRANSIT 软件包中的 TPP 工具筛选出带有转座子特异序列的测序

结果，并将此部分结果和铜绿假单胞菌基因组序列进行比对，获得每个位点的插入信息[7]。

（3）使用 EL-ARTIST 预测基因是否必需[8]。

## （六）转座子高通量技术在细菌生物被膜中的应用

### 1. 技术要点

（1）所有操作使用的器具均需进行灭菌处理，操作前需用 75% 乙醇消毒操作台面及移液枪等。

（2）为了保证提取出 Tn-seq 所需的基因组 DNA 浓度，且保证转座突变文库复苏后的转座子插入率，此实验需要使用管式培养法来培养生物被膜。

（3）用无菌注射器吸取菌液时易残留气泡，需将气泡排除后，再将菌液接种至硅胶管，并用硅胶将针孔密封，以防漏液。

（4）将转座子突变文库接种至硅胶管后，需静置培养一段时间，使细菌吸附在硅胶管壁上。

（5）使用过的枪头、培养管和离心管均需放置于黄色医疗垃圾袋中。

（6）使用过的注射器针头不再用针管盖住，需放置于利器盒中。

（7）废液瓶中需提前加入 84 消毒液。

（8）管式体系中不能残留气泡。

（9）管式培养法的技术要点见"细菌生物被膜的体外动态培养和观测方法"。

### 2. 实验步骤

（1）从 –80℃ 冰箱取出冻存的转座子突变文库，按 1:10 的比例接种于新鲜的 1/10 LB 培养基中，放置于 37℃ 恒温摇床中培养至 $OD_{600}=1$ 左右。

（2）管式培养法的搭建步骤详见"细菌生物被膜的体外动态培养和观测方法"。

（3）打开蠕动泵，将其调至最大转速，使 1/10 LB 培养基充盈整个管式体系后，将转速调至 4 mL/h，待流速均匀后，暂停蠕动泵，并用长尾票夹将接菌硅胶管上游及下游管道均固定住。

（4a）取 1 mL 复苏的转座子突变文库用注射器接种至充盈培养液无气泡的硅胶管（直径约为 0.5 cm，长度约为 6 cm）中，30℃ 静置培养 2 h。

（4b）取 1 mL 复苏的转座子突变文库用细菌基因组 DNA 提取试剂盒提取基因组 DNA，至少三个平行，将样品标记为 Input。

（5）打开蠕动泵，以 4 mL/h 的流速将 1/10 LB 培养基继续泵入硅胶管中，30℃ 连续培养 3 天。

（6）暂停蠕动泵，用长尾票夹再次将接菌硅胶管上游及下游管道固定，用剪刀剪下硅胶管，用接种环将硅胶管道中的生物被膜样品刮至离心管中。

（7）用细菌基因组 DNA 提取试剂盒提取生物被膜样品中的基因组 DNA，将样品标记为 Output。

### 3. 数据分析

（1）使用 Seqkit 软件对测序数据进行初步统计，并通过 Fastqc 软件检测测序数据质量。

（2）使用 TRANSIT 软件包中的 TPP 工具筛选出带有转座子特异序列的测序结果，并将此部分结果和铜绿假单胞菌基因组序列进行比对，获得每个位点的插入信息。

（3）使用 DESeq2 进行基因表达定量分析，比较 Input 及 Output 样本间的差异基因，并进行统计学分析，详见图 4-3-4、表 4-3-1 及表 4-3-2。

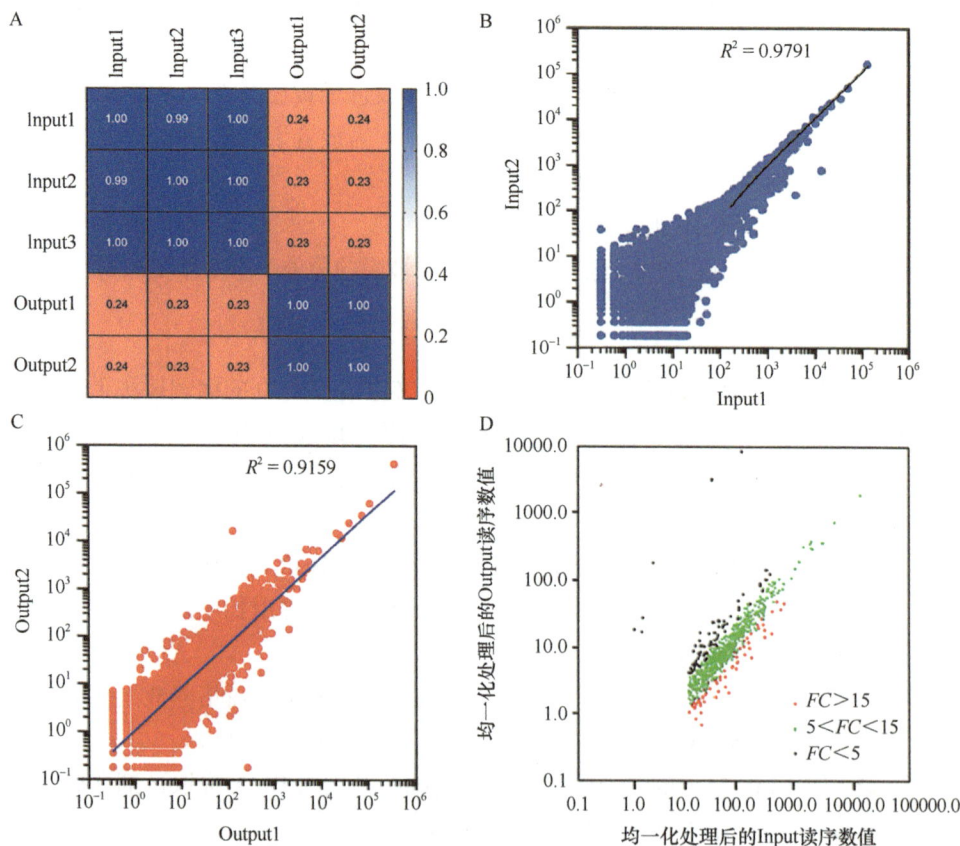

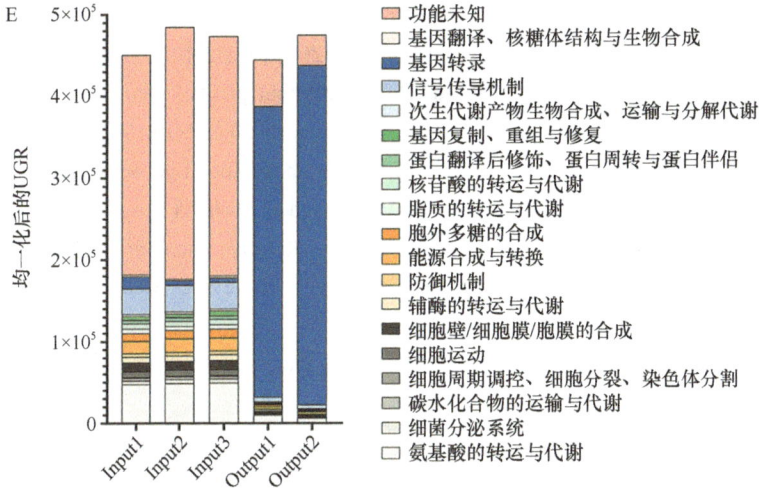

图 4-3-4　Tn-seq 数据平行性分析及插入突变基因的功能注释分类示例[9]

A. Input 组内数据平行性分析；B. Output 组内数据平行性分析；C. Input 及 Output 组间平行性分析；D. Input/Output 差异倍数统计图；E. 插入突变基因的功能注释分类图。注意，基因插入突变丰度由 UGR（unique-gene-read）来衡量

表 4-3-1　转座子插入突变文库的转座子插入覆盖数据示例

| 样本 | 总读序 | 过滤后的总读序 | 与基因组序列匹配的读序 | 基因组中TA 位点数 | 转座子 TA插入位点数 | 转座子插入基因组 TA 位点覆盖率 |
|---|---|---|---|---|---|---|
| Input1 | 11589829 | 8291098 | 6157451 | 94404 | 48950 | 0.519 |
| Input2 | 14681181 | 10617540 | 7988720 | 94404 | 49591 | 0.525 |
| Input3 | 8437720 | 6529026 | 4969187 | 94404 | 49236 | 0.522 |
| Output1 | 12183983 | 9070678 | 6943523 | 94404 | 49421 | 0.524 |
| Output2 | 11003713 | 7965601 | 5894859 | 94404 | 49455 | 0.524 |
| Output3 | 11621260 | 8821021 | 6718050 | 94404 | 48344 | 0.512 |

表 4-3-2　Tn-seq 筛选出的生物被膜疑似关键基因示例

| 基因名称 | 差异倍数（In/Out） | 预测的功能 |
|---|---|---|
| 基因 A | 16.95 | 参与群体感应；细菌胞外溶质结合蛋白 |
| 基因 B | 16.28 | 含 GSDH 结构域的蛋白质；葡萄糖或山梨酮脱氢酶 |
| 基因 C | 9.49 | 参与氧化还原过程；参与硫代谢 |
| 基因 D | 10.16 | 参与 N 元素代谢过程；碳氮水解酶超级家族成员 |
| 基因 E | 14.26 | 细胞分裂蛋白；具有 ATP 酶活性；AFG1 类型 ATP 酶 |

# 参 考 文 献

[1] Ma L Z, Wang D, Liu Y, et al. Regulation of biofilm exopolysaccharide biosynthesis and degradation in *Pseudomonas aeruginosa*. Annu Rev Microbiol, 2022, 76: 413-433.

[2] Jamal M, Ahmad W, Andleeb S, et al. Bacterial biofilm and associated infections. J Chin Med Assoc, 2018, 81(1): 7-11.

[3] Gallagher L A, Shendure J, Manoil C. Genome-scale identification of resistance functions in *Pseudomonas aeruginosa* using Tn-seq. mBio. 2011, 2(1): e00315-10.

[4] van O T, Bodi K L, Camilli A. Tn-seq: High-throughput parallel sequencing for fitness and genetic interaction studies in microorganisms. Nat Methods, 2009, 6(10): 767-772.

[5] Pritchard J R, Chao M C, Abel S, et al. ARTIST: High-resolution genome-wide assessment of fitness using transposon-insertion sequencing. PLoS Genet, 2014, 10(11): e1004782.

[6] Fu Y, Waldor M K, Mekalanos J J. Tn-Seq analysis of *Vibrio cholerae* intestinal colonization reveals a role for T6SS-mediated antibacterial activity in the host. Cell Host Microbe, 2013, 14(6): 652-663.

[7] Ioerger T R. Analysis of gene essentiality from TnSeq data using transit. Methods Mol Biol, 2022, 2377: 391-421.

[8] Cain A K, Barquist L, Goodman A L, et al. A decade of advances in transposon-insertion sequencing. Nat Rev Genet. 2020;21(9): 526-540.

[9] Liu X, Jia M, Wang J, et al. Cell division factor ZapE regulates *Pseudomonas aeruginosa* biofilm formation by impacting the pqs quorum sensing system. mLife, 2023, 2: 28-42.

# 第四节　细菌基因组高通量等位基因标记
# 及侵染过程动态示踪策略

陈　敏　黄加俊　张　勇
西南大学资源环境学院

**摘　要**：荧光标记、抗性基因标记等常用于细菌菌群动态变化及菌间互作研究，但由于标记基因数量有限，无法对多个细菌进行标记。本方案基于 mini-Tn7 介导的基因组定点插入体系，将序列随机生成的 DNA 片段（random DNA，又称条形码 DNA，30 bp）集成到细菌基因组 *glms* 基因下游的 *att*Tn7 位点。由于条形码 DNA 序列唯一、分辨率高，且在细菌基因组内组成型表达，因而可对大量细菌进行标记。本课题组以土传植物病原细菌青枯菌野生型 OE1-1 菌株为研究对象，用 90 个不同条形码 DNA 标记了 OE1-1 并构建混合菌群，确定了该高通量等位基因标记体系的稳定性；模拟不同侵染瓶颈进行番茄幼苗侵染实验，通过研究不同侵染方式的菌群变化，对青枯菌侵染宿主植物的过程进行了动态示踪。

**关键词**：等位基因标记，高通量测序，菌群互作，侵染瓶颈，动态示踪

## 一、背景

通过荧光标记和抗生素抗性基因标记等标记目标菌株，进而可研究细菌间相

互作用。该方法的局限性是可用于标记的荧光基因和抗生素抗性基因数量十分有限，只能对少数几个细菌进行基因标记[1,2]。也可通过高通量测序，对比 16S rDNA 局部序列以区分不同细菌，进而研究菌群多样性变化。该方法的局限性在于 16S rDNA 的序列较长，且往往高度保守性，不能精确区分亲缘度较高的细菌，不能研究同一菌株间不同细胞的相互作用[3,4]。近年来，有研究表明野生型等位基因标记法（wild-type isogenic tagged strain，WITS）可用于同一菌株间不同细胞的互作研究[5,6]。该方案通过将不同序列的基因片段（约 40 bp）集成到染色体的非编码区域，可以对表型完全一致的细菌进行标记，进而可研究同一菌株间不同细胞的相互作用[7,8]。例如，Gran 等对 8 株肠道沙门氏菌进行了等位基因标记[7]、Lim 等对 23 株鼠沙门氏菌进行了等位基因标记[9]，研究了病原菌宿主小鼠肠道内侵染动态变化，通过对比研究接种前后种群变化，可量化不同侵染过程的侵染瓶颈值（bottleneck values，$N_b$），但现有数学模型表明标签数量在 50～500 时，可更加精准测定不同侵染过程的侵染瓶颈值大小[10,11]。

本方案基于 mini-Tn7 介导的基因组定点插入体系，设计等位基因标记[12,13]，将序列随机生成的 DNA 片段（又称条形码 DNA，30 bp）克隆到 pUC18-mini-Tn7T-Gm 质粒载体，构建了 200 多个质粒。该条形码 DNA 序列唯一、灵敏度高，且在细胞内组成型表达，因而可对表型完全一致的大量细菌进行高通量等位基因标记[13]。本节以土传植物病原细菌青枯菌野生型 OE1-1 菌株为例[14,15]，构建了 90 个不同条形码 DNA 标记的 OE1-1 混合菌群。在 Tn7 转座酶的辅助下，mini-Tn7 介导的条形码 DNA 可定点插入青枯菌 glms 基因下游的 attTn7 位点，且该位点的插入不影响青枯菌对寄主植物的侵染[14]。实验设置了两种不同抗性的番茄幼苗和三种接种方式，模拟 6 种不同侵染瓶颈对侵染过程的影响[16,17]。PCR 扩增条形码 DNA 片段，通过高通量测序确定样品中各条形码 DNA 的丰度，进而可研究不同侵染阶段的菌群变化。实验结果确定了该高通量等位基因标记体系的稳定性，可精准测定不同侵染过程的侵染瓶颈值大小，对青枯菌侵染宿主植物的过程进行了动态示踪[17]。

## 二、材料与试剂

### 1. 培养基

（1）丰富培养基（B medium）：0.1%（m/V）酪氨酸水解蛋白，1%（m/V）蛋白胨，0.1%（m/V）酵母提取物。配制固体培养基时，添加 0.5%（m/V）葡萄糖和 1.5%（m/V）琼脂粉。

（2）基础培养基：Hogland 培养液+2%（m/V）蔗糖。

**2. 试剂**

（1）青枯菌电击转化缓冲液：15%（$V/V$）甘油（含 1 mmol/L MOPS）。

（2）甘油（Sigma-Aldrich；CAS：56-81-5）。

（3）MOPS：3-吗啉丙磺酸（Sigma-Aldrich；CAS：1132-61-2）。

（4）酶：

①PCR 聚合酶：PrimeSTAR® HS DNA Polymerase with GC Buffer（TaKaRa，货号：R044Q）（青枯菌基因 GC 含量高，该酶扩增青枯菌 DNA 效果好）；

②DNA 连接酶：DNA Ligation Kit V2.1（TaKaRa，货号：6022Q）；

③常用的限制性核酸内切酶：*Bam*H I、*Eco*RI、*Hin*dIII（TaKaRa）。

（5）质粒：pUC18-mini-Tn7-Gm[12]。该质粒包含一个复制起始点，可在大肠杆菌中复制，但不在青枯菌中复制；包含两个 Tn7 元件（Tn7L 和 Tn7R），内部有多克隆位点和庆大霉素抗性的基因（Gm^R）；在辅助质粒 pTNS₂（含转座酶）的协助下，Tn7L-Tn7R 部分（约 1400bp，包含 Gm^R 基因）和克隆的外源基因可定向插入到细菌基因组 *glmS* 基因下游 *att*Tn7 位点。青枯菌转化率较低，制备高质量的感受态细胞是其转化成功的关键。

该位点在青枯菌中位于 *glmS* 基因下游 25bp 处，插入位点唯一，且该位点插入不影响下游基因的正常表达，不影响青枯菌对宿主植物的侵染[13]。

（6）菌株：

①感受态细胞 *E. coli* DH5α（质粒克隆用，重庆擎科）；

②青枯菌，*Ralstonia solanacearum* OE1-1，植物病原细菌，可侵染番茄和烟草等。

**3. 设备**

（1）电穿孔转化仪（BIO-RAD，型号 MicroPμLser^TM）。

（2）电击杯：（BIO-RAD，1 mm 空隙）。

## 三、操作步骤

（一）条形码 DNA 的合成与质粒构建

**1. oligo DNA（条形码 DNA）的合成**

（1）使用 Biostrings R 软件包（v2.64.1）随机生成 30 nt 的 oligo DNA 及其互补序列。

（2）互补序列的 5′端分别添加 *Bam*HI 和 *Hin*dIII 酶切接头（如图 4-4-1 所示，*Bam*HI 序列 GATC，*Hin*dIII 序列 AGCT），分别命名为 pair1A，pair1B……

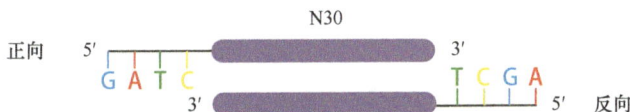

图 4-4-1　双链 oligo 设计

GATC 为 *Bam*HI 接头，AGCT 为 *Hind*III 接头

（3）将设计好的 oligo DNA 序列送往重庆擎科公司合成。

### 2. 双链 oligo DNA 的退火合成

（1）将合成的 oligo DNA 稀释到 50 μmol/L；

（2）取互补的 pairA 和 pairB（如 pair1A 和 pair1B）各 50 μL，混合于 PCR 管中，金属浴中 95℃加热 10 min，关闭电源，自然冷却至室温（该过程持续约 1 h），此时互补的两条 oligo DNA（如 pair1A 和 pair1B）退火成一条双链 oligo DNA（如 pair1，图 4-4-1），−20℃保存备用。

### 3. *Bam*HI 和 *Hind*III 双酶切质粒 pUC18-mini-Tn7T-Gm 酶切体系（表 4-4-1）

表 4-4-1　酶切体系

| | | | |
|---|---|---|---|
| 质粒 | 1 μg | | |
| *Bam*HI 限制酶 | 1 μL | K buffer | 2 μL |
| *Hind*III 限制酶 | 1 μL | 补 H$_2$O 至 | 20 μL（总体积） |

（1）37℃酶切 2 h，金属浴 80℃灭活 20 min。

（2）用 PCR 产物纯化试剂盒（重庆擎科）纯化 *Bam*HI 和 *Hind*III 双酶切的质粒 pUC18-mini-Tn7T-Gm。

（3）测定线性化质粒 pUC18-mini-Tn7T-Gm 的浓度，并调整为 50 ng/μL。

### 4. 克隆双链 oligo DNA 到 pUC18-mini-Tn7T-Gm 连接体系（表 4-4-2）

表 4-4-2　DNA 连接体系

| 组分 | 用量 |
|---|---|
| 双链 Oligo DNA | 3.5 μL（5 μmol/L ） |
| DNA 连接酶 | 5 μL　Solution I，DNA Ligation Kit V2.1 |
| 线性化 pUC18-mini-Tn7T-Gm | 1.5 μL（50 ng/μL） |
| 合计 | 10 μL（室温，连接 1 h） |

注：严格按照上述顺序加样，可减少质粒自连。

### 5. 转化大肠杆菌感受态细胞

添加所有的 DNA 连接液到 *E. coli* 感受态细胞（DH5α，100 μL，重庆擎科），采用经典热激法转化（冰浴 30 min，42℃热激 2 min，冰浴 2 min），添加 1 mL LB 培养液，37℃孵育 1 h；离心后，全部涂布到庆大霉素平板（LB+Gm，25 μg/mL），

37℃倒置过夜培养。

### 6. 阳性克隆挑选与质粒测序鉴定

（1）挑取平板上单菌落，接种到 LB 培养液（2 mL，含 Gm 25 μg/mL），37℃、180 r/min 振荡培养过夜。

（2）质粒小提试剂盒提取质粒；*Eco*RI 酶切验证（空白质粒多克隆位点区域 *Bam*HI 和 *Hind*III 间有 1 个 *Eco*RI 酶切位点，Gm$^R$ 基因内有 1 个 *Eco*RI 酶切位点，故空白质粒经 *Eco* RI 酶切后有两条 DNA 带；阳性克隆质粒中 *Bam*HI 和 *Hind*III 间的 *Eco*RI 酶切位点被 Oligo DNA 置换，此时，经 *Eco*RI 酶切，只有一条 DNA 带）。

（3）0.8%的琼脂糖凝胶电泳验证：挑取酶切条带正确的质粒送擎科公司引物测序（ITS-R），保存测序结果正确的质粒，命名 pUC-pair1。

注意：双酶切不彻底时，pUC18-mini-Tn7T-Gm 质粒容易自连，需要设置空白对照实验以检测自连率。

## （二）青枯菌等位基因标记

利用 Tn7 介导的基因组定点插入体系，将不同的条形码 DNA 分别集成到青枯菌 OE1-1 基因组[14]（*glmS* 基因下游 25 bp 处），最终得到 90 个等位基因标记的青枯菌 OE1-1。

### 1. 青枯菌感受态细胞的制作（在超净台中进行）

（1）用一次性接种环挑取–80℃冰箱保存的青枯菌 OE1-1 菌液，在固体培养基上平板上划线，28℃正置培养 2～3 天；

（2）挑取单菌落，接种于 B 培养液中，28℃、180 r/min 振荡培养过夜。

（3）以 2%比例转接至 5 mL 新鲜 B 培养液，28℃、180 r/min 振荡培养 5～6 h，待青枯菌生长至 OD$_{600}$ ≈ 0.6～0.7 时，离心回收菌体。

（4）将新培养的菌液冰浴 15 min 后，4℃、13 000 r/min 离心 10 min，弃上清液，收集菌体。

（5）用 5 mL 电转缓冲液（15%甘油，1 mmol/L MOPS）重悬菌体，洗涤 3 次。

（6）将洗涤后的菌体转移至 1.5 mL EP 管，4℃、15 000 r/min 离心 5 min，弃上清液，添加 80 μL 电转缓冲液重悬菌体，制备感受态细胞待用。

### 2. 电穿孔转化青枯菌感受态细胞

（1）提前准备好无菌电击杯（BIO-RAD 1mm 空隙），置于冰上待用。

（2）添加 4 μL 等位基因标记用质粒（如 pUC-pair1，浓度 500 ng/μL）、2 μL

辅助质粒 pTNS$_2$（浓度约为 100 ng/μL，该质粒为低拷贝质粒，需浓缩），手指轻弹混匀（用移液器吹打混匀时，严格避免产生气泡；禁止用旋涡振荡仪混匀）。

（3）冰浴 10 min，其间多次手指轻弹混匀。

（4）小心转移至电击杯内（注意避免产生气泡），选择合适程序电击（本实验采用 MicroPμLser EC1 程序）。

（5）电击后，立即添加 1 mL 液体 B 培养液至电击杯，用移液器吹打，充分混匀菌体，转移至 1.5 mL EP 管，28℃孵育 1h。

（6）将所有菌液离心浓缩后，涂布于庆大霉素平板（Gm，25 μg/mL），28℃正置培养 2～3 天。

### 3. 等位标记基因基因组插入验证

（1）挑取平板上单菌落，制备菌悬液，菌液 PCR 扩增（引物对 glmsdown-Tn7R，序列见表 4-4-3[14]），1%琼脂糖凝胶电泳验证；PCR 产物约 500 bp，表明等位标记基因插入到 *glms* 基因下游的 *att*Tn7 位点。

（2）挑取上述 PCR 验证正确的菌落，PCR 扩增条形码 DNA 片段（引物对 pUC-L/ITS-R，序列见表 4-4-3），送擎科公司测序，验证条形码 DNA 序列是否准确。

（3）挑取条形码 DNA 测序正确的单菌落，B 培养液中 28℃过夜振荡培养，–80℃甘油保存备用（甘油终浓度 20%）。

注意：电转时，需要两个质粒 pTNS$_2$ 和 pUCpair1 同时进入一个青枯菌细胞，因而电转效率较低；强烈建议感受态细胞现做现用。

表 4-4-3　引物序列

| 引物 | 序列 |
| --- | --- |
| glmsdown | GCGCTCAAGCTCAAGGAGATC |
| Tn7R | CACAGCATAACTGGACTGATTTC |
| pUC-L | GTATAGGAACTTCAGAGCGC |
| ITS-R | GGGCGGACAAAATAGTTGGGAA |

### 4. 构建 90 个不同条形码 DNA 标记的 OE1-1 混合菌群

（1）重复上述等位基因标记试验，共标记 90 次青枯菌 OE1-1，经一代测序证实条形码 DNA 序列全部准确，–80℃甘油保存备用。

（2）将–80℃甘油保存的 90 个等位基因标记的 OE1-1，分别平板划线，挑取单菌落，新鲜培养液扩培（2 mL，28℃，180 r/min 振荡过夜）。

（3）分光光度计测定每个菌株的 OD$_{600}$，调整其 OD$_{600}$ = 1.0。

（4）等体积混合 90 个等位基因标记的菌液（OD$_{600}$=1.0），充分混匀。

（5）添加一定体积 80%甘油使其终浓度为 20%，每 1 mL 分装，–80℃保存备用。

## （三）等位基因标记体系评价

### 1. 等位基因标记菌株生长及致病力评价

1）等位基因标记菌株培养液生长评价

（1）将–80℃甘油保存的野生型 OE1-1 和 90 个等位基因标记菌株，分别平板划线，挑取单菌落，新鲜培养液扩培（28℃，180 r/min 振荡过夜）。

（2）调整 $OD_{600}=1.0$，严格按 2%比例转接到新鲜培养液（丰富培养液和基础培养液），定期测定 $OD_{600}$，绘制生长曲线。

（3）每个实验进行 3 次生物学重复，比较各等位基因标记菌株和野生型生长的异同。

2）等位基因标记菌株宿主植物体内生长评价

（1）选用 3~4 周龄的番茄幼苗（*Solanum lycopersium*，Ailsa Craig）。

（2）离心新鲜扩培的菌液，弃上清液，灭菌水重悬，调整 $OD_{600}=1.0$。

（3）以土壤灌根接种方式（保持植株根部完整，模拟根际自然方式入侵）侵染番茄幼苗（接种密度 $10^7$ CFU/g 土壤）。

（4）植株刚出现枯萎症状时，用灭菌手术刀切取番茄幼苗茎秆约 5 cm 并称重，将茎秆纵切成 4 条后，于 10 mL 灭菌水中浸泡 20 min，最后通过平板梯度稀释计数法，测定番茄幼苗茎秆内菌群密度（$\log_{10}$ CFU/g 茎秆）。

（5）每个实验进行 3 次生物学重复，每次接种 12 株幼苗，比较各等位基因标记菌株和野生型生长的异同。

3）等位基因标记菌株致病力评价

（1）选用 3~4 周龄的番茄幼苗（*Solanum lycopersium*，Ailsa Craig）。

（2）灭菌水配制菌悬液（$OD_{600}=1.0$），以灌根接种方式侵染番茄幼苗（同上），记录发病过程，绘制致病力曲线。

（3）每个实验进行 3 次生物学重复，每次接种 12 株幼苗，比较各等位基因标记菌株和野生型致病力的异同。

### 2. 等位基因标记体系条形码 DNA 均匀性、稳定性评价

（1）提取所得混合菌库基因组 DNA（试剂盒：MiniBEST Bacteria Genomic DNA Extraction Kit V3.0，TaKaRa），调整 DNA 浓度为 50 ng/μL。

（2）PCR 扩增条形码 DNA 片段，反应体系见表 4-4-4。

表 4-4-4　PCR 反应体系（扩增条形码 DNA 区域）

| 组分 | 用量 |
| --- | --- |
| 基因组 DNA（50 ng/μL） | 1 μL |
| Primer-F （pUC-L，5 μmol/L） | 1 μL |
| Primer-R（ITS-R，5 μmol/L） | 1 μL |
| 2× GC buffer | 10 μL |
| dNTP | 1 μL |
| PrimeSTAR HS DNA Polymerase （2.5 U/μL） | 0.5 μL |
| ddH₂O | 5.5 μL |
| 合计 | 20 μL |

PCR 反应参数：①98℃，1 min；②98℃，10 s；55℃，5 s；72℃，30 s；此步骤重复 30 个循环；③72℃，10 min，10℃保存。

取 5 μL PCR 产物，2%琼脂糖凝胶电泳检测（图 4-4-2）。条带正确后，纯化剩余 PCR 产物（PCR 产物纯化试剂盒，重庆擎科），调整样品 DNA 浓度为 30 ng/μL；送样委托相关公司进行高通量测序（Illumina Novaseq 6000 平台，PE150 测序），每个样品有效 reads 约 5 万条。

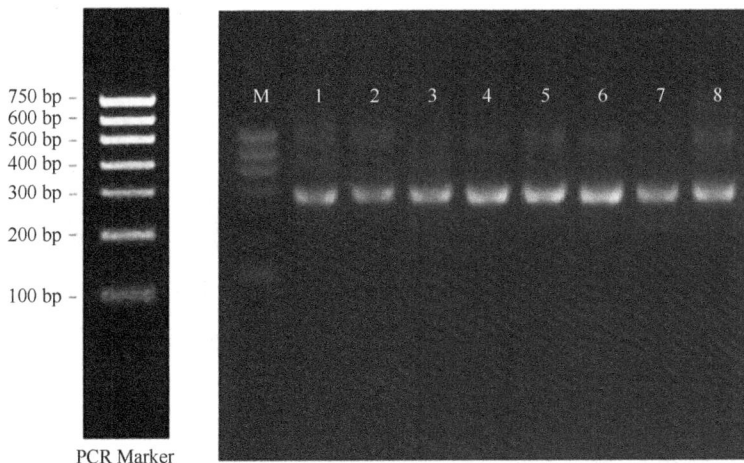

图 4-4-2　PCR 产物 2%琼脂糖凝胶电泳检测（PCR 产物约 280bp）

（3）条形码 DNA 高通量测序下机数据分析

①数据拆分：利用 Linux 数据分析平台上 Fastx_toolkit 工具 fastx_barcode_splitter.pl，根据已知 barcode 序列进行拆分。

②不同条形码 DNA 区分与 reads 数统计：使用 pair_count.pl 脚本对所有拆分的样品进行统计，得到每一样品各条形码 DNA（pair1～90）对应的 reads 数目，用于 $N_b$ 值计算。

### 3. 等位基因标记体系条形码 DNA 均匀性和稳定性评价

随机挑选 10 个、30 个和 50 个等位基因标记菌株，按上述操作等比例混合各标记菌株，构建不同个数等位基因标记的 OE1-1 混合菌库，等体积培养 24 h 后提取各混合菌库基因组 DNA；PCR 扩增条形码 DNA 片段；高通量测序；统计每个样品中各条形码 DNA 的相对丰度；每个实验进行 3 次生物学重复，每次平行提取 3 次基因组 DNA；实验结果证实该等位基因标记体系集成的条形码 DNA 具有很好的均匀性和稳定性（图 4-4-3）。

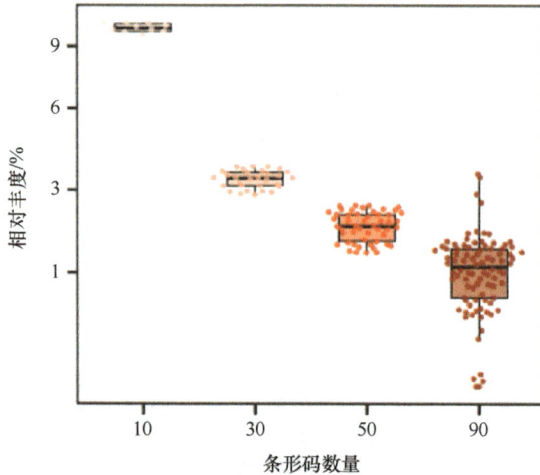

图 4-4-3 不同数量等基因标记菌株条形码 DNA 丰度检测

此外，我们也将一定标记菌株按不同比例混合（如 100∶10∶1、1∶100∶10），检验其在不同生长阶段（如延滞期、对数初期、对数期、稳定期和衰亡期）各条形码 DNA 的相对丰度，高通量测序结果证实各条形码 DNA 相对丰度符合设计比例，在不同生长阶段保持稳定，证实该等位基因标记体系具有很好的稳定性。

## （四）等位基因标记体系用于侵染瓶颈计算和侵染过程动态示踪

### 1. 侵染瓶颈 $N_b$ 值

基于等位基因标记条形码 DNA 丰度变化，拟合数学模型计算创始者种群相对原始种群的菌群丰度变化，可量化评价病原菌整个侵染过程中所受到各环节瓶颈效应的大小[5,10]。利用种群遗传学中的数学方法，即基于等位基因标记时间、等位基因频率等估算有效种群大小（$N_e$）的方法，进而计算病原菌入侵种群的瓶颈大小，即侵染瓶颈 $N_b$。

本文计算瓶颈大小（$N_b$）的方程式：

$$\hat{F} = \frac{1}{k}\sum_{i=1}^{k}\frac{\left(f_{i,\mathrm{s}} - f_{i,0}\right)^2}{f_{i,0}\left(1 - f_{i,0}\right)} \tag{1}$$

$$N_{\mathrm{b}} \approx N_{\mathrm{e}} = \frac{g}{\hat{F} - \dfrac{1}{S_{\mathrm{n}}} - \dfrac{1}{S_{\mathrm{s}}}} \tag{2}$$

式中，$k$ 为不同的等位基因标记总数；$f_{i,0}$ 为时间 0 时等位基因标记 $i$ 的出现频率；$f_{i,\mathrm{s}}$ 为采样时等位基因标记 $i$ 的现频率；$g$ 为竞争生长过程中的代数；$S_{\mathrm{n}}$ 和 $S_{\mathrm{s}}$ 为在时间 0 或采样时用于确定种群组成的样本量[5]。

### 2. 侵染瓶颈 $N_{\mathrm{b}}$ 值计算

本实验分别选取易感番茄（Ailsa Craig，AC）和高抗番茄（Hawaii 7996），将 90 个等位基因标记的青枯菌 OE1-1 混合菌库通过三种接种方式侵染番茄，模拟不同侵染瓶颈：自然灌根，模拟青枯菌自然侵入番茄根部，此时番茄根部完整，抵抗力最强，因而侵染瓶颈值最小（intact root，IR）；伤根（wounded root，WR）灌根，青枯菌可直接侵入根部，随后侵入木质部维管束并向地上部迁移，此时侵染瓶颈值适中；木质部维管束直接注射接种（direct xylem infection，DXI），此时青枯菌直接侵入地上部木质部维管束，侵染最容易，因而侵染瓶颈值最大。

待植株刚出现枯萎症状时，用灭菌手术刀切取番茄幼苗茎秆约 5 cm，称重，将茎秆纵切成 4 条后，置于 10 mL 灭菌水中浸泡 20 min，离心回收菌体；提取细菌基因组 DNA；PCR 扩增条形码 DNA 片段；高通量测序；统计每个样品中各条形码 DNA 的相对丰度；按上述公式计算侵染瓶颈 $N_{\mathrm{b}}$ 值。每个实验进行 3 次生物学重复，每次侵染 12 株番茄幼苗。各实验处理所对应侵染瓶颈 $N_{\mathrm{b}}$ 值复合预期（图 4-4-4）。

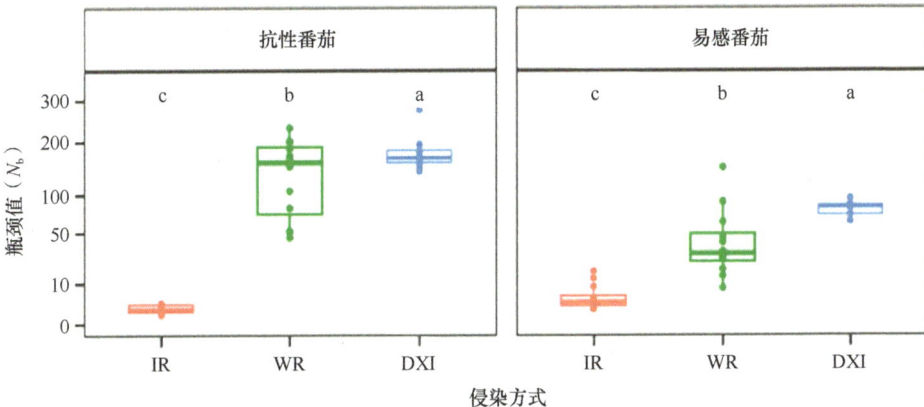

图 4-4-4　不同实验处理对应侵染瓶颈 $N_{\mathrm{b}}$ 值

**3. 宿主植物侵染过程动态示踪**

统计分析上述侵染实验所得样品中各条形码 DNA 相对丰度（图4-4-5），结果显示：侵染瓶颈值最小时（IR 时），每个番茄幼苗植株样品中各条形码 DNA 的相对丰度极不均一，其中个别条形码 DNA 的相对丰度可达 90%以上，且不同样品种丰度极高的条形码 DNA 具有很大的随机性，表明植物根表屏障抵抗力最强，只有极少数青枯菌可以偶然突破该屏障，成功侵入宿主植物体内；当侵染瓶颈值最大时（DXI 时），青枯菌均可成功侵入宿主植物体内，此时各条形码 DNA 相对丰度一致。

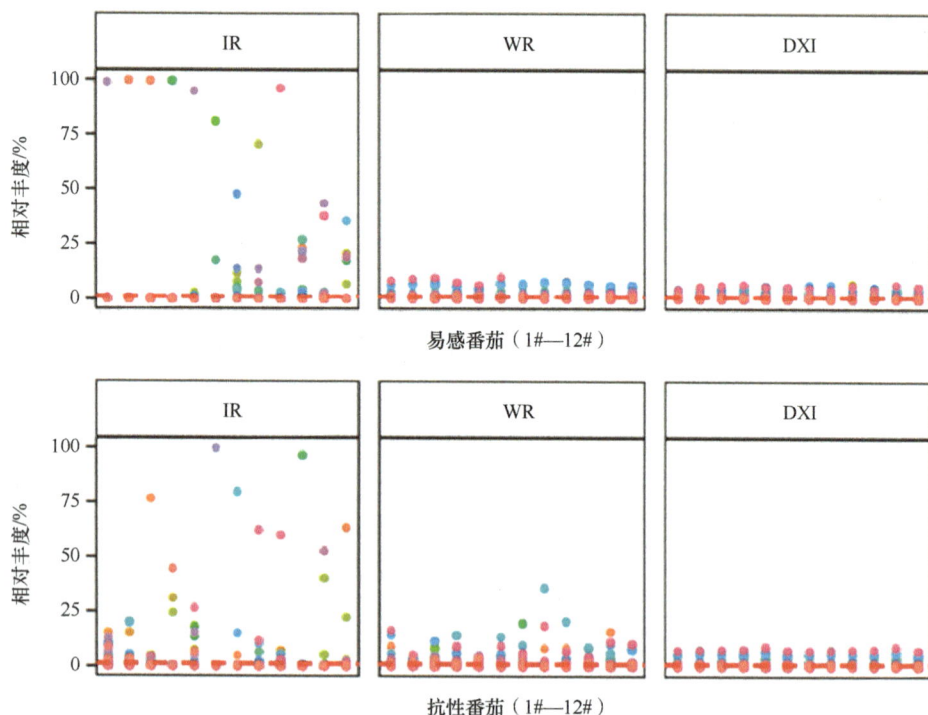

图 4-4-5　不同侵染方式对应 12 株番茄幼苗内各条形码 DNA 的相对丰度

## 四、展望

（1）条形码 DNA 随基因组组成型复制，保证等位基因标记体系的稳定性。

（2）条形码 DNA 序列唯一、易检测、分辨率高，可标记相同/不同细菌；

（3）本课题组已构建 500 多个质粒，满足精确计算不同过程的侵染瓶颈值的条件。

（4）该体系适用于不同种属众多细菌（基于 *glms* 基因），可广泛用于研究菌群/菌间互作、种群动态变化，动态示踪病原菌在宿主各器官的变化规律。

# 参 考 文 献

[1] Schneider A F L, Hackenberger C P R. Fluorescent labelling in living cells. Curr Opin Biotechnol, 2017, 48: 61-68.

[2] Crivat G, Taraska J W. Imaging proteins inside cells with fluorescent tags. Trends Biotechnol, 2012, 30(1): 8-16.

[3] Jiang G, Zhang Y, Gan G, et al. Exploring rhizo-microbiome transplants as a tool for protective plant-microbiome manipulation. ISME COMMUN, 2022: 2-10.

[4] Berg G, Rybakova D, Fischer D, et al. Microbiome definition re-visited: Old concepts and new challenges. Microbiome, 2020, 8: 103.

[5] Abel S, Abel zur Wiesch P, Chang H H, et al. Sequence tag-based analysis of microbial population dynamics. Nat Methods, 2015, 12: 223-226.

[6] Jasinska W, Manhart M, Lerner J, et al. Chromosomal barcoding of *E. coli* populations reveals lineage diversity dynamics at high resolution. Nat Ecol Evol, 2020, 4: 437-452.

[7] Grant AJ, Restif O, McKinley T J, et al. Modelling within-host spatiotemporal dynamics of invasive bacterial disease. PLoS Biol, 2008, 6(4): e74.

[8] Kaiser P, Regoes R R, Hardt W D. Population dynamics analysis of ciprofloxacin-persistent *S. typhimurium* cells in a mouse model for *Salmonella* diarrhea. Methods Mol Biol, 2016, 1333: 189-203.

[9] Lim C H, Voedisch S, Wahl B, et al. Independent bottlenecks characterize colonization of systemic compartments and gut lymphoid tissue by *Salmonella*. PLoS Pathog, 2014, 10(7): e1004270.

[10] Weaver S C, Forrester N L, Liu J, et al. Population bottlenecks and founder effects: Implications for mosquito-borne arboviral emergence. Nat Rev Microbiol, 2021, 19: 184-195.

[11] Theodosiou L, Farr A D, Rainey P B. Barcoding populations of *Pseudomonas fluorescens* SBW25. J Mol Evol, 2023, 91: 254-262.

[12] Choi K H, Gaynor J, White K, et al. A Tn7-based broad-range bacterial cloning and expression system. Nat Methods, 2005, 2: 443-448.

[13] Zhang Y, Cao Y, Zhang L, et al. The Tn7-based genomic integration is dependent on an attTn7 box in the glms gene and is site-specific with monocopy in Ralstonia solanacearum species complex. Mol Plant Microbe Interact, 2021, 34(7): 720-725.

[14] Genin S, Denny T P. Pathogenomics of the *Ralstonia solanacearum* species complex. Annu Rev Phytopathol, 2012, 50: 67-89.

[15] Inoue K, Takemura C, Senuma W, et al. The behavior of *Ralstonia pseudosolanacearum* strain OE1-1 and morphological changes of cells in tomato roots. J Plant Res, 2023, 136(1): 19-31.

[16] Planas-Marquès M, Kressin J P, Kashyap A, et al. Four bottlenecks restrict colonization and invasion by the pathogen *Ralstonia solanacearum* in resistant tomato. J Exp Bot, 2020, 71(6): 2157-2171.

[17] Jiang G, Zhang Y, Chen M, et al. Effects of plant tissue permeability on invasion and population bottlenecks of a phytopathogen. Nat Commun, 2024, 15: 62.